21天学通
C++ （第9版）

[美] 悉达多·饶（Siddhartha Rao） 著

袁国忠 译

人民邮电出版社
北京

图书在版编目（CIP）数据

21天学通C++ ：第9版 /（美）悉达多·饶
(Siddhartha Rao) 著；袁国忠译. -- 北京：人民邮电
出版社，2023.8
ISBN 978-7-115-61683-8

Ⅰ. ①2… Ⅱ. ①悉… ②袁… Ⅲ. ①C语言－程序设
计 Ⅳ. ①TP312.8

中国国家版本馆CIP数据核字(2023)第077468号

版 权 声 明

◆ 著　　　　[美] 悉达多·饶（Siddhartha Rao）
　　译　　　　袁国忠
　　责任编辑　胡俊英
　　责任印制　王　郁　焦志炜
◆ 人民邮电出版社出版发行　　北京市丰台区成寿寺路 11 号
　　邮编　100164　电子邮件　315@ptpress.com.cn
　　网址　https://www.ptpress.com.cn
　　北京隆昌伟业印刷有限公司印刷
◆ 开本：787×1092　1/16
　　印张：36　　　　　　　　2023 年 8 月第 1 版
　　字数：1 060 千字　　　　2023 年 8 月北京第 1 次印刷
　　著作权合同登记号　图字：01-2022-2810 号

定价：119.80 元
读者服务热线：(010)81055410　印装质量热线：(010)81055316
反盗版热线：(010)81055315
广告经营许可证：京东市监广登字 20170147 号

内容提要

这是一本经典的 C++ 编程入门指南，第 9 版针对 C++20 标准进行了内容上的全面更新，旨在帮助读者编写更快、更简单、更可靠的 C++ 代码，并掌握 C++ 和面向对象编程的基本原理。

本书通过大量短小精悍的程序详细而全面地阐述了 C++ 的基本概念和技术应用，以及 C++20 新增的功能，这些内容被组织成结构合理、联系紧密的章节。每章都提供了示例程序清单，并辅以示例输出和代码分析，以进一步阐述该章的主题。为帮助读者巩固所学的内容，每章末尾都提供了常见问题相关答案以及作业。读者可对照附录 E 提供的答案，了解自己对所学内容的掌握程度。

本书面向 C++ 初学者，不要求读者有 C 语言方面的背景知识，可作为高等院校教授 C++ 课程的教材，也可供初学者自学 C++ 时使用。

作者简介

  Siddhartha Rao 就职于 SAP SE 公司(全球最值得信任的企业软件和云服务提供商之一),并担任负责产品安全的副总裁。他深信,C++发展迅速,且一直在给这个"机器学习和人工智能"时代添砖加瓦。C++20 引入的特性让您能够编写出比以往任何时候都更简单、功能却更强大的应用程序。在编写本书的过程中,Siddhartha 小心细致,确保书中的约 300 个代码示例都能通过编译,并对它们的工作原理进行详尽的分析。

  Siddhartha Rao 期待着读者对本书的评价和反馈。

前言

C++一直在为这个"机器学习和人工智能"时代添砖加瓦。C++20让您能够编写出比以往任何时候都更简单而功能却更强大的应用程序。本书将详尽地分析将近300个代码示例,介绍重要的C++20特性,并描述代码示例的工作原理。

除介绍C++基本知识外,本书还将阐述对C++专业编程来说必不可少的特性。您将学习众多内容,其中包括面向对象编程的基础知识,重要的标准模板库特性和算法,以及C++20引入的概念、范围、视图和适配器等。无论是初学者还是专业程序员,都能从本书中获益。

针对的读者

本书从最基本的C++知识开始介绍,读者只需具备学习C++的意愿及了解其工作原理的好奇心。虽然具备一些C++知识会有所帮助,但这并非先决条件。本书也可供熟悉C++但想了解其新增特性的人员参考。如果您是专业程序员,学习第三部分(学习标准模板库)、第四部分(lambda表达式和STL算法)和第五部分(C++进阶概念)无疑将对您创建更优质、更实用的C++应用程序大有裨益。

本书内容

读者可根据自己对C++的熟练程度,决定从什么地方开始阅读本书。本书分为5部分。

- 第一部分"基础知识"(第1~8章)引导读者编写简单的C++应用程序,并顺便介绍一些在C++代码中常见的关键字。

- 第二部分"C++面向对象编程基础"(第9~14章)介绍面向对象编程原则,如封装、抽象、继承和多态。第9章(类和对象)介绍编写复制构造函数并使用移动构造函数来改善性能的重要性。第12章(运算符类型与运算符重载)介绍C++20引入的三向比较运算符,它形如宇宙飞船(<=>),因此也被称为宇宙飞船运算符。第14章(宏和模板简介)介绍如何编写功能强大的C++泛型代码。

- 第三部分"学习标准模板库"(第15~20章)介绍如何使用STL容器和string类编写高效而实用的C++代码。例如,在这部分,您将了解到,std::string让您能够安全而轻松地执行字符串拼接操作。第17章(STL动态数组类)和第18章(STL list和forward_list)介绍如何使用标准化的动态数组和链表,这样就无须自己实现它们了。在第20章(STL map和multimap)中,您将熟悉如何使用存储在诸如std::map和std::multimap等关联容器中的键值对。

- 第四部分"lambda表达式和STL算法"(第21~25章)首先诠释如何编写函数对象。第22章(lambda表达式)讨论匿名函数对象的实现。在第23章(STL算法)中,您将学习如何使用各种算法来对容器执行操作,如查找元素、删除元素以及对元素进行排序等。

- 第五部分"C++进阶概念"(第26~31章)首先诠释智能指针以及可极大提高应用程序稳定性和品质的异常处理。这部分介绍C++20引入的重要特性。第29章(C++20概念、范围、视图和适配器)介绍如何使用概念验证模板参数,以及如何使用适配器根据范围内的元素创建视图。第31章(C++20模块和C++23)介绍将取代传统头文件的模块,并指出下一个C++标准(C++23)有望发布的改进。

本书使用的约定

本书使用下述提供额外信息的元素。

| 注意 | 提供与当前内容相关的额外信息。 |

| 警告 | 提醒读者注意在特殊情况下可能出现的问题或副作用。 |

| 提示 | 描述有关 C++编程的最佳实践。 |

白名单	黑名单
总结当前章介绍的基本原则。	提供一些有用的信息。

本书使用不同的字体来区分代码和正文，全书都用特殊字体呈现代码、命令。

示例代码

本书的示例代码可免费下载，详情参见异步社区网站。

服务与支持

本书由异步社区出品，社区（https://www.epubit.com）为您提供后续服务。

资源获取

本书提供如下资源：

- 配套源代码；
- 本书思维导图；
- 异步社区 7 天 VIP 会员。

要获得以上资源，您可以扫描下方二维码，根据指引领取。

提交勘误信息

作者、译者和编辑尽最大努力来确保书中内容的准确性，但难免会存在疏漏。欢迎您将发现的问题反馈给我们，帮助我们提升图书的质量。

当您发现错误时，请登录异步社区，按书名搜索，进入本书页面，单击"发表勘误"，输入错误信息，单击"提交勘误"按钮即可，如下图所示。本书的作者和编辑会对您提交的错误信息进行审核，确认并接受后，您将获赠异步社区的 100 积分。积分可用于在异步社区兑换优惠券、样书或奖品。

图书勘误		✎ 发表勘误
页码：　1	页内位置（行数）：　1	勘误印次：　1

图书类型：　● 纸书　○ 电子书

添加勘误图片（最多可上传4张图片）

　+

提交勘误

与我们联系

我们的联系邮箱是 contact@epubit.com.cn。

如果您对本书有任何疑问或建议，请您发邮件给我们，并请在邮件标题中注明本书书名，以便我们更高效地做出反馈。

如果您有兴趣出版图书、录制教学视频，或者参与图书翻译、技术审校等工作，可以发邮件给我们；有意出版图书的作者也可以到异步社区投稿（直接访问 www.epubit.com/contribute 即可）。

如果您所在的学校、培训机构或企业想批量购买本书或异步社区出版的其他图书，也可以发邮件给我们。

如果您在网上发现有针对异步社区出品图书的各种形式的盗版行为，包括对图书全部或部分内容的非授权传播，请您将怀疑有侵权行为的链接通过邮件发送给我们。您的这一举动是对作者权益的保护，也是我们持续为您提供有价值的内容的动力之源。

关于异步社区和异步图书

"**异步社区**"(www.epubit.com)是由人民邮电出版社创办的 IT 专业图书社区，于 2015 年 8 月上线运营，致力于优质内容的出版和分享，为读者提供高品质的学习内容，为作译者提供专业的出版服务，实现作者与读者在线交流互动，以及传统出版与数字出版的融合发展。

"**异步图书**"是异步社区策划出版的精品 IT 图书的品牌，依托于人民邮电出版社在计算机图书领域 30 余年的发展与积淀。异步图书面向 IT 行业以及各行业使用 IT 技术的用户。

目录

第四部分 lambda 表达式和 STL 算法

第一部分
基础知识

第 1 章

绪论

欢迎使用本书！通过阅读本章，您将迈出成为高级 C++ 程序员的第一步。

在本章中，您将学习：

- 为何 C++ 是软件开发的标准；
- 输入、编译和链接第一个 C++ 程序；
- C++20 新增的功能。

1.1 C++ 简史

编程语言能够让用户更容易使用计算资源。C++ 并非一种新语言，但被广泛采用，仍在不断改进。本书编写期间，国际标准组织（International Organization for Standardization，ISO）批准的最新 C++ 标准为 2020 年 12 月发布的 C++20。在此之前，人们对该语言进行了多次改进，包括 2017 年发布的 C++17、2014 年发布的 C++14 以及 2011 年发布的 C++11。

1.1.1 与 C 语言的关系

C++ 最初由 Bjarne Stroustrup 于 1979 年在贝尔实验室开发，被设计为 C 语言的继任者。但不同于 C 语言，C++ 是一种面向对象的语言，实现了继承、抽象、多态和封装等特性。C++ 支持类，而类包含成员数据以及成员方法。成员方法是操作成员数据的函数，这种组织结构有助于程序员模拟数据以及要对数据执行的操作。一直以来，流行的 C++ 编译器都支持 C 语言，让用户能够无缝地集成 C 语言和 C++，从而实现高度的向后兼容性。

注意 要学习 C++，您并不需要具备 C 语言编程方面的知识。如果您的目标是学习 C++ 等面向对象编程语言，可直接阅读本书，而无须先学习 C 语言等过程性语言。

1.1.2 C++ 的优点

C++ 是一种中级编程语言，它多才多艺，既可用来以高级编程方式编写应用程序（无须知道运行应用程序的硬件的具体情况），又可用来以低级编程方式编写与硬件紧密协作的库（如设备驱动程序）。因此，C++ 提供了一条最佳的中间路线，可帮助程序员开发在性能和资源管理方面都要求苛刻的复杂应用程序。

虽然存在诸如 Java、C# 等其他编程语言，但 C++ 始终深受欢迎并在迅猛发展。前述其他语言由为程序员管理资源的运行时组件进行解释，这种运行时组件让编程变得相对容易，但由于对系统资源的抽象程度太高，导致这些语言难以满足众多高性能计算需求。因此，在需要完全控制内存消耗和性能的情况下，C++ 依然是首选语言。在分层架构中，常常使用 C++ 编写 Web 服务器，并使用 HTML、Java、JavaScript 或 .NET 编写其他组件。在人工智能和机器学习领域，C++ 也是首选语言，它还被用来编写设备驱动程序、数据库、操作系统、Web 服务乃至其他编程语言的编译器和解释器。

1.1.3 C++ 标准的发展历程

经过多年的发展，C++ 被众多不同的平台（操作系统）接受和采纳，但是，这些平台使用的是不同的 C++ 编译器。不同的编译器之间存在差异，导致众多互操作性和移植方面的问题，因此需要对 C++ 进行标准化，让编译器厂商能够遵循标准的 C++ 语言规范。

1998 年，第一个 C++ 标准获得了 ISO 标准委员会的批准，这就是 ISO/IEC 14882:1998。从此以后，C++ 标准发生了翻天覆地的变化，这极大地提高了 C++ 语言的可用性，并加强了对标准库的支持。前面说过，在本书编写期间，获得批准的最新 C++ 标准为 ISO/IEC 14882:2020，俗称 C++20。

> **注意** 并非所有流行的编译器都全面支持最新标准，因此本书介绍 C++20 新增的功能，并阐述得到大力支持的特性，以帮助您编写出良好的 C++ 程序。

1.1.4 哪些人使用 C++ 程序

使用 C++ 编写的设备驱动程序、操作系统、解释器、Web 服务、数据库和企业软件多如牛毛，因此无论您是什么人、如何使用计算资源，都可能正在使用 C++ 编写的软件。例如，Google 出品的 V8 JavaScript Engine 就是使用 C++ 编写的，它是流行浏览器以及 Node.js 等服务器技术不可或缺的组成部分。

C++ 还常被物理学家、数学家和数据科学家用在研究工作中。另外，C++ 让高性能计算成为可能，为使用机器学习算法的人工智能的崛起提供了动力。

1.2 编写 C++ 应用程序

当您打开喜欢的浏览器或字处理器时，实际上是相关的命令处理器在运行该程序的可执行文件。可执行文件是可运行的成品，应按程序员期望的那样运行。

1.2.1 生成可执行文件的步骤

要创建可在操作系统中运行的可执行文件，第一步是编写 C++ 代码。生成可执行文件的基本步骤如下。

1. 使用文本编辑器编写 C++ 代码。这种文本编辑器通常是代码编辑器或集成开发环境。
2. 使用 C++ 编译器对代码进行编译，将代码转换为包含在目标文件中的机器语言版本。
3. 使用链接器链接目标文件，以生成可执行文件（如 Windows 中的 .exe 文件）。

在编译过程中，C++ 代码（通常包含在扩展名为 .cpp 的文件中）被转换为处理器能够执行的字节码。编译器每次转换一个代码文件，生成一个扩展名为 .o 或 .obj 的目标文件，并忽略这个 .cpp 文件可能对其他文件中代码的依赖。

> **提示** 流行的编译器包括 g++（来自 GNU Project）、clang++（LLVM）和 Microsoft Visual C++（MSVC）。在 Linux 和 macOS 环境中，常使用 g++ 和 clang++；而在 Windows 环境中，常使用 MSVC。

> 本书编写期间，尚没有编译器全面支持 C++20，但 g++和 MSVC 对 C++20 的支持比其他编译器对 C++20 的支持更全面。

解析.obj 文件间依赖关系的工作由链接器负责，如果链接成功，则创建一个可执行文件，供程序员执行和分发。

编译和链接过程被称为构建可执行文件的过程。

提示

> 要编写、编译并执行简单的 C++应用程序，最快捷的方式是通过浏览器来使用在线编译器。为此，可搜索 online C++ compiler（在线 C++编译器），并尝试使用找到的编译器。不管您使用的是哪个编译器，在编译本书介绍的新语言特性时，都请注意该编译器是否支持 C++20。

1.2.2　分析并修复错误

应用程序很少能够一次通过编译并按预期运行。无论使用什么语言（包括 C++）编写，庞大或复杂的应用程序一般都需要运行很多次，以便通过测试来找出代码中的错误，即 bug。修复 bug 后，重新生成程序，再重复测试。因此，除编写、编译和链接等 3 个步骤外，软件开发过程通常还包括调试步骤。在这个步骤中，程序员会对代码中的错误进行分析和修复。因此，优秀的开发环境会提供帮助调试的工具和功能。

1.2.3　集成开发环境

程序员通常使用集成开发环境（Integrated Development Environment，IDE）。集成开发环境让您能够在一个统一的用户界面中完成编写、编译和链接步骤。

如果您想使用 IDE 来进行 C++编程，可在众多免费的 C++ IDE 中选择一个并安装。下面是一些流行的 IDE：用于 Linux 系统的 Eclipse 和 Code::Blocks、用于 macOS 系统的 Xcode 以及用于 Windows 系统的 Microsoft Visual Studio。

白名单	黑名单
保存 C++文件时，务必使用扩展名.cpp。 使用简单文本编辑器、代码编辑器或 IDE 来编写 C++代码。	保存 C++代码文件时，不要使用扩展名.c，因为有些编译器将使用这种扩展名的文件视为 C 语言程序，而不是 C++程序。 不要使用字处理器来编写代码，因为其自动校正和文本格式设置功能可能导致编译错误。

1.2.4　编写第一个 C++应用程序

了解工具和步骤后，该编写第一个 C++应用程序了。您将遵循传统，让这个应用程序在屏幕上显示"Hello World!"。

如果您使用的是 Linux 或 macOS 操作系统，使用自己熟悉的文本编辑器（我使用 gedit）创建一个包含程序清单 1.1 所示内容的文件，再将它存盘（存盘时指定扩展名为.cpp，如本书指定的 Hello.cpp）。

如果您使用的是 macOS 操作系统和 Xcode，请按如下步骤新建一个 C++项目。

1. 选择"File" > "New" > "Project"（"文件" > "新建" > "项目"）启动 New Project Wizard（新建项目向导）。

2. 选择"Command Line Tool"（命令行工具）并单击"Next"（下一步）按钮。

3. 指定产品名，如 Hello，再选择语言 C++并单击"Next"（下一步）按钮。

4. 将文件 main.cpp 中自动生成的内容替换为程序清单 1.1 所示的代码片段。

如果您使用的是 Windows 操作系统和 Microsoft Visual Studio，请按如下步骤新建一个 C++项目。

1. 选择"File">"New">"Project"（"文件">"新建">"项目"）启动 New Project Wizard（新建项目向导）。

2. 选择"C++"，再选择类型"Console App"（控制台应用程序），然后单击"Next"（下一步）按钮。

3. 给项目指定名称，如 Hello，再单击"Create"（创建）按钮。

4. 用程序清单 1.1 所示的代码替换 Hello.cpp 中自动生成的内容。

程序清单 1.1　Hello World 程序（Hello.cpp）

```
1: #include<iostream>
2:
3: int main()
4: {
5:     std::cout << "Hello World!" << std::endl;
6:     return 0;
7: }
```

这个应用程序很简单，只是使用 std::cout 在屏幕上显示问候语"Hello World!"。std::endl 命令 cout 换行。该应用程序退出时向操作系统返回 0。

> **提示**
>
> 您可能遇到下述与程序清单 1.1 的第 5 行等效的变种：
>
> ```
> 5: std::cout << "Hello World!\n";
> ```
>
> 使用它替换第 5 行时，程序的输出不变。"Hello World!\n"以\n 的方式包含换行符，因此不需要再使用 std::endl 插入换行符。
>
> 在本书的部分代码示例中，使用了\n，这旨在让代码的行宽不超过书本的宽度。

> **注意**
>
> 默读程序时，知道特殊字符和关键字的发音可能会有所帮助。
>
> 例如，对于#include，可读作 hash-include、sharp-include 或 pound-include，这取决于您的专业背景。
>
> 同样，对于 std::cout，可读作 standard-c-out，而 endl 可读作 end-line。

> **警告**
>
> 别忘了，"魔鬼"隐藏在细节中。您必须准确地输入程序清单中的代码。编译器对代码的要求非常严格；语句必须以;结尾，如果错误地输入了:，编译将以失败告终，并出现错误消息。鉴于此，不要使用字处理器来编辑代码。

> **提示**
>
> 诸如 Visual Studio Code 等用于 Linux、macOS 和 Windows 的代码编辑器是免费的。如果您不使用 IDE，Visual Studio Code 可能是首选的代码编辑器。

1.2.5　生成并执行第一个 C++应用程序

如果您使用的是 GCC 出品的 g++编译器，请打开终端，切换到文件 Hello.cpp 所在的目录，再使用如下命令调用这个编译器和链接程序：

```
g++ -o hello Hello.cpp -std=c++20
```

如果您使用的是 macOS 操作系统和编译器 clang++，可执行前述步骤，再执行如下命令：

```
clang++ -o hello Hello.cpp
```

这些命令让 g++ 和 clang++ 编译 C++ 文件 Hello.cpp，并创建一个名为 hello 的可执行文件。

使用 g++ 或 clang++ 时启用 C++20 特性

使用 g++ 或 clang++ 编译基于 C++20 的代码时，需要在命令行末尾加上参数 -std=c++20，如上述命令应修改为：

```
g++ -o hello Hello.cpp -std=c++20
```

或

```
clang++ -o hello Hello.cpp -std=c++20
```

对于使用了 C++20 特性的代码，编译时必须指定这个参数。

如果您使用的是 macOS 操作系统和 Xcode，可选择"Product">"Run"来构建并运行程序。在 Xcode 中创建的程序类似于图 1.1 所示。

图 1.1　在 macOS Xcode 12.5 中创建的简单 C++ 程序"Hello World"

提示　　要在 Xcode 中编译 C++20 代码，需要显式地启用 C++20 特性，方法是将 C++ Language Dialect 设置为 c++20。这个选项位于 Build Settings 中。

如果您使用的是 Microsoft Viusual Studio，可在该 IDE 中按"Ctrl + F5"，这将编译、链接并执行应用程序。

在 Microsoft Visual Studio 中编写的程序与图 1.2 所示类似。

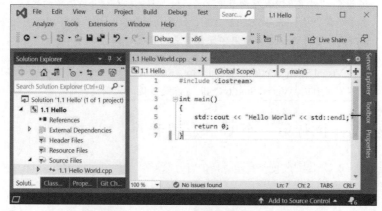

图 1.2　在 Microsoft Visual Studio 中创建的简单 C++ 程序"Hello World"

提示	要在 Microsoft Visual Studio 中编译 C++20 代码，需要显式地启用 C++20 特性，方法是将选项 C++ Language Standard（C++语言标准）设置为 ISO C++20 Standard（ISO C++20 标准）。这个选项位于选择 "Project" > "Properties"（"项目" > "属性"）打开的对话框中。

执行./hello 或 Hello.exe 时，输出如下：

```
Hello World!
```

祝贺您踏上了学习 C++编程语言的道路！

C++ ISO 标准的意义

程序清单 1.1 表明，通过遵守 C++ ISO 标准，可让开发的代码能够在多种操作系统中编译和执行。

C++ ISO 标准可确保编译器支持的一致性以及代码的跨平台移植性，这让开发人员能够满足更多用户的需求，同时不用针对不同的操作系统环境进行编程。

1.2.6　理解编译错误

编译器的要求非常苛刻，但只有优秀的编译器才会指出错误在什么地方。为让编译器这样做，可故意在程序清单 1.1 中引入错误：省略第 5 行末尾的分号（；）。在编译器看来，您在没有指出第 5 行的语句已结束的情况下，就在第 6 行输入了一条新语句，这违反了规则。如果您尝试编译修改后的代码，将出现类似于下面的错误消息：

```
1.1 Hello World.cpp(6,2): error C2143: syntax error: missing ';' before 'return'
```

这条错误消息来自 Visual C++编译器，它指出了包含错误的文件的名称，还指出了哪行是在前一条语句未结束的情况下就输入的新语句（这里是第 6 行），以及错误描述和错误编号（这里是 C2143）。为修复这种问题，可在第 6 行开头添加分号，或在第 5 行末尾添加分号，这样程序将通过编译！

注意	在 C++中，结束语句的唯一有效方式是使用分号（；）。不同于 VBScript 等语言，在 C++中，分行并不能自动结束语句。 因此，在 C++中，可使一条语句跨越多行，也可在一行中包含多条语句，只要每条语句都以分号结尾，就是正确的。

1.3　C++20 新增的功能

通过修订 C++标准，可以让这门语言使用起来更容易，同时不会降低其实现高性能应用程序的能力。

2020 年，ISO 发布了 C++20，这是 C++现代化进程中的重大一步。在这个标准中，引入了三向比较运算符（也被称为宇宙飞船运算符）、模板参数验证和一系列新库（其中包括让您能够对集合执行强大操作的视图和适配器），进一步标准化了多线程，并通过协程提供了同步支持，改进了 lambda 表达式。C++20 还引入了模块，这是大家期待已久的特性，避免了包含头文件（.h）的缺点，极大地提高了大型项目的编译速度。由于 C++20 做了巨大的改进，因此本书编写期间，还没有编译器完全支持 C++20 标准，但前面提及的编译器都向这个目标迈出了巨大的一步。

C++还在发展中。在下一次重大修订（C++23）中，有望引入一些新特性，这将在本书末尾的第 31 章介绍。

1.4 总结

在本章中，您学习了如何编写、编译、链接并执行第一个 C++程序。本章还简要地介绍了 C++的发展历程，并演示了如何在不同的操作系统中使用不同的编译器对同一个程序进行编译，从而证明了 C++标准的重要意义。

1.5 问与答

问：可以忽略编译器发出的警告消息吗？

答： 在有些情况下，编译器会发出警告消息。警告消息与错误消息的不同之处在于，警告消息指出的相关代码行的语法是正确的，能够通过编译，但可能有更佳的编写方式。优秀编译器在发出警告消息的同时还会提供修复建议。

应留意警告消息，并相应地改进应用程序。除非确定警告消息是误报，否则不要对其视而不见。

问：解释型语言与编译型语言有何不同？

答： JavaScript、Ruby、Python 等语言是解释型的。解释型语言使用解释器读取（解释）脚本文件中的代码并执行所需的操作。C++等编译型语言通过构建来生成可执行文件（其中包含可在处理器中直接执行的指令）。

问：什么是运行错误？它与编译错误有何不同？

答： 执行应用程序时发生的错误称为运行错误。在使用较旧的 Windows 版本时，您可能遇到过臭名昭著的"非法访问"（access violation）错误，它就是可执行文件存在 bug 导致的运行错误。而编译错误导致程序无法构建，表明程序存在语法问题，程序员必须修复这些问题，程序才能通过编译。

问：使用 g++、clang++或 MSVC 时，为何需要显式地启用 C++20 特性？为何不默认启用这些特性呢？

答： 修订 C++时，不仅引入了新特性，还对既有特性做了改进。编译器需要确保既有代码的向后兼容性和执行稳定性。为此，编译器通过使用新的命令行参数来引入支持 C++20 标准的新特性（有些还处于试验阶段），这样不会影响既有的构建脚本。

1.6 作业

作业包括测验和练习，前者帮助读者加深对所学知识的理解，后者为读者提供了使用新学知识的机会。请尽量先完成测验和练习题，然后对照附录 E 的答案，继续学习第 2 章前，请务必弄懂这些题目。

1.6.1 测验

1. 除语法方面外，C++等编译型语言和 JavaScript 等解释型语言之间还有何不同？
2. 链接器的作用是什么？
3. 正常的程序开发包括哪些步骤？

1.6.2 练习

1. 阅读下面的程序，在不运行它的情况下猜测其功能：

```
 1: #include<iostream>
 2: int main()
 3: {
 4:     int x = 8;
 5:     int y = 6;
 6:     std::cout << std::endl;
 7:     std::cout << x - y << " " << x * y << " " << x + y;
 8:     std::cout << std::endl;
 9:     return 0;
10: }
```

2. 对照编写练习题 1 中的程序，然后编译、链接并运行它。它输出什么？与您的猜测相符吗？

3. 下面的程序存在什么样的错误？

```
1: include<iostream>
2: int main()
3: {
4:     std::cout << "Hello Buggy World " << std::endl;
5:     return 0;
6: }
```

4. 修复练习题 3 中程序的错误，再重新编译、链接并运行它。它显示的内容是什么？

第2章
C++程序的组成部分

C++程序被组织成类，而类由成员函数和成员变量组成。本书的大部分内容将对这些组成部分进行深入解释，但要了解程序是如何组合在一起的，必须分析一个完整的工作程序。

在本章中，您将学习：

- C++程序的组成部分；
- 各部分如何协同工作；
- 函数及其用途；
- 基本输入输出操作。

2.1 Hello World 程序的组成部分

在第1章中，您编写的第一个C++程序只是将句子"Hello World!"显示在屏幕上，虽然如此，却包含C++程序最重要的基本组成部分。本节将以程序清单2.1为例，对所有程序都包含的重要部分进行分析。

程序清单 2.1　HelloWorldAnalysis.cpp：分析一个简单的 C++程序

```
 1: // Preprocessor directive that includes header iostream
 2: #include<iostream>
 3:
 4: // Start of your program: function block main()
 5: int main()
 6: {
 7:     /* Write to the console output i.e. screen */
 8:     std::cout << "Hello World" << std::endl;
 9:
10:     // Return a value to the OS
11:     return 0;
12: }
```

可将这个C++程序划分为两部分：以#开头的预处理器编译指令以及以 int main( )开头的程序主体。

注意　第1、4、7和10行以//或/*开头，它们都是注释，将被编译器忽略。注释用于对代码进行解释，是供人阅读的。

2.1.1　预处理器编译指令#include

顾名思义，预处理器是一个在编译时运行的工具。预处理器编译指令是向预处理器发出的命令，总是以英镑符号#（也被称为井号）开头。在程序清单 2.1 中，第 2 行的#include <filename>让预处理器获取指定文件（这里是 iostream）的内容，并将相关内容放在编译指令所处的位置。iostream 是一个标准头文件，它让您能够在第 8 行使用 std::cout 将 Hello World 显示到屏幕上。换句话说，编译器之所以能够编译包含 std::cout 的第 8 行，是因为第 2 行指定预处理器中包含 std::cout 的定义。

注意

在专业人员编写的 C++应用程序中，包含开发环境提供的标准头文件，还有程序员自己创建的头文件。

编写大型应用程序时，通常将其代码放在多个文件中，这使得需要在某些文件中包含其他文件。因此，如果需要在 FileB 中使用 FileA 中定义的变量或函数，就需要在前者中包含后者。为此，通常在 FileB 中使用如下 include 语句：

```
#include "...relative path to FileA\FileA"
```

包含自己创建的头文件时使用引号，包含标准头文件时使用尖括号（<>），如<iostream>、<string>和<algorithm>。

提示

预处理器编译指令#include<filename>在其所在位置插入头文件 file 的全部内容，以便被包含的文件与被编译的代码毫无关系。复杂的大型 C++项目包含大量的#include<filename>指令，导致编译时间很长。

C++20 通过引入模块解决了这个问题。模块有助于高效地重用代码，同时不会影响编译时间。本书编写期间，有些流行的编译器以试验模式支持模块，模块将在第 31 章进行介绍。

2.1.2 程序的主体：main( )

预处理器编译指令的后面是程序的主体——main( )函数，执行 C++程序时总是从这里开始。声明 main( )时，总是在它前面加上 int，这是一种标准化约定，表示 main( )函数的返回类型为整数。

注意

在很多 C++应用程序中，都使用了类似于下面的 main( )函数变种：

```
int main (int argc, char* argv[])
```

这符合标准且可以接受，因为其返回类型为 int。括号内的内容是提供给程序的参数。这种变种让用户能够在执行程序时提供命令行参数，如：

```
program -DoSomethingSpecific
```

其中-DoSomethingSpecific 是操作系统传递给程序的参数，以便在 main (int argc, char* argv[])中进行处理。

下面来看程序清单 2.1 的第 8 行，它在代码中实际执行了该程序的功能：

```
std::cout << "Hello World" << std::endl;
```

cout（它表示控制台输出，读作 see-out）是将 Hello World 显示到控制台的语句。cout 是在命名空间 std 中定义的一个流（因此这里使用了 std::cout），这里使用插入运算符<<将文本 Hello World 放入这个流中。std::endl 用于换行，将其插入流中相当于插入换行符。每次需要将新实体插入流中时，都会使用插入运算符<<。

C++流的优点是，将类似的语义用于另一种类型的流时，将执行不同的操作。例如，要将新实体插入文件而不是控制台中时，可将插入运算符<<用于 std::fstream（而不是 std::cout）之后。因此，流的用法非常直观，熟悉一种流（如将文本写入控制台的 cout）后，其他流（如帮助将文件存储到磁盘

的 fstream）使用起来就非常容易。

流将在第 27 章更详细地讨论。

> **注意**　实际文本"Hello World"（包括引号）被称为字符串字面量。

2.1.3　返回值

在 C++中，除非明确声明了不返回值，否则函数必须返回一个值。main( )是函数，且总是返回一个整数值。这个整数值被返回给操作系统，根据应用程序的性质，这可能很有用，因为大多数操作系统都提供了查询功能，让您能够获得正常终止的应用程序的返回值。在很多情况下，一个应用程序被另一个应用程序启动，且父应用程序（启动者）想知道子应用程序（被启动者）是否成功地完成了其任务，此时，程序员可使用 main( )的返回值向父应用程序传递子应用程序的成功或错误状态。

> **注意**　根据约定，函数在程序运行成功时返回 0，在出现错误时返回−1。然而，由于返回值为整数，程序员可利用整个整数范围，指出众多不同的成功或错误状态。

> **警告**　C++区分大小写，如果将 int 写成了 Int，或将 std::cout 写成了 Std::cout，程序将不能通过编译。这就是不使用字处理器来编辑代码的原因所在。

2.2　命名空间的概念

在程序清单 2.1 中，使用的是 std::cout 而不是 cout，原因在于 cout 位于标准（std）命名空间中。那么什么是命名空间呢？

假设调用 cout 时没有使用标准命名空间 std，且编译器知道 cout 存在于两个地方，那么编译器应从哪个地方调用 cout 呢？这种冲突会导致代码无法通过编译。这就是命名空间的用武之地。命名空间通过给代码片段指定名称解决了这种问题。通过使用 std::cout，您命令编译器调用命名空间 std 中的 cout。

> **注意**　您使用 std（读作 standard）命名空间来调用获得 ISO 标准委员会批准的函数、流和工具。

很多程序员发现，使用 cout 和 std 命名空间中的其他功能时，在代码中添加 std 限定符很烦琐。为避免添加该限定符，可使用 using namespace 声明，如程序清单 2.2 所示。

程序清单 2.2　using namespace 声明

```
1: // Preprocessor directive
2: #include<iostream>
3:
4: // Start of your program
5: int main()
6: {
7:    // Tell the compiler what namespace to search in
8:    using namespace std;
9:
10:   /* Write to the screen using std::cout */
11:   cout << "Hello World" << endl;
12:
13:   // Return a value to the OS
14:   return 0;
15: }
```

▼ 分析：

请注意第 8 行。通过告诉编译器您要使用命名空间 std，在第 11 行使用 cout 和 endl 时，就无须显式地指定命名空间了。

程序清单 2.3 是程序清单 2.2 的更严谨版本，它没有包含整个命名空间，而只包含要使用的元素。

程序清单 2.3 关键字 using 的另一种用法

```
1: // Preprocessor directive
2: #include<iostream>
3:
4: // Start of your program
5: int main()
6: {
7:     using std::cout;
8:     using std::endl;
9:
10:     /* Write to the screen using std::cout */
11:     cout << "Hello World" << endl;
12:
13:     // Return a value to the OS
14:     return 0;
15: }
```

▼ 分析：

在程序清单 2.3 中，使用第 7、8 行替换了程序清单 2.2 的第 8 行。两者的差别在于，程序清单 2.2 中的第 8 行让您能够在不显式地指定命名空间限定符 std:: 的情况下使用命名空间 std 中的所有元素（cout、cin 等），而程序清单 2.3 中的第 7、8 行让您能够在不显式地指定命名空间限定符 std:: 的情况下使用 std::cout 和 std::endl。

2.3 C++代码中的注释

在程序清单 2.3 中，第 1、4、10 和 13 行包含用某种语言（这里为英语）编写的文本，但不会影响程序编译，也不会影响程序的输出。这些行的内容被称为注释。注释会被编译器忽略，程序员使用它们来对代码进行解释，因此是使用人类能够明白的语言编写的。

C++支持两种风格的注释。

- //指出从这里开始到行尾都为注释，例如：

// This is a comment and it ends at this line

- /*和*/表示它们之间的文本为注释，即便这些文本跨越多行，例如：

/* This is also a comment
and it spans two lines */

注意

程序员为何要对自己编写的代码进行解释呢？这看起来好像有点奇怪，但程序越大、合作开发同一个模块的程序员越多，编写易于理解的代码就越重要。通过使用注释，程序员可指出代码的功能以及为何要这样编写代码。

白名单	黑名单
务必添加注释，对程序中复杂算法及其他复杂	不要使用注释来解释简单明了的代码。

部分的工作原理进行解释。

务必使用其他程序员能够理解的语言编写注释。

修改代码后务必审核注释，确保它们依然是正确的。

不要因为可以添加注释，就编写晦涩难懂的代码，因为注释不足以弥补糟糕的编码实践。

2.4 C++函数

函数让您能够将应用程序划分成多个功能单元，并按您选择的顺序调用。函数被调用时，通常会将一个值返回给调用它的函数。最著名的函数无疑是 int main( )，它被编译器视为 C++应用程序的起点，且必须返回一个 int 类型的值（即整数）。

作为程序员，您可以且通常也应该通过编写函数来将代码划分为多个逻辑单元。程序清单 2.4 是一个简单的应用程序，它使用一个函数在屏幕上显示内容，而该函数演示了 std::cout 的各种功能。

程序清单 2.4　声明、定义和调用函数，该函数演示了 std::cout 的功能

```
1: #include<iostream>
2: using namespace std;
3:
4: // Declare a function
5: int DemoConsoleOutput();
6:
7: int main()
8: {
9:    // Call i.e. invoke the function
10:    DemoConsoleOutput();
11:
12:    return 0;
13: }
14:
15: // Define i.e. implement the previously declared function
16: int DemoConsoleOutput()
17: {
18:    cout << "This is a simple string literal" << endl;
19:    cout << "Writing number five: " << 5 << endl;
20:    cout << "Performing division 10 / 5 = " << 10 / 5 << endl;
21:    cout << "Pi is 22 / 7 = " << 22.0 / 7 << endl;
22:
23:    return 0;
24: }
```

▼ **输出：**

```
This is a simple string literal
Writing number five: 5
Performing division 10 / 5 = 2
Pi is 22 / 7 = 3.14286
```

▼ **分析：**

这里需要注意的是第 5、10 行和第 16~24 行。第 5 行为函数声明，它告诉编译器您要创建一个函数，该函数名为 DemoConsoleOutput( )，返回类型为 int。正是因为该声明，编译器才会编译第 10 行（它在 main( )中调用 DemoConsoleOutput( )），并假定后面会有函数定义（即函数的实现，这里是指第 16~24 行）。

函数 DemoConsoleOutput( )演示了 cout 的各种功能。它不仅能够像前面显示 Hello World 那样显示文本，还能够显示简单算术运算的结果。

函数 DemoConsoleOutput( )必须返回一个整数（这是在第 5 行声明的），因此第 12 行返回了整数值 0。同样，main( )也返回了 0。

鉴于 main( )将其所有任务都交给了函数 DemoConsoleOutput( )去完成，因此可在 main( )中返回该函数的返回值，如程序清单 2.5 所示。

程序清单 2.5 使用函数的返回值

```
 1: #include<iostream>
 2: using namespace std;
 3:
 4: // Function declaration and definition
 5: int DemoConsoleOutput()
 6: {
 7:     cout << "This is a simple string literal" << endl;
 8:     cout << "Writing number five: " << 5 << endl;
 9:     cout << "Performing division 10 / 5 = " << 10 / 5 << endl;
10:     cout << "Pi is 22 / 7 = " << 22.0 / 7 << endl;
11:
12:     return 0;
13: }
14:
15: int main()
16: {
17:     // Function call with return used to exit
18:     return DemoConsoleOutput();
19: }
```

▼ **分析：**

该程序清单的输出与程序清单 2.4 相同，但编写方式存在细微的差别。首先，由于在 main( )前面（第 5~13 行）定义（实现）了函数 DemoConsoleOutput( )，因此无须声明它。编译器将其视为函数声明和定义。其次，main( )的内容也更简短。第 18 行调用函数 DemoConsoleOutput( )，并将该函数的返回值作为 main( )的返回值。

注意

在程序清单 2.5 中，没有使用函数 DemoConsoleOutput( )来做出决策，因此可将其返回类型声明为 void：

```
    void DemoConsoleOutput()
```

这个函数变种不能返回值。

函数可以接收参数，可以递归调用，可以包含多条返回语句，可以重载，还可声明为内联的（在这种情况下，编译器将展开函数调用）。这些概念都将在第 7 章更详细地介绍。

2.5 使用 std::cin 和 std::cout 执行基本输入输出操作

计算机让用户能够以各种方式与其运行的应用程序交互，也让应用程序能够以众多方式与用户交互。用户可通过输入设备（常见的是键盘和鼠标）与应用程序交互。您可以在屏幕上以文本和图形的方式展示信息，可以使用打印机将信息打印到纸上，还可以将信息存储到文件系统中，供以后使用。本节讨论最简单的 C++输入输出方式：使用控制台读写信息。

要将简单的文本数据写入控制台，可使用 std::cout（读作 standard see-out）；要从控制台读取文本和数字，可使用 std::cin（读作 standard see-in）。事实上，在程序清单 2.1 中，在屏幕上显示 Hello World 时，就使用过 cout：

```
8:    std::cout << "Hello World" << std::endl;
```

在这条语句中，cout 的后面依次为插入运算符<<（帮助将数据插入输出流）、要插入的字符串字面量"Hello World"、另一个插入运算符<<、使用 std::endl（读作 standard end-line）表示的换行符。除插入换行符外，std::endl 还会刷新（flush）输出缓冲区，让 std::cout 立即显示所有的内容。

cin 的用法也很简单，但它用于输入，因此需要指定要将输入数据存储到其中的变量：

```
std::cin >> variable;
```

因此，cin 后面依次为提取运算符>>（从输入流中提取数据）以及要将输入数据存储到其中的变量。如果需要将用户输入的数据存储到两个变量中——每个变量包含用空格分隔的数据，可使用如下语句完成这项任务：

```
std::cin >> variable1 >> variable2;
```

请注意，cin 可用于从用户那里获取数字输入和文本输入，如程序清单 2.6 所示。

程序清单 2.6　使用 cin 和 cout 显示用户的数字输入和文本输入

```
 1: #include<iostream>
 2: #include<string>
 3: using namespace std;
 4:
 5: int main()
 6: {
 7:    // Declare a variable to store an integer
 8:     int inputNumber;
 9:
10:    cout << "Enter an integer: ";
11:
12:    // store integer given user input
13:    cin >> inputNumber;
14:
15:    // The same with text i.e. string data
16:    cout << "Enter your name: ";
17:    string inputName;
18:    cin >> inputName;
19:
20:    cout << inputName << " entered " << inputNumber << endl;
21:
22:    return 0;
23: }
```

▼ **输出：**

```
Enter an integer: 42
Enter your name: Siddhartha
Siddhartha entered 42
```

▼ **分析：**

第 8 行声明了一个名为 inputNumber 的变量，用于存储类型为 int 的数据。第 10 行使用 cout 让用户输入一个数字，而第 13 行使用 cin 将输入的数字存储在该 int 类型的变量中。接下来重复类似的操作，存储用户的名字，当然用户的名字不能存储在 int 类型的变量中，而是存储在 string 类型的变量中，如第 17、18 行所示。第 2 行包含头文件 string，原因是后面在 main( ) 中使用了类型 std::string。最后，第 20 行使用一条 cout 语句显示输入的名字、数字以及连接文本，输出为 Siddhartha entered 42。

这个简单示例演示了 C++ 中输入输出的基本原理。如果您还不清楚变量的概念，不用担心，第 3 章将详细阐述。

注意

> 执行程序清单 2.6 时，如果输入了我的完整姓名 Siddhartha Rao，cin 依然只会存储第一部分，即 Siddhartha。要存储输入的整行内容，应使用函数 getline( )，这将在第 4 章（程序清单 4.7）提及。

2.6 总结

本章介绍了简单 C++ 程序的基本组成部分。您学习了 main( ) 是什么，了解了命名空间，学习了执行输入输出操作的基本知识。现在，您能够在自己编写的任何程序中使用这些知识了。

2.7 问与答

问：#include 的作用是什么？

答： 这是一个预处理器编译指令。预处理器在您调用编译器时运行。该指令使得预处理器将 include 后面的 <> 中的文件读入程序，其效果等同于将这个文件输入源代码中的对应位置。

问：#include 有何问题？

答： 程序中包含大量头文件会降低编译速度，这个问题在大型项目中尤其明显。C++20 通过引入模块缓解了这个问题。

问：//注释和/*注释之间有何不同？

答： //注释到行尾结束；/*注释到*/结束。//注释也被称为单行注释，/*注释通常被称为多行注释。别忘了，即使是函数的结尾也不能作为/*注释的结尾，如果遗漏了注释结尾标记*/，将导致后续代码被注释掉。

问：什么情况下需要命令行参数？

答： 命令行参数用于支持可能改变程序执行过程的选项。例如，在 Windows 中，命令 format 用于格式化磁盘，其通常用法为 format c:，其中的 c: 是发送给可执行文件 format.exe 的命令行参数。

2.8 作业

作业包括测验和练习，前者帮助读者加深对所学知识的理解，后者为读者提供了使用新学知识的机会。请尽量先完成测验和练习题，然后对照附录 E 的答案，继续学习第 3 章前，请务必弄懂这些题目。

2.8.1 测验

1. 声明 Int main( )有何问题？
2. 注释可以超过一行吗？

2.8.2 练习

1. 查错：输入下面的程序并编译它。它为什么不能通过编译？如何修正？

```
1: #include<iostream>
2: void main()
3: {
4:     std::Cout << Is there a bug here?";
5: }
```

2. 修正练习题 1 中的错误，然后重新编译、链接并运行它。
3. 修改程序清单 2.4，以演示减法（使用-）和乘法（使用*）运算。

第3章
使用变量和常量

变量让程序员能够将数据临时存储一段时间，而常量让程序员能够定义不允许修改的东西。
在本章中，您将学习：
- 如何声明和定义变量与常量；
- 如何给变量赋值以及如何操纵这些值；
- 如何将变量的值显示到屏幕上；
- 如何使用关键字 auto 和 constexpr。

3.1 什么是变量

探索编程语言为何需要使用变量前，先来看看计算机的组成及其工作原理。

3.1.1 内存和寻址概述

计算机、智能手机及其他可编程设备都包含微处理器和一定数量的临时存储空间，这种临时存储器被称为随机存储器（Random Access Memory，RAM）。另外，很多设备还能够让您将数据永久性地存储到硬盘等存储设备中。微处理器负责执行应用程序中的指令，在此过程中，它从 RAM 中获取要执行的应用程序的二进制码以及相关联的数据。

RAM 是类似于宿舍里成排储物柜的存储区域，每个储物柜都有编号，即地址。要访问特定的内存单元，如内存单元 578，需要使用指令要求处理器从这里获取值或将值写入这里。

3.1.2 声明变量以访问和使用内存

下面的示例将帮助您明白变量是什么。假设您要编写一个程序，它将用户提供的两个数字相乘。用户被要求依次提供被乘数和乘数，而您需要存储它们，以便随后将它们相乘。您还可能需要存储乘法运算的结果，供以后使用，这取决于您要使用这个结果做什么。为此，不用费劲地使用数字表示存储地址（如 578），而可以使用变量。变量定义起来非常简单，其语法如下：

VariableType VariableName;

或

VariableType VariableName = InitialValue;

其中的 **VariableType** 向编译器指出了变量可存储的数据的类型，编译器将为变量预留必要的空间。

变量名由程序员选择，它替代了变量值在内存中的存储地址，对用户更友好。

提示 —————— 初始化变量虽然是可选的操作，但这样做通常是一个不错的编程习惯。

程序清单 3.1 将用户提供的两个数字相乘，演示了如何在程序中声明、初始化和使用变量。

程序清单 3.1 使用变量存储两个数字及两数相乘的结果

```
 1: #include<iostream>
 2: using namespace std;
 3:
 4: int main ()
 5: {
 6:    cout << "This program multiplies two numbers" << endl;
 7:
 8:    cout << "Enter the first number: ";
 9:    int firstNumber = 0;
10:    cin >> firstNumber;
11:
12:    cout << "Enter the second number: ";
13:    int secondNumber = 0;
14:    cin >> secondNumber;
15:
16:    // Multiply two numbers, store result in a variable
17:    int multiplicationResult = firstNumber * secondNumber;
18:
19:    // Display result
20:    cout << firstNumber << " x " << secondNumber;
21:    cout << " = " << multiplicationResult << endl;
22:
23:    return 0;
24: }
```

▼ **输出：**

```
This program multiplies two numbers
Enter the first number: 51
Enter the second number: 24
51 x 24 = 1224
```

▼ **分析：**

这个应用程序要求用户输入两个数字，将它们相乘并显示结果。应用程序要使用用户输入的数字，必须将其存储到内存中。第 9 和 13 行声明了变量 firstNumber 和 secondNumber，用于临时存储用户输入的整数。第 10 和 14 行使用 std::cin 获取用户输入，并将其存储到两个整型变量中。第 17 行执行乘法运算，并将结果存储在变量 multiplicationResult 中。第 21 行的 cout 语句用于输出结果。

下面进一步分析其中的一个变量声明：

```
 9: int firstNumber = 0;
```

这行代码声明了一个变量，其类型为 int（整型），名称为 firstNumber，并将该变量的初始值设置为 0。

将变量 firstNumber 关联到内存单元的工作由编译器负责，它还负责为您完成相关的簿记工作。这样，程序员就可使用简单易读的名称，把将变量关联到地址以及创建 RAM 访问指令的工作留给编译器去做。

提示

> 为编写易于理解和维护的代码，给变量指定合适的名称很重要。
>
> 在 C++中，变量名可包含数字和字母，但不能以数字开头。变量名不能包含空格和算术运算符（如+、−等）。另外，变量名不能是保留的关键字，例如，将变量命名为 return 将导致程序无法通过编译。
>
> 变量名可包含下画线（_），这种字符经常包含在描述性变量名中。

3.1.3 声明并初始化多个类型相同的变量

在程序清单 3.1 中，变量 firstNumber、secondNumber 和 multiplicationResult 属于同一种类型——整型，但分别在 3 行中声明。如果您愿意，可简化这 3 个变量的声明，使之在一行代码中完成，如下所示：

```
int firstNumber = 0, secondNumber = 0, multiplicationResult = 0;
```

注意

> 如您所见，在 C++中，可同时声明多个类型相同的变量，还可在函数开头声明变量。然而，需要时再声明变量通常是更好的选择，因为这让代码更容易被理解——变量的声明离使用它的地方不远时，别人更容易注意到变量的类型。

警告

> 存储在变量中的数据被存储在内存中。应用程序终止时，这样的数据会丢失，除非程序员显式地将其存储到硬盘等永久性存储介质中。
>
> 如何将数据存储到硬盘将在第 27 章讨论。

3.1.4 理解变量的作用域

变量的作用域指的是一个代码区域，您可以在这个区域中使用这个变量。常规变量（如前面定义的所有变量）的作用域很明确，只能在作用域内使用它们，如果在作用域外使用它们，编译器将无法识别，导致程序无法通过编译。在作用域外，变量是未定义的实体，编译器对其一无所知。

为让读者更好地理解变量的作用域，程序清单 3.2 将程序清单 3.1 所示的程序重新组织成了一个函数——MultiplyNumbers( )，它将两个数字相乘并返回相乘的结果。

程序清单 3.2 使用变量存储两个数字及两数相乘的结果

```
 1: #include<iostream>
 2: using namespace std;
 3:
 4: void MultiplyNumbers ()
 5: {
 6:    cout << "Enter the first number: ";
 7:    int firstNumber = 0;
 8:    cin >> firstNumber;
 9:
10:    cout << "Enter the second number: ";
11:    int secondNumber = 0;
12:    cin >> secondNumber;
13:
14:    // Multiply two numbers, store result in a variable
15:    int multiplicationResult = firstNumber * secondNumber;
16:
```

```
17:    // Display result
18:    cout << firstNumber << " x " << secondNumber;
19:    cout << " = " << multiplicationResult << endl;
20: }
21: int main ()
22: {
23:    cout << "This program multiplies two numbers" << endl;
24:
25:    // Call the function that does all the work
26:    MultiplyNumbers();
27:
28:    // cout << firstNumber << " x " << secondNumber;
29:    // cout << " = " << multiplicationResult << endl;
30:
31:    return 0;
32: }
```

▼ 输出：

```
This program multiplies two numbers
Enter the first number: 51
Enter the second number: 24
51 x 24 = 1224
```

▼ 分析：

程序清单 3.2 的功能与程序清单 3.1 的相同，输出也相同，唯一的差别在于，程序清单 3.2 中将工作交给了函数 MultiplyNumbers( )去完成，并在 main( )中调用它。请注意，不能在函数 MultiplyNumbers( )外面使用变量 firstNumber 和 secondNumber。如果您取消对 main( )中第 28 或 29 行的注释，将出现编译错误，而错误很可能是由未声明的标识符（undeclared identifier）引发的。这是因为变量 firstNumber 和 secondNumber 的作用域为声明它们的函数（这里为 MultiplyNumbers( )）。这种变量被称为局部变量，只能在声明它的函数内使用。标识函数结束的花括号（}）也限定了在左花括号后面声明的变量的作用域。函数结束后，将销毁所有局部变量，并归还它们占用的内存。

因此，在程序清单 3.2 中，在 MultiplyNumbers( )内部声明的变量在该函数结束时不再存在，如果在 main( )中使用它们，程序将无法通过编译，因为在 main( )中这些变量未声明。

警告　如果在 main( )声明另一组同名变量，不能指望它们的值与您在 MultiplyNumbers( )中赋给同名变量的值相同。

编译器将 main( )中声明的变量视为独立的实体，即便它们与另一个函数中声明的变量同名，因为这些变量的作用域不同。

3.1.5　全局变量

在程序清单 3.2 中，如果变量是在函数 MultiplyNumbers( )外部而不是内部声明的，则在函数 main( )和 MultiplyNumbers( )中都可使用它们。程序清单 3.3 演示了全局变量，它们是程序中作用域最大的变量。

程序清单 3.3　使用全局变量

```
1: #include<iostream>
2: using namespace std;
3:
```

```
 4: // Declare three global integers
 5: int firstNumber = 0;
 6: int secondNumber = 0;
 7: int multiplicationResult = 0;
 8:
 9: void MultiplyNumbers ()
10: {
11:     cout << "Enter the first number: ";
12:     cin >> firstNumber;
13:
14:     cout << "Enter the second number: ";
15:     cin >> secondNumber;
16:
17:     // Multiply two numbers, store result in a variable
18:     multiplicationResult = firstNumber * secondNumber;
19:
20:     // Display multiplicationResult
21:     cout << "Displaying from MultiplyNumbers(): ";
22:     cout << firstNumber << " x " << secondNumber;
23:     cout << " = " << multiplicationResult << endl;
24: }
25: int main ()
26: {
27:     cout << "This program multiplies two numbers" << endl;
28:
29:     // Call the function that does all the work
30:     MultiplyNumbers();
31:
32:     cout << "Displaying from main(): ";
33:
34:     // This line will now compile and work!
35:     cout << firstNumber << " x " << secondNumber;
36:     cout << " = " << multiplicationResult << endl;
37:
38:     return 0;
39: }
```

▼ 输出：

```
This program multiplies two numbers
Enter the first number: 65
Enter the second number: -3
Displaying from MultiplyNumbers(): 65 x -3 = -195
Displaying from main(): 65 x -3 = -195
```

▼ 分析：

程序清单 3.3 在两个函数中显示了乘法运算的结果，而变量 firstNumber、secondNumber 和 multiplicationResult 都不是在这两个函数内部声明的。这些变量为全局变量，因为声明它们的第 5~7 行不在任何函数内部。注意，在第 22、23 行以及第 35、36 行中，使用了这些变量并将显示它们的值。尤其要注意的是，虽然 multiplicationResult 的值是在 MultiplyNumbers( )中指定的，但仍可在 main( ) 中使用它。

警告 ───────

不分青红皂白地使用全局变量通常是一种糟糕的编程习惯。这是因为全局变量可在任何函数中赋值，因此其值可能出乎意料，在修改全局变量的函数运行在不同的线程中或由小组中的不同程序员编写时尤其如此。

要像程序清单 3.3 那样在 main( ) 中获取乘法运算的结果，一种更优雅的方式是不使用全局变量，而让 MultiplyNumbers( ) 将结果返回给 main( )。

3.1.6　命名约定

您可能注意到了，在函数名 MultiplyNumbers( ) 中，每个单词的首字母都为大写，这被称为帕斯卡命名法，而在变量名 firstNumber、secondNumber 和 multiplicationResult 中，第一个单词的首字母采用小写，这被称为驼峰命名法。本书遵循这样的命名约定，即对于变量名，采用驼峰命名法，而对于诸如函数名等其他元素，采用帕斯卡命名法。

您可能会遇到这样的 C++代码，即在变量名开头包含指出变量类型的字符。这种约定被称为匈牙利表示法。对于变量名 firstNumber，如果使用匈牙利表示法，将写为 iFirstNumber，其中前缀 i 表示整型；如果这个变量为全局整型变量，其名称将写为 g_iFirstNumber。近年来，匈牙利表示法不那么流行了，其中的原因之一是 IDE 得到了改进，能够在被鼠标指针指向时显示变量的类型。下面是一些常见的糟糕的变量名：

```
int i = 0;
bool b = false;
```

为何说这些变量名很糟糕呢？因为它们没有指出变量的用途。对于这些变量，像下面这样命名更佳：

```
int totalCash = 0;
bool isLampOn = false;
```

警告 ───────

命名约定旨在方便程序员（而不是编译器）理解代码，因此请选择一种约定并坚持使用。团队协作时，最好在开发项目前就要就采用哪种约定达成一致。处理既有项目时，应采用项目遵循的约定，以方便他人理解新增的代码。

3.2　编译器支持的常见 C++变量类型

在本书前面的大多数示例中，定义的变量类型都是 int（整型），然而 C++编译器支持很多基本变量类型，可供程序员选择。选择正确的变量类型很重要，如果不想丢失小数部分，就不能选择整型，因为整型变量不能用来包含小数的值。例如，如果程序需要存储圆周率的值，可使用 float 类型的变量或 double 类型的变量。表 3.1 列出了各种变量类型及其可存储的数据的值或范围。

表 3.1　　　　　　　　　　　　变量类型及其可存储的数据的值或范围

变量类型	值或范围
bool	true/false
char	256 个字符值
unsigned short int	0～65535
short int	–32768～32767
unsigned long int	0～4294967295
long int	–2147483648～2147483647
unsigned long long	0～18446744073709551615

变量类型	值或范围
long long	−9223372036854775808～9223372036854775807
int（16 位）	−32768～32767
int（32 位）	−2147483648～2147483647
unsigned int（16 位）	0～65535
unsigned int（32 位）	0～4294967295
float	1.2e−38～3.4e38
double	2.2e−308～1.8e308
long double	2.2e−308～1.8e308［在 Microsoft Visual C++（MSVC）中，这种变量类型可存储的数据的范围与 double 相同，但在其他平台中，情况不是这样的］

接下来将更详细地介绍一些重要的变量类型。

3.2.1 使用 bool 变量存储布尔值

C++提供了一种专为存储布尔值 true 和 false 而创建的 bool 变量，其中 true 和 false 都是保留的 C++关键字。

> **注意**　bool 等被称为保留的关键字，因为不能将它们用作变量名或函数名。

对于取值为开或关、有或没有、可用或不可用等的设置和标记，非常适合使用 bool 变量来存储。下面是一个声明并初始化 bool 变量的例子：

```
bool alwaysOn = true;
```

下面是一个结果为布尔值的表达式：

```
bool deleteFile = (userSelection == "yes");
// evaluates to true if userSelection contains "yes", else to false
```

条件表达式将在第 5 章提及。

3.2.2 使用 char 变量存储字符

char 变量用于存储单个字符，下面是一个声明示例：

```
char userInput = 'Y'; // initialized char to 'Y'
```

请注意，内存由位和字节组成。位的取值为 0 或 1；字节是最小的内存单位，由位组成（1 字节为 8 位），因此字节包含二进制格式的数值数据。像前面的示例那样使用字符数据时，编译器将把字符转换为可存储到内存中的数字表示。美国信息交换标准代码（American Standard Code for Information Interchange，ASCII）对拉丁字母 A～Z 和 a～z、数字 0～9，以及一些特殊按键（如 Delete）和一些特殊字符（如空格）的数字表示进行了标准化。

如果您查看附录 D 的 ASCII 表，将发现赋给变量 userInput 的字符 Y 的 ASCII 值为 89（十进制表示）或 01011001（二进制表示），因此编译器将在分配给 userInput 的内存空间中存储 01011001。

> **提示**　要学习如何在十进制和二进制之间进行转换，请参阅附录 A。

3.2.3 有符号整数和无符号整数的概念

符号位用来标识正或负。您在计算机中使用的所有数字都以位和字节的方式存储在内存中。1 字节的内存单元包含 8 位，每位都要么为 0，要么为 1（即存储这两个值之一），因此 1 字节的内存单元可以有 2^8（256）个不同的取值。同样，16 位的内存单元可以有 2^{16}（65536）个不同的取值。

如果这些取值是无符号的数（即为非负数），则 1 字节的可能取值为 0～255，而 2 字节的可能取值为 0～65535。从表 3.1 可知，unsigned short int 类型变量的取值范围为 0～65535，且占用 16 位内存。因此，使用位和字节表示正数非常容易，如图 3.1 所示。

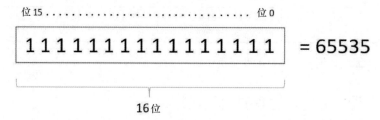

图 3.1 占用 16 位内存的 unsigned short int 类型变量

在内存空间中如何表示负数呢？一种方式是将第 1 位用作符号位，指出其他位包含的值是正还是负，如图 3.2 所示。符号位必须是最高有效位（Most Significant Bit，MSB），要表示奇数时，必须使用最低有效位（Least Significant Bit，LSB）。当 MSB 包含符号信息时，假定 0 表示正，1 表示负，而其他位包含绝对值。

因此，占用 16 位的有符号数的取值范围为 −32768～32767，而占用 8 位的有符号数的取值范围为 −128～127。如果查看表 3.1，将发现 short 类型的变量占用 16 位，取值范围为 −32768～32767。

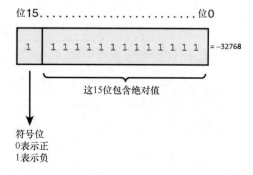

图 3.2 占用 16 位内存的 signed short 类型的变量

3.2.4 有符号整型 short、int、long 和 long long

short、int、long 和 long long 类型变量的长度各不相同，因此其取值范围也各不相同。int 可能是用得最多的类型，在大多数编译器中，其变量长度都是 32 位。务必根据变量可能存储的最大值给它指定合适的类型，这很重要。

声明有符号整型的变量很简单，如下所示：

```
short int gradesInMath = -5; // not your best score
int moneyInBank = -70000; // overdraft
long populationChange = -85000; // reducing population
long long countryGDP_YoY = -70000000000; // GDP lower by 70 billion
```

3.2.5 无符号整型 unsigned short、unsigned int、unsigned long 和 unsigned long long

不同于相应的有符号整型变量，无符号整型变量未使用 1 位来存储符号信息，因此它们的最大取值为相应有符号类型变量的两倍。

声明无符号类型变量也很简单，如下所示：

```
unsigned short int numColorsInRainbow = 7;
unsigned int numEggsInBasket = 24; // will always be positive
unsigned long numCarsInNewYork = 700000;
unsigned long long countryMedicareExpense = 70000000000;
```

注意	如果预期变量的取值不会为负数，就应将其类型声明为无符号的。因此，如果您要存储苹果的数量，不应使用 int 类型的变量，而应使用 unsigned int 类型的变量，后者的最大取值为前者的两倍。

警告	并非在所有情况下，无符号类型都合适。例如，银行应用程序必须存储负的账户余额，以支持透支，在这种情况下，不能使用无符号类型。

3.2.6 选择正确的数据类型以免发生溢出错误

诸如 short、int、long、unsigned short、unsigned int、unsigned long 等数据类型的容量都是有限的，如果算术运算的结果超出了选定数据类型的上限，将导致溢出。

就拿 unsigned short 来说吧，该类型变量占用 16 位内存，因此取值范围为 0～65535。usigned short 变量的值为 65535 后，如果再加 1，将导致溢出，结果为 0。这很像汽车的里程表，如果它只支持 5 位数字，则里程超过 99999 公里（或 9999 英里）后，里程表将发生机械溢出。

在这种情况下，将计数器的变量类型指定为 unsigned short 不合适。要支持大于 65535 的数字，程序员应使用数据类型 unsigned int。

signed short 类型变量的取值范围为-32768～32767，如果这种变量的值已经是 32767，则将其加 1 的结果为最小的负数——这取决于编译器。

程序清单 3.4 演示了执行算术运算时可能不小心导致的溢出错误。

程序清单 3.4　演示有符号整型变量和无符号整型变量溢出的负面影响

```
 1: #include<iostream>
 2: using namespace std;
 3:
 4: int main()
 5: {
 6:    unsigned short uShortValue = 65535;
 7:    cout << "unsigned short 65535 + 1 = ";
 8:    cout << ++uShortValue << endl;
 9:
10:    short signedShort = 32767;
11:    cout << "signed short 32767 + 1 = ";
12:    cout << ++signedShort << endl;
13:
14:    return 0;
15: }
```

▼ 输出：

```
unsigned short 65535 + 1 = 0
signed short 32767 + 1 = -32768
```

▼ **分析：**

上述输出表明，无意的溢出导致应用程序的行为不可预测。在第 8 和 12 行，将已经分别为最大可能取值 65535 和 32767 的 unsigned short 类型变量和 signed short 类型变量加 1。输出表明，执行递增运算后发生了溢出，导致 unsigned short 类型变量的值从 65535 变成了 0，而 signed short 类型变量的值从 32767 变成了 -32768。您做梦都想不到，递增运算竟然会导致变量的值减小，但发生溢出时，情况确实如此。如果使用一个 unsigned short 类型变量来指定要分配的内存量，则在您原本要分配 65536 字节内存时，实际上请求的却是 0 字节。

注意	在程序清单 3.4 中，第 8 和 12 行执行递增运算的++uShortValue 和++signedShort 使用的是前缀递增运算符。运算符将在第 5 章详细介绍。

3.2.7 浮点类型 float 和 double

浮点类型用于存储实数（可以是正数，也可以是负数，还可以包含小数值）。因此，如果要使用 C++变量存储 pi（22/7）的值，就应将其声明为浮点类型变量。

声明浮点类型变量的方式与程序清单 3.1 中声明 int 类型变量的方式相同。要声明一个可存储小数值的单精度浮点（float）类型变量，可像下面这样做：

```
float pi = 3.14;
```

要声明双精度浮点（double）类型变量，可像下面这样做：

```
double morePrecisePi = 22.0 / 7;
```

提示	可使用由单引号表示的组块分隔符（chunking separator）来提高代码的可读性，如下面的初始化语句所示：

	`int moneyInBank = -70'000; // -70000`
	`long populationChange = -85'000; // -85000`
	`// -70 billion:`
	`long long countryGDPChange = -70'000'000'000;`
	`double pi = 3.141'592'653'59; // 3.14159265359`

注意	前面介绍的数据类型通常被称为 POD（Plain Old Data，普通旧数据）。

3.3 使用 sizeof 确定变量的长度

变量长度指的是程序员声明变量时，编译器将预留的内存大小，这些内存用于存储赋给该变量的数据。变量的长度随类型而异。C++提供了一个方便的运算符——sizeof()，它可用于确定变量的长度（单位为字节）或类型。

提示	您肯定会遇到 size_t，它表示一个无符号整数。sizeof()会返回一个类型为 size_t 的值，这个值指出了指定类型变量的长度，单位为字节。

sizeof 的用法非常简单。要确定 int 类型的变量的长度，可调用 sizeof()并向它传递参数 int：

```
cout << "Size of an int: " << sizeof (int);
```

程序清单 3.5 演示了如何获得各种标准 C++类型变量的长度。

程序清单 3.5 获得标准 C++类型变量的长度

```cpp
 1: #include<iostream>
 2:
 3: int main()
 4: {
 5:     using namespace std;
 6:     cout << "Computing the size of inbuilt variable types" << endl;
 7:
 8:     cout << "sizeof bool: " << sizeof(bool) << endl;
 9:     cout << "sizeof char: " << sizeof(char) << endl;
10:     cout << "sizeof unsigned short int: " << sizeof(unsigned short) << endl;
11:     cout << "sizeof short int: " << sizeof(short) << endl;
12:     cout << "sizeof unsigned long int: " << sizeof(unsigned long) << endl;
13:     cout << "sizeof long: " << sizeof(long) << endl;
14:     cout << "sizeof int: " << sizeof(int) << endl;
15:     cout << "sizeof uns. long long: "<< sizeof(unsigned long long)<< endl;
16:     cout << "sizeof long long: " << sizeof(long long) << endl;
17:     cout << "sizeof unsigned int: " << sizeof(unsigned int) << endl;
18:     cout << "sizeof float: " << sizeof(float) << endl;
19:     cout << "sizeof double: " << sizeof(double) << endl;
20:
21:     cout << "The output changes with compiler, hardware and OS" << endl;
22:
23:     return 0;
24: }
```

▼ 输出:

```
Computing the size of inbuilt variable types
sizeof bool: 1
sizeof char: 1
sizeof unsigned short int: 2
sizeof short int: 2
sizeof unsigned long int: 4
sizeof long: 4
sizeof int: 4
sizeof uns. long long: 8
sizeof long long: 8
sizeof unsigned int: 4
sizeof float: 4
sizeof double: 8
The output changes with compiler, hardware and OS
```

▼ 分析:

程序清单 3.5 的输出指出了各种类型变量的长度 (单位为字节), 这是针对我使用的平台 (编译器、操作系统和硬件) 而言的。具体地说, 这是在 64 位系统中以 32 位模式 (使用 32 位编译器进行编译) 运行该程序得到的结果。如果使用 64 位编译器进行编译, 结果可能不同。我之所以使用 32 位编译器, 是因为这样该应用程序在 32 位和 64 位系统上都能运行。输出表明, 无符号类型变量和相应的有符号类型变量的长度相同, 唯一的差别在于, 有符号类型变量的 MSB 包含符号信息。

提示 | 如果要使用固定长度的整型，可包含头文件 cstdint，它提供了长度固定的类型。这些类型分别是 8 位的有符号和无符号整型 int8_t 和 unit8_t、16 位的有符号和无符号整型 int16_t 和 uint16_t、32 位有符号和无符号整型 int32_t 和 uint32_t 以及 64 位的有符号和无符号整型 int64_t 和 uint64_t。

使用列表初始化避免缩窄转换错误

使用取值范围较大的变量（如 int 类型的变量）来初始化取值范围较小的变量（如 short 类型的变量）时，将面临出现缩窄转换错误的风险，因为编译器必须将很大的值存储到容量没那么大的变量中，下面是一个这样的示例：

```
int largeNum = 5000000;
short smallNum = largeNum; // compiles OK, yet narrowing error
```

缩窄转换错误并非只能在整型转换时发生。使用 double 类型的值来初始化 float 类型的变量、使用 int 类型的值来初始化 float 或 double 类型的变量或者使用 float 类型的值来初始化 int 类型的变量时，也可能导致缩窄转换错误。有些编译器可能会发出警告，但这种警告并不会导致程序无法通过编译。在这种情况下，程序可能在运行阶段出现 bug，但这种 bug 并非每次运行时都会出现。

为避免缩窄转换导致的错误，可使用列表初始化，方法是将用于初始化的变量或值放在花括号（{}）内。列表初始化的语法如下：

```
int largeNum = 5000000;
short anotherNum{ largeNum }; // error! Amend types
int anotherNum{ largeNum }; // OK!
float someFloat{ largeNum }; // error! Type int being narrowed
float someFloat{ 5000000 }; // OK! 5000000 can be accommodated
```

这种功能的作用虽然不明显，但可避免在执行阶段对数据进行缩窄转换导致的 bug——这种 bug 是不合理的初始化导致的，难以发现。

3.4　使用 auto 自动推断类型

在有些情况下，根据赋给变量的初始值，很容易知道其类型。例如，如果将变量的初始值设置成了 true，就可推断其类型为 bool。编译器支持借助关键字 auto 不显式地指定变量的类型：

```
auto coinFlippedHeads = true;
```

在这个示例中，将指定变量 coinFlippedHeads 的类型的任务留给了编译器。编译器检查指定的初始值，再确定将变量声明为什么类型最合适。就这里而言，显然初始值 true 最适合存储到类型为 bool 的变量中，因此编译器认为变量 coinFlippedHeads 的最佳类型为 bool，并在内部将 coinFlippedHeads 的类型视为 bool，程序清单 3.6 证明了这一点。

程序清单 3.6　使用关键字 auto 并依靠编译器自动推断类型

```
1: #include<iostream>
2: using namespace std;
3:
4: int main()
5: {
```

```
 6:     auto coinFlippedHeads = true;
 7:     auto largeNumber = 2500000000000;
 8:
 9:     cout << "coinFlippedHeads = " << coinFlippedHeads << ", ";
10:     cout << "sizeof(coinFlippedHeads) = " << sizeof(coinFlippedHeads);
11:     cout << endl << "largeNumber = " << largeNumber << ", ";
12:     cout << "sizeof(largeNumber) = " << sizeof(largeNumber) << endl;
13:
14:     return 0;
15: }
```

▼ 输出：

```
coinFlippedHeads = 1, sizeof(coinFlippedHeads) = 1
largeNumber = 2500000000000, sizeof(largeNumber) = 8
```

▼ 分析：

在第 6 和 7 行声明两个变量时，使用了关键字 auto。通过使用 auto，让编译器去决定变量的类型，而编译器将根据变量的初始值来确定合适的类型。在第 10 和 12 行，使用了 sizeof( )来检查编译器选择的类型是否符合预期，从程序清单 3.6 的输出可知，确实符合预期。

注意

使用 auto 时必须对变量进行初始化，因为编译器需要根据初始值来确定变量的类型。如果将变量的类型声明为 auto，却不对其进行初始化，将出现编译错误。

乍一看，auto 并非有什么了不起的功能，但在变量类型非常复杂时，它可让编程变得容易得多。有关 auto 如何在简化代码的同时确保代码类型安全的内容，将在第 15 章更深入地讨论。

3.5 使用 typedef 替换变量类型

C++允许您将变量类型替换为您认为方便的名称，为此，可使用关键字 typedef。在下面的示例中，程序员想给 unsigned int 指定一个更具描述性的名称——STRICTLY_POSITIVE_INTEGER：

```
typedef unsigned int STRICTLY_POSITIVE_INTEGER;
STRICTLY_POSITIVE_INTEGER numEggsInBasket = 45;
```

编译时，第 1 行告诉编译器，STRICTLY_POSITIVE_INTEGER 就是 unsigned int。以后编译器再遇到已定义的类型 STRICTLY_POSITIVE_INTEGER 时，就会将它替换为 unsigned int 并继续编译。

注意

涉及语法烦琐的复杂类型，如使用模板的类型时，使用 typedef（类型替换）特别方便。模板将在第 14 章讨论。

3.6 什么是常量

假设您要编写一个程序，计算圆的面积和周长，其公式如下：

```
area = pi * radius * radius;
circumference = 2 * pi * radius
```

在上述公式中，pi 为常量，其值设定为 22/7。您希望在整个程序中，pi 的值都保持不变；您也不希望无意间将错误的值赋给 pi。C++让您能够将 pi 定义为声明后就不能修改的常量，换句话说，定义常量后，就不能修改它的值。在 C++中，给常量赋值会导致编译错误。

在 C++中，常量类似于变量，只是不能修改。与变量一样，常量也占用内存空间，并使用名称标识为其预留的空间地址，但不能覆盖该空间的内容。在 C++中，常量可以是：

- 字面常量；
- 使用关键字 const 声明的常量；
- 使用关键字 constexpr 声明的常量表达式；
- 使用关键字 enum 声明的枚举常量；
- 使用#define 定义的常量（已摒弃，不推荐）。

3.6.1 字面常量

字面常量可以是众多不同的类型：整型、字符串等。在您编写的第一个 C++程序（程序清单 1.1）中，您使用了如下语句来显示 "Hello World!"：

```
std::cout << "Hello World!" << std::endl;
```

其中的 "Hello World!" 就是一个字符串字面常量。您几乎一直在使用字面常量！当您像下面这样声明整型变量 someNumber 时：

```
int someNumber = 10;
```

就将这个整型变量的初始值设置成了 10。这个 10 是代码的一部分，被编译到应用程序中，是不可修改的，因此也是字面常量。您可使用八进制字面常量来初始化整型变量，如下所示：

```
int someNumber = 012 // octal 12 evaluates to decimal 10
```

还可使用二进制字面常量，如下所示：

```
int someNumber = 0b1010; // binary 1010 evaluates to decimal 10
```

提示 ── 在 C++中，还可定义自己的字面量，如温度 32.0_F（华氏）或 0.0_C（摄氏）、距离 16_m（米）或 10_km（千米）等。

这些后缀（_F、_C、_m 和 _km）被称为用户定义的字面量，将在第 12 章（讨论基本概念后）介绍。

3.6.2 使用 const 将变量声明为常量

最重要的一类 C++常量是在变量类型前使用关键字 const 声明的。通用的声明语法类似于下面这样：

```
const type-name constant-name = value;
```

程序清单 3.7 是一个简单的应用程序，它显示常量 pi 的值。

程序清单 3.7 声明一个名为 pi 的常量，并显示它的值

```
1: #include<iostream>
2:
3: int main()
4: {
```

```
 5:     using namespace std;
 6:
 7:     const double pi = 22.0 / 7;
 8:     cout << "The value of constant pi is: " << pi << endl;
 9:
10:     // Uncomment next line to fail compilation
11:     // pi = 345; // error, assignment to a constant
12:
13:     return 0;
14: }
```

▼ **输出：**

```
The value of constant pi is: 3.14286
```

▼ **分析：**

请注意常量 pi 的声明（第 7 行）。这里使用了关键字 const 来告诉编译器，pi 是一个类型为 double 的常量。第 11 行试图给一个常量赋值，如果取消对该行的注释，将出现编译错误，并提示不能给常量赋值。因此，将数据声明为常量是一种确保数据不能修改的有效方式。

注意	如果变量的值不应改变，就应将其声明为常量，这是一种良好的编程习惯。通过使用关键字 const，程序员可确保数据不变，避免应用程序无意间修改该常量。 在多位程序员合作开发时，这特别有用。

声明在编译期间长度就已固定的静态数组时，常量很有用。程序清单 4.2 将提供一个示例，演示如何使用 int 类型的常量指定数组长度。

3.6.3 使用 constexpr 定义常量表达式

关键字 constexpr 让编译器在可能的情况下计算表达式的结果。例如，对于将两个数相除的简单函数，可使用 constexpr 将其声明为常量表达式：

```
constexpr double Div_Expr(double a, double b)
{
 return a / b;
}
```

可使用这个函数来给也被声明为常量表达式的变量赋值：

```
constexpr double pi = Div_Expr(22, 7);
// Div_Expr() is executed by compiler, pi assigned at compile time
```

因此，constexpr 提供了优化的可能性——编译器可能执行一些简单计算。在上面的示例中，调用 Div_Expr( ) 时指定的参数为整型常量 22 和 7，因此编译器能够计算 pi 的值；如果参数不是常量，而是常规变量，依然能够调用 Div_Expr( )，但除法运算将在运行阶段执行，因此不能将其结果赋给常量表达式：

```
int a = 22, b = 7;
const double pi = Div_Expr(a, b);
// Div_Expr() executed at runtime because arguments are not constants
```

3.6.4 使用 consteval 定义 C++20 即时函数

您在 3.6.3 小节中看到，以常量为参数调用 Div_Expr( )时，编译器将其视为常量表达式，进而立即计算这个常量表达式的结果。但以常规整型变量作为参数调用 Div_Expr( )时，它被编译器视为常规函数，等到运行阶段才会执行。

C++20 引入了编译器必须执行的即时函数。要声明即时函数，可使用关键字 consteval：

```
consteval double Div_Eval(double a, double b)
{
    return a / b;
}
```

调用 Div_Eval( )时，指定的参数本身必须是常量。编译器执行除法运算，并在调用函数的地方将返回值赋给相应的变量：

```
const double pi = Div_Eval(22, 7); // compiler assigns the value of pi
```

不同于 Div_Expr( )，如果调用 Div_Eval( )时指定的参数为常规整型变量，将无法通过编译：

```
int a = 22, b = 7;
double pi = Div_Eval(a, b); // fail: non-const arguments to consteval fn.
```

程序清单 3.8 演示了如何使用 constexpr 和 consteval。

程序清单 3.8 使用 constexpr 和 consteval 来计算圆周率及其倍数

```
 0: #include<iostream>
 1: consteval double GetPi() { return 22.0 / 7; }
 2: constexpr double XPi(int x) { return x * GetPi(); }
 3:
 4: int main()
 5: {
 6:     using namespace std;
 7:     constexpr double pi = GetPi();
 8:
 9:     cout << "constexpr pi evaluated by compiler to " << pi << endl;
10:     cout << "constexpr XPi(2) evaluated by compiler to " << XPi(2) << endl;
11:
12:     int multiple = 5;
13:     cout << "(non-const) integer multiple = " << multiple << endl;
14:     cout << "constexpr is ignored when XPi(multiple) is invoked, ";
15:     cout << "returns " << XPi(multiple) << endl;
16:
17:     return 0;
18: }
```

▼ 输出：

```
constexpr pi evaluated by compiler to 3.14286
constexpr XPi(2) evaluated by compiler to 6.28571
(non-const) integer multiple = 5
constexpr is ignored when XPi(multiple) is invoked, returns 15.7143
```

▼ 分析：

在这个程序的第 1 和 2 行，分别演示了 consteval 和 constexpr 的用法。第 1 行使用 consteval 将 GetPi( ) 定义成了即时函数，因此编译器遇到第 7 行的 GetPi( ) 调用时，会执行除法运算，得到圆周率的值 （3.14286），并使用它来初始化常量 pi。

调用 GetPi( ) 的代码不会出现在编译后的可执行文件中。第 2 行使用 constexpr 将 XPi( ) 定义成了常量表达式。遇到第 10 行的代码时，编译器将其中的 XPi(2) 替换为 6.28571，因为它调用 XPi( ) 时提供的参数为常量（整型值 2）。第 15 行也调用了函数 XPi( )，但提供的参数为变量 multiple，这导致编译器忽略关键字 constexpr，将 XPi(multiple) 作为常规函数调用，并保留在代码中。

在第 2 行声明 XPi( ) 的代码中，如果将 constexpr 替换为 consteval，就意味着编译器必须将代码中的每个 XPi( ) 调用替换为其返回值，但对于第 15 行的 XPi 调用，由于指定的参数不是常量，编译器无法完成这种替换任务，因此编译将以失败告终。这个小小的示例演示了 consteval 和 constexpr 之间细微的差别。

提示

> 在前面的示例中，为介绍常量和常量表达式的声明语法，定义了常量 pi。在大多数流行的 C++ 编译器中，都通过常量 M_PI 提供了精度相当高的圆周率值，您可在程序中直接使用这个常量，但程序必须包含头文件 cmath。

3.6.5 枚举

在有些情况下，变量只能有一组特定的取值。例如，彩虹不能包含青绿色，指南针中的方位不能为 "左"。在这些情况下，需要定义这样一种变量：其可能取值由您指定。为此，可使用关键字 enum 来声明枚举。枚举由一组被称为枚举量（enumerator）的常量组成。

在下面的示例中，枚举 RainbowColors 包含彩虹的各种颜色，如 Violet 等枚举量：

```
enum RainbowColors
{
   Violet = 0,
   Indigo,
   Blue,
   Green,
   Yellow,
   Orange,
   Red
};
```

下面的枚举 CardinalDirections 包含基本方位：

```
enum CardinalDirections
{
   North,
   South,
   East,
   West
};
```

可使用枚举来指定变量的类型，这样声明的变量只能取指定的值。因此，如果要声明一个变量，用于存储彩虹的颜色，可以像下面这样做：

```
RainbowColors myFavoriteColor = Blue; // Initial value
```

上述代码声明了变量 myFavoriteColor，其类型为 RainbowColors。这个变量只能取 RainbowColors 中指定的值，而不能取其他值。

<table>
<tr><td>注意</td><td>编译器将枚举量（Violet 等）转换为整数，每个枚举量转换的整数值都比前一个大 1。您可以指定起始值，如果没有指定，编译器认为起始值为 0，因此在枚举 CardinalDirections 中 North 的值为 0。

如果您愿意，还可通过初始化显式地给每个枚举量指定值。</td></tr>
</table>

程序清单 3.9 演示了如何使用枚举量来存储 4 个基本方位，并对第一个方位进行了初始化。

程序清单 3.9　使用枚举量存储基本方位

```
 1: #include<iostream>
 2: using namespace std;
 3:
 4: enum CardinalDirections
 5: {
 6:     North = 25,
 7:     South,
 8:     East,
 9:     West
10: };
11:
12: int main()
13: {
14:     cout << "Displaying directions and their symbolic values" << endl;
15:     cout << "North: " << North << endl;
16:     cout << "South: " << South << endl;
17:     cout << "East: " << East << endl;
18:     cout << "West: " << West << endl;
19:
20:     CardinalDirections windDirection = South;
21:     cout << "Variable windDirection = " << windDirection << endl;
22:
23:     return 0;
24: }
```

▼ 输出：

```
Displaying directions and their symbolic values
North: 25
South: 26
East: 27
West: 28
Variable windDirection = 26
```

▼ 分析：

这里将 4 个基本方位定义为枚举常量，并将第一个方向（North）的值设置为 25（第 6 行），这自动将随后的常量的值分别设置为 26、27 和 28，如输出所示。第 20 行创建了一个类型为 CardinalDirections 的变量，并将其初始值设置为 South。第 21 行显示该变量时，编译器显示的是 South 对应的整数值——26。

<table>
<tr><td>提示</td><td>您可以看看程序清单 6.4 和 6.5，它们使用 enum 定义了枚举 DaysofWeek，其中列举了一个星期中的各天。</td></tr>
</table>

3.6.6 域限定枚举

前面的枚举类型 CardinalDirections 为非域限定枚举（unscoped enumeration）。编译器允许您将这种类型的变量转换为整数，因此下面的语句是合法的：

```
int someNumber = South;
```

然而，这种灵活性有悖于枚举的初衷，因此建议您使用域限定枚举（scoped enumeration）。域限定枚举是 2011 年发布的 C++11 引入的，要声明这种枚举，可在 enum 后面使用关键字 class 或 struct：

```
enum class CardinalDirections
{North, South, East, West};
```

接下来声明 CardinalDirections 类型的变量时，需要使用域解析运算符::来给变量指定初值：

```
CardinalDirections dir = CardinalDirections::South;
```

域限定枚举更安全，因为编译器可确保严格的类型安全，将类似下面的赋值视为非法赋值：

```
int someNumber = CardinalDirections::South; // error
int someNumber = dir; // error
```

此时的 CardinalDirections 为域限定枚举，只能将这种类型的变量直接赋给其他相同类型的变量：

```
CardinalDirections dir2 = dir; // OK
```

> **提示** 您可以大致看一眼程序清单 9.16，除 switch-case、struct 和 union 外，其中还使用了 enum class。

3.6.7 使用#define 定义常量

首先，也是最重要的是，编写新程序时，不要使用通过#define 定义的常量。这里介绍使用#define 定义常量，只是为了帮助您理解一些旧程序，它们使用下面的语法定义常量：

```
#define pi 3.14286
```

#define 是一个预处理器宏，让预处理器将随后出现的所有 pi 都替换为 3.14286。预处理器将进行文本替换，而不是智能替换。编译器既不知道也不关心常量的类型。

> **警告** 使用#define 定义常量的做法已被摒弃，因此不应采用这种做法。

3.7 不能用作常量或变量名的关键字

有些单词被 C++保留，不能用作变量名，这些单词被称为关键字。对 C++编译器来说，关键字有特殊含义。关键字包括 if、while、for、main 等。表 3.2 和附录 B 列出了 C++定义的关键字。您的编译器可能还保留了其他单词，详情请参阅编译器手册。

C++的主要关键字

asm	else	new	this
auto	enum	operator	throw
bool	explicit	private	true
break	export	protected	try
case	extern	public	typedef
catch	false	register	typeid
char	float	reinterpret_cast	typename
class	for	return	union
const	friend	short	unsigned
constexpr	goto	signed	using
continue	if	sizeof	virtual
default	inline	static	void
delete	int	static_cast	volatile
do	long	struct	wchar_t
double	mutable	switch	while
dynamic_cast	namespace	template	

另外，下列单词被保留

and	bitor	not_eq	xor
and_eq	compl	or	xor_eq
bitand	not	or_eq	

白名单	黑名单
务必给变量指定描述性名称，哪怕这会导致变量名很长。 务必了解团队是否有需要遵循的特定命名约定，如果有，请遵循这些约定。 务必对变量进行初始化，并使用列表初始化来避免缩窄转换错误。	不要使用太短或只有一个字符的变量名。 不要在变量名中使用只有您自己明白的怪异缩写。 不要将保留的 C++关键字用作变量名，因为这将导致程序无法通过编译。

3.8　总结

在本章中，您了解到内存（RAM）用于临时存储变量和常量的值。您了解到变量的长度取决于其类型，并可使用运算符 sizeof( )来确定。您学习了各种变量类型，如 bool、int 等，知道它们用于存储不同类型的数据。选择正确的变量类型至关重要，如果选择的类型可存储的数值范围过小，可能导致回绕错误或溢出。您学习了关键字 auto，它让编译器根据变量的初始值确定其类型。

您还学习了各种常量，其中最重要的是使用关键字 const、constexpr 和 enum 定义的常量。

3.9　问与答

问：既然可以使用常规变量代替常量，为何还要定义常量？

答： 通过声明常量（尤其是使用关键字 const 时），可告诉编译器，其值是固定的，不允许修改。这样，编译器将确保不给常量赋值，即便另一位程序员接手了您的工作，不小心试图覆盖常量的值也不会成功。因此，在知道变量的值不应改变时，应将其声明为常量，这是一个不错的编程习惯，可提高应用程序的质量。

问：为何应对变量进行初始化？

答：如果不初始化，就无法知道变量包含的初始值。在这种情况下，初始值将为给变量预留的内存单元的内容。例如，下面的语句使得创建变量 myFavoriteNumber 后，就将指定的初始值 10 写入为该变量预留的内存单元：

```
int myFavoriteNumber = 10;
```

问：C++为何提供整型变量类型 short int、int 和 long int？为何不始终使用取值范围最大的整型变量类型呢？

答：C++用于编写各种应用程序，其中很多运行在计算能力和内存资源都很有限的设备上。程序员通过选择合适的变量类型，可节省内存并提高运算速度。如果编写的是常规台式机或高端智能手机程序，选择不同整型带来的性能提升程度会很小，内存节省也将很少，有时甚至可以忽略不计。

问：为何应避免频繁地使用全局变量？全局变量在应用程序的任何地方都可用，可避免在函数之间传递值，从而节省一些时间，这种说法对吗？

答：可在应用程序的任何地方读取全局变量的值以及给它赋值，这是个问题，因为在应用程序的任何地方都可修改它们。假设您与其他几位程序员合作开发一个项目，并将变量声明为全局的。如果队友不小心在其代码中修改这些变量，即便是在另一个.cpp 文件中，都将影响代码的可靠性。因此，建议尽可能少用全局变量。

问：我使用了一个无符号整型变量，其取值只能是 0 或正整数。如果一个 unsigned int 类型的变量的值为 0，将其减 1 的结果如何？

答：这将导致环绕。如果将值为 0 的 unsigned int 变量减 1，它将环绕到可存储的最大值！从表 3.1 可知，unsigned short int 类型的变量的取值范围为 0～65535。声明一个 unsigned short 类型的变量，将其初始化为 0，在减 1 时，结果将为 65535，如下面的代码所示：

```
unsigned short myShortInt = 0; // Initial Value
myShortInt = myShortInt - 1; // Decrement by 1
std::cout << myShortInt << std::endl; // Output: 65535!
```

这不是 unsigned short 的问题，而是使用它的方式的问题。在变量的取值可能为负时，就不应将其类型指定为无符号整型。

3.10 作业

作业包括测验和练习，前者帮助读者加深对所学知识的理解，后者为读者提供了使用新学知识的机会。请尽量先完成测验和练习题，然后对照附录 E 的答案，继续学习第 4 章前，请务必弄懂这些题目。

3.10.1 测验

1. 有符号整型变量和无符号整型变量有何不同？
2. 为何不应使用#define 来声明常量？

3. 为何要对变量进行初始化？
4. 给定如下枚举类型，Queen 的值是多少？

```
enum YourCards {Ace, Jack, Queen, King};
```

5. 下述变量名有何问题？

```
int Integer = 0;
```

3.10.2 练习

1. 修改测验题 4 中的枚举类型 YourCards，让 Queen 的值为 45。
2. 编写一个程序，证明 unsigned int 和 int 类型的变量的长度相同，且它们都比 long 类型的变量短。
3. 编写一个程序，用户输入圆的半径，该程序即可计算其面积和周长。
4. 在练习题 3 中，如果将面积和周长存储在 int 类型的变量中，输出将有何不同？
5. 查错：下面的语句有何错误？

```
auto age;
```

第 4 章
管理数组和字符串

在前几章中，您学会了声明存储单个 int、char 或字符串类型的变量。然而，您可能想声明一组对象，如 20 个 int 类型的变量或一组存储姓名的 char 类型的变量。

在本章中，您将学习：

- 什么是数组以及如何声明和使用它们；
- 什么是字符串以及如何使用字符数组来表示字符串；
- std::string 简介。

4.1 什么是数组

array（数组）的词典定义与 C++数组的概念很接近，array 是一组元素，它们形成一个整体，如一组太阳能电池板。

数组具有如下特点：

- 数组是一系列元素；
- 数组中所有元素的类型都相同；
- 数组元素形成一个完整的集合。

在 C++中，数组让您能够按顺序将一系列相同类型的数据存储到内存中。

4.1.1 为何需要数组

假设您要编写一个程序，它让用户输入 5 个整数，再将这些整数显示出来。为此，有一种方式是声明 5 个独立的 int 类型的变量，并使用它们来存储和显示值。变量声明类似于下面这样：

```
int firstNumber = 0;
int secondNumber = 0;
int thirdNumber = 0;
int fourthNumber = 0;
int fifthNumber = 0;
```

采用这种方式时，如果用户希望这个程序存储并显示 500 个整数，您将需要声明 500 个 int 类型的变量。只要有足够的耐心和时间，这还是行得通的。然而，如果用户要求存储并显示 500000 个整数，您该怎么办呢？

您应采取正确而聪明的方式，声明一个包含 5 个 int 类型的元素的数组，如下所示：

```
int myNumbers[5];
```

这样，当您被要求支持 500000 个整数时，便可以快速扩大数组，如下所示：

```
int manyNumbers[500'000];
```

要定义一个包含 5 个字符的数组，可以这样做：

```
char myCharacters[5];
```

这样的数组被称为静态数组，因为在编译阶段，它们包含的元素数以及占用的内存量都是固定的。

4.1.2 声明和初始化静态数组

在 4.1.1 小节，您声明了一个名为 myNumbers 的数组，它包含 5 个类型为 int 的元素（即整数）。在 C++中，数组声明遵循如下的简单的语法：

```
ElementType arrayName[constant_number of elements] = {optional initial values};
```

在声明数组时，还可像下面这样分别初始化每个元素，这里将 5 个元素分别初始化为不同的整数：

```
int myNumbers[5] = {34, 56, -21, 5002, 365};
```

对于数值类型的数组，要将其所有元素都初始化为 0，可指定一个空的初始化列表，如下所示：

```
int myNumbers[5] = {}; // initializes all integers to 0
```

也可只初始化部分元素，如下所示：

```
int myNumbers[5] = {34, 56};
// initialize first two elements to 34 and 56 and the rest to 0
```

可将数组长度（即数组包含的元素数）定义为常量，并在数组定义中使用该常量：

```
const int ARRAY_LENGTH = 5;
int myNumbers[ARRAY_LENGTH] = {34, 56, -21, 5002, 365};
```

需要在多个地方访问并使用数组的长度时，这很有用。这样就无须在每个地方修改数组的长度，而只需修改 const int 声明中的初始值。

如果知道数组中每个元素的初始值，可不指定数组包含的元素数：

```
int myNumbers[] = {2016, 2052, -525}; // array of 3 elements
```

上述代码创建了一个数组，它包含 3 个 int 类型的元素，这些元素的初始值分别为 2016、2052 和−525。

注意
> 前面声明的所有数组都是静态数组，因为它们的长度在编译阶段就已确定。这种数组不能存储更多的数据；同时，即便有部分元素未被使用，它们占据的内存也不会减少。长度在运行阶段确定的数组被称为动态数组。动态数组将在本章后面简单地介绍，并将在第 17 章深入地讨论。

4.1.3 数组中的数据是如何存储的

想想书架上放在一起的图书吧，这就是一个一维数组，因为它只沿一个维度延伸，这个维度就是图书数量。每本书都是一个数组元素，而书架就像为存储这些图书而预留的内存，如图 4.1 所示。

警告 这里从 0 开始给图书编号，并非错误的。在 C++中，数组索引是从 0 而不是 1 开始的。

类似于书架上的 5 本图书，包含 5 个整数的数组 myNumbers 类似于图 4.2。

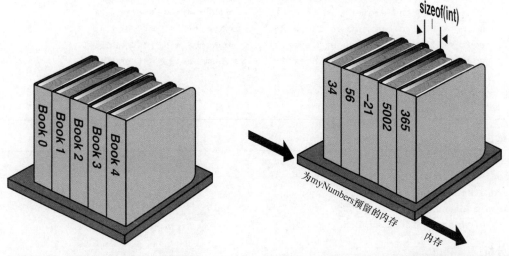

图 4.1　书架上的图书：一维数组　　　　图 4.2　内存中包含 5 个整数的数组 myNumbers

您可以注意到，这个数组占用的内存空间包含 5 块，每块的大小都相同。块大小取决于数组存储的数据类型，这里是 int。您可能还记得，第 3 章研究了 int 类型的变量的长度，因此编译器为数组 myNumbers 预留的内存量为 sizeof(int) * 5。一般而言，编译器为数组预留的内存量为（单位为字节）：

*Bytes consumed by an array = sizeof(element-type) * Number of elements*

4.1.4　访问存储在数组中的数据

要访问数组中的元素，可使用从 0 开始的索引。这些索引之所以被称为是从 0 开始的，是因为数组中第一个元素的索引为 0。因此，存储在数组 myNumbers 中的第一个整数值为 myNumbers[0]，第二个为 myNumbers[1]，依此类推。第 5 个元素为 myNumbers[4]，也就是说，数组中最后一个元素的索引总是比数组长度少 1。

被要求访问索引为 N 的元素时，编译器以第一个元素（索引为 0）的内存地址为起点，加上偏移量 N*sizeof(element)，即向前跳 N 个元素，到达包含第 N+1 个元素的地址。C++编译器不会检查索引是否在数组的范围内，您可从只包含 10 个元素的数组中取回索引为 1001 的元素，但这样做将给程序带来安全性和稳定性方面的风险。访问数组时，确保不超越其边界是程序员的职责。

警告 访问数组时，如果超越其边界，结果将是无法预料的。在很多情况下，这将导致程序崩溃。应不惜一切代价避免访问数组时超越其边界。

程序清单 4.1 演示了如何声明一个整型数组、初始化其元素并将元素的值显示到屏幕上。

程序清单 4.1　声明一个整型数组，初始化并访问其元素

```
0: #include<iostream>
1:
2: using namespace std;
3:
```

```
4: int main ()
5: {
6:    int myNumbers[5] = {34, 56, -21, 5002, 365};
7:
8:    cout << "First element at index 0: " << myNumbers [0] << endl;
9:    cout << "Second element at index 1: " << myNumbers [1] << endl;
10:    cout << "Third element at index 2: " << myNumbers [2] << endl;
11:    cout << "Fourth element at index 3: " << myNumbers [3] << endl;
12:    cout << "Fifth element at index 4: " << myNumbers [4] << endl;
13:
14:    return 0;
15: }
```

▼ **输出：**

```
First element at index 0: 34
Second element at index 1: 56
Third element at index 2: -21
Fourth element at index 3: 5002
Fifth element at index 4: 365
```

▼ **分析：**

第 6 行声明了一个包含 5 个 int 类型的元素的数组，并给每个元素指定了初始值。接下来的几行代码使用 cout、数组变量 myNumbers 和合适的索引显示这些元素。

注意	用于访问数组元素的索引从 0 开始，为帮助读者熟悉这个概念，从程序清单 4.1 开始，我们给代码行编号时都从 0 开始。

4.1.5　修改存储在数组中的数据

在程序清单 4.1 中，并未将用户定义的数据输入数组中。给数组元素赋值的语法与给 int 类型的变量赋值的语法很相似。

例如，将 2016 赋给 int 类型的变量的代码类似于下面这样：

```
int thisYear;
thisYear = 2016;
```

而将 2016 赋给第 4 个数组元素的代码类似于下面这样：

```
myNumbers[3] = 2016; // Assign 2016 to the fourth element
```

程序清单 4.2 演示了如何使用常量指定数组的长度，还演示了如何在程序执行期间给数组元素赋值。

程序清单 4.2　使用常量指定数组的长度，并给数组元素赋值

```
0: #include<iostream>
1: using namespace std;
2: constexpr int Square(int number) { return number*number; }
3:
4: int main()
5: {
```

```
 6:    const int ARRAY_LENGTH = 5;
 7:
 8:    // Array of 5 integers, initialized to 5 values
 9:    int myNumbers[ARRAY_LENGTH] = {5, 10, 0, -101, 20};
10:
11:    // Using a constexpr for array of 5*5=25 integers
12:    int moreNumbers[Square(ARRAY_LENGTH)];
13:
14:    cout << "Enter index of the element to be changed: ";
15:    int elementIndex = 0;
16:    cin >> elementIndex;
17:
18:    cout << "Enter new value: ";
19:    int newValue = 0;
20:    cin >> newValue;
21:
22:    myNumbers[elementIndex] = newValue;
23:    moreNumbers[elementIndex] = newValue;
24:
25:    cout << "Element " << elementIndex << " in array myNumbers is: ";
26:    cout << myNumbers[elementIndex] << endl;
27:
28:    cout << "Element " << elementIndex << " in array moreNumbers is: ";
29:    cout << moreNumbers[elementIndex] << endl;
30:
31:    return 0;
32: }
```

▼ 输出：

```
Enter index of the element to be changed: 3
Enter new value: 101
Element 3 in array myNumbers is: 101
Element 3 in array moreNumbers is: 101
```

▼ 分析：

数组的长度必须是整数，为此，可使用常量来指定（如第 9 行的 ARRAY_LENGTH），也可使用常量表达式来指定（如第 12 行的 Square( )）。因此，数组 myNumbers 被声明为包含 5 个元素，而数组 moreNumbers 被声明为包含 25 个元素。第 14～20 行询问用户要修改哪个数组元素以及要在这个元素中存储什么样的新值。第 22 和 23 行演示了如何修改数组的特定元素，而第 26～29 行演示了如何访问数组的特定元素。请注意，修改索引为 3 的元素时，实际修改的是第 4 个元素，因为索引从 0 开始，您必须习惯这一点。

注意	在数组包含 5 个 int 类型的元素时，很多 C++ 新手将第 5 个值赋给索引为 5 的元素。这超出了数组的边界，因为编译后的代码将试图访问数组的第 6 个元素，这不在定义的范围内。 这种错误被称为篱笆柱（fence-post）错误。之所以叫这个名字，是因为建造篱笆时，需要的篱笆柱数总是比间隔数多 1。

警告	程序清单 4.2 遗漏了一些必不可少的代码——没有检查用户输入的索引是否在数组的边

界内。实际上，该程序应检查 elementIndex 是否为 0～4（对于数组 myNumbers）或 0～24（对于数组 moreNumbers），如果不是，则拒绝修改数组。由于缺少这种检查，用户将被允许输入超越数组边界的值。在最糟糕的情况下，这将导致应用程序崩溃。

使用循环遍历数组元素

按顺序处理数组及其元素时，应使用循环进行遍历。要了解如何使用 for 循环高效地插入或访问数组元素，请参阅程序清单 6.10。

白名单	黑名单
务必牢记，使用索引 0 来访问第一个数组元素。使用数组时，务必确保值在其边界内。	在包含 N 个元素的数组中，不要使用索引 N 来访问第 N 个元素。

4.2 多维数组

到目前为止，读者看到的数组都类似于书架上的图书，书架越长，可放的书越多，书架越短，可放的书越少。长度是决定书架容量的唯一维度，因此书架上的图书构成的数组是一维的。如果要使用数组模拟图 4.3 所示的太阳能电池板，该怎么办呢？不同于书架，太阳能电池板沿两个维度延伸：长度和宽度。

图 4.3 屋顶的一组太阳能电池板

正如您在图 4.3 中看到的，6 块太阳能电池板以二维方式排列，包括 2 行、3 列。从某种意义上说，可将这种布局视为一个包含两个元素的数组，其中每个元素本身是一个包含 3 块电池板的数组，换句话说，这是一个由数组组成的数组。在 C++中，可模拟二维数组，但并不限于二维数组，根据您的需求和应用程序的性质，还可在内存中模拟多维数组。

4.2.1 声明和初始化多维数组

在 C++中，要声明多维数组，可指定每维包含的元素数。因此，要声明一个 int 类型的二维数组，以表示图 4.3 所示的电池板，可以像下面这样做：

```
int solarPanels[2][3];
```

在图 4.3 中，给每块电池板指定了一个 ID，这 6 块电池板的 ID 为 0～5。如果要以这样的方式初始化相应的整型数组，可以像下面这样做：

```
int solarPanels[2][3] = {{0, 1, 2}, {3, 4, 5}};
```

正如您看到的，初始化语法与初始化两个一维数组的语法类似。对于包含 3 行、3 列的数组，初始化语法类似于下面这样：

```
int threeRowsThreeColumns[3][3] = {{-501, 206, 2016}, {989, 101, 206}, {303, 456, 596}};
```

注意

虽然 C++让您能够模拟多维数组，但存储数组的内存是一维的。编译器将多维数组映射到内存，而内存只沿一个方向延伸。如果您愿意，也可像下面这样初始化数组 solarPanels；这样做时各个元素的值与之前相同：

```
int solarPanels[2][3] = {0, 1, 2, 3, 4, 5};
```

然而，前面的初始化方法更佳，因为它让您更容易将多维数组想象为由数组组成的数组。

4.2.2 访问多维数组中的元素

可将多维数组视为由数组组成的数组。因此，对于包含 3 行、3 列的二维整型数组，可将其视为一个包含 3 个元素的数组，其中每个元素都是一个包含 3 个 int 类型的元素的数组。

需要访问这个多维数组中的元素时，可使用第一个索引运算符（[]）指定元素所属的数组，并使用第二个索引运算符（[]）指定元素。请看下面的多维数组：

```
int threeRowsThreeColumns[3][3] = {{-501, 205, 2016}, {989, 101, 206}, {303, 456, 596}};
```

这种初始化方式让您能够将其视为 3 个数组，其中每个数组包含 3 个 int 类型的元素。其中，值为 205 的元素的位置为[0][1]，值为 456 的元素的位置为[2][1]。程序清单 4.3 演示了如何访问该多维数组中的 int 类型的元素。

程序清单 4.3　访问多维数组中的元素

```
0: #include<iostream>
1: using namespace std;
2:
3: int main()
4: {
5:    int threeRowsThreeColumns[3][3] = \
6:    {{-501, 205, 2016}, {989, 101, 206}, {303, 456, 596}};
7:
8:    cout << "Row 0: " << threeRowsThreeColumns[0][0] << " "
9:                 << threeRowsThreeColumns[0][1] << " "
10:                << threeRowsThreeColumns[0][2] << endl;
11:
12:
13:    cout << "Row 1: " << threeRowsThreeColumns[1][0] << " "
14:                << threeRowsThreeColumns[1][1] << " "
15:                << threeRowsThreeColumns[1][2] << endl;
16:
17:    cout << "Row 2: " << threeRowsThreeColumns[2][0] << " "
18:                << threeRowsThreeColumns[2][1] << " "
19:                << threeRowsThreeColumns[2][2] << endl;
20:
21:    return 0;
22: }
```

▼ **输出：**

```
Row 0: -501 205 2016
Row 1: 989 101 206
Row 2: 303 456 596
```

▼ **分析：**

注意，访问元素时将每行视为一个数组，从数组的第 1 行开始（其索引为 0），到数组的第 3 行结束（其索引为 2）。由于每行都是一个数组，因此程序清单 4.3 的第 10 行访问数组的第 1 行的第 3 个元素（行索引为 0，列索引为 2）。

4.3　动态数组

假设要在应用程序中存储医院的病历，但程序员无法知道需要处理的病历数上限。为稳妥起见，程序员的假设可能比小医院的合理上限高得多。在这种情况下，程序员将预留大量的内存，进而降低系统的性能。

为减少占用的内存，可不使用前面介绍的静态数组，而使用动态数组，并在运行阶段根据需要增大动态数组。C++提供了 std::vector，这是一种方便而易于使用的动态数组，如程序清单 4.4 所示。

程序清单 4.4　创建 int 动态数组并动态地插入值

```
0: #include<iostream>
1: #include<vector>
2:
3: using namespace std;
4:
5: int main()
6: {
7:     vector<int> dynArray(3); // dynamic array of int
8:
9:     dynArray[0] = 365;
10:    dynArray[1] = -421;
11:    dynArray[2] = 789;
12:
13:    cout << "Number of integers in array: " << dynArray.size() << endl;
14:
15:    cout << "Enter another element to insert" << endl;
16:    int newValue = 0;
17:    cin >> newValue;
18:    dynArray.push_back(newValue);
19:
20:    cout << "Number of integers in array: " << dynArray.size() << endl;
21:    cout << "Last element in array: ";
22:    cout << dynArray[dynArray.size() - 1] << endl;
23:    return 0;
24:
25: }
```

▼ 输出：

```
Number of integers in array: 3
Enter another element to insert
2017
Number of integers in array: 4
Last element in array: 2017
```

▼ 分析：

由于还未介绍 vector 和模板，如果不明白程序清单 4.4 中的语法，也不用担心。请尝试将输出与代码关联起来。从输出可知，数组的初始长度为 3，这与第 7 行的数组声明一致。在知道这一点的情况下，第 15 行仍让用户输入第 4 个数字，而第 18 行使用 push_back( ) 将这个数字插入数组末尾。这个数组动态地调整其长度，以存储更多数据。输出证明了这一点：数组的长度变成了 4。访问数组中的数据时的语法与访问静态数组的类似。第 22 行访问最后一个元素，其位置是在运行阶段计算得到的。索引从 0 开始，而 size( ) 返回 vector 包含的元素数，因此最后一个元素的索引为 size( )-1。

> **注意**
>
> 要使用动态数组类 std::vector，需要包含头文件 vector，如程序清单 4.4 的第 1 行所示。vector 将在第 17 章进行更详细地介绍。

4.4 C 风格字符串

C 风格字符串是一种特殊的字符数组。您在前面编写代码时使用过字符串字面量，它们就是 C 风格字符串：

```
std::cout << "Hello World";
```

这与下面使用数组的方式等价：

```
char sayHello[] = {'H','e','l','l','o',' ','W','o','r','l','d','\0'};
std::cout << sayHello << std::endl;
```

请注意，该数组的最后一个字符为空字符'\0'。这也被称为字符串结束字符，因为它告诉编译器，字符串到此结束。之所以说这种 C 风格字符串是特殊的字符数组，是因为总是在最后一个字符后加上空字符'\0'。您在代码中使用字符串字面量时，编译器将负责在它后面添加'\0'。

在数组中间插入'\0'并不会改变数组的长度，而只会使得将该数组作为输入的字符串处理将到这个位置结束，程序清单 4.5 演示了这一点。

> **注意**
>
> '\0'看起来像是用单引号括起的两个字符。使用键盘输入它时，确实需要输入两个字符，但反斜杠是编译器能够理解的特殊转义编码，\0 表示空，即它让编译器插入空字符或 0。
>
> 您不能将其写作'0'，因为它表示字符 0，其 ASCII 值为 48。
>
> 要获悉字符 0 和其他字符的 ASCII 值，请参阅附录 D。

程序清单 4.5 分析 C 风格字符串中的结束字符

```
 0: #include<iostream>
 1: using namespace std;
 2:
 3: int main()
 4: {
 5:    char sayHello[] = {'H','e','l','l','o',' ','W','o','r','l','d','\0'};
 6:    cout << sayHello << endl;
 7:    cout << "Size of array: " << sizeof(sayHello) << endl;
 8:
 9:    cout << "Replacing space with null" << endl;
10:    sayHello[5] = '\0';
11:    cout << sayHello << endl;
12:    cout << "Size of array: " << sizeof(sayHello) << endl;
```

```
13:
14:    return 0;
15: }
```

```
Hello World
Size of array: 12
Replacing space with null
Hello
Size of array: 12
```

▼ 分析：

第 10 行将"Hello World"中的空格替换为终止空字符。这样，该数组包含两个终止空字符，但只有第一个发挥了作用，导致第 11 行显示字符串时将其截断为 Hello。但第 7 和 12 行的 sizeof( )的输出表明，数组的长度没变，虽然显示的字符串发生了很大变化。

警告　　　在程序清单 4.5 中，如果在第 5 行声明并初始化字符数组时忘记添加'\0'，则输出该数组时，Hello World 后面将出现垃圾字符，这是因为 std::cout 只有遇到空字符后才会停止输出，即便这将跨越数组的边界。

在有些情况下，这种错误可能导致程序崩溃，进而影响系统的稳定性。

C 风格字符串充斥着危险，程序清单 4.6 演示了这一点。

程序清单 4.6　分析 C 风格字符串中的终止空字符

```
0: #include<iostream>
1: #include<string.h>
2: using namespace std;
3: int main()
4: {
5:     cout << "Enter a word NOT longer than 20 characters:" << endl;
6:
7:     char userInput [21];
8:     cin >> userInput;
9:
10:    cout << "Length of your input was: " << strlen(userInput) << endl;
11:
12:    return 0;
13: }
```

▼ 输出：

```
Enter a word NOT longer than 20 characters:
Don'tUseThisProgram
Length of your input was: 19
```

▼ 分析：

输出说明了这种危险。该程序请求用户输入数据时不要输入超过 20 个字符，因为第 7 行声明了一个字符数组，用于存储用户输入，其长度是固定的（静态的），为 21 个字符。由于最后一个字符必须是终止空字符（'\0'），因此该数组最多可存储 20 个字符。然而，cin 不会检查当前使用的字符数组 userInput 的长度，因此如果用户输入的内容为 21 个字符或更长，将越过这个数组的边界。

提示	越过数组边界的行为被称为缓冲区溢出。缓冲区溢出不仅会影响应用程序的稳定性，还可能产生一种导致应用程序不安全的 bug。

您可以注意到，第 10 行使用了 strlen( )来计算该字符串的长度。strlen( )遍历该字符数组以计算字符数，直到遇到表示字符串末尾的终止空字符。终止空字符是 cin 在用户输入末尾插入的。strlen( )的这种行为非常危险，因为如果用户输入的文本长度超过了指定的上限，strlen( )将跨越字符数组的边界。为解决这个问题，一种方法是执行相关的检查，以免写入字符缓冲区时跨越数组边界。程序清单 6.2 演示了如何执行这样的检查。

警告	使用 C 语言编写的应用程序经常使用 strcpy( )等字符串复制函数、strcat( )等字符串拼接函数，还经常使用 strlen( )来确定字符串的长度；具有深厚的 C 语言背景的 C++程序员编写的应用程序亦如此。 这些以 C 风格字符串作为输入的函数非常危险，因为它们需要寻找终止空字符，如果程序员没有在字符数组末尾添加终止空字符，这些函数将跨越字符数组的边界。

然而，更佳的选择是，避免使用字符数组来执行字符串操作，而使用 C++标准库中的 std::string 类。

4.5　C++字符串：使用 std::string

无论是处理文本输入还是执行拼接等字符串操作，使用 C++标准字符串都是更高效、更安全的方式。不同于字符数组（C 风格字符串实现），std::string 是动态的，在需要存储更多数据时其容量将增大。程序清单 4.7 演示了如何使用 std::string 来操作字符串数据。

程序清单 4.7　使用 std::string 初始化字符串、存储用户输入、复制和拼接字符串以及确定字符串的长度

```
0: #include<iostream>
1: #include<string>
2:
3: using namespace std;
4:
5: int main()
6: {
7:     string greetString ("Hello std::string!");
8:     cout << greetString << endl;
9:
10:    cout << "Enter a line of text: " << endl;
11:    string firstLine;
12:    getline(cin, firstLine);
13:
14:    cout << "Enter another: " << endl;
15:    string secondLine;
16:    getline(cin, secondLine);
17:
18:    cout << "Result of concatenation: " << endl;
19:    string concatString = firstLine + " " + secondLine;
20:    cout << concatString << endl;
21:
```

```
22:     cout << "Copy of concatenated string: " << endl;
23:     string aCopy;
24:     aCopy = concatString;
25:     cout << aCopy << endl;
26:
27:     cout << "Length of concat string: " << concatString.length() << endl;
28:
29:     return 0;
30: }
```

▼ 输出：

```
Hello std::string!
Enter a line of text:
I love
Enter another:
C++ strings
Result of concatenation:
I love C++ strings
Copy of concatenated string:
I love C++ strings
Length of concat string: 18
```

▼ 分析：

请尝试将输出与代码关联起来，但是现在暂时先不要管其中的新语法。该程序首先显示一个字符串，该字符串在第 7 行被初始化为 "Hello std::string!"。接下来，它让用户输入两行文本，并将它们分别存储在变量 firstLine 和 secondLine 中，如第 12 和 16 行所示。拼接字符串非常简单，看起来很像算术加法运算，如第 19 行所示。这里还在两行的输出之间添加了一个空格。复制字符串也很简单，只需将其赋值给新字符串即可，如第 24 行所示。第 27 行对字符串调用 length( )，以确定其长度。

注意	要使用 C++ 字符串，需要包含头文件 string： 　　#include<string> 如程序清单 4.7 的第 1 行所示。

要详细了解 std::string 的各种函数，请参阅第 16 章。由于您还未学习类和模板，请跳过第 16 章不熟悉的部分，重点理解示例程序的要点。

4.6　总结

本章介绍了数组的基本知识：数组是什么及数组的用途。您学习了如何声明和初始化数组以及如何读写数组元素。您了解到，避免超越数组边界（缓冲区溢出）至关重要。将输入用作索引前，应对其进行检查，这有助于避免跨越数组边界。

动态数组让程序员无须在编译阶段考虑其最大长度，使用动态数组可更好地管理内存，以免分配过多的内存，而又不使用它们。

您也了解到，C 风格字符串是特殊的字符数组，用终止空字符'\0'标识末尾。更重要的是，您还了解到，C++ 提供了更佳的选择——std::string，它包含一些方便使用的函数，让您能够判断字符串的长度、拼接字符串等。

4.7　问与答

问：在可以选择的情况下，您会使用需要以终止空字符结尾的 C 风格字符串吗？

答：不会，除非有人拿枪指着我的头。C++的 std::string 更安全，并提供了很多功能，任何优秀的程序员都应避免使用 C 风格字符串。

问：计算字符串长度时，包括末尾的终止空字符吗？

答：不包括。字符串"Hello World"的长度为 11，这包括其中的空格，但不包括末尾（不可见）的终止空字符。

问：如果要用字符数组标识 C 风格字符串，应将数组声明为多长？

答：这是 C 风格字符串最复杂的地方之一。数组的长度应比它可能包含的最长字符串多 1，以便在末尾包含终止空字符。如果字符数组可能存储的最长字符串为"Hello World"，则应将该数组的长度声明为 12（11 + 1）。显然，这种数组不适合用来存储用户输入，因为用户一不小心就会跨过其边界，导致缓冲区溢出。

4.8　作业

作业包括测验和练习，前者帮助读者加深对所学知识的理解，后者为读者提供了使用新学知识的机会。请尽量先完成测验和练习题，然后对照附录 E 中的答案，继续学习第 5 章之前，请务必弄懂这些题目。

4.8.1　测验

1. 对于程序清单 4.1 中的数组 myNumbers，第一个元素和最后一个元素的索引分别是多少？
2. 如果需要让用户输入字符串，应该使用 C 风格字符串吗？
3. 在编译器看来，'\0'表示什么？
4. 如果忘记在 C 风格字符串末尾添加终止空字符，使用它的结果将如何？
5. 根据程序清单 4.4 中 vector 的声明，尝试声明一个包含 char 类型的元素的动态数组。

4.8.2　练习

1. 声明一个表示国际象棋棋盘的数组，该数组的类型应为枚举，该枚举定义了可能出现在棋盘方格中的棋子。

提示：这个枚举包含枚举量 Pawn、Rook、Bishop 等，使用它们来限制数组元素的取值范围。另外，别忘了棋盘方格也可能为空！

2. 查错：下面的代码段有什么错误？

```
int myNumbers[5];
myNumbers[5] = 450; // Setting the 5th element to value 450
```

第5章
使用表达式、语句和运算符

从本质上说，程序是一组按顺序执行的命令。这些命令为表达式和语句，使用运算符来执行特定的计算或操作。

在本章中，您将学习：
- 什么是语句；
- 什么是语句块（复合语句）；
- 什么是运算符；
- 如何执行简单的算术运算和逻辑运算。

5.1 语句

无论是口头语言还是编程语言，它们都是由按顺序执行的语句组成的。下面来分析您学习的第一条重要语句：

```
cout << "Hello World" << endl;
```

这条语句使用cout通过控制台在屏幕上显示文本。在C++中，所有语句都以分号（;）结尾，分号界定了语句的边界。这就像您在书写英语时在句末添加句号（.）一样。在C++中，可以接着分号开始下一条语句，因此下面这行代码包含两条C++语句：

```
cout << "Hello World" << endl; cout << "Another hello" << endl;
```

然而，出于方便和可读性考虑，通常让每条语句独占一行。

注意　　　编译器通常不考虑空白，其中包括空格、制表符、换行符、回车符等，但字符串字面量中的空格将导致输出不同。

下面的代码是非法的：

```
cout << "Hello
    World" << endl; // new line in string literal not allowed
```

这样的代码通常会导致错误——编译器会指出第一行缺少引号（"）和结束语句的分号（;）。如果出于某种原因，要将一条语句放到两行中，可在第一行末尾添加反斜杠（\）：

```
cout << "Hello \
    World" << endl; // split to two lines is OK
```

对于前面的语句，另一种书写方式是将一个字符串字面量分成两个：

```
cout << "Hello "
     "World" << endl; // two string literals is also OK
```

编译器注意到两个相邻的字符串字面量后，将把它们拼接成一个。

注意 | 在文本元素很长或表达式由很多变量组成，导致语句很长，大多数显示器无法完全显示时，将语句划分成多行很有帮助。

5.2 复合语句（语句块）

可使用花括号（{}）将多条语句组合在一起，以创建复合语句（语句块）：

```
{
    int daysInYear = 365;
    cout << "Block contains an int and a cout statement" << endl;
}
```

语句块通常将众多语句组合在一起，指出它们属于一个模块。编写 if 语句或循环时，语句块特别有用，这将在第 6 章介绍。

5.3 使用运算符

运算符是 C++ 提供的工具，让您能够使用数据——对其进行变换、处理甚至根据数据做出决策。

5.3.1 赋值运算符（=）

赋值运算符的用法比较直观，本书一直在使用它：

```
int daysInYear = 365;
```

上述语句使用赋值运算符将一个 int 类型的变量初始化为 365。赋值运算符将左边的操作数的值（左值）替换为右边的操作数的值（右值）。

5.3.2 理解左值和右值

左值通常指向一个内存单元。在前面的示例中，变量 daysInYear 实际上指向一个内存单元，属于左值。而右值是内存单元的内容。

因此，所有的左值都可用作右值，但并非所有的右值都可用作左值。为更好地理解这一点，请看下面的示例，这行代码不合乎逻辑，不能通过编译：

```
365 = daysInYear;
```

5.3.3 加法运算符（+）、减法运算符（-）、乘法运算符（*）、除法运算符（/）和求模运算符（%）

可对两个操作数执行算术运算：使用+相加、使用-相减、使用*相乘、使用/相除、使用%求模。示例如下：

```
int num1 = 22;
int num2 = 5;
int addNums = num1 + num2; // 27
int subtractNums = num1 - num2; // 17
int multiplyNums = num1 * num2; // 110
int divideNums = num1 / num2; // 4
int moduloNums = num1 % num2; // 2
```

使用除法运算符（/）可以返回两个数相除的结果。然而，如果两个操作数都是整数，结果将不包含小数，因为根据定义，整数不能包含小数。使用求模运算符（%）可以返回除法运算的余数，但只能用于整数。程序清单 5.1 是一个简单的应用程序，演示了如何对用户输入的两个整数执行各种算术运算。

程序清单 5.1　演示如何对用户输入的整数执行算术运算

```
0: #include<iostream>
1: using namespace std;
2:
3: int main()
4: {
5:    cout << "Enter two integers:" << endl;
6:    int num1 = 0, num2 = 0;
7:    cin >> num1;
8:    cin >> num2;
9:
10:   cout << num1 << " + " << num2 << " = " << num1 + num2 << endl;
11:   cout << num1 << " - " << num2 << " = " << num1 - num2 << endl;
12:   cout << num1 << " * " << num2 << " = " << num1 * num2 << endl;
13:   cout << num1 << " / " << num2 << " = " << num1 / num2 << endl;
14:   cout << num1 << " % " << num2 << " = " << num1 % num2 << endl;
15:
16:   return 0;
17: }
```

▼ **输出：**

```
Enter two integers:
365
25
365 + 25 = 390
365 - 25 = 340
365 * 25 = 9125
365 / 25 = 14
365 % 25 = 15
```

▼ **分析：**

这个程序的大部分代码的含义都是不言自明的。最有趣的代码可能是使用求模运算符（%）的第 14 行，该行返回 num1（365）与 num2（25）相除的余数。

5.3.4　递增运算符（++）和递减运算符（--）

在编写程序时，有时需要将变量加 1 或减 1，尤其是在控制循环时（每次执行循环时，都需要将变量的值递增或递减）。

为帮助您完成这种任务，C++提供了递增运算符（++）和递减运算符（--）。

这两个运算符的用法如下：

```
int num1 = 101;
int num2 = num1++; // Postfix increment operator
int num2 = ++num1; // Prefix increment operator
int num2 = num1--; // Postfix decrement operator
int num2 = --num1; // Prefix decrement operator
```

从这些代码可知，使用递增和递减运算符的方式有两种：放在操作数的前面或放在操作数的后面。放在操作数前面时，称为前缀递增或前缀递减运算符；放在操作数后面时，称为后缀递增或后缀递减运算符。

5.3.5 使用前缀还是后缀

必须理解前缀和后缀之间的差别，这样才能根据情况选择合适的方式。使用后缀运算符时，会先将右值（赋值运算符右边的变量）赋给左值，再将右值递增或递减。这意味着在上述所有使用后缀运算符的代码中，num2 都为 num1 的旧值（执行递增或递减前的值）。

前缀运算符的行为完全相反，即先将右值递增或递减，再将结果赋给左值。在所有使用前缀运算符的代码中，num2 的值都与 num1 的值相同。程序清单 5.2 演示了将前缀和后缀递增和递减运算符用于一个 int 类型的变量的结果。

程序清单 5.2　前缀运算符和后缀运算符之间的差别

```
0: #include<iostream>
1: using namespace std;
2:
3: int main()
4: {
5:     int startValue = 101;
6:     cout << "Start value of integer being operated: " << startValue << endl;
7:
8:     int postfixIncrement = startValue++;
9:     cout << "Result of Postfix Increment = " << postfixIncrement << endl;
10:     cout << "After Postfix Increment, startValue = " << startValue << endl;
11:
12:     startValue = 101; // Reset
13:     int prefixIncrement = ++startValue;
14:     cout << "Result of Prefix Increment = " << prefixIncrement << endl;
15:     cout << "After Prefix Increment, startValue = " << startValue << endl;
16:
17:     startValue = 101; // Reset
18:     int postfixDecrement = startValue--;
19:     cout << "Result of Postfix Decrement = " << postfixDecrement << endl;
20:     cout << "After Postfix Decrement, startValue = " << startValue << endl;
21:
22:     startValue = 101; // Reset
23:     int prefixDecrement = --startValue;
24:     cout << "Result of Prefix Decrement = " << prefixDecrement << endl;
25:     cout << "After Prefix Decrement, startValue = " << startValue << endl;
26:
27:     return 0;
28: }
```

▼ **输出：**

```
Start value of integer being operated: 101
Result of Postfix Increment = 101
After Postfix Increment, startValue = 102
Result of Prefix Increment = 102
After Prefix Increment, startValue = 102
Result of Postfix Decrement = 101
After Postfix Decrement, startValue = 100
Result of Prefix Decrement = 100
After Prefix Decrement, startValue = 100
```

▼ **分析：**

结果表明，后缀运算符和前缀运算符的差别在于：在第 8 和 18 行，被赋值的左值包含执行递增或递减运算前的值。而在第 13 和 23 行，被赋值的左值包含执行递增或递减运算后的值。这是最重要的差别，选择合适的运算符时必须牢记这一点。

在下面的语句中，使用前缀还是后缀运算符对结果没有影响：

```
startValue++; // Is the same as…
++startValue;
```

这是因为没有将值赋给其他变量，这两种情形的最终结果都是将 startValue 递增。

注意 | 您可能经常会听人说前缀运算符的性能高于后缀运算符，即++startValue 优于 startValue++。至少从理论上说确实如此，因为使用后缀运算符时，编译器需要临时存储初始值，以防需要将其赋给其他变量。就整型变量而言，这对性能的影响几乎可以忽略不计，但对某些类来说，这种观点也许有意义。然而，聪明的编译器可以通过优化消除这种差异。

5.3.6　相等运算符（==）和不等运算符（!=）

编写程序时，经常需要在执行操作前检查条件是否满足，相等运算符（==，操作数相等）和不等运算符（!=，操作数不相等）可帮助您完成这种检查。

相等性检查的结果为布尔值，即 true 或 false：

```
int personAge = 20;
bool checkEquality = (personAge == 20); // true
bool checkInequality = (personAge != 100); // true

bool checkEqualityAgain = (personAge == 200); // false
bool checkInequalityAgain = (personAge != 20); // false
```

5.3.7　关系运算符

除检查相等性外，您可能还想检查变量与特定值之间的大小关系。为帮助您进行这种检查，C++提供了关系运算符，如表 5.1 所示。

表 5.1　　　　　　　　　　　　　　　　　　　　　关系运算符

运算符名称	描述
小于（<）	如果左边的操作数小于右边的操作数（op1 < op2），则结果为 true，否则结果为 false
大于（>）	如果左边的操作数小于右边的操作数（op1 > op2），则结果为 true，否则结果为 false

运算符名称	描述
小于等于（<=）	如果左边的操作数小于或等于右边的操作数，则结果为 true，否则结果为 false
大于等于（>=）	如果左边的操作数大于或等于右边的操作数，则结果为 true，否则结果为 false

如表 5.1 所示，比较运算的结果总是布尔值，即要么为 true，要么为 false。下面的示例代码演示了如何使用表 5.1 所示的关系运算符：

```
int personAge = 20;
bool checkLessThan = (personAge < 100); // true
bool checkGreaterThan = (personAge > 100); // false
bool checkLessThanEqualTo = (personAge <= 20); // true
bool checkGreaterThanEqualTo = (personAge >= 20); // true
bool checkGreaterThanEqualToAgain = (personAge >= 100); // false
```

程序清单 5.3 演示了这些运算符的作用，并会将结果显示在屏幕上。

程序清单 5.3　演示相等运算符和关系运算符

```
0: #include<iostream>
1: using namespace std;
2:
3: int main()
4: {
5:     cout << "Enter two integers:" << endl;
6:     int num1 = 0, num2 = 0;
7:     cin >> num1;
8:     cin >> num2;
9:
10:     bool isEqual = (num1 == num2);
11:     cout << "equality test: " << isEqual << endl;
12:
13:     bool isUnequal = (num1 != num2);
14:     cout << "inequality test: " << isUnequal << endl;
15:
16:     bool isGT = (num1 > num2); // greater than
17:     cout << "" << num1 << " > " << num2 << " test: " << isGT << endl;
18:
19:     bool isLT = (num1 < num2); // lesser than
20:     cout << "" << num1 << " < " << num2 << " test: " << isLT << endl;
21:
22:     bool isGTE = (num1 >= num2); // greater than or equal to
23:     cout << "" << num1 << " >= " << num2 << " test: " << isGTE << endl;
24:
25:     bool isLTE = (num1 <= num2); // lesser than or equal to
26:     cout << "" << num1 << " <= " << num2 << " test: " << isLTE << endl;
27:
28:     return 0;
29: }
```

▼ 输出：

第一次运行的输出：

```
Enter two integers:
365
```

```
-24
equality test: 0
inequality test: 1
365 > -24 test: 1
365 < -24 test: 0
365 >= -24 test: 1
365 <= -24 test: 0
```

第二次运行的输出：

```
Enter two integers:
101
101
equality test: 1
inequality test: 0
101 > 101 test: 0
101 < 101 test: 0
101 >= 101 test: 1
101 <= 101 test: 1
```

▼ 分析：

　　这个程序显示各种运算的结果（test 值为 0 时表示 false，为 1 时表示 true）。请注意用户提供的两个整数相同时的输出——运算符==、>=和<=的结果相同。

　　相等运算符和关系运算符只有两种可能的结果，这使得它们非常适合用于做决策，还非常适合用作循环的条件表达式，确保只要条件为 true，就不断执行循环。有条件地执行和循环将在第 6 章更详细地介绍。

注意 　　在程序清单 5.3 的输出中，布尔值 false 显示为 0，而布尔值 true 显示为 1。在编译器看来，结果为 0 的表达式被视为 false，检查结果是否为 false 就相当于检查结果是否为 0，而结果不是 0 的表达式被视为 true。

5.3.8　C++20 三向比较运算符

　　三向比较运算符（<=>）是一项较新的 C++特性，是 2020 年正式引入的。它对两个操作数进行比较，并指出前者比后者大、比后者小还是与后者相当，如下所示：

```
Type var1 = value1, var2 = value2;
auto resultOfComparison = var1 <=> var2;
```

在这个示例中：

- 如果 resultOfComparison 小于 0，就说明 var1 小于 var2。
- 如果 resultOfComparison 大于 0，就说明 var1 大于 var2。
- 如果 resultOfComparison 等于 0，就说明 var1 等于 var2。

　　这个运算符可用于同时模拟大于和小于比较，被认为是一种很重要的运算符，因此赋予了它比其他关系运算符更高的优先级。

　　程序清单 5.4 所示的程序演示了三向比较运算符的用法。

程序清单 5.4　演示如何使用三向比较运算符（<=>）比较数字

```
0: #include<iostream>
```

```
1: #include<compare>
2: using namespace std;
3:
4: int main()
5: {
6:     int num1, num2;
7:     cout << "Enter two integers" << endl;
8:     cin >> num1;
9:     cin >> num2;
10:
11:     auto resultofComparison = (num1 <=> num2); // introduced in C++20!
12:
13:     if (resultofComparison < 0)
14:         cout << "num1 is less than num2" << endl;
15:     else if (resultofComparison > 0)
16:         cout << "num1 is greater than num2" << endl;
17:     else // comparison evaluates to zero
18:         cout << "They're equal" << endl;
19:
20:     return 0;
21: }
```

▼ 输出：

第一次运行的输出：

```
Enter two integers
101
-5
num1 is greater than num2
```

第二次运行的输出：

```
Enter two integers
-5
10
num1 is less than num2
```

第三次运行的输出：

```
Enter two integers
2020
2020
They're equal
```

▼ 分析：

这里重点分析第 11 行代码。它使用三向比较运算符（<=>）进行比较，并将结果赋给了变量 resultofComparison。为让编译器根据操作数的性质自动推断结果的类型，使用了 auto。像这个示例中那样，在操作数为整数的情况下，编译器将比较结果存储在一个类型为 std::strong_ordering 的变量中。这个示例表明，通过使用运算符<=>，可生成原本需要执行 3 种运算（<、>和==，参见程序清单 5.3）才能得到的结果。

注意	有些编译器（本书编写期间，其中比较著名的是 clang++）要求包含头文件 compare（如程序清单 5.4 的第 1 行所示）才能使用三向比较运算符（<=>）。这个头文件定义了返回类型 std::strong_ordering 或 std::partial_ordering。

提示	运算符<=>的正式名称是宇宙飞船运算符，因为其外形像宇宙飞船。

5.3.9 逻辑运算 NOT、AND、OR 和 XOR

逻辑 NOT 运算用运算符!表示，用于单个操作数。表 5.2 所示是逻辑 NOT 运算的真值表，这种运算将提供的布尔值反转。

表 5.2 逻辑 NOT 运算的真值表

操作数	NOT 运算的结果
false	true
true	false

AND、OR 和 XOR 等运算需要两个操作数。仅当两个操作数都为 true 时，逻辑 AND 运算的结果才为 true。表 5.3 所示是逻辑 AND 运算的真值表。

表 5.3 逻辑 AND 运算的真值表

Operand1	Operand2	Operand1 AND Operand2 的结果
false	false	false
true	false	false
false	true	false
true	true	true

逻辑 AND 运算用运算符&&表示。

只要有一个操作数为 true，逻辑 OR 运算的结果就为 true，如表 5.4 所示。

表 5.4 逻辑 OR 运算的真值表

Operand1	Operand2	Operand1 OR Operand2 的结果
false	false	false
true	false	true
false	true	true
true	true	true

逻辑 OR 运算用运算符||表示。

逻辑 XOR（异或）运算与逻辑 OR 运算稍有不同，有且只有一个操作数为 true 时，这种运算的结果才为 true，如表 5.5 所示。

表 5.5 逻辑 XOR 运算的真值表

Operand1	Operand2	Operand1 XOR Operand2 的结果
false	false	false
true	false	true
false	true	true
true	true	false

C++提供了按位 XOR 运算，用运算符^表示。这个运算符对操作数相应的各位执行 XOR 运算。

5.3.10 使用 C++逻辑运算符!、&&和||

请看下面的句子。

- 如果明天下雨且没有公交车，我就不能去上班。
- 如果折扣很高或奖金创纪录，我就能买下那辆车。

在编程中，您也需要使用这样的逻辑结构，根据运算的结果决定程序的后续流程。C++提供了逻辑运算符&&和||，您可在条件语句中使用它们，并根据条件改变程序的流程。

程序清单 5.5 演示了逻辑运算符&&和||的工作原理。

程序清单 5.5   分析 C++逻辑运算符&&和||

```
 0: #include<iostream>
 1: using namespace std;
 2:
 3: int main()
 4: {
 5:     cout << "Enter true(1) or false(0) for two operands:" << endl;
 6:     bool op1 = false, op2 = false;
 7:     cin >> op1;
 8:     cin >> op2;
 9:
10:     cout << op1 << " AND " << op2 << " = " << (op1 && op2) << endl;
11:     cout << op1 << " OR " << op2 << " = " << (op1 || op2) << endl;
12:
13:     return 0;
14: }
```

▼ **输出：**

第一次运行的输出：

```
Enter true(1) or false(0) for two operands:
1
0
1 AND 0 = 0
1 OR 0 = 1
```

第二次运行的输出：

```
Enter true(1) or false(0) for two operands:
1
1
1 AND 1 = 1
1 OR 1 = 1
```

▼ **分析：**

该程序演示了逻辑运算符&&和||的用法和作用（参见第 10 和 11 行），但没有演示如何使用它们来做决策。

程序清单 5.6 演示了如何在条件语句中使用逻辑运算符根据变量的值执行不同的语句。

程序清单 5.6   在 if 语句中使用逻辑运算符!和&&做决策

```
 0: #include<iostream>
 1: using namespace std;
```

```
 2:
 3: int main()
 4: {
 5:     cout << "Use boolean values(0 / 1) to answer" << endl;
 6:     cout << "Is it raining? ";
 7:     bool isRaining = false;
 8:     cin >> isRaining;
 9:
10:     cout << "Do you have buses on the streets? ";
11:     bool busesPly = false;
12:     cin >> busesPly;
13:
14:     // Conditional statement uses logical AND and NOT
15:     if (isRaining && !busesPly)
16:       cout << "You cannot go to work" << endl;
17:     else
18:       cout << "You can go to work" << endl;
19:
20:     if (isRaining && busesPly)
21:       cout << "Take an umbrella" << endl;
22:
23:     if ((!isRaining) && busesPly)
24:        cout << "Enjoy the sun and have a nice day" << endl;
25:
26:     return 0;
27: }
```

▼ 输出：

第一次运行的输出：

```
Use boolean values(0 / 1) to answer
Is it raining? 1
Do you have buses on the streets? 1
You can go to work
Take an umbrella
```

第二次运行的输出：

```
Use boolean values(0 / 1) to answer
Is it raining? 1
Do you have buses on the streets? 0
You cannot go to work
```

第三次运行的输出：

```
Use boolean values(0 / 1) to answer
Is it raining? 0
Do you have buses on the streets? 1
You can go to work
Enjoy the sun and have a nice day
```

▼ 分析：

程序清单 5.6 所示的程序使用了还未介绍的 if 条件语句，但您可尝试根据输出理解这种语句的行
为。第 15 行包含条件表达式（isRaining && !busesPly），可将其理解为"下雨且没有公交车"。这个表

达式使用了逻辑运算符&&将没有公交车（对有公交车执行逻辑 NOT 运算）和下雨关联起来。

注意

如果您想更详细地了解有条件地执行代码的 if 语句，可快速浏览第 6 章。

程序清单 5.7 演示了如何将逻辑运算符!和||用于条件处理。

程序清单 5.7　使用逻辑运算符（!和||）帮助判断能否购买那辆梦寐以求的汽车

```
0: #include<iostream>
1: using namespace std;
2:
3: int main()
4: {
5:    cout << "Answer questions with 0 or 1" << endl;
6:    cout << "Is there a discount on your favorite car? ";
7:    bool onDiscount = false;
8:    cin >> onDiscount;
9:
10:    cout << "Did you get a fantastic bonus? ";
11:    bool fantasticBonus = false;
12:    cin >> fantasticBonus;
13:
14:    if (onDiscount || fantasticBonus)
15:        cout << "Congratulations, you can buy that car!" << endl;
16:    else
17:        cout << "Sorry, waiting a while is a good idea" << endl;
18:
19:    if (!onDiscount)
20:        cout << "Car not on discount" << endl;
21:
22:    return 0;
23: }
```

▼ 输出：

第一次运行的输出：

```
Answer questions with 0 or 1
Is there a discount on your favorite car? 0
Did you get a fantastic bonus? 1
Congratulations, you can buy that car!
Car not on discount
```

第二次运行的输出：

```
Answer questions with 0 or 1
Is there a discount on your favorite car? 0
Did you get a fantastic bonus? 0
Sorry, waiting a while is a good idea
Car not on discount
```

第三次运行的输出：

```
Answer questions with 0 or 1
Is there a discount on your favorite car? 1
```

```
Did you get a fantastic bonus? 1
Congratulations, you can buy that car!
```

▼ 分析：

这个程序建议您能够打折或得到很高的奖金时就把车买了，不然就再观望观望。第 14 行使用了一条 if 语句，而第 16 行是与之配套的 else 语句。在条件（onDiscount || fantasticBonus）为 true 时，将执行第 15 行的语句。这个表达式包含逻辑运算符||，仅当您喜欢的汽车打折或能够获得很高的奖金时，该表达式才为 true。当该表达式为 false 时，将执行 else 语句后面的语句（第 17 行）。这个程序还在第 19 行使用了逻辑 NOT 运算来提醒您汽车不打折。

5.3.11　按位运算符~、&、|和^

逻辑运算符和按位运算符之间的差别在于，按位运算符不像逻辑运算符那样返回布尔值 true 或 false，而是返回对操作数对应位执行指定运算的结果。C++让您能够执行按位 NOT、OR、AND 和 XOR（异或）运算，它们分别使用~将每位取反、使用|对相应位执行 OR 运算、使用&对相应位执行 AND 运算、使用^对相应位执行 XOR 运算。其中，后 3 个运算符对变量与选择的数字（通常是位掩码）执行相应的运算。

程序清单 5.8 演示了按位运算符的用法。

程序清单 5.8　使用按位运算符对整数的各位执行 NOT、AND、OR 和 XOR 运算

```
0: #include<iostream>
1: #include<bitset>
2: using namespace std;
3:
4: int main()
5: {
6:     cout << "Enter a number (0 - 255): ";
7:     unsigned short inputNum = 0;
8:     cin >> inputNum;
9:
10:     bitset<8> inputBits (inputNum);
11:     cout << inputNum << " in binary is " << inputBits << endl;
12:
13:     bitset<8> bitwiseNOT = (~inputNum);
14:     cout << "Bitwise NOT ~" << endl;
15:     cout << "~" << inputBits << " = " << bitwiseNOT << endl;
16:
17:     cout << "Bitwise AND, & with 00001111" << endl;
18:     bitset<8> bitwiseAND = (0x0F & inputNum);// 0x0F is hex for 0001111
19:     cout << "0001111 & " << inputBits << " = " << bitwiseAND << endl;
20:
21:     cout << "Bitwise OR, | with 00001111" << endl;
22:     bitset<8> bitwiseOR = (0x0F | inputNum);
23:     cout << "00001111 | " << inputBits << " = " << bitwiseOR << endl;
24:
25:     cout << "Bitwise XOR, ^ with 00001111" << endl;
26:     bitset<8> bitwiseXOR = (0x0F ^ inputNum);
27:     cout << "00001111 ^ " << inputBits << " = " << bitwiseXOR << endl;
28:
29:     return 0;
30: }
```

▼ 输出：

```
Enter a number (0 - 255): 181
181 in binary is 10110101
Bitwise NOT ~
~10110101 = 01001010
Bitwise AND, & with 00001111
0001111 & 10110101 = 00000101
Bitwise OR, | with 00001111
00001111 | 10110101 = 10111111
Bitwise XOR, ^ with 00001111
00001111 ^ 10110101 = 10111010
```

▼ 分析：

这个程序使用了一种还未介绍过的数据类型——bitset，旨在简化二进制数据的显示。这里使用
std::bitset 完全是为了方便显示，而没有其他任何目的。第10、13、18和22行将一个整数赋给了一个
bitset 对象，以便使用它来显示该整数的二进制表示。运算是对整数执行的。请关注输出，它显示了用
户输入的整数181的二进制表示，然后依次显示了将按位运算符~、&、|和^用于该整数的结果。第13
行使用按位运算符~对各位取反。这个程序还演示了运算符&、|和^的工作原理，它们分别对两个操作
数的相应位执行相应运算，从而获得最终的结果。只要结合使用这里的结果与前面介绍的真值表，您
就能明白其中的工作原理。

注意	要更深入地了解如何在C++中操作位标记，请参阅第25章，其中将详细介绍 std::bitset。

5.3.12 按位右移运算符（>>）和左移运算符（<<）

移位运算符可将整个位序列向左或向右移动，其用途之一是将数据乘或除以 2^n。

提示	乘2是通过往左移一位实现的，例如，011是3的二进制表示，往左移一位的结果为110（6的二进制表示）。 相反，往右移一位相当于除以2。

下面的移位运算符使用示例将变量乘2：

```
int doubledValue = num << 1; // shift bits one position left to double value
```

下面的移位运算符使用示例将变量除以2：

```
int halvedValue = num >> 1; // shift bits one position right to halve value
```

程序清单5.9演示了如何使用移位运算符将一个整数乘或除以 2^n。

**程序清单5.9　使用按位右移运算符（>>）和左移运算符（<<）分别计算整数的 1/4 和 1/2 以及
2 倍和 4 倍**

```
0: #include<iostream>
1: using namespace std;
2:
3: int main()
4: {
5:     cout << "Enter a number: ";
6:     int inputNum = 0;
```

```
 7:    cin >> inputNum;
 8:
 9:    int halfNum = inputNum >> 1;
10:    int quarterNum = inputNum >> 2;
11:    int doubleNum = inputNum << 1;
12:    int quadrupleNum = inputNum << 2;
13:
14:    cout << "Quarter: " << quarterNum << endl;
15:    cout << "Half: " << halfNum << endl;
16:    cout << "Double: " << doubleNum << endl;
17:    cout << "Quadruple: " << quadrupleNum << endl;
18:
19:    return 0;
20: }
```

▼ 输出：

```
Enter a number: 16
Quarter: 4
Half: 8
Double: 32
Quadruple: 64
```

▼ 分析：

输入的数字为 16，其二进制表示为 10000。第 9 行将它向右移 1 位，结果为 01000，即 8，这相当于将其减半。第 10 行将 1000 向右移两位，从 10000 变成了 00100，即将 16 变成了 4。第 11 和 12 行的左移运算符的效果则与右移运算符的效果完全相反。向左移 1 位时结果为 100000，即 32，向左移动两位的结果为 1000000，即 64，相当于将数字分别翻了一番和两番！

| 注意 | 移位运算符不会环绕值。也就是说，向左移位时，并不会导致最高有效位的值变成最低有效位的值，反之亦然。 |

5.3.13 复合赋值运算符

复合赋值运算符将运算结果赋给左边的操作数。
请看下面的代码：

```
int num1 = 22;
int num2 = 5;
num1 += num2; // num1 contains 27 after the operation
```

其中，最后一行代码与下面的代码等效：

```
num1 = (num1 + num2);
```

因此，运算符+=的作用如下：将两个操作数相加，再将结果赋给左边的操作数（num1）。表 5.6 列出了众多复合赋值运算符，并说明了其用法与工作原理。

表 5.6   复合赋值运算符

运算符	用法	等效于
加法赋值运算符	num1 += num2;	num1 = num1 + num2;
减法赋值运算符	num1 -= num2;	num1 = num1 - num2;

续表

运算符	用法	等效于
乘法赋值运算符	num1 *= num2;	num1 = num1 * num2;
除法赋值运算符	num1 /= num2;	num1 = num1 / num2;
求模赋值运算符	num1 %= num2;	num1 = num1 % num2;
按位左移赋值运算符	num1 <<= num2;	num1 = num1 << num2;
按位右移赋值运算符	num1 >>= num2;	num1 = num1 >> num2;
按位 AND 赋值运算符	num1 &= num2;	num1 = num1 & num2;
按位 OR 赋值运算符	num1 |= num2;	num1 = num1 | num2;
按位 XOR 赋值运算符	num1 ^= num2;	num1 = num1 ^ num2;

程序清单 5.10 演示了这些运算符的效果。

程序清单 5.10 使用复合赋值运算符执行加法、减法、除法、乘法、求模运算以及按位左移、右移、OR、XOR 和 AND 运算

```
0: #include<iostream>
1: using namespace std;
2:
3: int main()
4: {
5:     cout << "Enter a number: ";
6:     int value = 0;
7:     cin >> value;
8:
9:     value += 8;
10:     cout << "After += 8, value = " << value << endl;
11:     value -= 2;
12:     cout << "After -= 2, value = " << value << endl;
13:     value /= 4;
14:     cout << "After /= 4, value = " << value << endl;
15:     value *= 4;
16:     cout << "After *= 4, value = " << value << endl;
17:     value %= 1000;
18:     cout << "After %= 1000, value = " << value << endl;
19:
20:     // Note: henceforth assignment happens within cout
21:     cout << "After <<= 1, value = " << (value <<= 1) << endl;
22:     cout << "After >>= 2, value = " << (value >>= 2) << endl;
23:
24:     cout << "After |= 0x55, value = " << (value |= 0x55) << endl;
25:     cout << "After ^= 0x55, value = " << (value ^= 0x55) << endl;
26:     cout << "After &= 0x0F, value = " << (value &= 0x0F) << endl;
27:
28:     return 0;
29: }
```

▼ 输出：

```
Enter a number: 440
After += 8, value = 448
```

```
After -= 2, value = 446
After /= 4, value = 111
After *= 4, value = 444
After %= 1000, value = 444
After <<= 1, value = 888
After >>= 2, value = 222
After |= 0x55, value = 223
After ^= 0x55, value = 138
After &= 0x0F, value = 10
```

▼ 分析：

在整个程序中，不断使用各种复合赋值运算符修改 value 的值。每次运算都使用了 value，并将结果赋给 value。因此，第 9 行将用户输入的值 440 加 8，并将结果 448 赋给 value。接下来，第 11 行将 448 减去 2，并将结果 446 赋给 value。

5.3.14　使用运算符 sizeof( )确定特定类型变量占用的内存量

运算符 sizeof( )指出特定类型变量占用的内存量，单位为字节。sizeof( )的用法如下：

```
sizeof(variable);
```

或

```
sizeof(type);
```

注意　　　sizeof( )看起来像函数调用，但它并不是函数，而是运算符。有趣的是，程序员不能定义这个运算符，因此不能重载它。
第 12 章将更详细地介绍如何定义自己的运算符。

程序清单 5.11 演示了如何使用 sizeof( )来确定一个数组占用的内存量。另外，您可以查看程序清单 3.5，了解如何使用 sizeof( )来确定常见类型变量占用的内存量。

程序清单 5.11　使用 sizeof( )确定包含 100 个 int 类型的元素的数组占用的内存量（单位为字节）以及每个数组元素占用的内存量

```
0: #include<iostream>
1: using namespace std;
2:
3: int main()
4: {
5:     cout << "Use sizeof to determine memory used by arrays" << endl;
6:     int myNumbers [100];
7:
8:     cout << "Bytes used by an int: " << sizeof(int) << endl;
9:     cout << "Bytes used by myNumbers: " << sizeof(myNumbers) << endl;
10:    cout << "Bytes used by an element: " << sizeof(myNumbers[0]) << endl;
11:
12:    return 0;
13: }
```

▼ 输出：

```
Use sizeof to determine memory used by arrays
```

```
Bytes used by an int: 4
Bytes used by myNumbers: 400
Bytes used by an element: 4
```

▼ **分析：**

该程序演示了如何使用 sizeof( ) 来确定包含 100 个 int 类型的元素的数组占用了多少字节的内存，结果为 400 字节。该程序还表明，每个元素占用的内存为 4 字节。

在需要动态地给 *N* 个对象（尤其是您自己创建的类型）分配内存时，sizeof( ) 很有用。您可以使用 sizeof( ) 确定每个对象占用的内存量，再使用关键字 new 动态地分配内存。

动态内存分配将在第 8 章详细介绍。

5.3.15 运算符的优先级和结合性

您可能在学校学过算术运算顺序口诀 BODMAS（Brackets Orders Division Multiplication Addition Subtraction，先括号，后乘除，再加减），它指出了复杂算术表达式的运算顺序。

在 C++ 中，假设使用运算符编写了如下表达式：

```
int myNumber = 10 * 30 + 20 - 5 * 5 << 2;
```

程序会按什么顺序计算这个表达式呢？即它先做哪些运算，后做哪些运算呢？这可没有猜测的空间，C++ 标准非常严格地指定了各种运算的执行顺序。这种顺序被称为运算符优先级。

另一个问题是，在运算符优先级相同的情况下，该从左往右计算还是从右往左计算呢？C++ 也规定了这种计算顺序，它被称为运算符的结合性。运算符的优先级与结合性如表 5.7 所示。

表 5.7	运算符的优先级与结合性	
优先级排位	**运算符类型**	**运算符示例**
1	作用域解析运算符（结合性为从左往右）	::
2	成员选择、索引、后缀递增和后缀递减运算符（结合性为从左往右）	.、->、( )、++、--
3	sizeof( )、前缀递增和递减、求补、逻辑 NOT、单目加和减、取址和解除引用、new、new[]、delete、delete[]、类型转换（结合性为从右往左）	++、--、^、!、+、-、&、*、( )
4	用于指针的成员选择（结合性为从左往右）	.*、->*
5	乘、除、求模（结合性为从左往右）	*、/、%
6	加、减（结合性为从左往右）	+、-
7	左移位和右移位（结合性为从左往右）	<<、>>
8	C++ 三向比较	<=>
9	不等关系（结合性为从左往右）	<、<=、>、>=
10	相等关系（结合性为从左往右）	==、!=
11	按位 AND（结合性为从左往右）	&
12	按位 XOR（结合性为从左往右）	^
13	按位 OR（结合性为从左往右）	|
14	逻辑 AND（结合性为从左往右）	&&
15	逻辑 OR（结合性为从左往右）	||
16	条件运算符（结合性为从右往左）	?:
17	赋值运算符（结合性为从右往左）	=、*=、/=、%=、+=、-=、<<=、>>=、&=、|=、^=
18	逗号运算符（结合性为从左往右）	,

再来看看前面的复杂表达式：

```
int myNumber = 10 * 30 + 20 - 5 * 5 << 2;
```

计算这个表达式的结果时，需要了解表 5.7 所示的运算符优先级。由于乘法和除法的优先级高于加法、减法和移位，因此可将上述表达式简化为：

```
int myNumber = 300 + 20 - 25 << 2;
```

而由于加法和减法的优先级高于移位，因此可进一步简化为：

```
int myNumber = 295 << 2;
```

最后，程序执行移位运算。由于左移一位翻一番，左移两位翻两番，因此该表达式的结果为 295*4，即 1180。

警告

使用括号可让代码易于理解。

为说明运算符优先级，前述表达式故意编写得很糟糕。对编译器来说，这个表达式很容易理解，但编写代码时，还应确保它对人来说也容易理解。

因此，将前面的表达式写成下面这样会好得多：

```
int myNumber = ((10 * 30) - (5 * 5) + 20) << 2; // 1180
```

白名单	黑名单
务必使用括号让代码和表达式易于理解。 务必使用正确的变量类型，确保不会溢出。 所有的左值（如变量）都可用作右值，但并非所有的右值都可用作左值（如"Hello World"），务必要明白这一点。	不要编写必须依靠运算符优先级表才能理解的复杂表达式；应确保代码对人来说也易于理解。 不要将 ++variable 与 variable++ 混为一谈，以为它们等效。用于赋值时，它们的效果不同。

5.4 总结

在本章中，您了解了 C++ 语句、表达式和运算符是什么。您学习了如何在 C++ 中执行加减乘除等基本的算术运算，还大致了解了 NOT、AND、OR 和 XOR 等逻辑运算。您学习了 C++ 逻辑运算符!、&& 和 || 以及按位运算符~、&、| 和^，前者可用于条件语句中，而后者以每次一位的方式操作数据。

您学习了运算符优先级，知道使用括号让代码对他人来说易于理解很重要。您还大致了解了整型溢出，知道为什么必须避免这种情形发生。

5.5 问与答

问：既然 unsigned short 类型的变量占用的内存更少，为何有些程序还使用 unsigned int 类型的变量？

答：unsigned short 类型的变量的最大取值通常为 65535，如果这种变量的值已经是 65535，递增将导致溢出，使该变量的值变成 0。为避免这种行为，设计良好的程序在不确定变量的取值将远低于 65535 时，会将其数据类型声明为 unsigned int。

问：我需要将一个数字除以 3 再翻倍，为此使用了如下代码。这些代码有问题吗？

```
int result = Number / 3 << 1;
```

答：有问题！为何不添加括号，让这行代码对其他程序员来说更容易理解呢？

问：我的应用程序需要将整数值 5 和 2 相除，为此我编写了如下代码，但执行后，result 的值却为 2。请问有问题吗？

```
int num1 = 5, num2 = 2;
int result = num1 / num2;
```

答：没有任何问题。int 类型的变量不能包含小数，因此这种运算的结果为 2，而不是 2.5。如果您希望结果为 2.5，应将所有变量的数据类型都改为 float 或 double，这些类型的变量可以用于存储浮点数（小数）。

5.6 作业

作业包括测验和练习，前者帮助读者加深对所学知识的理解，后者为读者提供了使用新学知识的机会。请尽量先完成测验和练习题，然后对照附录 E 的答案，继续学习第 6 章前，请务必弄懂这些题目。

5.6.1 测验

1. 编写将两个数相除的应用程序时，将变量声明为哪种数据类型更合适，int 还是 float？
2. 32/7 的结果是多少？
3. 32.0/7 的结果是多少？
4. sizeof( ) 是函数吗？
5. 我需要将一个数翻倍，再加上 5，再翻倍。下面的代码能够完成这项任务吗？

```
int result = number << 1 + 5 << 1;
```

6. 如果两个操作数的值都为 true，对其执行 XOR 运算的结果是什么？

5.6.2 练习

1. 使用括号改善测验题 5 中的代码，使其更易于理解。
2. 下述代码计算得到的 result 的值为多少？

```
int result = number << 1 + 5 << 1;
```

3. 编写一个程序，让用户输入两个布尔值，并显示对其执行各种按位运算的结果。

第6章
控制程序流程

大多数应用程序都在不同的情形（或用户输入）下以不同的方式执行。为让应用程序能够做出不同的反应，需要编写条件语句，在不同的情形下执行不同的代码片段。

在本章中，您将学习：

- 如何根据特定的条件改变程序的行为；
- 如何使用循环重复执行一系列代码；
- 如何在循环中更好地控制流程。

6.1 使用 if...else 有条件地执行

本书前面介绍的程序都是按顺序从上到下执行的，且会执行每行代码，不会跳过任何代码行。然而，在实际的应用程序中，很少按从上到下的顺序依次执行每行代码。

假设您要编写一个程序，该程序在用户输入 m 时将两个数相乘，而在用户输入其他任何字符时将这两个数相加。

如图 6.1 所示，程序并非每次执行时，都会执行所有的代码。如果用户输入 m，就执行将两个数相乘的代码，否则执行相加的代码。无论在什么情形下，程序都不可能同时执行这两部分代码。

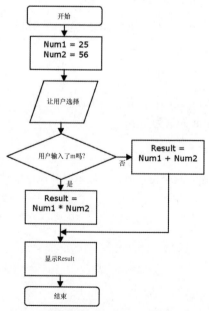

图6.1 一个根据用户输入进行条件处理的示例

6.1.1　使用 if...else 进行条件编程

在 C++中, 可以使用 if...else 有条件地执行代码, 其语法格式类似于下面这样:

```
if (conditional expression)
   Do something when expression evaluates true;
else // optional
   Do something else when condition evaluates false;
```

因此, 在用户输入 m 时将两个数相乘, 否则将两个数相加的 if...else 语句类似于下面这样:

```
if (userSelection == 'm')
   result = num1 * num2; // multiply
else
   result = num1 + num2; // add
```

> **注意** 在 C++中, 表达式的结果为 true 就意味着不为 false (false 为 0)。因此, 在条件语句中, 只要表达式的结果不为 0 (为负数或正数), 就被视为结果为 true。

程序清单 6.1 演示了 if...else。它让用户决定要将两个整数相乘还是相加, 并使用条件处理来生成所需的结果。

程序清单 6.1　根据用户输入决定将两个整数相乘还是相加

```
0: #include<iostream>
1: using namespace std;
2:
3: int main()
4: {
5:    cout << "Enter two integers: " << endl;
6:    int num1 = 0, num2 = 0;
7:    cin >> num1;
8:    cin >> num2;
9:
10:    cout << "Enter \'m\' to multiply, anything else to add: ";
11:    char userSelection = '\0';
12:    cin >> userSelection;
13:
14:    int result = 0;
15:    if (userSelection == 'm')
16:       result = num1 * num2;
17:    else
18:       result = num1 + num2;
19:
20:    cout << "result is: " << result << endl;
21:
22:    return 0;
23: }
```

▼ **输出:**

第一次运行的输出:

```
Enter two integers:
25
56
Enter 'm' to multiply, anything else to add: m
result is: 1400
```

第二次运行的输出：

```
Enter two integers:
25
56
Enter 'm' to multiply, anything else to add: a
result is: 81
```

▼ 分析：

您可以注意到，第 15 行包含 if，而第 17 行包含 else。这些代码告诉编译器，如果 if 后面的表达式（userSelection == 'm'）为 true，则执行第 16 行的乘法运算；如果该表达式为 false，则执行第 18 行的加法运算。如果用户输入的字符为 m（区分大小写），表达式（userSelection == 'm'）将为 true，否则，将为 false。因此，这个简单的程序模拟了图 6.1 所示的流程图，演示了如何让应用程序在不同的情形下采取不同的行动。

注意	if...else 的 else 部分是可选的。如果在表达式为 false 时不执行任何操作，可以不使用这部分。

| 警告 | 在程序清单 6.1 中，如果第 15 行像下面这样在末尾包含分号：

`15:    if (userSelection == 'm');`

这个 if...else 语句将毫无意义，因为它将被一个空语句（分号）终止。务必要小心避免这种情况发生，因为这相当于不进行条件处理。
有些优秀的编译器在"控制语句为空"时会发出警告。 |

6.1.2　有条件地执行语句块

如果要在满足（或不满足）条件时执行多条语句，需要将这些语句组合成一个语句块。以花括号（{}）标识的多条语句被视为语句块，例如：

```
if (condition)
{
   // condition success block
   Statement 1;
   Statement 2;
}
else
{
   // condition failure block
   Statement 3;
   Statement 4;
}
```

这样的语句块也被称为复合语句。

程序清单 6.2 中使用了一条复合语句，仅当用户输入的长度在静态字符数组的边界内时，这条语句才将其复制到这个数组中。

程序清单 6.2 在复合语句中检查边界，再将字符串复制到字符数组中

```
 0: #include<iostream>
 1: #include<string>
 2: using namespace std;
 3:
 4: int main()
 5: {
 6:    cout << "Enter a line of text: " << endl;
 7:    string userInput;
 8:    getline (cin, userInput);
 9:
10:    char copyInput[20] = {};
11:    if (userInput.length() < 20) // check bounds
12:    {
13:       cout << "Input within bounds, creating copy" << endl;
14:       userInput.copy (copyInput, userInput.length());
15:       cout << "copyInput contains: " << copyInput << endl;
16:    }
17:    else
18:       cout << "Bounds exceeded: cannot copy!" << endl;
19:
20:    return 0;
21: }
```

▼ **输出：**

第一次运行的输出：

```
Enter a line of text:
Input within bounds
Input within bounds, creating copy
copyInput contains: Input within bounds
```

第二次运行的输出：

```
Enter a line of text:
Input is too long for the buffer
Bounds exceeded: cannot copy!
```

▼ **分析：**

您可以注意到，将字符串复制到缓冲区中前，第 11 行将字符串的长度与缓冲区长度（20）进行比较。另外，这条 if 语句的特殊之处在于，如果条件为 true，将执行第 12～16 行的语句块（也叫复合语句）。

提示	C++17 引入了在 if 语句中进行初始化的特性，因此，可将程序清单 6.2 的第 10 和 11 行修改成下面这样：

```
if (char copyInput[20] = {}; userInput.length() < 20)
{
   // statements
}
```

> 这样做后，变量 copyInput 的作用域将为它所在的 if 语句内。本章后面将介绍的 switch-case
> 结构也支持这种特性。

6.1.3 嵌套 if 语句

在编程中，经常需要检查一系列不同的条件，且很多条件依赖于前一个条件是否满足。为满足这
种需求，C++允许您对 if 语句进行嵌套。

嵌套 if 语句类似于下面这样：

```
if (expression1)
{
   DoSomething1;
   if(expression2)
      DoSomething2;
   else
      DoSomethingElse2;
}
else
   DoSomethingElse1;
```

假设有一个类似于程序清单 6.1 所示的应用程序，用户可通过输入 d 或 m，让应用程序执行除法
或乘法运算。执行除法运算前，必须核实除数不为 0。因此，除检查用户输入外，在用户要求程序执
行除法运算时，还必须核实除数不为 0。为此，可使用嵌套 if 语句，如程序清单 6.3 所示。

程序清单 6.3　使用嵌套 if 语句执行除法或乘法运算

```
0: #include<iostream>
1: using namespace std;
2:
3: int main()
4: {
5:    cout << "Enter two numbers: " << endl;
6:    float num1 = 0, num2 = 0;
7:    cin >> num1;
8:    cin >> num2;
9:
10:   cout << "Enter 'd' to divide, anything else to multiply: ";
11:   char userSelection = '\0';
12:   cin >> userSelection;
13:
14:   if (userSelection == 'd')
15:   {
16:      cout << "You wish to divide!" << endl;
17:      if (num2 != 0)
18:         cout << num1 << " / " << num2 << " = " << num1 / num2 << endl;
19:      else
20:         cout << "Division by zero is not allowed" << endl;
21:   }
22:   else
23:   {
24:      cout << "You wish to multiply!" << endl;
```

```
25:        cout << num1 << " x " << num2 << " = " << num1 * num2 << endl;
26:    }
27:
28:    return 0;
29: }
```

▼ 输出：

第一次运行的输出：

```
Enter two numbers:
45
9
Enter 'd' to divide, anything else to multiply: m
You wish to multiply!
45 x 9 = 405
```

第二次运行的输出：

```
Enter two numbers:
22
7
Enter 'd' to divide, anything else to multiply: d
You wish to divide!
22 / 7 = 3.14286
```

第三次运行的输出：

```
Enter two numbers:
365
0
Enter 'd' to divide, anything else to multiply: d
You wish to divide!
Division by zero is not allowed
```

▼ 分析：

这是运行程序 3 次得到的输出，每次提供的输入都不同。正如您看到的，程序每次的执行路径都不同。相比于程序清单 6.1，这个程序有很多地方不同。

- 为更好地处理小数，将输入存储到了 float 类型的变量中，执行除法运算时这很重要。
- if 语句与程序清单 6.1 中不同，不再检查用户输入的是否是 m，而在第 14 行使用了表达式（userSelection == 'd'），该表达式在用户输入 d 时为 true。如果用户输入了 d，则执行除法运算。
- 由于这个程序将两个数相除，且除数由用户输入，因此必须核实除数不为 0。这是在第 17 行使用嵌套的 if 语句实现的。

需要根据多个条件执行不同任务时，嵌套 if 语句很有用，这个程序演示了这一点。

提示	这里使用制表符（空白）对嵌套语句进行了缩进，这是可选的，但可极大地改善嵌套 if 语句的可读性。IDE 和代码编辑器都会自动缩进代码。

也可组合使用多条 if...else 语句。程序清单 6.4 所示的程序让用户输入星期几，并使用一组 if...else 结构告诉用户它是如何命名的。

程序清单 6.4　使用一组 if...else 结构

```
 0: #include<iostream>
 1: using namespace std;
 2:
 3: int main()
 4: {
 5:     enum DaysOfWeek
 6:     {
 7:         Sunday = 0,
 8:         Monday,
 9:         Tuesday,
10:         Wednesday,
11:         Thursday,
12:         Friday,
13:         Saturday
14:     };
15:
16:     cout << "Find what days of the week are named after!" << endl;
17:     cout << "Enter a number for a day (Sunday = 0): ";
18:
19:     int dayInput = Sunday; // Initialize to Sunday
20:     cin >> dayInput;
21:
22:     if (dayInput == Sunday)
23:         cout << "Sunday was named after the Sun" << endl;
24:     else if (dayInput == Monday)
25:         cout << "Monday was named after the Moon" << endl;
26:     else if (dayInput == Tuesday)
27:         cout << "Tuesday was named after Mars" << endl;
28:     else if (dayInput == Wednesday)
29:         cout << "Wednesday was named after Mercury" << endl;
30:     else if (dayInput == Thursday)
31:         cout << "Thursday was named after Jupiter" << endl;
32:     else if (dayInput == Friday)
33:         cout << "Friday was named after Venus" << endl;
34:     else if (dayInput == Saturday)
35:         cout << "Saturday was named after Saturn" << endl;
36:     else
37:         cout << "Wrong input, execute again" << endl;
38:
39:     return 0;
40: }
```

▼ 输出：

第一次运行的输出：

```
Find what days of the week are named after!
Enter a number for a day (Sunday = 0): 5
Friday was named after Venus
```

第二次运行的输出：

```
Find what days of the week are named after!
Enter a number for a day (Sunday = 0): 9
Wrong input, execute again
```

▼ 分析：

第 22～37 行的 if-else-if 语句结构，用于检查用户输入并生成相应的输出。第二次运行的输出表明，如果用户输入的不是 0～6，即不对应于一个星期的任何一天，程序将指出这一点。这种语句结构的优点是，非常适合用于检查互斥的条件（例如，星期一不可能是星期二，而无效输入也不可能与一个星期的任何一天对应）。另一个有趣的地方是，在 if 语句中使用了第 5 行声明的枚举 DaysOfWeek。原本需要将用户输入与整数（如 0 表示星期天等）进行比较，但通过使用枚举量 Sunday，代码的可读性更强。

6.1.4 使用 switch-case 进行条件处理

switch-case 让您能够将特定表达式与一系列常量进行比较，并根据表达式的值来执行不同的操作。在这种结构中，经常会使用 C++ 新增的关键字 switch、case、default 和 break。

switch-case 结构的语法如下：

```
switch(expression)
{
case LabelA:
   DoSomething;
   break;

case LabelB:
   DoSomethingElse;
   break;

// And so on...
default:
   DoStuffWhenExpressionIsNotHandledAbove;
   break;
}
```

上述代码用来计算 expression 的值，并将其与每个 case 标签进行比较。每个 case 标签都必须是常量，如果 expression 的值与 case 标签相等，就执行标签后面的代码。如果 expression 的值与 LabelA 不相等，将把 expression 的值与 LabelB 进行比较。如果它的值与 LabelB 相同，就执行 DoSomethingElse。不断重复这个过程，直到遇到 break。这是您首次使用关键字 break，它会导致程序退出当前代码块。break 并非必不可少，但如果省略它，expression 的值将不断与后面的标签进行比较，这并非您希望的。default 也是可选的，它用于执行 expression 不与 switch-case 中的任何标签匹配时应执行的操作。

> **提示**　　switch-case 结构非常适合与枚举量结合使用。关键字 enum 在第 3 章介绍过。

程序清单 6.5 使用了 switch-case 结构，它与程序清单 6.4 等效，也能指出一个星期的各天是如何命名的，也使用了枚举常量。

程序清单 6.5　使用 switch-case、break 和 default 指出一个星期的各天是如何命名的

```
0: #include<iostream>
1: using namespace std;
2:
```

```
 3: int main()
 4: {
 5:     enum DaysOfWeek
 6:     {
 7:         Sunday = 0,
 8:         Monday,
 9:         Tuesday,
10:         Wednesday,
11:         Thursday,
12:         Friday,
13:         Saturday
14:     };
15:
16:     cout << "Find what days of the week are named after!" << endl;
17:     cout << "Enter a number for a day (Sunday = 0): ";
18:
19:     int dayInput = Sunday; // Initialize to Sunday
20:     cin >> dayInput;
21:
22:     switch(dayInput)
23:     {
24:     case Sunday:
25:         cout << "Sunday was named after the Sun" << endl;
26:         break;
27:
28:     case Monday:
29:         cout << "Monday was named after the Moon" << endl;
30:         break;
31:
32:     case Tuesday:
33:         cout << "Tuesday was named after Mars" << endl;
34:         break;
35:
36:     case Wednesday:
37:         cout << "Wednesday was named after Mercury" << endl;
38:         break;
39:
40:     case Thursday:
41:         cout << "Thursday was named after Jupiter" << endl;
42:         break;
43:
44:     case Friday:
45:         cout << "Friday was named after Venus" << endl;
46:         break;
47:
48:     case Saturday:
49:         cout << "Saturday was named after Saturn" << endl;
50:         break;
51:
52:     default:
53:         cout << "Wrong input, execute again" << endl;
54:         break;
```

```
55:    }
56:
57:    return 0;
58: }
```

▼ 输出：

第一次运行的输出：

```
Find what days of the week are named after!
Enter a number for a day (Sunday = 0): 5
Friday was named after Venus
```

第二次运行的输出：

```
Find what days of the week are named after!
Enter a number for a day (Sunday = 0): 9
Wrong input, execute again
```

▼ 分析：

第 22～55 行的 switch-case 结构根据用户输入的整数（存储在变量 dayInput 中）生成不同的输出。用户输入数字 5 时，应用程序将 switch 表达式（dayInput，其值为 5）与标签进行比较，并跳过前 5 个标签后面的代码，因为这些标签为 Sunday（0）～Thursday（4），它们都与 5 不相等。到达标签 Friday 后，由于 switch 表达式的值（5）与枚举量 Friday 相等，因此执行该标签后面的代码，并在到达第 46 行的 break 后退出 switch 结构。第二次运行时提供的值无效，因此到达 default 后执行它后面的代码，会显示一条让用户再执行一次的消息。

这个程序使用的是 switch-case，输出与使用 if-else-if 结构的程序清单 6.4 相同。然而，switch-case 版本的代码结构化程度更高，可能更适合不仅仅将一行文本显示在屏幕上的情形。

> 提示 在特定情况（case）下要执行多条语句时，可使用花括号（{}）来创建包含这些语句的语句块。

6.1.5 使用运算符?:进行条件处理

C++提供了一个有趣且功能强大的运算符——条件运算符，它相当于紧凑的 if-else 结构。条件运算符也叫三目运算符，因为它使用 3 个操作数：

(conditional expression evaluated to bool) ? expression1 if true : expression2 if false;

可使用这个运算符获得两个数字中较大的那个：

```
int max = (num1 > num2) ? num1 : num2; // max contains greater of num1 and num2
```

程序清单 6.6 演示了如何使用运算符?:进行条件处理，找出两个数字中较大的那个。

程序清单 6.6 使用运算符?:找出两个数字中较大的那个

```
0: #include<iostream>
1: using namespace std;
2:
3: int main()
4: {
5:    cout << "Enter two numbers" << endl;
6:    int num1 = 0, num2 = 0;
```

```
7:      cin >> num1;
8:      cin >> num2;
9:
10:     // using the ternary operator ?:
11:     int max = (num1 > num2)? num1 : num2;
12:
13:     cout << "The greater of " << num1 << " and " \
14:         << num2 << " is: " << max << endl;
15:
16:     return 0;
17: }
```

▼ 输出：

```
Enter two numbers
365
-1
The greater of 365 and -1 is: 365
```

▼ 分析：

需要注意的是第11行。它包含一条非常紧凑的语句，该语句判断输入的两个数字哪个更大，与下述使用if-else的代码等效：

```
int max;
if (num1 > num2)
    max = num1;
else
    max = num2;
```

在这里，使用条件运算符可节省几行代码！但不应将节省代码放在首位。有些程序员很喜欢条件运算符，而有些不喜欢。使用条件运算符时，确保代码易于理解至关重要。

白名单	黑名单
务必将枚举量用作case标签，以提高代码的可读性。 务必提供default标签，除非完全没有必要。 务必在每条case语句中包含break。	程序中不要包含两个标签相同的case语句，这既不符合逻辑，也无法通过编译。 不要使用没有break的case语句，也不要依赖case语句的顺序，这会让swtich-case结构过于复杂。另外，如果以后不小心调整了case语句的顺序，代码可能不再可行。 使用条件运算符（?:）时，不要使用复杂的条件和表达式。

提示

C++17使用if constexpr引入了条件编译。这是一个高阶特性，它可以让编译器对条件表达式进行验证。在if constexpr...else语句中，不会被执行的代码将被编译器忽略，不会出现在可执行文件中。使用模板类时，这种优化大有裨益。模板将在第14章详细地介绍。

6.2 在循环中执行代码

至此，您知道了如何让程序在变量包含不同的值时执行不同的操作。例如，当用户输入m时，程序清单 6.1 执行乘法运算，否则执行加法运算。然而，如果用户不希望程序就此结束，而要再执行一次（甚至 5 次）乘法或加法运算，该怎么办呢？在这种情况下，您需要重复执行现有的代码。

为此，需要使用循环。

6.2.1 不成熟的 goto 循环

顾名思义，goto 指示程序跳到代码的特定位置再继续执行，您可使用它回过头去重新执行特定的语句。goto 语句的语法如下：

```
SomeFunction()
{
Start: // Called a label
    CodeThatRepeats;

    goto Start;
}
```

这里声明了一个名为 Start 的标签，并使用 goto 跳转到这个标签的位置，如程序清单 6.7 所示。除非给 goto 语句指定在特定情况下将为 false 的执行条件，或者重复执行的代码中包含在特定条件下将被执行的 return 语句，否则 goto 命令和标签之间的代码将无休止地执行下去，导致程序永不结束。

程序清单 6.7　使用 goto 语句询问用户是否想重复计算

```
 0: #include<iostream>
 1: using namespace std;
 2:
 3: int main()
 4: {
 5: Start:
 6:    int num1 = 0, num2 = 0;
 7:
 8:    cout << "Enter two integers: " << endl;
 9:    cin >> num1;
10:    cin >> num2;
11:
12:    cout << num1 << " x " << num2 << " = " << num1 * num2 << endl;
13:    cout << num1 << " + " << num2 << " = " << num1 + num2 << endl;
14:
15:    cout << "Do you wish to perform another operation (y/n)?" << endl;
16:    char repeat = 'y';
17:    cin >> repeat;
18:
19:    if (repeat == 'y')
20:       goto Start;
21:
22:    cout << "Goodbye!" << endl;
23:
24:    return 0;
25: }
```

▼ **输出：**

```
Enter two integers:
56
25
56 x 25 = 1400
56 + 25 = 81
Do you wish to perform another operation (y/n)?
y
Enter two integers:
95
-47
95 x -47 = -4465
95 + -47 = 48
Do you wish to perform another operation (y/n)?
n
Goodbye!
```

▼ **分析：**

　　程序清单 6.7 和程序清单 6.1 的主要区别在于，如果程序清单 6.1 要让用户再次输入一组数字，并查看加法或乘法运算的结果，这时需要再次运行程序清单 6.1，而程序清单 6.7 不需要这样，它询问用户是否想再执行一次运算。如果是，则直接执行。实际实现这种重复的代码位于第 20 行，它在用户输入表示 yes 的字符 y 时执行 goto 语句。执行第 20 行的 goto 语句将导致程序跳转到第 5 行声明的标签 Start 处，这相当于重新启动程序。

警告	不推荐使用 goto 语句来编写循环，因为大量使用 goto 语句将导致代码的执行流程无法预测，即代码会不按特定的顺序从一行跳转到另一行；在有些情况下，也可能导致变量的状态无法预测。 混乱地使用 goto 语句将导致意大利面条式代码。要避免使用 goto 语句，可使用接下来将介绍的 while、do…while 和 for 循环。 这里介绍 goto 语句只是为了帮助您理解使用这种语句的代码。

6.2.2　while 循环

　　C++关键字 while 可帮助您完成程序清单 6.7 中 goto 语句完成的工作，而且更优雅。while 循环的语法如下：

```
while(condition)
{
    // Expression evaluates to true
    StatementBlock;
}
```

　　在该循环中，只要 condition 为 true，就将反复执行该语句块。因此，必须确保 condition 在特定条件下将为 false，否则 while 循环将永不停止。

　　程序清单 6.8 与程序清单 6.7 等效，但使用 while 而不是 goto 来让用户能够重复计算。

程序清单 6.8　使用 while 循环让用户能够重复计算

```
0: #include<iostream>
1: using namespace std;
```

```
 2:
 3: int main()
 4: {
 5:     char userSelection = 'm'; // initial value
 6:
 7:     while (userSelection != 'x')
 8:     {
 9:         cout << "Enter the two integers: " << endl;
10:         int num1 = 0, num2 = 0;
11:         cin >> num1;
12:         cin >> num2;
13:
14:         cout << num1 << " x " << num2 << " = " << num1 * num2 << endl;
15:         cout << num1 << " + " << num2 << " = " << num1 + num2 << endl;
16:
17:         cout << "Press x to exit(x) or any other key to recalculate" << endl;
18:         cin >> userSelection;
19:     }
20:
21:     cout << "Goodbye!" << endl;
22:
23:     return 0;
24: }
```

▼ 输出：

```
Enter the two integers:
56
25
56 x 25 = 1400
56 + 25 = 81
Press x to exit(x) or any other key to recalculate
r
Enter the two integers:
365
-5
365 x -5 = -1825
365 + -5 = 360
Press x to exit(x) or any other key to recalculate
x
Goodbye!
```

▼ 分析：

第 7～19 行的 while 循环包含该程序的大部分逻辑。while 循环会检查表达式（userSelection != 'x'），仅当该表达式为 true 时才继续执行后面的代码。为确保第一次循环能够进行，第 5 行将 char 类型的变量 userSelection 初始化为'm'。这里需要确保该变量不为'x'，否则将导致第一次循环不进行，应用程序终止，而不做任何有意义的工作。第一次循环非常简单，但第 17 行代码询问用户是否想再次执行计算。第 18 行代码读取用户输入，这将影响 while 计算的表达式的结果，确定程序继续执行还是就此终止。第一次循环结束后，将跳转到第 7 行，计算 while 语句中表达式的值，如果用户按的不是 x 键，将再次执行循环。如果用户在循环末尾按了 x 键，下次计算第 7 行的表达式时，结果将为 false，这将退出 while 循环，并在显示"Goodbye!"后结束应用程序。

> **注意** _____ 循环也叫迭代，while、do...while 和 for 语句也被称为迭代语句。

6.2.3 do...while 循环

在有些情况（如程序清单 6.8 所示的情况）下，您需要将代码放在循环中，并确保它们至少执行一次。此时 do...while 循环可派上用场。

do...while 循环的语法如下：

```
do
{
    StatementBlock; // executed at least once
} while(condition); // ends loop when condition evaluates to false
```

请注意，包含 while(*condition*)的代码行以分号结尾，这不同于前面介绍的 while 循环。在 while 循环中，如果包含 while(*condition*)的代码行以分号结尾，循环将就此结束，变成一条空语句。

程序清单 6.9 演示了如何使用 do...while 循环来确保语句至少执行一次。

程序清单 6.9　使用 do...while 循环重复执行代码块

```
 0: #include<iostream>
 1: using namespace std;
 2:
 3: int main()
 4: {
 5:    char userSelection = 'x'; // initial value
 6:    do
 7:    {
 8:        cout << "Enter the two integers: " << endl;
 9:        int num1 = 0, num2 = 0;
10:        cin >> num1;
11:        cin >> num2;
12:
13:        cout << num1 << " x " << num2 << " = " << num1 * num2 << endl;
14:        cout << num1 << " + " << num2 << " = " << num1 + num2 << endl;
15:
16:        cout << "Press x to exit(x) or any other key to recalculate" << endl;
17:        cin >> userSelection;
18:    } while (userSelection != 'x');
19:
20:    cout << "Goodbye!" << endl;
21:
22:    return 0;
23: }
```

▼ **输出：**

```
Enter the two integers:
654
-25
654 x -25 = -16350
654 + -25 = 629
Press x to exit(x) or any other key to recalculate
```

```
m
Enter the two integers:
909
101
909 x 101 = 91809
909 + 101 = 1010
Press x to exit(x) or any other key to recalculate
x
Goodbye!
```

▼ **分析：**

这个程序的操作和输出与程序清单 6.8 很像。实际上，它们之间唯一的差别在于，这个程序的第 6 行包含关键字 do，而第 18 行使用了 while。程序将按顺序执行每行代码，直到到达第 18 行的 while。到达第 18 行后，while 会计算表达式（userSelection != 'x'）的值。如果该表达式的值为 true，即用户没有按 x 键退出，将重复执行循环。如果该表达式的值为 false，即用户按了 x 键，将退出循环，显示 "Goodbye!"，并结束应用程序。

6.2.4　for 循环

for 循环是一种更复杂的循环，因为它允许您指定执行一次的初始化语句（通常用于初始化计数器）、检查退出条件（通常使用计数器）并在每次循环的末尾执行操作（通常是将计数器递增或修改其值）。

for 循环的语法如下：

```
for (initial expression executed only once;
     exit condition executed at the beginning of every loop;
     loop expression executed at the end of every loop)
{
     DoSomething;
}
```

for 循环让程序员能够定义并初始化一个计数器变量，在每次循环开头检查退出条件，在循环末尾修改计数器变量的值。

程序清单 6.10 演示了一种使用 for 循环访问数组元素的高效方式。

程序清单 6.10　使用 for 循环填充和显示静态数组的元素

```
0: #include<iostream>
1: using namespace std;
2:
3: int main()
4: {
5:     const int ARRAY_LENGTH = 5;
6:     int myNums[ARRAY_LENGTH] = {0};
7:
8:     cout << "Populate array of " << ARRAY_LENGTH << " integers" << endl;
9:
10:    for (int counter = 0; counter < ARRAY_LENGTH; ++counter)
11:    {
12:       cout << "Enter an integer for element " << counter << ": ";
13:       cin >> myNums[counter];
14:    }
```

```
15:
16:     cout << "Displaying contents of the array: " << endl;
17:
18:     for (int counter = 0; counter < ARRAY_LENGTH; ++counter)
19:       cout << "Element " << counter << " = " << myNums[counter] << endl;
20:
21:     return 0;
22: }
```

▼ **输出：**

```
Populate array of 5 integers
Enter an integer for element 0: 365
Enter an integer for element 1: 31
Enter an integer for element 2: 24
Enter an integer for element 3: -59
Enter an integer for element 4: 65536
Displaying contents of the array:
Element 0 = 365
Element 1 = 31
Element 2 = 24
Element 3 = -59
Element 4 = 65536
```

▼ **分析：**

程序清单 6.10 包含两个 for 循环，分别位于第 10 和 18 行。第一个 for 循环帮助填充一个 int 类型的数组的元素，而第二个帮助显示该数组的元素。这两个 for 循环的语法相同，都声明了索引变量 counter，用于访问数组中的元素。在每次循环的末尾，这个变量都递增，以便在下一次循环时访问数组中的下一个元素。在 for 语句中，中间的表达式为退出条件，它将 counter 与 ARRAY_LENGTH 进行比较，检查在每次循环末尾递增后，counter 是否还在数组边界内。这也确保了 for 循环不会跨越数组边界。

注意　　用于帮助访问集合（如数组）元素的变量（如程序清单 6.10 中的 counter）也被称为迭代器。在 for 语句中声明的迭代器的作用域为所在的 for 循环内，因此在程序清单 6.10 中，第二个 for 循环中声明的 counter（在编译器看来）实际上是个新变量。

初始化语句、条件表达式以及修改变量的语句都是可选的，for 语句可以不包含这些部分，如程序清单 6.11 所示。

程序清单 6.11　使用 for 循环（不包含修改变量的语句）根据用户的请求重复执行计算

```
0: #include<iostream>
1: using namespace std;
2:
3: int main()
4: {
5:     // without loop expression (third expression missing)
6:     for(char userSelection = 'm'; (userSelection != 'x');)
7:     {
8:         cout << "Enter the two integers: " << endl;
9:         int num1 = 0, num2 = 0;
10:        cin >> num1;
11:        cin >> num2;
```

```
12:
13:        cout << num1 << " x " << num2 << " = " << num1 * num2 << endl;
14:        cout << num1 << " + " << num2 << " = " << num1 + num2 << endl;
15:
16:        cout << "Press x to exit or any other key to recalculate" << endl;
17:        cin >> userSelection;
18:    }
19:
20:    cout << "Goodbye!" << endl;
21:
22:    return 0;
23: }
```

▼ 输出:

```
Enter the two integers:
56
25
56 x 25 = 1400
56 + 25 = 81
Press x to exit or any other key to recalculate
m
Enter the two integers:
789
-36
789 x -36 = -28404
789 + -36 = 753
Press x to exit or any other key to recalculate
x
Goodbye!
```

▼ 分析:

这个程序与使用 while 循环的程序清单 6.8 大致相同,唯一的差别在于,这个程序的第 6 行使用了 for 循环。这个 for 循环有趣的地方在于,它只包含初始化语句和条件表达式,而省略了在每次循环末尾修改变量的语句。

注意	在 for 循环的初始化语句中,可初始化多个变量。对于程序清单 6.11 所示的 for 循环,如果在其中初始化多个变量,将类似于下面这样:
	
	`for (int counter1 = 0, counter2 = 5; // initialize`
	`    counter1 < ARRAY_LENGTH;  // check`
	`      ++counter1, --counter2) // increment,`
	`decrement`
	
	您可以注意到,新增的变量 counter2 被初始化为 5。有趣的是,也可使用循环表达式在每次循环时都将其递减。

6.2.5　基于范围的 for 循环

C++11 引入了一种新的 for 循环,使对一系列值(如数组包含的值)进行操作的代码更容易编写和被理解。

基于范围的 for 循环也使用关键字 for:

```
for (VarType varName : sequence)
{
    // Use varName that contains an element from sequence
}
```

例如，给定一个整型数组 someNums，可像下面这样使用基于范围的 for 循环来读取其中的元素：

```
int someNums[] = { 1, 101, -1, 40, 2040 };

for (int aNum : someNums) // range based for
    cout << "The array elements are " << aNum << endl;
```

提示

如果要通过使用关键字 auto 来自动推断变量的类型，则可编写一个通用的 for 循环，对任何类型的数组元素进行处理，从而进一步简化前面的 for 语句：

```
for (auto anElement : elements) // range based for

    cout << "Array elements are " << anElement << endl;
```

关键字 auto 和变量类型自动推断功能在第 3 章介绍过。

程序清单 6.12 演示了如何使用基于范围的 for 循环来处理一系列不同类型的值。

程序清单 6.12　使用基于范围的 for 循环来处理数组和 std::string

```
0: #include<iostream>
1: #include<string>
2: using namespace std;
3:
4: int main()
5: {
6:     int someNums[] = { 1, 101, -1, 40, 2040 };
7:
8:     for (const int aNum : someNums)
9:         cout << aNum << ' ';
10:    cout << endl;
11:
12:    for (auto anElement : { 5, 222, 110, -45, 2017 })
13:        cout << anElement << ' ';
14:    cout << endl;
15:
16:    char charArray[] = { 'h', 'e', 'l', 'l', 'o' };
17:    for (auto aChar : charArray)
18:        cout << aChar << ' ';
19:    cout << endl;
20:
21:    double moreNums[] = { 3.14, -1.3, 22, 10101 };
22:    for (auto anElement : moreNums)
23:        cout << anElement << ' ';
24:    cout << endl;
25:
26:    string sayHello{ "Hello World!" };
27:    for (auto anElement : sayHello)
28:        cout << anElement << ' ';
```

```
29:    cout << endl;
30:
31:    return 0;
32: }
```

▼ 输出：

```
1 101 -1 40 2040
5 222 110 -45 2017
h e l l o
3.14 -1.3 22 10101
H e l l o   W o r l d !
```

▼ 分析：

这个程序清单包含多个基于范围的 for 循环实现，如第 8、12、17、22 和 27 行所示。其中每个实现都使用循环将一系列内容显示到屏幕上——每次一个元素。有趣的是，虽然范围各不相同，例如，从第 8 行的整型数组 someNums 到第 12 行未指定的范围，从第 17 行的字符数组 charArray 到第 27 行的 std::string，但基于范围的 for 循环的语法始终相同。

在最近 10 年引入的新特性中，基于范围的 for 循环凭借这种简洁性雄踞受欢迎程度榜首。

6.3　使用 continue 和 break 修改循环的行为

在有些情况下，尤其是在使用大量条件处理大量参数的复杂循环中，无法编写有效的循环条件，但是需要在循环中修改程序的行为。在这种情况下，continue 和 break 可提供帮助。

continue 让您能够跳转到循环开头，并跳过循环块中位于 continue 后面的代码。因此，在 while、do...while 和 for 循环中，continue 会使程序重新评估循环条件，如果为 true，则重新进入循环块。

注意	在 for 循环中遇到 continue 时，将在评估循环条件前执行循环表达式（for 语句中的第 3 个表达式，通常用于递增计数器）。而遇到 break 则退出循环块，即结束当前循环。
警告	通常，程序员的预期是，如果循环条件满足，则执行循环中的所有代码。continue 和 break 改变了这种行为，并可能导致代码不直观。 因此，应尽量少用 continue 和 break。

6.3.1　不结束的循环——无限循环

while、do...while 和 for 循环都包含一个条件表达式，循环在它的值为 false 时结束。如果您指定的条件表达式的值总是为 true，循环就不会结束。

无限 while 循环类似于下面这样：

```
while(true) // while expression fixed to true
{
    DoSomethingRepeatedly;
}
```

无限 do...while 循环类似于下面这样：

```
do
{
```

```
    DoSomethingRepeatedly;
} while(true); // do...while expression never evaluates to false
```

而无限 for 循环类似于下面这样：

```
for (;;) // no condition supplied = unending for
{
    DoSomethingRepeatedly;
}
```

这种循环看似奇怪，但确实有用武之地。假设操作系统需要不断检查 USB 端口是否连接了设备，只要操作系统在运行，这种活动就不应停止。在这种情况下，就应使用永不结束的循环。这种循环也叫无限循环，因为它们将不断执行下去，直到永远。

6.3.2　控制无限循环

如果要结束无限循环（假设前述示例中的操作系统需要关闭），那么可插入一条 break 语句（通常放在 if(condition)代码块中）。

下面是一个使用 break 退出无限 while 循环的例子：

```
while(true) // while condition fixed to true
{
    DoSomethingRepeatedly;
    if(condition)
        break; // exit loop when expression evaluates to true
}
```

下面是一个使用 break 退出无限 do...while 循环的例子：

```
do
{
    DoSomethingRepeatedly;
    if(condition)
        break; // exit loop when expression evaluates to true
} while(true);
```

下面是一个使用 break 退出无限 for 循环的例子：

```
for (;;) // no condition supplied i.e. unending for loop
{
    DoSomethingRepeatedly;
    if(condition)
        break; // exit loop when expression evaluates to true
}
```

程序清单 6.13 演示了如何使用 continue 和 break 作为退出条件。

程序清单 6.13　使用 continue 进入下一次循环，并使用 break 退出无限 for 循环

```
0: #include<iostream>
1: using namespace std;
2:
3: int main()
```

```
 4: {
 5:    for(;;) // an infinite loop
 6:    {
 7:       cout << "Enter two integers: " << endl;
 8:       int num1 = 0, num2 = 0;
 9:       cin >> num1;
10:       cin >> num2;
11:
12:       cout << "Do you wish to correct the numbers? (y/n): ";
13:       char changeNumbers = '\0';
14:       cin >> changeNumbers;
15:
16:       if (changeNumbers == 'y')
17:          continue; // restart the loop!
18:
19:       cout << num1 << " x " << num2 << " = " << num1 * num2 << endl;
20:       cout << num1 << " + " << num2 << " = " << num1 + num2 << endl;
21:
22:       cout << "Press x to exit or any other key to recalculate" << endl;
23:       char userSelection = '\0';
24:       cin >> userSelection;
25:
26:       if (userSelection == 'x')
27:          break; // exit the infinite loop
28:    }
29:
30:    cout << "Goodbye!" << endl;
31:
32:    return 0;
33: }
```

▼ 输出：

```
Enter two integers:
560
25
Do you wish to correct the numbers? (y/n): y
Enter two integers:
56
25
Do you wish to correct the numbers? (y/n): n
56 x 25 = 1400
56 + 25 = 81
Press x to exit or any other key to recalculate
r
Enter two integers:
95
-1
Do you wish to correct the numbers? (y/n): n
95 x -1 = -95
95 + -1 = 94
Press x to exit or any other key to recalculate
```

```
x
Goodbye!
```

▼ **分析：**

相比于程序清单 6.11 的 for 循环，第 5 行的 for 循环的不同之处在于，它是一个无限 for 循环，没有包含需要在每次循环迭代前评估的条件表达式。换句话说，如果没有 break 语句，该循环（进而是该应用程序）将永远不会结束。相比于您在本书前面看到的其他输出，这里的输出的不同之处在于，在执行加法和乘法运算前，用户可修改其输入的整数。这种逻辑是使用 continue 实现的，如第 16 和 17 行所示，程序根据指定的条件决定是否执行 continue。当被询问是否要修改数字时，如果用户输入 y，第 16 行的条件将为 true，进行执行后面的 continue。遇到 continue 后，将跳转到循环开头处执行，让用户输入两个整数。同样，在循环末尾询问用户是否想退出时，第 26 行检查用户是否按 x 键，如果是，则执行 break 语句，结束这个无限循环。

注意	在程序清单 6.13 中，使用了空语句 for(;;)来创建无限循环。您也可以使用其他类型的循环来生成相同的输出，例如，可将该语句替换为 while(true)或 do...while(true);。

白名单	黑名单
在循环逻辑至少需要执行一次时，务必使用 do...while 循环。 使用 while、do...while 或 for 循环时，务必指定明确的条件表达式。 在循环包含的语句块中，务必缩进代码以提高可读性。	不要使用 goto 语句。 不要随意地使用 continue 和 break。 除非万不得已，否则不要编写使用 break 来结束的无限循环。

6.4 编写嵌套循环

就像本章开头介绍的嵌套 if 语句一样，编写循环时，经常需要在一个循环内嵌套另一个循环。假设有两个整型数组，分别为 array1 和 array2，而您想将 array1 中的每个元素与 array2 中的每个元素相乘，那么通过使用嵌套循环，这种编程工作将很容易完成。此时需要两个循环，第一个循环遍历 array1，第二个循环遍历 array2，且第二个循环位于第一个循环内部。

程序清单 6.14 演示了嵌套循环的用法。

程序清单 6.14　使用嵌套循环将一个数组的每个元素与另一个数组的每个元素相乘

```cpp
0: #include<iostream>
1: using namespace std;
2:
3: int main()
4: {
5:     const int ARRAY1_LEN = 3;
6:     const int ARRAY2_LEN = 2;
7:
8:     int myNums1[ARRAY1_LEN] = {35, -3, 0};
9:     int myNums2[ARRAY2_LEN] = {20, -1};
10:
11:    cout << "Multiplying each int in myNums1 by each in myNums2:" << endl;
12:
```

```
13:     for(int index1 = 0; index1 < ARRAY1_LEN; ++index1)
14:       for(int index2 = 0; index2 < ARRAY2_LEN; ++index2)
15:           cout << myNums1[index1] << " x " << myNums2[index2] \
16:           << " = " << myNums1[index1] * myNums2[index2] << endl;
17:
18:     return 0;
19: }
```

▼ 输出：

```
Multiplying each int in myNums1 by each in myNums2:
35 x 20 = 700
35 x -1 = -35
-3 x 20 = -60
-3 x -1 = 3
0 x 20 = 0
0 x -1 = 0
```

▼ 分析：

第 13 和 14 行是嵌套的 for 循环。第一个 for 循环遍历数组 myNums1，而第二个 for 循环遍历数组 myNums2。第一个 for 循环在每次迭代时，都会执行第二个 for 循环。第二个 for 循环遍历数组 myNums2，在每次迭代时，都将数组 myNums2 中的当前元素与数组 myNums1 中索引为 index1 的元素相乘。因此，对于 myNums1 中的每个元素，第二个 for 循环都会遍历 myNums2 的所有元素。其结果是，首先将 myNums1 的第一个元素（偏移量为 0）与数组 myNums2 的每个元素相乘；然后，将 myNums1 的第二个元素与数组 myNums2 的每个元素相乘；最后，将 myNums1 的第三个元素与数组 myNums2 的每个元素相乘。

6.4.1 使用嵌套循环遍历多维数组

第 4 章介绍了多维数组。实际上，在程序清单 4.3 中，您遍历了一个 3 行、3 列的二维数组。当时的做法是，分别访问数组中的每个元素（各占一行代码）。这种做法的可扩展性不强，如果数组变大了，除需修改各维的长度外，还需添加大量的代码。然而，使用循环可改变这一点，如程序清单 6.15 所示。

程序清单 6.15　使用嵌套循环遍历二维整型数组的元素

```
0: #include<iostream>
1: using namespace std;
2:
3: int main()
4: {
5:     const int NUM_ROWS = 3;
6:     const int NUM_COLUMNS = 4;
7:
8:     // 2D array of integers
9:     int MyInts[NUM_ROWS][NUM_COLUMNS] = { {34, -1, 879, 22},
10:                                           {24, 365, -101, -1},
11:                                           {-20, 40, 90, 97} };
12:
13:     // iterate rows, each array of int
14:     for (int row = 0; row < NUM_ROWS; ++row)
15:     {
16:         // iterate integers in each row (columns)
```

```
17:        for (int column = 0; column < NUM_COLUMNS; ++column)
18:        {
19:           cout << "Integer[" << row << "][" << column \
20:              << "] = " << MyInts[row][column] << endl;
21:        }
22:     }
23:
24:     return 0;
25: }
```

▼ 输出：

```
Integer[0][0] = 34
Integer[0][1] = -1
Integer[0][2] = 879
Integer[0][3] = 22
Integer[1][0] = 24
Integer[1][1] = 365
Integer[1][2] = -101
Integer[1][3] = -1
Integer[2][0] = -20
Integer[2][1] = 40
Integer[2][2] = 90
Integer[2][3] = 97
```

▼ 分析：

第 14～22 行包含两个用于遍历二维整型数组的 for 循环。二维数组实际上是数组的数组。您可以注意到，第一个 for 循环访问的是行，每行都是一个整型数组；而第二个 for 循环访问数组中的每个元素，即列。

注意	程序清单 6.15 使用花括号将嵌套的 for 循环标识，这只是为了改善代码的可读性。即便没有花括号，嵌套的循环也不会有问题，因为循环语句只是一条语句，而不是复合语句，复合语句才需要用花括号进行标识。

6.4.2　使用嵌套循环计算斐波那契数列

著名的斐波那契数列以 0 和 1 开头，随后的每个数字都是前两个数字之和。因此，斐波那契数列的开头类似于下面这样：

0, 1, 1, 2, 3, 5, 8,…

程序清单 6.16 演示了如何计算斐波那契数列，并且用户想要生成多长的数列就生成多长的数列——长度只受限于 int 类型的变量可存储的最大值。

程序清单 6.16　使用嵌套循环计算斐波那契数列

```
0: #include<iostream>
1: using namespace std;
2:
3: int main()
4: {
5:    const int numsToCalculate = 5;
6:    cout << "This program will calculate " << numsToCalculate \
```

```
7:          << " Fibonacci Numbers at a time" << endl;
8:
9:      int num1 = 0, num2 = 1;
10:     char wantMore = '\0';
11:     cout << num1 << " " << num2 << " ";
12:
13:     do
14:     {
15:         for (int counter = 0; counter < numsToCalculate; ++counter)
16:         {
17:             cout << num1 + num2 << " ";
18:
19:             int num2Temp = num2;
20:             num2 = num1 + num2;
21:             num1 = num2Temp;
22:         }
23:
24:         cout << endl << "Do you want more numbers (y/n)? ";
25:         cin >> wantMore;
26:     }while (wantMore == 'y');
27:
28:     cout << "Goodbye!" << endl;
29:
30:     return 0;
31: }
```

▼ 输出：

```
This program will calculate 5 Fibonacci Numbers at a time
0 1 1 2 3 5 8
Do you want more numbers (y/n)? y
13 21 34 55 89
Do you want more numbers (y/n)? y
144 233 377 610 987
Do you want more numbers (y/n)? y
1597 2584 4181 6765 10946
Do you want more numbers (y/n)? n
Goodbye!
```

▼ 分析：

第 13 行的外部 do…while 循环相当于一个询问循环，询问用户是否要生成更多的数字。第 15 行的内部 for 循环计算并显示接下来的 5 个斐波那契数。第 19 行将 num2 的值存储到临时变量 num2Temp 中，以便第 21 行能够使用它。如果不将 num2 的原始值存储到临时变量中，第 20 行修改 num2 的值后，就无法将其原始值赋给 num1。如果用户输入 y，将再次执行 do…while 循环，进而再次执行嵌套的 for 循环，从而生成接下来的 5 个斐波那契数。

6.5　总结

本章介绍了如何编写可提供不同执行路径的条件语句以及如何使用循环重复执行代码。您学习了如何使用 if…else 以及 switch-case 语句来处理不同的情形（即变量包含不同的值）。

您学习了如何使用 while、do...while 和 for 语句编写循环，学习了如何让循环无休止地迭代下去（即无限循环）以及如何使用 continue 和 break 更好地控制它们。最后，本章介绍了 goto 语句，但同时提示您避免使用它，因为使用它创建的代码难以理解。

6.6　问与答

问：如果在 switch-case 语句中省略了 break，结果将如何？
答： break 让程序能够退出 switch-case，如果没有它，程序将继续评估后面的 case 语句。

问：如何退出无限循环？
答： 可以使用 break 退出当前循环，或者使用 return 退出当前函数模块。

问：我编写了一个类似于 while(Integer) 的循环，如果 Integer 的值为−1，这个 while 循环会执行吗？
答： 理想情况下，while 循环表达式应为布尔值 true 或 false，否则将这样解读：0 表示 false，非 0 表示 true。由于−1 不是 0，因此该 while 条件为 true，循环将执行。如果希望仅当 Integer 为正数时才执行循环，可编写表达式 while(Integer>0)。这种规则适用于所有的条件语句和循环。

问：有与 for(;;) 等效的空 while 语句吗？
答： 没有，while 语句必须有配套的条件表达式。

问：我通过复制并粘贴将 do...while(exp); 改成了 while(exp);，这会出问题吗？
答： 会出大问题！while(exp); 合法，但是一个空 while 循环，因为 while 后面是一条空语句（分号），即便后面有语句块亦如此。后面的语句块将执行一次，但它位于循环外面。综上，复制并粘贴代码时务必小心。

6.7　作业

作业包括测验和练习，前者帮助读者加深对所学知识的理解，后者为读者提供了使用新学知识的机会。请尽量先完成测验和练习题，然后对照附录 E 的答案，继续学习第 7 章前，请务必弄懂这些题目。

6.7.1　测验

1. 既然不缩进也能通过编译，为何要缩进语句块、嵌套 if 语句和嵌套循环？
2. 既然使用 goto 可快速解决问题，为何要避免使用它？
3. 可编写计数器递减的 for 循环吗？这样的 for 循环是什么样的？
4. 下面的循环有何问题？

```
for (int counter=0; counter==10; ++counter)
   cout << counter << " ";
```

6.7.2　练习

1. 编写一个 for 循环，以倒序方式访问数组的元素。

2. 编写一个类似于程序清单 6.14 的嵌套 for 循环，但以倒序方式将一个数组的每个元素都与另一个数组的每个元素相加。

3. 编写一个程序，像程序清单 6.16 那样计算斐波那契数列，但让用户指定每次产生多少个斐波那契数。

4. 编写一个 switch-case 结构，指出用户选择的颜色是否出现在彩虹中。请使用枚举常量。

5. 查错：下面的代码有何错误？

```
for (int counter=0; counter=10; ++counter)
    cout << counter << " ";
```

6. 查错：下面的代码有何错误？

```
int loopCounter = 0;
while(loopCounter <5);
{
    cout << loopCounter << " ";
    loopCounter++;
}
```

7. 查错：下面的代码有何错误？

```
cout << "Enter a number between 0 and 4" << endl;
int input = 0;
cin >> input;
switch (input)
case 0:
case 1:
case 2:
case 3:
case 4:
cout << "Valid input" << endl;
default:
    cout << "Invalid input" << endl;
}
```

第7章

使用函数组织代码

到目前为止，本书的示例程序都使用 main( )实现所有功能。对小型应用程序来说，这完全可行，但随着程序越来越大、越来越复杂，除非使用其他函数，否则 main( )将越来越长。

函数让您能够划分和组织程序的执行逻辑。通过使用函数，可将应用程序的内容划分成依次调用的逻辑块。

函数是子程序，可接收参数并返回值，要让函数执行其任务，必须调用它。

在本章中，您将学习：

- 为何需要编写函数；
- 函数原型和函数定义；
- 给函数传递参数以及从函数返回值；
- 重载函数；
- 递归函数；
- lambda 函数。

7.1 为何需要函数

假设要编写一个应用程序，让用户输入圆的半径并使用程序计算其面积和周长。为此，一种方式是将所有代码都放在 main( )中，另一种方式是将该应用程序划分成两个逻辑块，它们分别根据半径计算圆的面积和周长，如程序清单 7.1 所示。

程序清单 7.1　两个根据半径分别计算圆的面积和周长的函数

```
0: #include<iostream>
1: using namespace std;
2:
3: const double Pi = 3.14159265;
4:
5: // Function Declarations (Prototypes)
6: double Area(double radius);
7: double Circumference(double radius);
8:
9: int main()
10: {
11:     cout << "Enter radius: ";
12:     double radius = 0;
13:     cin >> radius;
14:
```

```
15:     // Call function "Area"
16:     cout << "Area is: " << Area(radius) << endl;
17:
18:     // Call function "Circumference"
19:     cout << "Circumference is: " << Circumference(radius) << endl;
20:
21:     return 0;
22: }
23:
24: // Function definitions (implementations)
25: double Area(double radius)
26: {
27:     return Pi * radius * radius;
28: }
29:
30: double Circumference(double radius)
31: {
32:     return 2 * Pi * radius;
33: }
```

▼ 输出：

```
Enter radius: 6.5
Area is: 132.732
Circumference is: 40.8407
```

▼ 分析：

这里的 main( )（本身是一个函数）相当简洁，它将工作委托给 Area( ) 和 Circumference( ) 等函数去完成，并在第 16 和 19 行分别调用它们。

该程序演示了使用函数进行编程涉及的如下内容。

- 第 6 和 7 行声明了函数原型，这样在 main( ) 中使用 Area( ) 和 Circumference( ) 时，编译器知道它们是什么。
- 在 main( ) 中，第 16 和 19 行调用了函数 Area( ) 和 Circumference( )。
- 第 25～28 行定义了函数 Area( )，而第 30～33 行定义了函数 Circumference( )。

您需要知道的是，通过将计算圆的面积和周长的代码放到不同的函数中，有助于提高代码的可重用性，因为可根据需要重复地调用这些函数。

7.1.1 函数原型是什么

再来看一下程序清单 7.1 的第 6 和 7 行：

```
double Area(double radius);
double Circumference(double radius);
```

图 7.1 说明了函数原型的组成部分。

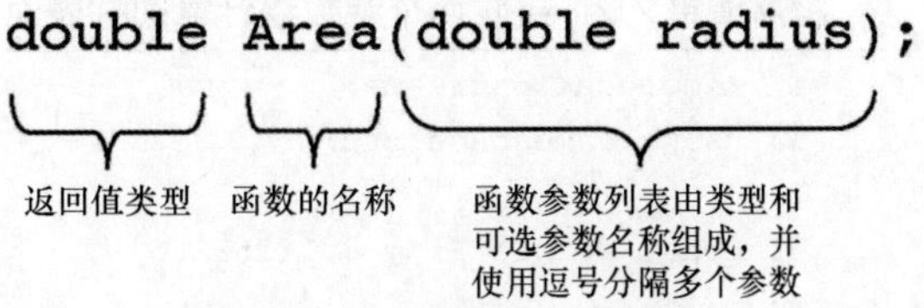

函数原型指出了函数的名称（Area）、函数参数列表（一个名为 radius 的 double 类型的参数）以及返回值的类型（double）。

如果没有函数原型，编译器遇到 main( ) 中的第 16 和 19 行时，将不知道 Area( ) 和 Circumference( )

double Area(double radius);

返回值类型　函数的名称　函数参数列表由类型和可选参数名称组成，并使用逗号分隔多个参数

图 7.1　函数原型的组成部分

是什么。函数原型告诉编译器，Area( )和 Circumference( )是函数，它们都接收一个类型为 double 的参数，并返回一个类型为 double 的值。这样，编译器将意识到这些语句是合法的。

> **注意**
>
> 函数可接收用逗号分隔的多个参数，但只能有一种返回类型。
>
> 编写不需要返回任何值的函数时，可将其返回类型指定为 void。

7.1.2　函数定义是什么

函数的最基本部分——实现，被称为函数定义。下面来分析函数 Area( )的定义：

```
double Area(double radius)
{
    return Pi * radius * radius;
}
```

函数定义总是由一个语句块组成。除非返回类型被声明为 void，否则函数必须包含一条 return 语句。就这里而言，函数 Area( )需要返回一个值，因为其返回类型为 double。语句块是包含在左花括号（{）和右花括号（}）内的语句，在函数被调用时执行。Area( )使用输入参数 radius 来计算圆的面积，该参数包含调用者以实参（argument）方式传递的半径。

7.1.3　函数调用和实参是什么

如果函数声明中包含形参（parameter），调用函数时必须提供实参，实参是函数的形参列表要求的值。下面来分析程序清单 7.1 中对函数 Area( )的调用：

```
cout << "Area is: " << Area(radius) << endl;
```

其中，Area(radius)是函数调用，而 radius 是传递给函数 Area( )的实参。执行到 Area(radius)处时，将跳转到函数 Area( )处，该函数将使用传递给它的半径计算圆的面积。

7.1.4　编写接收多个参数的函数

假设要编写一个计算圆柱（见图 7.2）表面积的程序。
计算圆柱表面积的公式如下：

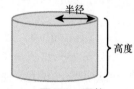

图 7.2　圆柱

```
Area of Cylinder = Area of top circle + Area of bottom circle + Area of Side
                 = Pi * radius^2 + Pi * radius ^2 + 2 * Pi * radius * height
                 = 2 * Pi * radius^2 + 2 * Pi * radius * height
```

计算圆柱表面积时，需要两个变量——半径和高度。编写计算圆柱表面积的函数时，至少需要在函数声明的形参列表中指定两个形参。为此，需要用逗号分隔形参。接收两个参数以计算圆柱表面积的函数如程序清单 7.2 所示。

程序清单 7.2　接收两个参数以计算圆柱表面积的函数

```
0: #include<iostream>
1: using namespace std;
2:
3: const double Pi = 3.14159265;
4:
5: // Declaration contains two parameters
```

```
 6: double SurfaceArea(double radius, double height);
 7:
 8: int main()
 9: {
10:     cout << "Enter the radius of the cylinder: ";
11:     double radius = 0;
12:     cin >> radius;
13:     cout << "Enter the height of the cylinder: ";
14:     double height = 0;
15:     cin >> height;
16:
17:     cout << "Surface area: " << SurfaceArea(radius, height) << endl;
18:
19:     return 0;
20: }
21:
22: double SurfaceArea(double radius, double height)
23: {
24:     double area = 2 * Pi * radius * radius + 2 * Pi * radius * height;
25:     return area;
26: }
```

▼ 输出：

```
Enter the radius of the cylinder: 3
Enter the height of the cylinder: 6.5
Surface Area: 179.071
```

▼ 分析：

第 6 行是函数 SurfaceArea( )的声明，其中包含两个用逗号分隔的形参——radius 和 height，它们的类型都是 double。第 22～26 行是函数 SurfaceArea( )的定义，即实现。正如您看到的，使用输入参数 radius 和 height 计算了圆柱的表面积，并将其存储在局部变量 area 中，再将 area 返回给调用者。

注意 　函数形参类似于局部变量，它们只在当前函数内部可用。因此，在程序清单 7.2 中，函数 SurfaceArea( )的形参 radius 和 height 是函数 main( )中同名变量的副本。

7.1.5 编写没有参数和返回值的函数

如果将显示 Hello World 的工作委托给一个函数，且该函数不做别的工作，则它就不需要任何参数（因为它除了显示 Hello World 外，什么也不做），也无须返回任何值（因为您不指望这样的函数能提供在其他地方有用的东西）。程序清单 7.3 演示了一个这样的函数。

程序清单 7.3 没有参数和返回值的函数

```
0: #include<iostream>
1: using namespace std;
2:
3: void SayHello();
4:
5: int main()
6: {
7:     SayHello();
```

```
 8:     return 0;
 9: }
10:
11: void SayHello()
12: {
13:     cout << "Hello World" << endl;
14: }
```

▼ 输出：

```
Hello World
```

▼ 分析：

注意到第 3 行的函数原型将函数 SayHello( )的返回类型声明为 void，即不返回任何值。因此，在第 11～14 行的函数定义中，没有 return 语句。但是，有些程序员喜欢在这种函数末尾添加一条空的 return 语句：

```
void SayHello()
{
    cout << "Hello World" << endl;
    return; // an empty return
}
```

7.1.6　带默认值的函数参数

在本书前面的示例中，您都将 pi 声明为常量，没有给用户提供修改它的机会。然而，用户可能希望其精度更高或更低。如何编写一个函数，在用户没有提供值的情况下，将 pi 设置为默认值呢？

为解决该问题，一种方法是给函数 Area( )新增一个表示 pi 的参数，并将其默认值设置为您选择的值。对程序清单 7.1 所示的函数 Area( )做这样的修改后，结果将如下：

```
double Area(double radius, double pi = 3.14);
```

请注意，给第二个参数 pi 指定了默认值 3.14。对调用者来说，这个参数是可选的，因此仍可使用下面的语法来调用函数 Area( )，就像第二个参数不存在一样：

```
Area(radius);
```

此时，第二个参数将使用默认值 3.14。然而，必要时可使用两个实参来调用这个函数：

```
Area(radius, 3.14159); // more precise pi
```

程序清单 7.4 演示了如何编写参数包含默认值的函数，这种默认值可被用户提供的值覆盖。

程序清单 7.4　计算圆面积的函数，其第二个参数为 pi，该参数的默认值为 3.14

```
0: #include<iostream>
1: using namespace std;
2:
3: // Function with default argument
4: double Area(double radius, double pi = 3.14);
5:
6: int main()
7: {
```

```
 8:    cout << "Enter radius: ";
 9:    double radius = 0;
10:    cin >> radius;
11:
12:    cout << "pi is 3.14, do you wish to change this (y / n)? ";
13:    char changePi = 'n';
14:    cin >> changePi;
15:
16:    double circleArea = 0;
17:    if (changePi == 'y')
18:    {
19:        cout << "Enter new pi: ";
20:        double newPi = 3.14;
21:        cin >> newPi;
22:        circleArea = Area (radius, newPi);
23:    }
24:    else
25:        circleArea = Area(radius); // Ignore 2nd param, use default value
26:
27:    // Call function "Area"
28:    cout << "Area is: " << circleArea << endl;
29:
30:    return 0;
31: }
32:
33: // Function definitions (implementations)
34: double Area(double radius, double pi)
35: {
36:    return pi * radius * radius;
37: }
```

▼ 输出:

第一次运行的输出:

```
Enter radius: 1
pi is 3.14, do you wish to change this (y / n)? n
Area is: 3.14
```

第二次运行的输出:

```
Enter radius: 1
pi is 3.14, do you wish to change this (y / n)? y
Enter new pi: 3.1416
Area is: 3.1416
```

▼ 分析:

从上述输出可知,两次运行时用户输入的半径相同,都是 1。然而,第二次运行时,用户修改了 pi 的精度,因此计算得到的面积稍有不同。两次运行时调用的是同一个函数,如第 22 和 25 行所示。第 25 行调用 Area( )时没有指定第二个参数 pi,因此将使用默认值 3.14,这是在第 4 行的声明中指定的。

注意 | 可以给多个参数指定默认值,但这些参数必须位于参数列表的末尾。

7.1.7 递归函数——调用自己的函数

在有些情况下，可让函数调用它自己，这样的函数称为递归函数。递归函数必须有明确的退出条件，满足这种条件后，函数将返回，而不再调用自己。

> **警告** 如果没有退出条件或退出条件有问题，递归函数可能不断调用自己，直到栈溢出后才停止，并导致应用程序崩溃。

计算斐波那契数列时，递归函数很有用，如程序清单 7.5 所示。该数列的开头两个数为 0 和 1：

```
F(0) = 0
F(1) = 1
```

随后的每个数都是前两个数之和。计算第 n 个数（n>1）的公式如下：

```
Fibonacci(n) = Fibonacci(n - 1) + Fibonacci(n - 2)
```

因此斐波那契数列如下：

```
F(2) = 1
F(3) = 2
F(4) = 3
F(5) = 5
F(6) = 8
......
```

程序清单 7.5 使用递归函数计算斐波那契数列中的数字

```
0: #include<iostream>
1: using namespace std;
2:
3: int GetFibNumber(int fibIndex)
4: {
5:    if (fibIndex < 2)
6:       return fibIndex;
7:    else // recursion if fibIndex >= 2
8:       return GetFibNumber(fibIndex - 1) + GetFibNumber(fibIndex - 2);
9: }
10:
11: int main()
12: {
13:    cout << "Enter 0-based index of desired Fibonacci Number: ";
14:    int index = 0;
15:    cin >> index;
16:
17:    cout << "Fibonacci number is: " << GetFibNumber(index) << endl;
18:    return 0;
19: }
```

▼ 输出：

```
Enter 0-based index of desired Fibonacci Number: 6
Fibonacci number is: 8
```

▼ 分析：

函数 GetFibNumber( )是在第 3~9 行定义的，这是一个递归函数，因为它在第 8 行调用了自己。第 5 和 6 行指定了退出条件，确保该函数在 fibIndex 小于 2 时不再递归。鉴于函数 GetFibNumber( )调用自己时降低了 fibIndex 的值，因此递归到一定程度后将满足递归条件，从而停止递归，并将计算得到的斐波那契数返回给 main( )。

7.1.8　包含多条 return 语句的函数

在函数定义中，并非只能有一条 return 语句。您可以在函数的任何地方使用 return 语句，如果愿意，还可包含多条 return 语句，如程序清单 7.6 所示。这可能是糟糕的编程方式，也可能不是，这取决于函数的情况和需求。

程序清单 7.6　在同一个函数中使用多条 return 语句

```
0: #include<iostream>
1: using namespace std;
2: const double Pi = 3.14159265;
3:
4: void QueryAndCalculate()
5: {
6:     cout << "Enter radius: ";
7:     double radius = 0;
8:     cin >> radius;
9:
10:    cout << "Area: " << Pi * radius * radius << endl;
11:
12:    cout << "Do you wish to calculate circumference (y/n)? ";
13:    char calcCircum = 'n';
14:    cin >> calcCircum;
15:
16:    if (calcCircum == 'n')
17:        return;
18:
19:    cout << "Circumference: " << 2 * Pi * radius << endl;
20:    return;
21: }
22:
23: int main()
24: {
25:    QueryAndCalculate ();
26:
27:    return 0;
28: }
```

▼ 输出：

第一次执行的输出：

```
Enter radius: 1
Area: 3.14159
Do you wish to calculate circumference (y/n)? y
Circumference: 6.28319
```

第二次执行的输出：

```
Enter radius: 1
Area: 3.14159
Do you wish to calculate circumference (y/n)? n
```

▼ 分析：

函数 QueryAndCalculate( )包含多条 return 语句：一条位于第 17 行，另一条位于第 20 行。如果用户输入 n 表示不想计算周长，程序将使用 return 语句退出；否则将接着计算周长，然后返回。

警告	在同一个函数中使用多条 return 语句要谨慎。相对于有多个返回点的函数，从顶部开始并在末尾返回的函数要容易理解得多。
	在程序清单 7.6 中，使用了多条 return 语句。这很容易避免，只需修改 if 条件，使其检查用户输入的是否是 y（Yes）即可：
	
	`    if (calcCircum == 'y')`
	`        cout << "Circumference: " << 2*Pi*radius <<`
	`    endl;`

7.2　使用函数处理不同类型的数据

并非每次只能给函数传递一个值，也可将数组传递给函数。您可创建两个名称和返回类型相同，但参数不同的函数。您也可创建这样的函数，即其参数不是在函数内部创建和销毁的，为此还可使用在函数退出后还可用的引用，这样可在函数中操作更多数据或参数。在本节中，您将学习函数重载、如何将数组传递给函数以及按引用给函数传递参数。

7.2.1　函数重载

名称和返回类型相同，但参数不同的函数被称为重载函数。在应用程序中，如果需要使用不同的参数调用具有特定名称和返回类型的函数，重载函数将很有用。假设您需要编写一个应用程序，它用来计算圆的面积和圆柱的表面积。计算圆的面积的函数需要一个参数——半径，而计算圆柱的表面积的函数除了需要圆柱的底面半径外，还需要圆柱的高度。这两个函数需要返回的数据类型相同，都是面积。C++让您能够定义两个重载的函数，它们都叫 Area，返回类型都为 double，但一个接收圆的半径作为参数，另一个接收圆柱的底面半径和高度作为参数，如程序清单 7.7 所示。

程序清单 7.7　在同一个函数中使用多条 return 语句

```
0: #include<iostream>
1: using namespace std;
2:
3: const double Pi = 3.14159265;
4:
5: double Area(double radius); // for circle
6: double Area(double radius, double height); // for cylinder
7:
8: int main()
9: {
10:    cout << "Enter z for Cylinder, c for Circle: ";
11:    char userSelection = 'z';
```

```
12:     cin >> userSelection;
13:
14:     cout << "Enter radius: ";
15:     double radius = 0;
16:     cin >> radius;
17:
18:     if (userSelection == 'z')
19:     {
20:        cout << "Enter height: ";
21:        double height = 0;
22:        cin >> height;
23:
24:        // Invoke overloaded variant of Area for cylinder
25:        cout << "Area of cylinder is: " << Area (radius, height) << endl;
26:     }
27:     else
28:        cout << "Area of cylinder is: " << Area (radius) << endl;
29:
30:     return 0;
31: }
32:
33: // for circle
34: double Area(double radius)
35: {
36:     return Pi * radius * radius;
37: }
38:
39: // overloaded for cylinder
40: double Area(double radius, double height)
41: {
42:     // reuse the area of circle
43:     return 2 * Area (radius) + 2 * Pi * radius * height;
44: }
```

▼ 输出：

第一次执行的输出：

```
Enter z for Cylinder, c for Circle: z
Enter radius: 2
Enter height: 5
Area of cylinder is: 87.9646
```

第二次执行的输出：

```
Enter z for Cylinder, c for Circle: c
Enter radius: 1
Area of cylinder is: 3.14159
```

▼ 分析：

第 5 和 6 行声明了两个重载的 Area( )函数的原型，一个接收一个参数——圆的半径，另一个接收两个参数——圆柱的底面半径和高度。这两个函数同名，都叫 Area( )，返回类型相同，都是 double，但参数不同，因此它们是重载的。第 34、44 行是这两个重载函数的定义，一个根据半

径计算圆的面积，另一个根据底面半径和高度计算圆柱的表面积。有趣的是，由于圆柱的表面
积由两个圆（顶圆和底圆）的面积和侧面的面积组成，因此用于圆柱的重载版本可重用圆的
Area( )，如第 43 行所示。

7.2.2 将数组传递给函数

显示一个整数的函数类似于下面这样：

```
void DisplayInteger(int Number);
```

而显示整型数组的函数与其稍微有所不同：

```
void DisplayIntegers(int[] numbers, int Length);
```

第一个参数告诉函数，输入的数据是一个数组，而第二个参数指出了数组的长度，以免您使用数
组时跨越边界，如程序清单 7.8 所示。

程序清单 7.8　接收数组作为参数的函数

```
 0: #include<iostream>
 1: using namespace std;
 2:
 3: void DisplayArray(int numbers[], int length)
 4: {
 5:    for (int index = 0; index < length; ++index)
 6:       cout << numbers[index] << " ";
 7:
 8:    cout << endl;
 9: }
10:
11: void DisplayArray(char characters[], int length)
12: {
13:    for (int index = 0; index < length; ++index)
14:       cout << characters[index] << " ";
15:
16:    cout << endl;
17: }
18:
19: int main()
20: {
21:    int myNums[4] = {24, 58, -1, 245};
22:    DisplayArray(myNums, 4);
23:
24:    char myStatement[7] = {'H', 'e', 'l', 'l', 'o', '!', '\0'};
25:    DisplayArray(myStatement, 7);
26:
27:    return 0;
28: }
```

▼ 输出：

```
24 58 -1 245
H e l l o !
```

▼ **分析：**

这里有两个重载的函数，它们都叫 DisplayArray( )：一个显示整型数组的元素，另一个显示字符数组的元素。在第 22 和 25 行，分别使用整型数组和字符数组调用了这两个函数。您可以注意到，第 24 行声明并初始化字符数组时，故意在末尾添加了终止空字符（这是一种最佳实践，也是一种良好的习惯），虽然在这个应用程序中，没有在 cout 语句中将该数组用作字符串（cout << characters; ）。

7.2.3 按引用传递参数

再来看一下程序清单 7.1 中根据半径计算圆面积的函数：

```
// Function definitions (implementations)
double Area(double radius)
{
    return Pi * radius * radius;
}
```

其中，参数 radius 的值是在 main( )中调用函数时赋给它的：

```
// Call function "Area"
cout << "Area is: " << Area(radius) << endl;
```

这意味着函数调用不会影响 main( )中的变量 radius，因为 Area( )使用的是 radius 值的副本。有时候，您可能希望函数修改的变量在其外部（如调用函数）也可用，为此，可将形参的类型声明为引用。下面的 Area( )函数计算面积，并以参数的方式按引用返回结果：

```
// output parameter 'result' by reference
void Area(double radius, double& result)
{
    result = Pi * radius * radius;
}
```

您可以注意到，该 Area( ) 函数接收两个参数。别遗漏了第二个形参 result 前面的&，它告诉编译器，不要将第二个实参传递给函数，而将指向该实参的引用传递给函数。返回类型变成了 void，因为该函数不再通过返回值提供计算得到的面积，而按引用以输出参数的方式提供它。程序清单 7.9 演示了如何按引用返回值，该程序计算圆的面积。

程序清单 7.9 按引用以输出参数（而不是返回值）的方式提供圆的面积

```
 0: #include<iostream>
 1: using namespace std;
 2:
 3: const double Pi = 3.1416;
 4:
 5: // output parameter result by reference
 6: void Area(double radius, double& result)
 7: {
 8:     result = Pi * radius * radius;
 9: }
10:
11: int main()
12: {
```

```
13:     cout << "Enter radius: ";
14:     double radius = 0;
15:     cin >> radius;
16:
17:     double areaFetched = 0;
18:     Area(radius, areaFetched);
19:
20:     cout << "The area is: " << areaFetched << endl;
21:     return 0;
22: }
```

▼ 输出：

```
Enter radius: 2
The area is: 12.5664
```

▼ 分析：

注意到第 17 和 18 行调用函数 Area( )时提供了两个参数，其中，第二个参数将包含结果。在第 6 行，Area( )的第二个参数是按引用传递的，因此 Area( )中第 8 行使用的变量 result，与第 17 行声明的 double areaFetched 指向同一个内存单元。因此，在 main( )中，可以使用第 8 行计算得到的结果（第 20 行将其显示到屏幕上）。

注意	使用 return 语句时，函数只能返回一个值。为让函数能够修改多个可供调用者使用的变量/值，最佳的方式是按引用传递参数。

7.3 微处理器如何处理函数调用

在微处理器级别上，函数调用是如何实现的呢？虽然确切地了解这一点不是非常重要，但您可能会发现它很有趣。而且了解这一点有助于明白 C++为何支持本节后面将介绍的内联函数。

函数调用意味着微处理器跳转到属于被调用函数的下一条指令处执行。执行完函数的指令后，微处理器将返回到最初离开的地方。为实现这种逻辑，编译器将函数调用转换为一条供微处理器执行的 CALL 指令，该指令指出了接下来要获取的指令所在的地址，该地址归函数所有。遇到 CALL 指令时，微处理器将调用函数后将执行的指令的位置保存到栈中，再跳转到 CALL 指令包含的内存单元处。

理解栈

栈是一种后进先出的内存结构，很像堆叠在一起的盘子，您会从顶部取盘子，但这个盘子是最后堆叠上去的。将数据加入栈称为压入操作；从栈中取出数据被称为弹出操作。栈增大时，栈指针将不断递增，并且始终指向栈顶。包含 3 个整数的栈的可视化表示如图 7.3 所示。

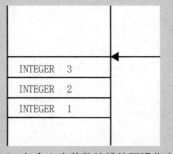

图 7.3　包含 3 个整数的栈的可视化表示

> 栈的性质使其非常适合用于处理函数调用。函数被调用时，所有局部变量都在栈中实例化，即被压入栈中。函数执行完毕后，这些变量都从栈中弹出，栈指针返回到原来的地方。

该内存单元包含属于函数的指令。微处理器将执行它们，直到到达 RET 语句（与您编写的 return 语句对应的微处理器代码）。RET 语句使得微处理器从栈中弹出执行 CALL 指令时存储的地址。该地址包含调用函数中接下来要执行的语句的位置。这样，微处理器将返回到调用函数，从离开的地方继续执行。

7.3.1　内联函数

常规函数调用被转换为 CALL 指令，这会导致栈操作和微处理器跳转到函数处执行等。这听起来在幕后好像发生了很多事情，但在大多数情况下事情发生的速度都很快。然而，如果函数非常简单，类似于下面这样又如何呢？

```
double GetPi()
{
    return 3.14159;
}
```

相对于实际执行 GetPi( )所需的时间，执行函数调用的开销可能非常高。这就是 C++编译器允许程序员将这样的函数声明为内联的原因。程序员使用关键字 inline 发出请求，要求在函数被调用时就地展开它们：

```
inline double GetPi()
{
    return 3.14159;
}
```

只执行将数字翻倍等简单操作的函数非常适合声明为内联的。程序清单 7.10 就演示了一种这样的情形。

程序清单 7.10　将把整数翻倍的函数声明为内联的

```
 0: #include<iostream>
 1: using namespace std;
 2:
 3: // define an inline function that doubles
 4: inline long DoubleNum (int inputNum)
 5: {
 6:    return inputNum * 2;
 7: }
 8:
 9: int main()
10: {
11:    cout << "Enter an integer: ";
12:    int inputNum = 0;
13:    cin >> inputNum;
14:
15:    // Call inline function
16:    cout << "Double is: " << DoubleNum(inputNum) << endl;
17:
18:    return 0;
19: }
```

```
Enter an integer: 35
Double is: 70
```

▼ 分析：

第 4 行使用了关键字 inline。编译器通常将该关键字视为请求，请求将函数 DoubleNum( )的内容直接放到调用它的地方（这里是第 16 行），以提高代码的执行速度。

将函数声明为内联的会导致代码急剧膨胀，在声明为内联的函数中包含大量代码时尤其如此。应尽可能少用关键字 inline，仅当函数需要快速执行简单任务，且需要降低开销时，才使用该关键字。

注意	大多数较新的 C++编译器都提供了各种性能优化选项。有些提供了优化代码的大小或编译速度的选项，如 MSVC。当我们为内存弥足珍贵的设备开发软件时，优化代码的大小至关重要。优化代码大小时，编译器可能拒绝众多的内联请求，因为这会让代码急剧膨胀。 优化编译速度时，编译器通常会寻找并利用合理的内联机会，为您完成内联工作，即便您没有显式地请求这样做。

7.3.2 自动推断返回类型

第 3 章介绍了 2014 年引入的关键字 auto，使用它可让编译器根据赋给变量的初始值来推断变量的类型。这种做法也适用于函数：使用 auto 让编译器根据函数返回的值来推断函数的返回类型，而不直接指定返回类型。

程序清单 7.11 演示了如何在一个计算圆面积的函数中使用 auto。

程序清单 7.11 将函数 Area( )的返回类型指定为 auto

```
 0: #include<iostream>
 1: using namespace std;
 2:
 3: const double Pi = 3.14159265;
 4:
 5: auto Area(double radius)
 6: {
 7:     return Pi * radius * radius;
 8: }
 9:
10: int main()
11: {
12:     cout << "Enter radius: ";
13:     double radius = 0;
14:     cin >> radius;
15:
16:     // Call function "Area"
17:     cout << "Area is: " << Area(radius) << endl;
18:
19:     return 0;
20: }
```

▼ 输出：

```
Enter radius: 2
Area is: 12.5664
```

▼ **分析：**

请注意第 5 行，它将函数 Area( )的返回类型指定为 auto。编译器将根据 return 语句中使用 double 变量的表达式来推断返回类型。因此，虽然在程序清单 7.11 中，将函数 Area( )的返回类型指定成了 auto，但编译后，该函数与程序清单 7.1 中返回类型为 double 的函数 Area( )并没有什么不同。

注意　　对于依赖于返回类型自动推断的函数，必须先定义（即实现）再调用。这是因为调用函数时，编译器必须知道其返回类型。如果这种函数包含多条 return 语句，则必须确保根据它们推断出的返回类型都相同。另外，在递归调用的后面，至少得有一条 return 语句。

7.3.3　lambda 函数

lambda 函数也被称为 lambda 表达式，这个特性是 C++11 引入的，代表着 C++的一个重大升级，让编写良好的 C++程序得以跟上时代的步伐。

提示　　本小节旨在简要地介绍一个对初学者来说不那么容易理解的概念，请快速浏览，尽力学习这个概念，即便不能完全掌握，也不用失望，第 22 章将深入讨论这个主题。

lambda 函数是在 2011 年引入的，在标准模板库（Standard Template Library，STL）提供的算法中得到了大量使用。例如，在要求您提供二元谓词的排序函数中，您可以使用 lambda 函数。二元谓词是这样的函数：对两个参数进行比较，并在一个小于另一个时返回 true，否则返回 false。在排序操作中，可使用它们来确定元素的顺序。使用 lambda 函数可简化谓词的定义，如程序清单 7.12 所示。

程序清单 7.12　使用 lambda 函数对数组中的元素进行排序并显示它们

```
 0: #include<iostream>
 1: #include<algorithm>
 2: #include<vector>
 3: using namespace std;
 4:
 5: void DisplayNums(vector<int>& dynArray)
 6: {
 7:     for_each (dynArray.begin(), dynArray.end(), \
 8:             [](int Element) {cout << Element << " ";} );
 9:
10:     cout << endl;
11: }
12:
13: int main()
14: {
15:     vector<int> myNums;
16:     myNums.push_back(501);
17:     myNums.push_back(-1);
18:     myNums.push_back(25);
19:     myNums.push_back(-35);
20:
21:     DisplayNums(myNums);
22:
23:     cout << "Sorting them in descending order" << endl;
24:
25:     sort (myNums.begin(), myNums.end(),
```

```
26:            [](int Num1, int Num2) {return (Num2 < Num1); } );
27:
28:     DisplayNums(myNums);
29:
30:     return 0;
31: }
```

▼ 输出：

```
501 -1 25 -35
Sorting them in descending order
501 25 -1 -35
```

▼ 分析：

第 15～19 行将几个整数压入一个动态数组中，这个动态数组是使用 C++ STL 中的 std::vector 表示的。函数 DisplayNums( ) 使用 STL 算法 for_each 遍历数组的每个元素，并显示其值。为此，它在第 8 行使用了一个 lambda 函数。第 25 行使用 std::sort 时，也以 lambda 函数的方式提供了一个二元谓词（第 26 行），这个函数在第二个数 Num2 比第一个数 Num1 小时返回 true，这相当于将集合按降序排列。

lambda 函数的语法如下：

```
[optional parameters](parameter list){ statements; }
```

注意　┃ 谓词及其在排序等算法中的应用将在第 23 章深入讨论。具体地说，程序清单 23.6 在一种算法中使用 lambda 函数作为谓词，并使用非 lambda 函数作为谓词，让您能够领会 lambda 函数对提高编程效率的作用有多大。

7.4　总结

在本章中，您学习了模块化编程的基本知识。您了解到，使用函数可改善代码的结构，还有助于重用您编写的算法。您了解到，函数可接收参数并返回值；参数可以有调用者可覆盖的默认值，还可以按引用传递参数。您学习了如何将数组传递给函数，还学习了如何编写名称和返回类型相同，但参数列表不同的重载函数。

最后，本章简要地介绍了 lambda 函数是什么。lambda 函数改变了 C++ 应用程序的编写方式，尤其是在使用 STL 时。

7.5　问与答

问：如果递归函数不终止，结果将如何？

答：程序将不断执行下去。程序不断执行下去也许不是坏事，因为 while(true) 和 for(;;) 循环也会造成这种后果。然而，递归函数调用将占用越来越多的栈空间，而栈空间有限，终将耗尽。最终，应用程序将因栈溢出而崩溃。

问：既然将函数声明为内联的可提高执行速度，为何不将所有函数都声明为内联的？

答：不要想当然地认为将函数声明为内联的都将带来好处。如果将函数声明为内联的，将导致在调用它的每个地方插入其代码，这将导致代码急剧膨胀。

问：可给函数的所有参数都提供默认值吗？

答：绝对可以，在合理的情况下也推荐这样做。

问：我有两个函数，它们都叫 Area，其中一个接收半径作为参数，另一个接收高度作为参数，但我希望一个返回 float 类型的值，另一个返回 double 类型的值。这可行吗？

答：重载函数时，函数必须同名，且返回类型相同。就这里的情形而言，编译器将报错，因为它要求这两个函数的名称不同，而您将它们都命名为 Area。

7.6　作业

作业包括测验和练习，前者帮助读者加深对所学知识的理解，后者为读者提供了使用新学知识的机会。请尽量先完成测验和练习题，然后对照附录 E 的答案，继续学习第 8 章前，请务必弄懂这些题目。

7.6.1　测验

1. 在函数原型中声明的变量的作用域是什么？
2. 传递给下述函数的值有何特征？

```
int Func(int &someNumber);
```

3. 调用自己的函数被称为什么？
4. 您声明了两个函数，它们的名称和返回类型相同，但参数列表不同，这被称为什么？
5. 栈指针指向栈的顶部、中间还是底部？

7.6.2　练习

1. 编写两个重载的函数，它们分别使用下述公式计算球和圆柱体的体积：

```
Volume of sphere = (4 * Pi * radius * radius * radius) / 3
Volume of a cylinder = Pi * radius * radius * height
```

2. 编写一个函数，它将一个 double 类型的数组作为参数。
3. 查错：下述代码有什么错误？

```
#include<iostream>
using namespace std;
const double Pi = 3.1416;

void Area(double radius, double result)
{
    result = Pi * radius * radius;
}

int main()
{
    cout << "Enter radius: ";
    double radius = 0;
```

```
cin >> radius;

double areaFetched = 0;
Area(radius, areaFetched);

cout << "The area is: " << areaFetched << endl;
return 0;
}
```

4. 查错：下述函数声明有什么错误?

```
double Area(double Pi = 3.14, double radius);
```

5. 编写一个返回类型为 void 的函数，在提供了半径的情况下，它能帮助调用者计算圆的周长和面积。

第 8 章
阐述指针和引用

C++最大的优点之一是，您既可使用它来编写不依赖于机器的高级应用程序，又可使用它来编写与硬件紧密协作的应用程序。事实上，C++让您能够在字节和位级调整应用程序的性能。要编写能够高效地利用系统资源的程序，理解指针和引用是必不可少的一步。

在本章中，您将学习：

- 什么是指针；
- 什么是自由存储区；
- 如何使用运算符 new 和 delete 分配和释放内存；
- 如何通过指针和动态分配内存编写稳定的应用程序；
- 什么是引用；
- 指针和引用的区别；
- 什么情况下使用指针，什么情况下使用引用。

8.1 什么是指针

指针是存储内存地址的变量。就像 int 类型的变量用于存储整数值一样，指针变量用于存储内存地址。指针的可视化表示如图 8.1 所示。

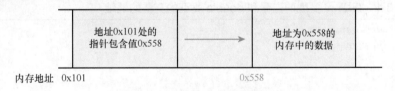

| 地址0x101处的
指针包含值0x558 | → | 地址为0x558的
内存中的数据 |

内存地址　0x101　　　　　　　　　　　　0x558

图 8.1　指针的可视化表示

因此，指针是变量，与其他所有变量一样，指针也占用内存空间（在图 8.1 中，其地址为 0x101）。指针的特殊之处在于，指针包含的值（这里为 0x558）被解读为内存地址，因此指针是一种指向内存单元的特殊变量。

注意　　　　　　内存单元地址通常使用十六进制表示法。十六进制是一种位权为 16 的幂的数字表示法，即使用 16 个不同的符号（0~9 和 A~F）来表示数字。显示十六进制数时，通常使用前缀 0x。因此，0xA 是十进制数 10 的十六进制表示，0xF 是十进制数 15 的十六进制表示，而 0x10 是十进制数 16 的十六进制表示。有关十六进制的更详细的信息，请参阅附录 A。

8.1.1 声明指针

作为一种变量，指针也需要声明。通常将指针声明为指向特定的类型，如 int，这意味着指针包含的地址对应的内存单元存储了一个整数。也可将指针声明为指向一个类型未指定的内存块，这种指针被称为 void 指针。

要声明指针，可使用如下语法：

PointedType* PointerVariableName;

与大多数变量一样，除非对指针进行初始化，否则它包含的值将是随机的。您不会希望访问随机的内存地址，因此将指针初始化为 NULL。NULL 是一个可以检查的值，且不会是内存地址：

PointedType* PointerVariableName = NULL; // initializing value

因此，声明 int 类型的指针的代码如下：

```
int* pointsToInt = NULL;
```

注意	与您学过的所有数据类型一样，除非对指针进行初始化，否则它包含的将是垃圾值。对指针来说，这种垃圾值非常危险，因为指针包含的值被视为地址，未初始化的指针可能导致程序访问非法内存单元，进而导致程序崩溃。

8.1.2 使用引用运算符（&）获取变量的地址

在 C++中，变量让您能够处理内存中的数据，这一概念在第 3 章详细地阐述过。

如果 varName 是一个变量，&varName 将是存储该变量的内存的地址。

因此，如果您使用下面这种您非常熟悉的语法声明了一个 int 类型的变量：

```
int age = 30;
```

&age 将是存储该变量的值（30）的内存地址。程序清单 8.1 显示了存储变量值的内存的地址。

程序清单 8.1　获取 int 类型的变量和 double 类型的变量的地址

```
0: #include<iostream>
1: using namespace std;
2:
3: int main()
4: {
5:     int age = 30;
6:     const double Pi = 3.1416;
7:
8:     // Use & to find the address in memory
9:     cout << "Integer age is located at: 0x" << &age << endl;
10:    cout << "Double Pi is located at: 0x" << &Pi << endl;
11:
12:    return 0;
13: }
```

▼ 输出：

```
Integer age is located at: 0x0045FE00
Double Pi is located at: 0x0045FDF8
```

▼ **分析：**

您可以注意到，第 9 和 10 行使用引用运算符（&）获取了变量 age 和常量 Pi 的地址。作为一种约定，显示十六进制数时，应加上文本 0x。

注意

您知道，变量占用的内存量取决于其类型。在第 3 章中，程序清单 3.4 使用 sizeof( )证明了 int 类型的变量占用的内存为 4 字节（在笔者的系统上，使用笔者的编译器）。前面的输出表明，int 类型的变量 age 的地址为 0x0045FE00，而 sizeof(int)为 4，因此 0x0045FE00～0x0045FE04 的 4 字节内存被 int 类型的变量 age 占用。

注意

引用运算符（&）也叫取址运算符。

8.1.3 使用指针存储地址

您知道了如何声明指针以及如何获取变量的地址，还知道了指针是用于存储内存地址的变量。现在应该将它们关联起来，使用指针存储使用引用运算符（&）获取的地址。

假设您声明了一个某种类型的变量：

```
// Declaring a variable
Type Variable = InitialValue;
```

要将该变量的地址存储到一个指针中，需要声明一个与该变量类型相同的指针，并使用引用运算符（&）将其初始化为该变量的地址：

```
// Declaring a pointer to Type and initializing to address
Type* pointer = &Variable;
```

因此，如果您使用自己非常熟悉的语法声明了一个 int 类型的变量：

```
int age = 30;
```

可像下面这样声明一个 int 类型的指针来存储变量 age 的地址：

```
int* pointsToInt = &age; // Pointer to integer age
```

程序清单 8.2 演示了如何使用指针来存储使用引用运算符（&）获取的地址。

程序清单 8.2 声明并初始化指针

```
 0: #include<iostream>
 1: using namespace std;
 2:
 3: int main()
 4: {
 5:     int age = 30;
 6:     int* pointsToInt = &age; // pointer initialized to &age
 7:
 8:     // Displaying the value of pointer
 9:     cout << "Integer age is at: 0x" << hex << pointsToInt << endl;
10:
11:     return 0;
12: }
```

▼ 输出：

```
Integer age is at: 0x0045FE00
```

▼ 分析：

该程序清单的输出与程序清单 8.1 的输出部分相同，因为它们都显示变量 age 的内存地址。不同之处在于，这里先在第 6 行将该地址赋给了一个指针，再在第 9 行使用 cout 显示该指针的值（地址）。

> **注意**　在您的输出中，变量 age 的内存地址可能不同。事实上，即使是在同一台计算机上，每次运行该应用程序时输出的变量地址都可能不同。

知道如何将地址存储到指针变量中后，就很容易想象得到，可将不同的内存地址赋给指针变量，让它指向不同的变量，如程序清单 8.3 所示。

程序清单 8.3　给指针重新赋值，使其指向另一个变量

```
 0: #include<iostream>
 1: using namespace std;
 2:
 3: int main()
 4: {
 5:    int age = 30;
 6:
 7:    int* pointsToInt = &age;
 8:    cout << "pointsToInt points to age now" << endl;
 9:
10:    // Displaying the value of pointer
11:    cout << "pointsToInt = 0x" << hex << pointsToInt << endl;
12:
13:    int dogsAge = 9;
14:    pointsToInt = &dogsAge;
15:    cout << "pointsToInt points to dogsAge now" << endl;
16:
17:    cout << "pointsToInt = 0x" << hex << pointsToInt << endl;
18:
19:    return 0;
20: }
```

▼ 输出：

```
pointsToInt points to age now
pointsToInt = 0x002EFB34
pointsToInt points to dogsAge now
pointsToInt = 0x002EFB1C
```

▼ 分析：

这个程序表明，同一个 int 类型的指针（pointsToInt）可指向任何 int 类型的变量。第 7 行将该指针初始化为&age，因此它包含变量 age 的地址。第 14 行将&dogsAge 赋给了该指针，因此它指向包含 dogsAge 的内存单元。相应地，输出表明这个指针的值（即它指向的地址）发生了变化，因为 int 类型的变量 age 和 dogsAge 在内存中的存储位置不同——分别是 0x002EFB34 和 0x002EFB1C。

8.1.4　使用解除引用运算符（*）访问指向的数据

有了包含合法地址的指针后，如何访问这个地方，即如何获取或设置这个地方的数据呢？答案是使用解除引用运算符（＊）。基本上，如果有合法的指针 pData，要访问它包含的地址处存储的值，就可使用＊pData。程序清单 8.4 演示了如何这种运算符（＊）。

程序清单 8.4　使用解除引用运算符（＊）来访问整数值

```
 0: #include<iostream>
 1: using namespace std;
 2:
 3: int main()
 4: {
 5:     int age = 30;
 6:     int dogsAge = 9;
 7:
 8:     cout << "Integer age = " << age << endl;
 9:     cout << "Integer dogsAge = " << dogsAge << endl;
10:
11:     int* pointsToInt = &age;
12:     cout << "pointsToInt points to age" << endl;
13:
14:     // Displaying the value of pointer
15:     cout << "pointsToInt = 0x" << hex << pointsToInt << endl;
16:
17:     // Displaying the value at the pointed location
18:     cout << "*pointsToInt = " << dec << *pointsToInt << endl;
19:
20:     pointsToInt = &dogsAge;
21:     cout << "pointsToInt points to dogsAge now" << endl;
22:
23:     cout << "pointsToInt = 0x" << hex << pointsToInt << endl;
24:     cout << "*pointsToInt = " << dec << *pointsToInt << endl;
25:
26:     return 0;
27: }
```

▼ **输出：**

```
Integer age = 30
Integer dogsAge = 9
pointsToInt points to age
pointsToInt = 0x0025F788
*pointsToInt = 30
pointsToInt points to dogsAge now
pointsToInt = 0x0025F77C
*pointsToInt = 9
```

▼ **分析：**

除像程序清单 8.3 那样修改指针存储的地址外，程序清单 8.4 还将解除引用运算符（＊）用于指针变量 pointsToInt，以显示存储在这两个地址处的值。在第 18 和 24 行，使用解除引用运算符（＊）访问了 pointsToInt 指向的整数。由于第 20 行修改了 pointsToInt 包含的地址，因此第 24 行使用该指针访问的是变量 dogsAge，即显示 9。

将解除引用运算符（＊）用于该指针时，应用程序从它存储的地址开始，取回内存中 4 字节的内容（因为该指针指向的是 int 类型的变量，而 sizeof(int)为 4），因此该指针包含的地址必须合法。第 11 行将指针初始化为&age，确保它包含合法的地址。如果指针未初始化，它所在的内存单元将包含随机值，此时对其解除引用通常会导致非法访问（access violation），即访问应用程序未获得授权的内存单元。

注意　　　　　解除引用运算符（＊）也叫间接运算符。

　　程序清单 8.4 使用指针读取它指向的内存单元中的值。程序清单 8.5 演示了将＊pointsToInt 用作左值（即给它赋值，而不是读取其值）的情况。

程序清单 8.5　使用指针和解除引用运算符操纵数据

```
0: #include<iostream>
1: using namespace std;
2:
3: int main()
4: {
5:     int dogsAge = 30;
6:     cout << "Initialized dogsAge = " << dogsAge << endl;
7:
8:     int* pointsToAnAge = &dogsAge;
9:     cout << "pointsToAnAge points to dogsAge" << endl;
10:
11:     cout << "Enter an age for your dog: ";
12:
13:     // store input at the memory pointed to by pointsToAnAge
14:     cin >> *pointsToAnAge;
15:
16:     // Displaying the address where age is stored
17:     cout << "Input stored at 0x" << hex << pointsToAnAge << endl;
18:
19:     cout << "Integer dogsAge = " << dec << dogsAge << endl;
20:
21:     return 0;
22: }
```

▼ 输出：

```
Initialized dogsAge = 30
pointsToAnAge points to dogsAge
Enter an age for your dog: 10
Input stored at 0x0025FA18
Integer dogsAge = 10
```

▼ 分析：

　　这里的关键步骤是第 14 行，它将用户提供的整数存储到指针 pointsToAnAge 指向的地方。虽然存储输入时使用的是指针 pointsToAnAge，但第 19 行显示变量 dogsAge 时，显示的却是使用指针存储的值，这是因为第 8 行初始化了 pointsToAnAge，使其指向 dogsAge。pointsToAnAge 指向存储 dogsAge 的内存单元，使用 pointsToAnAge 和 dogsAge 中的一个修改该内存单元的内容时，另一个也将受到影响。

8.1.5　指针占用的内存量

　　您知道，指针是包含内存地址的变量。因此无论指针指向哪种类型的变量，其内容都是一个地址———一个数字。在特定的系统中，存储地址所需的字节数是固定的。因此，指针占用的内存量取决于编译程序时使用的编译器和针对的操作系统，而与指针指向的变量类型无关，程序清单 8.6 演示了这一点（要获取指针占用的内存量，可使用运算符 sizeof( )）。

程序清单 8.6　指向不同变量类型的指针占用的内存量相同

```
 0: #include<iostream>
 1: using namespace std;
 2:
 3: int main()
 4: {
 5:     cout << "sizeof fundamental types -" << endl;
 6:     cout << "sizeof(char) = " << sizeof(char) << endl;
 7:     cout << "sizeof(int) = " << sizeof(int) << endl;
 8:     cout << "sizeof(double) = " << sizeof(double) << endl;
 9:
10:     cout << "sizeof pointers to fundamental types -" << endl;
11:     cout << "sizeof(char*) = " << sizeof(char*) << endl;
12:     cout << "sizeof(int*) = " << sizeof(int*) << endl;
13:     cout << "sizeof(double*) = " << sizeof(double*) << endl;
14:
15:     return 0;
16: }
```

▼ **输出：**

```
sizeof fundamental types -
sizeof(char) = 1
sizeof(int) = 4
sizeof(double) = 8
sizeof pointers to fundamental types -
sizeof(char*) = 4
sizeof(int*) = 4
sizeof(double*) = 4
```

▼ **分析：**

输出表明，虽然 sizeof(char)为 1 字节，而 sizeof(double)为 8 字节，但 sizeof(char*)和 sizeof(double*)都是 4 字节。这是因为不管指针指向的内存单元是 1 字节还是 8 字节，存储指针所需的内存量都相同。

注意　虽然程序清单 8.6 的输出表明，指针占用的内存量为 4 字节，但在您的系统上输出可能不同。这里的输出是使用 32 位编译器编译代码时得到的，如果您使用的是 64 位编译器，并在 64 位系统上运行该程序，可能发现指针占用的内存量为 64 位，即 8 字节。

8.2　动态内存分配

如果在程序中使用下面这样的数组声明：

```
int myNums[100]; // a static array of 100 integers
```

那么程序将存在两个问题：

1. 程序的容量被限制，无法存储 100 个以上的数字；
2. 如果只需存储 1 个数字，却为 100 个数字预留存储空间，这将降低系统的性能。

导致这些问题的原因是，数组的内存分配是静态和固定的。

要编写根据用户需要使用内存资源的应用程序，需要使用动态内存分配。这让您能够根据需要分配更多内存，并释放多余的内存。为帮助您更好地管理应用程序占用的内存，C++提供了两个运算符——new 和 delete。指针是包含内存地址的变量，在高效地动态分配内存方面扮演了重要角色。

8.2.1 使用 new 和 delete 动态地分配和释放内存

您可以使用 new 来分配新的内存块。通常情况下，如果分配成功，new 将返回一个指针，该指针指向分配的内存，否则将引发异常。使用 new 时，需要指定要为哪种数据类型分配内存：

```
Type* pointer = new Type; // request memory for one element
```

需要为多个元素分配内存时，还可指定要为多少个元素分配内存：

```
Type* pointer = new Type[numElements]; // request memory for numElements
```

因此，如果需要给整型分配内存，可使用如下代码：

```
int* pointToAnInt = new int; // get a pointer to an integer
int* pointToNums = new int[10]; // pointer to a block of 10 integers
```

注意 | new 表示请求分配内存，但并不能保证分配请求总能得到满足，因为这取决于系统的状态以及内存资源的可用性。

使用 new 分配的内存最终都需使用对应的 delete 进行释放：

```
Type* pointer = new Type; // allocate memory
delete pointer; // release memory allocated above
```

这种规则也适用于为多个元素分配的内存：

```
Type* pointer = new Type[numElements]; // allocate a block
delete[] pointer; // release block allocated above
```

注意 | 使用 new[...]分配的内存块需要使用 delete[]来释放；使用 new 为单个元素分配的内存需要使用 delete 来释放。

不再需要分配的内存后，如果不释放它们，这些内存仍将被预留并分配给您的应用程序。这将减少可供其他应用程序使用的系统内存量，甚至降低您的应用程序的执行速度。这被称为内存泄漏，应不惜一切代价避免这种情况发生。

程序清单 8.7 演示了如何动态地分配和释放内存。

程序清单 8.7 使用解除引用运算符（*）访问使用 new 分配的内存，并使用 delete 释放它

```
0: #include<iostream>
1: using namespace std;
2:
3: int main()
4: {
5:    // Request for memory space for an int
6:    int* pointsToAnAge = new int;
```

```
 7:
 8:    // Use the allocated memory to store a number
 9:    cout << "Enter your dog's age: ";
10:    cin >> *pointsToAnAge;
11:
12:    // use indirection operator* to access value
13:    cout << "Age " << *pointsToAnAge << " is stored at 0x"
14:        << hex << pointsToAnAge << endl;
15:
16:    delete pointsToAnAge; // release memory
17:
18:    return 0;
19: }
```

▼ 输出：

```
Enter your dog's age: 9
Age 9 is stored at 0x00338120
```

▼ 分析：

在第 6 行中，运算符 new 请求为一个整型变量分配内存，而且您打算使用它来存储用户输入的小狗的年龄。new 返回一个指针，因此将用户输入的小狗的年龄赋给了一个指针变量。第 10 行使用 cin 和解除引用运算符（*）将用户输入的小狗的年龄存储在新分配的内存中。第 13 行使用解除引用运算符显示存储的值，而第 14 行显示了内存的地址。第 14 行的 pointsToAnAge 包含的地址与第 6 行的 new 返回的地址相同，这个地址始终未变。

警告

不能将运算符 delete 用于任何包含地址的指针，只能将其用于 new 返回的指针。因此，程序清单 8.5 所示的指针虽然包含有效地址，但不应使用 delete 来释放它们，因为这些地址并不是由 new 返回的。

对于使用 new[…]为一系列元素分配的内存，应使用 delete[]来释放，如程序清单 8.8 所示。

程序清单 8.8 使用 new[…]分配内存，并使用 delete[]释放它们

```
 0: #include<iostream>
 1: #include<string>
 2: using namespace std;
 3:
 4: int main()
 5: {
 6:    cout << "How many integers shall I reserve memory for?" << endl;
 7:    int numEntries = 0;
 8:    cin >> numEntries;
 9:
10:    int* myNumbers = new int[numEntries];
11:
12:    cout << "Memory allocated at: 0x" << myNumbers << hex << endl;
13:
14:    // de-allocate before exiting
15:    delete[] myNumbers;
16:
17:    return 0;
18: }
```

▼ **输出：**

```
How many integers shall I reserve memory for?
5001
Memory allocated at: 0x00C71578
```

▼ **分析：**

其中最重要的代码行是第 10 和 15 行，它们分别使用了运算符 new[...]和 delete[]。相比于程序清单 8.7，这个程序清单的不同之处在于，它根据用户的要求动态地分配内存块，以便能够存储指定数量的 int 类型的变量。输出表明，我们请求为 5001 个 int 类型的变量分配内存，但再次运行时，可能要求为 20 或 55000 个 int 类型的变量分配内存。这个程序每次执行时，都将根据用户的要求分配不同的内存。对于这样的为数组分配的内存，使用完毕后必须使用 delete[]来释放。

> **注意**
>
> 运算符 new 和 delete 用来分配和释放自由存储区中的内存。自由存储区是一种内存抽象，表现为一个内存池，应用程序可分配（预留）和释放其中的内存。

8.2.2 将递增和递减运算符（++和--）用于指针的结果

指针包含内存地址。例如，程序清单 8.3 的 int 类型的指针包含 0x002EFB34——int 类型的变量 age 在内存中的地址。由于 int 类型的数据本身长 4 字节，因此占用 0x002EFB34～0x002EFB37 的内存。将递增运算符用于该指针后，它指向的并不是 0x002EFB35，因为指向某个变量值的中间毫无意义。

如果您对指针执行递增或递减运算，编译器将认为您要指向内存块中相邻的值（并假定这个值的类型与前一个值的相同），而不是相邻的字节（除非值的长度刚好是 1 字节，如 char）。

因此，对于程序清单 8.3 中的指针 pointsToInt，对其执行递增运算将导致它增加 4 字节，因为 sizeof(int)。将++用于该指针相当于告诉编译器，您希望它指向下一个 int 类型的变量，因此递增后该指针将指向 0x002EFB38。同样，将该指针加 2 将导致它向前移动两个 int 类型的变量，即 8 字节。在本章后面，您将看到指针和数组索引之间的关系。

使用运算符--将指针递减的效果类似：用指针包含的地址值减去它指向的某类型数据占用的内存量。

> **将指针递增或递减的结果**
>
> 将指针递增或递减时，其包含的地址值将增加或减去指向的某类型数据占用的内存量（对其应用运算符 sizeof()的结果，而不一定是 1 字节）。这样，编译器将确保指针不会指向数据的中间或末尾，而只会指向数据的开头。
>
> 如果声明了如下指针：
>
> ```
> Type* pType = Address;
> ++pType would mean that pType contains (and hence points to) Address + sizeof(Type).
> ```
>
> 则执行++pType 后，pType 将包含（指向）Address + sizeof(Type)。

程序清单 8.9 演示了使用偏移量与运算符对指针递增和递减的结果。

程序清单 8.9 使用偏移量和运算符来递增和递减指针

```
0: #include<iostream>
1: using namespace std;
2:
3: int main()
4: {
```

```
 5:     cout << "How many integers you wish to enter? ";
 6:     int numEntries = 0;
 7:     cin >> numEntries;
 8:
 9:     int* pointsToInts = new int[numEntries];
10:
11:     cout << "Allocated for "" integers" << endl;
12:     for(int counter = 0; counter < numEntries; ++counter)
13:     {
14:         cout << "Enter number " << counter << ": ";
15:         cin >> *(pointsToInts + counter);
16:     }
17:
18:     cout << "Displaying all numbers entered: " << endl;
19:     for(int counter = 0; counter < numEntries; ++counter)
20:         cout << *(pointsToInts++) << " ";
21:
22:     cout << endl;
23:
24:     // return pointer to initial position
25:     pointsToInts -= numEntries;
26:
27:     // done with using memory? release
28:     delete[] pointsToInts;
29:
30:     return 0;
31: }
```

▼ 输出：

第一次运行的输出：

```
How many integers you wish to enter? 2
Allocated for 2 integers
Enter number 0: 8774
Enter number 1: -5
Displaying all numbers entered:
8774 -5
```

第二次运行的输出：

```
How many integers you wish to enter? 5
Allocated for 5 integers
Enter number 0: 543
Enter number 1: 756
Enter number 2: 2017
Enter number 3: -101
Enter number 4: 101010012
Displaying all numbers entered:
543 756 2017 -101 101010012
```

▼ 分析：

这个程序先询问用户想输入多少个整数，再在第 9 行相应地分配内存。这个程序演示了两种递增指针的方法：一是使用偏移量，如第 15 行所示，它使用偏移量变量 counter 将用户输入直接存储到内存单元中；二是使用运算符++，如第 20 行所示，它将指针包含的地址递增，让指针指向下一个元素。运算符在第 5 章介绍过。

第 12～16 行的 for 循环让用户输入数字，然后使用第 15 行的表达式将其存储到相邻的位置。这个表达式给指针增加从 0 开始的偏移量（counter）。第 19 和 20 行的 for 循环与此类似，它们都显示前一个循环存储的值。

调用 delete[]来释放内存时，必须指定分配内存时 new 返回的指针地址。这个值最初存储在 pointsToInts 中，但第 20 行的运算符++修改了 pointsToInts，因此第 25 行使用运算符-=让 pointsToInts 重新指向原来的地址，再在第 28 行对这个地址调用 delete[]。

8.2.3 将关键字 const 用于指针

第 3 章介绍过，通过在变量声明中使用关键字 const，可确保变量的取值在整个生命周期内都固定为初始值。这种变量的值不能修改，因此不能将其用作左值。

指针也是变量，因此也可将关键字 const 用于指针。然而，指针是特殊的变量，包含内存地址，还可用于修改内存中的数据块。因此，const 指针有如下 3 种类型。

* 指针包含的地址是常量，不能修改，但可修改指针指向的数据：

```
int daysInMonth = 30;
int* const pDaysInMonth = &daysInMonth;
*pDaysInMonth = 31; // OK! Data pointed to can be changed
int daysInLunarMonth = 28;
pDaysInMonth = &daysInLunarMonth; // Not OK! Cannot change address!
```

* 指针指向的数据为常量，不能修改，但可以修改指针包含的地址，即指针可以指向其他地方：

```
int hoursInDay = 24;
const int* pointsToInt = &hoursInDay;
int monthsInYear = 12;
pointsToInt = &monthsInYear; // OK!
*pointsToInt = 13; // Not OK! Cannot change data being pointed to
int* newPointer = pointsToInt; //Error: const assigned to non-const
```

* 指针包含的地址以及它指向的数据都是常量，不能修改（这种组合最严格）：

```
int hoursInDay = 24;
const int* const pHoursInDay = &hoursInDay;
*pHoursInDay = 25; // Not OK! Cannot change data being pointed to
int daysInMonth = 30;
pHoursInDay = &daysInMonth; // Not OK! Cannot change address
```

将指针传递给函数时，关键字 const 很有用。建议将函数参数声明为最严格的 const 指针，以防通过函数参数无意间修改应用程序数据。

提示

要轻松地搞明白前述 3 种 const 使用方式，可按从右往左的顺序阅读相关语句。

第一种方式表示指向整型变量的常量指针：

```
int* const pointerCannotChange = &value;
```

第二种方式表示指向整型常量的指针：

```
const int* pointedDataCannotChange = &value;
```

第三种方式表示指向整型常量的常量指针：

```
const int* const ptrAndDataCannotChange = &value;
```

8.2.4 将指针传递给函数

指针是一种将内存空间传递给函数的有效方式，其中可包含函数完成其工作所需的数据，也可包含操作结果。将指针作为函数参数时，确保函数只能修改您希望它修改的参数很重要。例如，如果函数根据以指针方式传入的半径计算圆的面积，就不应允许它修改半径。为控制函数可修改哪些参数以及不能修改哪些参数，可使用关键字 const，如程序清单 8.10 所示。

程序清单 8.10　在计算圆面积的函数中使用关键字 const

```
0: #include<iostream>
1: using namespace std;
2:
3: void CalcArea(const double* const ptrPi, // const pointer to const data
4:               const double* const ptrRadius, // i.e. no changes allowed
5:               double* const ptrArea) // can change data pointed to
6: {
7:     // check pointers for validity before using!
8:     if (ptrPi && ptrRadius && ptrArea)
9:         *ptrArea = (*ptrPi) * (*ptrRadius) * (*ptrRadius);
10: }
11:
12: int main()
13: {
14:     const double Pi = 3.1416;
15:
16:     cout << "Enter radius of circle: ";
17:     double radius = 0;
18:     cin >> radius;
19:
20:     double area = 0;
21:     CalcArea (&Pi, &radius, &area);
22:
23:     cout << "Area is = " << area << endl;
24:
25:     return 0;
26: }
```

▼ 输出：

```
Enter radius of circle: 10.5
Area is = 346.361
```

▼ 分析：

第 3、4 行演示了两种 const 指针，ptrRadius 和 ptrPi 被声明为"指向 const 数据的 const 指针"，因此函数不能修改指针包含的地址，也不能修改它指向的数据。第 5 行声明的 ptrArea 显然是用于存储输出的参数，因为函数不能修改该指针的值（地址），但可修改它指向的数据。第 8 行在使用函数的指针参数前检查其有效性。在调用者不小心将这 3 个参数之一设置为 NULL 指针时，您不会希望函数计算面积，因为这种非法访问将导致应用程序崩溃。

8.2.5 数组和指针的类似之处

在程序清单 8.9 中，通过递增指针来访问内存中的下一个整数，这是不是与数组索引很像？当您像下面这样声明整型数组时：

```
int myNumbers[5];
```

编译器将分配固定数量的内存，用于存储 5 个整数，同时向您提供一个指向数组第一个元素的指针，而指针由您指定的数组名标识。换句话说，myNumbers 是一个指针，指向数组第一个元素（myNumber[0]）。程序清单 8.11 演示了这种关系。

程序清单 8.11 数组变量是指向数组第一个元素的指针

```
 0: #include<iostream>
 1: using namespace std;
 2:
 3: int main()
 4: {
 5:     // Static array of 5 integers
 6:     int myNumbers[5];
 7:
 8:     // array assigned to pointer to int
 9:     int* pointToNums = myNumbers;
10:
11:     // Display address contained in pointer
12:     cout << "pointToNums = 0x" << hex << pointToNums << endl;
13:
14:     // Address of first element of array
15:     cout << "&myNumbers[0] = 0x" << hex << &myNumbers[0] << endl;
16:
17:     return 0;
18: }
```

▼ **输出：**

```
pointToNums = 0x004BFE8C
&myNumbers[0] = 0x004BFE8C
```

▼ **分析：**

这个程序表明，可将数组变量赋给类型与之相同的指针，如第 9 行所示，这证明了数组与指针类似。第 12 和 15 行表明，存储在指针中的地址与数组第一个元素在内存中的地址相同。这个程序表明，数组变量是指向数组第一个元素的指针。

要访问第二个元素，可使用 myNumbers[1]，也可通过指针 pointToNums 来访问，语法为 *(pointToNums + 1)。要访问静态数组的第三个元素，可使用 myNumbers[2]，而要访问动态数组的第三个元素，可使用语法 *(pointToNums + 2)。

由于数组变量就是指针，因此也可将用于指针的解除引用运算符（*）用于数组变量。同样，可将数组运算符（[]）用于指针，如程序清单 8.12 所示。

程序清单 8.12 使用解除引用运算符（ * ）访问数组中的元素以及将数组运算符（ [] ）用于指针

```
0: #include<iostream>
1: using namespace std;
2:
3: int main()
4: {
5:     const int ARRAY_LEN = 5;
6:
7:     // Static array of 5 integers, initialized
8:     int myNumbers[ARRAY_LEN] = {24, -1, 365, -999, 2011};
9:
10:    // Pointer initialized to first element in array
11:    int* pointToNums = myNumbers;
12:
13:    cout << "Display array using pointer syntax, operator* \n";
14:    for (int index = 0; index < ARRAY_LEN; ++index)
15:       cout << "Element "<<index<< " = " << *(myNumbers + index) << endl;
16:
17:    cout << "Display array using ptr with array syntax, operator[]\n";
18:    for (int index = 0; index < ARRAY_LEN; ++index)
19:       cout << "Element "" = " << index << " = " << pointToNums[index] << endl;
20:
21:    return 0;
22: }
```

▼ **输出：**

```
Display array using pointer syntax, operator*
Element 0 = 24
Element 1 = -1
Element 2 = 365
Element 3 = -999
Element 4 = 2011
Display array using ptr with array syntax, operator[]
Element 0 = 24
Element 1 = -1
Element 2 = 365
Element 3 = -999
Element 4 = 2011
```

▼ **分析：**

在这个应用程序中，第 8 行声明并初始化了一个包含 5 个 int 类型的元素的静态数组。这个应用程序通过两种可相互替换的方式显示数组变量 myNumbers 的内容，一种方式是使用数组变量和解除引用运算符（ * ），如第 15 行所示；另一种方式是使用指针变量和数组运算符（ [] ），如第 19 行所示。

该程序表明，数组变量 myNumbers 和指针 pointToNums 都具有指针的特点。换句话说，数组变量类似于在固定内存范围内发挥作用的指针。可将数组变量赋给指针，如第 11 行所示，但不能将指针赋给数组变量，因为数组变量是静态的，不能用作左值。myNumbers 是不能修改的。

警告

> 使用运算符 new 动态分配的指针仍需使用运算符 delete 来释放，虽然其使用语法与静态数组类似。牢记这一点很重要。
> 如果忘记这样做，应用程序将泄露内存，这很糟糕。

8.3　使用指针时常犯的编程错误

C++让您能够动态地分配内存，以优化应用程序对内存的使用。不同于 C#和 Java 等使用运行时环境的语言，C++没有自动垃圾收集器来负责释放不再需要的内存资源。使用指针来管理内存资源时，程序员很容易犯错。

8.3.1　内存泄漏

这可能是设计欠佳的 C++应用程序最常见的问题之一：运行时间越长，占用的内存越多，系统越慢。如果在使用 new 动态分配的内存不再需要后，程序员没有使用配套的 delete 释放，通常就会出现内存泄漏。

确保应用程序释放其分配的所有内存是程序员的职责。绝不能让下面这样的情况发生：

```
int* pointToNums = new int[5]; // initial allocation
// use pointToNums
...
// forget to release using delete[] pointToNums;
...
// make another allocation and overwrite
pointToNums = new int[10]; // leaks the previously allocated memory
```

8.3.2　指针指向无效的内存单元

使用解除引用运算符对指针解除引用，以访问指针指向的值时，务必确保指针指向了有效的内存单元，否则程序要么崩溃，要么"行为不端"。这看起来合乎逻辑，但一个非常常见的导致应用程序崩溃的原因就是无效指针。导致指针无效的原因很多，但主要归结于糟糕的内存管理。程序清单 8.13 演示了一种导致指针无效的典型情形。

程序清单 8.13　在存储布尔值的程序中错误地使用指针

```
 0: #include<iostream>
 1: using namespace std;
 2:
 3: int main()
 4: {
 5:    // uninitialized pointer (bad)
 6:    bool* isSunny;
 7:
 8:    cout << "Is it sunny (y/n)? ";
 9:    char userInput = 'y';
10:    cin >> userInput;
11:
12:    if (userInput == 'y')
13:    {
14:       isSunny = new bool;
15:       *isSunny = true;
16:    }
17:
```

```
18:     // isSunny contains invalid value if user entered 'n'
19:     cout << "Boolean flag sunny says: " << *isSunny << endl;
20:
21:     // delete being invoked also when new wasn't
22:     delete isSunny;
23:
24:     return 0;
25: }
```

▼ **输出：**

第一次运行的输出：

```
Is it sunny (y/n)? y
Boolean flag sunny says: 1
```

第二次运行的输出：

```
Is it sunny (y/n)? n
<CRASH!>
```

▼ **分析：**

为说明糟糕的指针使用行为，有意在这个程序中植入了很多问题。如果它不能通过编译，千万不要感到惊讶。第 14 行分配内存并将其赋给指针，但这行代码仅在用户输入 y（表示 yes）时才会执行。用户提供其他输入时，该 if 块都不会执行，导致指针 isSunny 无效。第二次运行时，用户输入 n，应用程序崩溃。因为 isSunny 包含无效的内存地址，而第 19 行对这个无效的指针解除引用，导致应用程序崩溃。

同样，第 22 行对这个指针调用 delete，但并未使用 new 给这个指针分配内存，这也是大错特错。如果有指针的多个副本，只需对其中一个调用 delete，并且应避免指针副本满天飞。

要让这个程序更好、更安全、更稳定，应对指针进行初始化，确定指针有效后再使用指针，并只释放指针一次（且仅当指针有效时才释放）。

8.3.3　悬浮指针（也叫迷途或失控指针）

使用 delete 释放后，任何有效指针都将无效。换言之，在程序清单 8.13 中，即便在第 22 行前指针 isSunny 是有效的，但第 22 行调用 delete 后，它就变成无效的了，不应再使用。

为避免这种问题，很多程序员在初始化指针或释放指针后将其设置为 NULL，并在使用解除引用运算符对指针解除引用前检查它是否有效（将其与 NULL 比较）。

了解一些常见的指针使用错误后，该修改程序清单 8.13 中错误百出的代码了，程序清单 8.13 的修正版如程序清单 8.14 所示。

程序清单 8.14　更安全的指针编程——程序清单 8.13 的修正版

```
0: #include<iostream>
1: using namespace std;
2:
3: int main()
4: {
5:     cout << "Is it sunny (y/n)? ";
6:     char userInput = 'y';
```

```
 7:     cin >> userInput;
 8:
 9:     // declare pointer and initialize
10:     bool* const isSunny = new bool;
11:     *isSunny = true;
12:
13:     if (userInput == 'n')
14:         *isSunny = false;
15:
16:     cout << "Boolean flag sunny says: " << *isSunny << endl;
17:
18:     // release valid memory
19:     delete isSunny;
20:
21:     return 0;
22: }
```

▼ **输出:**

第一次运行的输出:

```
Is it sunny (y/n)? y
Boolean flag sunny says: 1
```

第二次运行的输出:

```
Is it sunny (y/n)? n
Boolean flag sunny says: 0
```

▼ **分析:**

程序清单 8.14 做了细微的修改, 使得无论用户如何输入, 代码都更安全。您可以注意到, 在第 10 行声明指针的同时, 让它指向了一个有效的内存地址。使用了 const 来确保指针指向的数据是可以修改的, 但指针的值 (包含的地址) 是固定的 (不可修改)。第 11 行还将指针指向的值初始化为 true。这种数据初始化并不能提高程序的稳定性, 但可提高输出的可读性。这些步骤确保不管用户如何输入, 这个指针在程序运行期间始终有效, 并可在第 19 行安全地将其释放。

8.3.4 检查使用 new 发出的分配请求是否得到满足

在前面的代码中, 我们都假定 new 将返回一个指向内存块的有效指针。事实上, 除非请求分配的内存量特别大, 或系统处于临界状态, 可供使用的内存很少, 否则 new 一般都能成功。因此, C++ 提供了两种确认指针有效的方法, 默认方法是使用异常 (这也是前面一直使用的方法), 即如果内存分配失败, 将引发 std::bad_alloc 异常。这导致应用程序中断执行, 除非您提供了异常处理程序, 否则应用程序将崩溃, 并显示一条类似于 "unhandled exception" 的消息。

异常将在第 28 章详细讨论。程序清单 8.15 演示了如何使用异常处理检查分配请求是否失败。如果您此时觉得异常处理难以理解, 也不用太担心。这里提及异常处理只是为了确保对内存分配的讨论是完整的。阅读第 28 章后, 您可回过头来重温这个程序。

程序清单 8.15 异常处理——在 new 失败时妥善地退出

```
0: #include<iostream>
1: using namespace std;
```

```
2:
3: // remove the try-catch block to see this application crash
4: int main()
5: {
6:    try
7:    {
8:       // Request a LOT of memory!
9:      int* pointsToManyNums = new int [0x1fffffff];
10:      // Use the allocated memory
11:
12:       delete[] pointsToManyNums;
13:    }
14:    catch (bad_alloc)
15:    {
16:       cout << "Memory allocation failed. Ending program" << endl;
17:    }
18:    return 0;
19: }
```

▼ **输出：**

```
Memory allocation failed. Ending program
```

▼ **分析：**

在您的计算机上，这个程序的执行情况可能不同。在我的计算机上，无法为 536870911 个整数分配内存，如果没有编写异常处理程序（第 14～17 行的 catch 块），程序将以非常令人讨厌的方式结束。要查看这个程序在没有异常处理程序时的行为，可将第 6 和 14 行注释掉。使用 Microsoft Visual Studio 以调试模式生成可执行文件，在 Microsoft Visual Studio 外部执行它时，将出现如图 8.2 所示的输出。

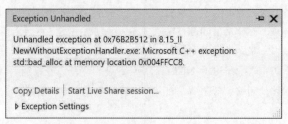

图 8.2　如果删除异常处理代码，程序清单 8.15 所示的程序
（使用 MSVC 以调试模式生成）将崩溃

由此可知，发生内存分配问题，导致程序无法正常执行时，try-catch 异常处理结构让程序能够向用户指出这一点，再正常退出。

不想依赖于异常的程序员可使用 new 变种 new(nothrow)，这个变种在内存分配失败时不引发异常，而返回 NULL，让您能够在使用指针前检查其有效性，如程序清单 8.16 所示。

程序清单 8.16　使用 new(nothrow)，它在内存分配失败时返回 NULL

```
0: #include<iostream>
1: using namespace std;
2:
3: int main()
4: {
5:    // Request LOTS of memory space, use nothrow
```

```
 6:    int* pointsToManyNums = new(nothrow) int [0x1fffffff];
 7:
 8:    if (pointsToManyNums) // check pointsToManyNums != NULL
 9:    {
10:      // Use the allocated memory
11:      delete[] pointsToManyNums;
12:    }
13:    else
14:      cout << "Memory allocation failed. Ending program" << endl;
15:
16:    return 0;
17: }
```

▼ 输出：

```
Memory allocation failed. Ending program
```

▼ 分析：

这个程序的输出与程序清单 8.15 的相同，但使用的是 new(nothrow)，如第 6 行所示。这个变种在内存分配失败时返回 NULL，让您能够在使用指针前检查其有效性，如第 8 行所示。程序清单 8.15 与 8.16 所示的两种做法都可行，如何选择取决于您。

8.4 指针编程最佳实践

在应用程序中使用指针时，需要牢记一些基本规则。

白名单	黑名单
务必初始化指针变量，否则它将包含垃圾值。这些垃圾值将被解读为地址，但您的应用程序并未获得访问这些地方的授权。如果不能将指针初始化为 new 返回的有效地址，可将其初始化为 NULL。 务必仅在指针有效时才使用它，否则程序可能崩溃。 对于使用 new 分配的内存，一定要记得使用 delete 进行释放，否则应用程序将泄漏内存，进而降低系统的性能。	使用 delete 释放内存块或指针后，不要访问它们。 不要对同一个内存地址调用 delete 多次。 使用完动态分配的内存块后，别忘了对其调用 delete，以免泄漏内存。

8.5 引用是什么

引用是变量的别名。声明引用时，需要将其初始化为一个变量，因此使用引用只是另一种访问相应变量存储的数据的方式。

要声明引用，可使用引用运算符（&），如下面的语句所示：

```
VarType original = Value;
VarType& referenceVariable = original;
```

要更深入地了解如何声明和使用引用，请参阅程序清单 8.17。

程序清单 8.17 引用是相应变量的别名

```
 0: #include<iostream>
 1: using namespace std;
 2:
 3: int main()
 4: {
 5:     int original = 30;
 6:     cout << "original = " << original << endl;
 7:     cout << "original is at address: " << hex << &original << endl;
 8:
 9:     int& ref1 = original;
10:     cout << "ref1 is at address: " << hex << &ref1 << endl;
11:
12:     int& ref2 = ref1;
13:     cout << "ref2 is at address: " << hex << &ref2 << endl;
14:     cout << "Therefore, ref2 = " << dec << ref2 << endl;
15:
16:     return 0;
17: }
```

▼ **输出：**

```
original = 30
original is at address: 0099F764
ref1 is at address: 0099F764
ref2 is at address: 0099F764
Therefore, ref2 = 30
```

▼ **分析：**

输出表明，无论将引用初始化为变量（如第 9 行所示）还是其他引用（如第 12 行所示），它都指向相应变量所在的内存单元。因此，引用是真正的别名，即相应变量的另一个名字。第 14 行显示了 ref2 的值，结果与第 6 行显示的 original 的值相同，因为 ref2 是 original 的别名，它们位于内存的同一个地方。

8.5.1 是什么让引用很有用

引用让您能够访问相应变量所在的内存单元，这使得编写函数时引用很有用。在第 7 章中介绍过，典型的函数声明类似于下面这样：

```
ReturnType DoSomething(Type parameter);
```

调用函数 DoSomething( )的代码类似于下面这样：

```
ReturnType result = DoSomething(argument); // function call
```

上述代码导致将 argument 的值复制给 parameter，再被函数 DoSomething( )使用。如果 argument 占用了大量内存，那么这个复制步骤的开销将很大。如果能避免这些复制步骤，让函数直接使用调用者栈中的数据就太好了。为此，可使用引用。

可避免复制步骤的函数版本类似于下面这样：

```
ReturnType DoSomething(Type& parameter) // note the reference&
{
```

```
    // ...code
    return value;
}
```

调用该函数的代码类似于下面这样：

```
ReturnType result = DoSomething(argument);
```

由于 argument 是按引用传递的，parameter 不再是 argument 的副本，而是它的别名，这类似于程序清单 8.17 中的 ref1。另外，接收引用参数的函数可使用这些参数返回值。

注意	从 C++17 起，复制消除（copy elision）有了保障。这是什么意思呢？我们来重温前述代码： `ReturnType result = DoSomething(argument);` 在正常情况下，函数 DoSomething( )的返回值将被复制到 result 中。这种步骤是不必要的，且在 ReturnType 为数据库表的情况下，其开销将非常高。从 C++17 起，默认消除了这种不必要的复制步骤。

函数如何使用引用而不是返回值呢？请看程序清单 8.18。

程序清单 8.18　一个计算平方值并通过引用参数返回结果的函数

```
 0: #include<iostream>
 1: using namespace std;
 2:
 3: void Square(int& number)
 4: {
 5:     number *= number;
 6: }
 7:
 8: int main()
 9: {
10:     cout << "Enter a number you wish to square: ";
11:     int number = 0;
12:     cin >> number;
13:
14:     Square(number);
15:     cout << "Square is: " << number << endl;
16:
17:     return 0;
18: }
```

▼ **输出：**

```
Enter a number you wish to square: 5
Square is: 25
```

▼ **分析：**

计算平方的函数位于第 3~6 行。它通过引用参数接收一个要计算其平方的数字，并通过该参数返回结果。如果忘记将参数 number 声明为引用（ & ），结果将无法返回到调用函数 main( )，因为 Square( )将使用 number 的本地副本执行运算，而函数执行结束时该副本将被销毁。通过使用引用，可确保 Square( )对 main( )中定义的 number 所在的内存单元进行操作。这样，函数 Square( )执行完毕后，也可以在 main( )中使用运算结果。

在这个示例中，Square( )修改了调用者传入的数字。如果要保留这两个值（传入的数字及其平方），可让函数接收两个参数（一个包含输入，另一个提供平方值）。

8.5.2 将关键字 const 用于引用

您可能需要禁止通过引用修改它指向的变量的值，为此可在声明引用时使用关键字 const：

```
int original = 30;
const int& constRef = original;
constRef = 40; // Not allowed: can't change value in original
int& ref2 = constRef; // Not allowed: ref2 is not const
const int& constRef2 = constRef; // OK, similar types
```

8.5.3 按引用向函数传递参数

引用的优点之一是，可避免将实参复制给形参，从而极大地提高性能。然而，让被调用的函数直接使用调用函数的栈时，确保被调用函数不能修改调用函数中的变量很重要。为此，可使用 const 声明引用，如程序清单 8.19 所示。const 引用参数不能用作左值，因此试图给它们赋值将无法通过编译。

程序清单 8.19 使用 const 引用确保被调用的函数不能修改按引用传入的值

```
 0: #include<iostream>
 1: using namespace std;
 2:
 3: void Square(const int& number, int& result)
 4: {
 5:     result = number*number;
 6: }
 7:
 8: int main()
 9: {
10:     cout << "Enter a number you wish to square: ";
11:     int number = 0;
12:     cin >> number;
13:
14:     int square = 0;
15:     Square(number, square);
16:     cout << "square of" "=" << number << "^2" << " = " << square << endl;
17:
18:     return 0;
19: }
```

▼ **输出：**

```
Enter a number you wish to square: 27
27^2 = 729
```

▼ **分析：**

在程序清单 8.18 中，使用同一个参数来接收输入和存储结果，但这里使用了两个参数，一个用于接收输入，另一个用于存储运算结果。为禁止修改传入的值，必须使用关键字 const 将其声明为 const 引用，如第 3 行所示。这让 number 自动变为输入参数——其值不能修改的参数。

您可尝试修改第 5 行，使其像程序清单 8.18 那样返回平方值：

```
number *= number;
```

这将导致编译错误，并会指出 const 值不能修改。这说明 const 引用将参数标识为输入参数，并禁止对其进行修改。乍一看，这可能微不足道，但在多名程序员合作编程时，编写程序第一个版本的人和改进程序的人可能不同，通过使用 const 引用可提高编程质量。

8.6　总结

本章介绍了指针和引用。您学习了指针，它可用来访问和操纵内存，还可帮助动态分配内存。您学习了运算符 new 和 delete，它们可用于为单个元素分配和释放内存；还学习了变种 new[...]和 delete[]，它们可用于为数组分配和释放内存。您简要地了解了指针编程和动态内存分配的陷阱，知道释放动态分配的内存至关重要（有助于避免内存泄漏）。引用是别名，将参数传递给函数时，引用可很好地替代指针，因为引用总是有效的。您学习了 const 指针和 const 引用，知道了声明函数时应尽可能提高参数的 "const 程度"。

8.7　问与答

问：既然使用静态数组无须释放内存，为何要动态分配内存？

答： 静态数组的长度是固定的，不能根据应用程序的需求增加或减少，而动态分配内存可满足这样的需求。

问：我声明了两个指针：

```
int* pointToAnInt = new int;
int* pCopy = pointToAnInt;
```

为释放内存，是否需要对它们都调用 delete？

答： 不需要。对 new 返回的地址，只能调用 delete 一次。而且，最好避免让两个指针指向相同的地址，因为对其中一个调用 delete 将导致另一个无效。另外，编写程序时，应避免使用有效性不确定的指针。

问：在什么情况下应使用 new(nothrow)？

答： 如果不想处理异常 std::bad_alloc，可使用 new(nothrow)，它在内存分配失败时返回 NULL。在使用 new(nothrow)时，别忘了将指针同 NULL 进行比较，以确定它是否是有效的。

问：下面是我编写的面积计算函数的两个版本：

```
void CalculateArea (const double* const ptrRadius, double* const ptrArea);
void CalculateArea (const double& radius, double& area);
```

请问哪个版本更好？

答： 使用引用的版本，即第二个版本更好，因为引用不可能无效，而指针可能无效。另外，它也更简单。

问：我编写了如下代码：

```
int number = 30;
const int* pointToAnInt = &number;
```

我知道，由于使用了 const，我不能使用指针 pointToAnInt 来修改变量 number 的值。那我可以将 pointToAnInt 赋给一个非 const 指针，再使用该指针来操纵变量 number 的值吗？

答：不能，您不能修改指针的 const 程度：

```
int* pAnother = pointToAnInt; // error
```

问：为何要按引用向函数传递值？

答：可以不这样做，只要对程序性能影响不大。然而，如果函数接收非常大的对象，则按值传递的开销将非常大，通过使用引用，可极大地提高函数调用的效率。别忘了将 const 用于引用参数，除非函数需要将结果存储在参数中。

问：下面的两个声明有何不同？

```
int myNumbers[100];
int* myArrays[100];
```

答：myNumbers 是一个整型数组，它指向存储了 100 个整数的内存单元的开头。它是静态的，可替换如下代码：

```
int* myNumbers = new int [100]; // dynamically allocated array
// use myNumbers
delete[] myNumbers;
```

而 myArrays 是一个包含 100 个元素的指针数组，其中的每个指针都可指向整数元素或整型数组。

8.8 作业

作业包括测验和练习，前者帮助读者加深对所学知识的理解，后者为读者提供了使用新学知识的机会。请尽量先完成测验和练习题，然后对照附录 E 的答案，继续学习第 9 章前，请务必弄懂这些题目。

8.8.1 测验

1. 为何不能将 const 引用赋给非 const 引用？
2. new 和 delete 是函数吗？
3. 指针变量包含的值有何特征？
4. 要访问指针指向的数据，应使用哪种运算符？

8.8.2 练习

1. 运行下面的语句会显示什么？

```
0: int number = 3;
1: int* pNum1 = &number;
2: *pNum1 = 20;
3: int* pNum2 = pNum1;
4: number *= 2;
5: cout << *pNum2;
```

2. 下面 3 个重载的函数有何相同和不同之处?

```
int DoSomething(int num1, int num2);
int DoSomething(int& num1, int& num2);
int DoSomething(int* pNum1, int* pNum2);
```

3. 要让练习题 1 中第 3 行的赋值非法, 应如何修改第 1 行中 pNum1 的声明 (提示: 让 pNum1 不能修改它指向的数据)?

4. 查错: 下面的代码有何错误?

```
#include<iostream>
using namespace std;
int main()
{
    int* pointToAnInt = new int;
    pointToAnInt = 9;
    cout << "The value at pointToAnInt : " << *pointToAnInt;
    delete pointToAnInt;
    return 0;
}
```

5. 查错: 下面的代码有何错误?

```
#include<iostream>
using namespace std;
int main()
{
    int* pointToAnInt = new int;
    int* pNumberCopy = pointToAnInt;
    *pNumberCopy = 30;
    cout << *pointToAnInt;
    delete pNumberCopy;
    delete pointToAnInt;
    return 0;
}
```

6. 被修正后, 练习题 5 所示程序的输出是什么?

第二部分
C++面向对象编程基础

第9章
类和对象

至此，您探索了简单的程序。这种程序从 main( )开始执行、包含局部和全局变量和常量并将执行逻辑划分为可接收参数和返回值的函数。前面使用的都是过程性编程风格，未涉及面向对象。在本章中，您将着手学习 C++面向对象编程基本知识。

在本章中，您将学习：

- 什么是类和对象；
- 类如何帮助您整合数据和处理数据的函数；
- 构造函数、复制构造函数和析构函数；
- 移动构造函数是什么；
- 封装和抽象等面向对象的概念；
- this 指针；
- 结构的概念，以及它与类的区别。

9.1 类和对象

假设您要编写一个模拟人（如您自己）的程序。人有其特征，如姓名、出生日期、出生地和性别等（这些信息让每个人都是独一无二的），人还应该能做某些事情，如交谈、自我介绍等。因此，可像图 9.1 那样来对人进行简单表示。

```
人
数据
   - gender
   - date of Birth
   - place of Birth
   - name
方法
   - IntroduceSelf()
   - ...
```

图 9.1　人的简单表示

如果要在程序中模拟人，则需要一个结构，将定义人的属性（数据）以及人可使用这些属性执行的操作（函数）整合在一起。这种结构就是类。

9.1.1　声明类

要声明类，可使用关键字 class，并在它后面依次列出类名、一组放在花括号（{}）内的成员属性和成员函数以及结尾的分号。

类声明将类本身及其属性告诉编译器。类声明本身并不能改变程序的行为，但必须使用它，就像需要调用函数一样。

模拟人的类类似于下面这样（请暂时不要考虑其中的语法）：

```
class Human
{
    // Member attributes:
    string name;
    string dateOfBirth;
    string placeOfBirth;
    string gender;

    // Member functions:
    void Talk(string textToTalk);
    void IntroduceSelf();
    ...
};
```

IntroduceSelf( )将使用 Talk( )以及封装在类 Human 中的一些数据。通过关键字 class，C++提供了一种功能强大的方式，让您能够创建自己的数据类型，并在其中封装属性和使用属性的函数。类的所有属性（这里是 name、dateOfBirth、placeOfBirth 和 gender）以及在其中声明的函数（Talk( )和IntroduceSelf( )）都是类（Human）的成员。

封装指的是将数据以及使用它们的函数进行逻辑编组，这是面向对象编程的重要特征。

注意 ——————— 您可能经常遇到术语"方法"，它其实指的就是作为类成员的函数。

9.1.2　作为类实例的对象

类相当于蓝图，仅声明类并不会对程序的执行产生影响。在程序执行阶段，对象是类的化身。要使用类的功能，通常需要创建其实例——对象，并通过对象访问成员方法和属性。

创建 Human 对象与创建其他类型（如 double）的实例类似：

```
double pi= 3.1415; // a variable of type double
Human firstMan;    // firstMan: an object of class Human
```

就像可以为其他类型（如 int）动态地分配内存一样，也可使用 new 为 Human 对象动态地分配内存：

```
int* pointsToNum = new int; // an integer allocated dynamically
delete pointsToNum;  // de-allocating memory when done using

Human* firstWoman = new Human(); // dynamically allocated Human
delete firstWoman;  // de-allocating memory
```

9.1.3　使用句点运算符（.）访问成员

举一个例子：Adam，男性，1991 年出生于加利福尼亚州。可创建一个名为 firstMan 的实例，如下所示：

```
Human firstMan; // an instance i.e. object of Human
```

与所有 Human 实例一样，firstMan 也有 dateOfBirth 等属性，可使用句点运算符（.）来访问：

```
firstMan.dateOfBirth = "1991";
```

这是因为从类声明表示的蓝图可知，属性 dateOfBirth 是类 Human 的一部分。仅当实例化了一个对象后，这个属性在现实世界中（运行阶段）才存在。句点运算符用于访问对象的属性。这也适用于 IntroduceSelf( )等方法：

```
firstMan.IntroduceSelf();
```

如果有一个指针 firstWoman，它指向 Human 类的一个实例，则可使用指针运算符（->）来访问成员（这将在 9.1.4 小节介绍），也可使用解除引用运算符（*）来获取对象，再使用句点运算符来访问成员：

```
Human* firstWoman = new Human();
firstWoman->IntroduceSelf(); // same as (*firstWoman).IntroduceSelf();
```

注意　　这里依然遵循本书前面介绍的命名约定。对于类名和成员函数名，采用帕斯卡命名法，如 IntroduceSelf( )，而对于成员属性，采用驼峰命名法，如 dateOfBirth。
实例化对象时，我们声明一个类型为相应类的变量。因此，对于对象名，我们采用前面一直用于变量名的驼峰命名法，如 firstMan。

9.1.4　使用指针运算符（->）访问成员

如果对象是使用 new 在自由存储区中实例化的，或者有指向对象的指针，则可使用指针运算符（->）来访问成员属性和方法：

```
Human* firstWoman = new Human();
firstWoman->dateOfBirth = "1993";
firstWoman->IntroduceSelf();
delete firstWoman;
```

程序清单 9.1 展示了一个值得编译的 Human 类，其中使用了关键字 public 等。

程序清单 9.1　一个值得编译的 Human 类

```
0: #include<iostream>
1: #include<string>
2: using namespace std;
3:
4: class Human
5: {
6: public:
7:     string name;
8:     int age;
9:
10:     void IntroduceSelf()
11:     {
12:         cout << "I am " + name << " and am ";
13:         cout << age << " years old" << endl;
14:     }
15: };
16:
```

```
17: int main()
18: {
19:     // An object of class Human with attribute name as "Adam"
20:     Human firstMan;
21:     firstMan.name = "Adam";
22:     firstMan.age = 30;
23:
24:     // An object of class Human with attribute name as "Eve"
25:     Human firstWoman;
26:     firstWoman.name = "Eve";
27:     firstWoman.age = 28;
28:
29:     firstMan.IntroduceSelf();
30:     firstWoman.IntroduceSelf();
31: }
```

▼ 输出：

```
I am Adam and am 30 years old
I am Eve and am 28 years old
```

▼ 分析：

第 4~15 行说明了 C++ 类 Human 的基本构造。请重点关注 Human 类的结构以及如何在 main( ) 中使用这个类。

这个类包含两个变量，其中一个名为 name，类型为 string（第 7 行），另一个名为 age，类型为 int（第 8 行）。还有一个函数（也叫方法）——IntroduceSelf( )，如第 10~14 行所示。在 main( ) 中，第 20 和 25 行创建了两个 Human 对象——firstMan 和 firstWoman。接下来的几行代码使用句点运算符设置对象 firstMan 和 firstWoman 的成员变量。您可以注意到，第 29 和 30 行对这两个对象调用了方法 IntroduceSelf( )，这生成了两行不同的输出。从某种程度上说，这个程序证明了对象 firstMan 和 firstWoman 是独一无二的，它们都是 Human 类定义的抽象类型的化身。

您注意到了第 6 行的关键字 public 吗？下面将介绍 C++ 提供的对外隐藏属性的功能。

9.2 关键字 public 和 private

信息至少可以分为两类：不介意别人知道的信息和保密的信息。对大多数人来说，性别就是一项不介意别人知道的信息，但收入可能属于保密的信息。

C++ 让您能够将类属性和方法声明为公有的（public），这意味着有了对象后就可获取它们；也可将其声明为私有的（private），这意味着只能在类的内部（或其友元）访问。作为类的设计者，您可使用 C++ 关键字 public 和 private 来指定哪些部分可从外部（如 main( )）访问，哪些部分不能。

对程序员来说，能够将属性或方法声明为私有的有何优点呢？请看下述 Human 类的声明（忽略了除成员属性 age 外的其他代码）：

```
class Human
{
private:
    // Private member data:
  int age;
  string name;
```

```
public:
    int GetAge()
    {
        return age;
    }

    void SetAge(int humansAge)
    {
        age = humansAge;
    }

    // ...Other members and declarations
};
```

假设有一个名为 eve 的 Human 实例：

```
Human eve;
```

如果试图使用下述代码访问成员 age：

```
cout << eve.age; // compile error
```

将出现类似于这样的编译错误："Error:Human::age——cannot access private member declared in class Human"。要访问 age，唯一的途径就是通过 Human 类的公有方法 GetAge( )，这个方法以编写 Human 类的程序员认为合适的方式分享 age：

```
cout << eve.GetAge(); // OK
```

GetAge( ) 让编写 Human 类的程序员能够在有人查询 age 时，以合适的方式分享它。换句话说，这意味着 C++ 允许类决定要暴露哪些属性以及如何暴露。如果 Human 类没有实现公有成员方法 GetAge( )，就可确保用户根本无从查询 age。在本章后面将介绍的情形中，这种功能将很有用。

请注意，也不能直接给 Human::age 赋值：

```
eve.age = 22; // compile error
```

要设置 age，唯一的途径是通过 SetAge( )：

```
eve.SetAge(22); // OK
```

这有很多优点。当前，SetAge( ) 的实现只是直接设置成员变量 Human::age，但也可在 SetAge( ) 中验证外部输入，避免 age 被设置为 0 或负数：

```
class Human
{
private:
    int age;

public:
    void SetAge(int humansAge)
    {
        if (humansAge > 0)
            age = humansAge;
    }
};
```

总之，C++让类的设计者能够控制类属性的访问和操纵方式。

使用关键字 private 实现数据抽象

C++让您能够使用关键字 private 指定哪些信息不能从外部访问（即在类外不可用）。另外，也可将方法声明为公有的，以便从外部通过这些方法访问私有信息。因此，类的实现可对其他类和函数等隐藏它们无须知道的成员信息。

回到 Human 类，其中的 age 是一个私有成员。您知道，在现实世界中，很多人不想公开自己的真实年龄。要 Human 类向外指出的年龄比实际年龄小两岁很容易，只需在公有方法 GetAge( )中将 age 减 2，再返回结果，如程序清单 9.2 所示。

程序清单 9.2 一个对外隐藏真实年龄并将自己说得更年轻的 Human 类

```
0: #include<iostream>
1: using namespace std;
2:
3: class Human
4: {
5: private:
6:     // Private member data:
7:     int age;
8:
9: public:
10:     void SetAge(int inputAge)
11:     {
12:         age = inputAge;
13:     }
14:
15:     // Human lies about his / her age (if over 30)
16:     int GetAge()
17:     {
18:         if (age > 30)
19:             return (age - 2);
20:         else
21:             return age;
22:     }
23: };
24:
25: int main()
26: {
27:     Human firstMan;
28:     firstMan.SetAge(35);
29:
30:     Human firstWoman;
31:     firstWoman.SetAge(22);
32:
33:     cout << "Age of firstMan " << firstMan.GetAge() << endl;
34:     cout << "Age of firstWoman " << firstWoman.GetAge() << endl;
35:
36:     return 0;
37: }
```

▼ 输出：

```
Age of firstMan 33
Age of firstWoman 22
```

▼ 分析：

请注意第 16 行的公有方法 Human::GetAge( )。由于实际年龄存储在私有成员 Human::age 中，而该成员不能从外部直接访问，因此外部用户要获悉 Human 对象的 age 属性，唯一的途径是通过方法 GetAge( )。也就是说，对外隐藏了存储在 Human::age 中的实际年龄。实际上，Human 向外提供的部分年龄是假的——对于年龄大于 30 的人，GetAge( )返回的年龄都比实际年龄小，如第 18～21 行所示。

在面向对象编程语言中，抽象是一个非常重要的概念，这让程序员能够决定哪些属性只能让类及其成员知道，类外的任何人都不能访问（友元除外）。

9.3　构造函数

构造函数是一种特殊的函数（方法），在根据类创建对象时被调用。与函数一样，构造函数也可以重载。

9.3.1　声明和实现构造函数

构造函数是一种特殊的函数，它与类同名且不返回任何值。因此，Human 类的构造函数的声明类似于下面这样：

```
class Human
{
public:
    Human(); // declaration of a constructor
};
```

这个构造函数可在类声明中实现，也可在类声明外实现。在类声明中实现（定义）构造函数的代码类似于下面这样：

```
class Human
{
public:
    Human()
    {
        // constructor code here
    }
};
```

在类声明外定义构造函数的代码类似于下面这样：

```
class Human
{
public:
    Human(); // constructor declaration
};
// constructor implementation (definition)
```

```
Human::Human()
{
    // constructor code here
}
```

9.3.2　何时及如何使用构造函数

构造函数总是在创建对象时被调用，这让构造函数成为将类成员变量（int、指针等）初始化为选定值的理想场所。再看一下程序清单 9.2。如果忘记调用 SetAge( )，int 类型的变量 Human::age 将包含未知的垃圾值，因为该变量未初始化（请尝试将第 28 和 31 行注释掉）。程序清单 9.3 是一个更好的 Human 类版本，它使用构造函数初始化类成员变量 age。

程序清单 9.3　使用构造函数初始化类成员变量

```
 0: #include<iostream>
 1: #include<string>
 2: using namespace std;
 3:
 4: class Human
 5: {
 6: private:
 7:     string name;
 8:     int age;
 9:
10: public:
11:     Human() // constructor
12:     {
13:         age = 1; // initialization
14:         cout << "Constructed an instance of class Human" << endl;
15:     }
16:
17:     void SetName (string humansName)
18:     {
19:         name = humansName;
20:     }
21:
22:     void SetAge(int humansAge)
23:     {
24:         age = humansAge;
25:     }
26:
27:     void IntroduceSelf()
28:     {
29:         cout << "I am " + name << " and am ";
30:         cout << age << " years old" << endl;
31:     }
32: };
33:
```

```
34: int main()
35: {
36:     Human firstWoman;
37:     firstWoman.SetName("Eve");
38:     firstWoman.SetAge (28);
39:
40:     firstWoman.IntroduceSelf();
41: }
```

▼ 输出:

```
Constructed an instance of class Human
I am Eve and am 28 years old
```

▼ 分析:

新增了指示对象创建的输出行。来看看第 34～41 行的 main( )，从中可知，第 1 行输出是第 36 行创建对象 firstWoman 的结果，实际生成它的是第 11～15 行定义的 Human 类构造函数中的 cout 语句。您可以注意到，该构造函数将 age 初始化为 0。如果您忘记给新创建的对象设置 age 也没有关系，该构造函数将确保 age 不是随机值而是 1。

注意
可在不提供参数的情况下调用的构造函数被称为默认构造函数。默认构造函数是可选的。如果您像程序清单 9.1 那样没有提供默认构造函数，编译器将为您创建一个，这种默认构造函数会创建成员属性，但不会将 POD 类型（如 int）的属性初始化为特定值。

9.3.3　重载构造函数

与函数一样，构造函数也可重载，因此可创建一个将姓名作为参数的重载构造函数，如下所示:

```
class Human
{
public:
    Human()
    {
        // default constructor code here
    }

    Human(string humansName)
    {
        // overloaded constructor code here
    }
};
```

程序清单 9.4 演示了重载构造函数的用途: 在创建 Human 对象时提供姓名。

程序清单 9.4　包含多个构造函数的 Human 类

```
0: #include<iostream>
1: #include<string>
2: using namespace std;
3:
4: class Human
5: {
6: private:
```

```
 7:     string name;
 8:     int age;
 9:
10: public:
11:     Human() // default constructor
12:     {
13:         age = 0; // initialized to ensure no junk value
14:         cout << "Default constructor: name and age not set" << endl;
15:     }
16:
17:     Human(string humansName, int humansAge) // overloaded
18:     {
19:         name = humansName;
20:         age = humansAge;
21:         cout << "Overloaded constructor creates ";
22:         cout << name << " of " << age << " years" << endl;
23:     }
24: };
25:
26: int main()
27: {
28:     Human firstMan; // use default constructor
29:     Human firstWoman ("Eve", 20); // use overloaded constructor
30: }
```

▼ 输出:

```
Default constructor: name and age not set
Overloaded constructor creates Eve of 20 years
```

▼ 分析:

第 26～30 行的 main( )很简单，它创建了两个 Human 对象，其中 firstMan 是使用默认构造函数创建的，而 firstWoman 是使用指定姓名和年龄的重载构造函数创建的。所有的输出都是因创建对象而生成的! 如果 Human 类没有默认构造函数，则在 main( )中创建每个 Human 对象时，都只能使用将姓名和年龄作为参数的构造函数。在这种情况下，不提供姓名和年龄就无法创建 Human 对象。

提示	可不实现默认构造函数，从而要求实例化对象时必须提供重载构造函数要求的参数，这将在 9.3.4 小节介绍。

9.3.4　没有默认构造函数的类

在程序清单 9.5 中，Human 类没有默认构造函数，因此实例化 Human 对象时必须提供姓名和年龄。

程序清单 9.5　一个有重载的构造函数，但没有默认构造函数的类

```
0: #include<iostream>
1: #include<string>
2: using namespace std;
3:
4: class Human
5: {
6: private:
```

```
 7:      string name;
 8:      int age;
 9:
10: public:
11:      Human(string humansName, int humansAge)
12:      {
13:          name = humansName;
14:          age = humansAge;
15:          cout << "Overloaded constructor creates " << name;
16:          cout << " of age " << age << endl;
17:      }
18:
19:      void IntroduceSelf()
20:      {
21:          cout << "I am " << name << " and am ";
22:          cout << age << " years old" << endl;
23:      }
24: };
25:
26: int main()
27: {
28:      Human firstMan("Adam", 25);
29:      Human firstWoman("Eve", 28);
30:
31:      firstMan.IntroduceSelf();
32:      firstWoman.IntroduceSelf();
33:      return 0;
34: }
```

▼ 输出：

```
Overloaded constructor creates Adam of age 25
Overloaded constructor creates Eve of age 28
I am Adam and am 25 years old
I am Eve and am 28 years old
```

▼ 分析：

这个版本的 Human 类只有一个构造函数，该构造函数接收一个 string 类型的参数和一个 int 类型的参数，如第 11 行所示。在没有默认构造函数，而您提供了重载的构造函数时，C++编译器不会为您生成默认构造函数。因此，不能像下面这样创建 Human 对象：

```
Human firstMan; // error    no default constructor available
```

这个示例还表明，可在创建 Human 对象时提供 name 和 age 属性的值，但以后不能修改它们。这是因为 Human 类的 name 属性值存储在私有变量 Human::name 中，main( )或其他不属于 Human 类成员的实体不能访问或修改它。换句话说，重载的构造函数要求 Human 类的用户创建每个对象时，都必须指定姓名（和年龄），且不能修改姓名，这与现实情况相当吻合，您觉得呢？您的姓名是在出生时确定的，别人可以知道，但无权修改。

9.3.5　带默认值的构造函数参数

就像函数可以有带默认值的参数一样，构造函数也可以。在下面的代码中，对程序清单 9.5 中第

11 行的构造函数稍做了修改，给参数 age 指定了默认值 25：

```cpp
class Human
{
private:
    string name;
    int age;

public:
    // overloaded constructor (no default constructor)
    Human(string humansName, int humansAge = 25)
    {
        name = humansName;
        age = humansAge;
        cout << "Overloaded constructor creates " << name;
        cout << " of age " << age << endl;
    }

    // ... other members
};
```

实例化这个类时，可像下面这样做：

```cpp
Human adam("Adam"); // adam.age is assigned a default value 25
Human eve("Eve", 18); // eve.age is assigned 18 as specified
```

注意

默认构造函数是调用时可不提供参数的构造函数。下面的构造函数虽然有两个参数，但这两个参数都有默认值，因此它也是默认构造函数：

```cpp
class Human
{
private:
    string name;
    int age;

public:
    // default values for both parameters
    Human(string humansName = "Adam", int humansAge = 25)
    {
        name = humansName;
        age = humansAge;
        cout << "Overloaded constructor creates ";
        cout << name << " of age " << age;
    }
};
```

因此实例化 Human 对象时仍可不提供任何参数：

```cpp
Human adam; // Human takes default name "Adam", age 25
```

9.3.6 包含初始化列表的构造函数

您已经知道了，构造函数对初始化成员变量很有用。另一种初始化成员变量的方式是使用初始化列表。对于程序清单 9.5 中接收两个参数的构造函数，其包含初始化列表的变种类似于下面这样：

```
class Human
{
private:
   string name;
   int age;

public:
   // two parameters to initialize members age and name
   Human(string humansName, int humansAge)
        :name(humansName), age(humansAge)
   {
      cout << "Constructed a human called " << name;
      cout << ", " << age << " years old" << endl;
   }
// ... other class members
};
```

初始化列表由包含在圆括号中的参数声明后面的冒号标识，冒号后面列出了各个成员变量及其初始值。初始值可以是参数（如 humansName），也可以是固定的值。使用特定参数调用基类的构造函数时，初始化列表也很有用，这将在第 10 章讨论。

在程序清单 9.6 中，Human 类包含一个带初始化列表的默认构造函数，该默认构造函数的参数都有默认值。

程序清单 9.6　一个接收带默认值的参数的默认构造函数，它使用初始化列表来设置成员

```
0: #include<iostream>
1: #include<string>
2: using namespace std;
3:
4: class Human
5: {
6: private:
7:    int age;
8:    string name;
9:
10: public:
11:    Human(string humansName = "Adam", int humansAge = 25)
12:         :name(humansName), age(humansAge)
13:    {
14:       cout << "Constructed a human called " << name;
15:       cout << ", " << age << " years old" << endl;
16:    }
17: };
18:
19: int main()
20: {
21:    Human adam;
22:    Human eve("Eve", 18);
23:
24:    return 0;
25: }
```

▼ 输出：

```
Constructed a human called Adam, 25 years old
Constructed a human called Eve, 18 years old
```

▼ 分析：

第 11~16 行的构造函数包含初始化列表，且用于设置 name 和 age 的参数分别包含默认值 "Adam" 和 25。因此，当第 21 行创建 Human 类的实例 adam 时，由于没有提供参数值，所以自动将默认值赋给了其成员；而第 22 行创建 eve 时提供了参数值，所以这些值将分别赋给 Human::name 和 Human::age。

注意

也可使用关键字 constexpr 将构造函数定义为常量表达式。在有助于提高性能的情况下，可在构造函数的声明中使用这个关键字，如下所示：

```
class Sample
{
const char* someString;
public:
    constexpr Sample(const char* input)
                    :someString(input)
    { // constructor code }
};
```

提示

接收参数的构造函数也被称为转换构造函数（converting constructor），它隐式地将参数列表转换为要构造的类型。然而，在 C++11 之前，只有接收一个参数的构造函数被称为转换构造函数。这种变化是由于 C++11 引入了初始化列表。

要避免隐式转换，可在构造函数声明开头使用关键字 explicit。

9.4 析构函数

与构造函数一样，析构函数也是一种特殊的函数。构造函数在实例化对象时被调用，而析构函数在对象销毁时自动被调用。

9.4.1 声明和实现析构函数

析构函数看起来像一个与类同名的函数，但它的前面有一个腭化符号（～）。因此，Human 类的析构函数的声明类似于下面这样：

```
class Human
{
    ~Human(); // declaration of a destructor
};
```

这个析构函数可在类声明中实现，也可在类声明外实现。在类声明中实现（定义）析构函数的代码类似于下面这样：

```
class Human
{
public:
    ~Human()
```

```
    {
        // destructor code here
    }
};
```

在类声明外定义析构函数的代码类似于下面这样：

```
class Human
{
public:
    ~Human(); // destructor declaration
};
// destructor definition (implementation)
Human::~Human()
{
    // destructor code here
}
```

正如您看到的，析构函数的声明与构造函数的只是稍有不同，那就是包含腭化符号（～）。然而，析构函数的作用与构造函数的相反。

9.4.2 何时及如何使用析构函数

每当对象不再在作用域内或通过 delete 被删除，进而被销毁时，都将调用析构函数。这使得析构函数是重置变量以及释放动态分配的内存和其他资源的理想场所。在 STL 提供的 std::string（可替代 char*，但更智能化）等实用类以及 std::vector 等容器类中，大量地使用了构造函数、析构函数和设计良好的运算符。

| 注意 | 运算符将在第 12 章详细介绍。 |

我们来分析程序清单 9.7 所示的 MyBuffer 类，它在构造函数中使用 new 为一个动态的整数数组分配内存，并在析构函数中释放这些内存。

程序清单 9.7　一个简单的类，它封装了指针并通过析构函数释放它

```
 0: #include<iostream>
 1: using namespace std;
 2:
 3: class MyBuffer
 4: {
 5: private:
 6:     int* myNums;
 7:
 8: public:
 9:     MyBuffer(unsigned int length)
10:     {
11:         cout << "Constructor allocates " << length << " integers" << endl;
12:         myNums = new int[length]; // allocate memory
13:     }
14:
15:     ~MyBuffer()
```

```
16:    {
17:        cout << "Destructor releasing allocated memory" << endl;
18:        delete[] myNums; // free allocated memory
19:    }
20:
21:    // other set and get functions to work with myNums
22: };
23:
24: int main()
25: {
26:     cout << "How many integers would you like to store?" << endl;
27:     unsigned int numsToStore = 0;
28:     cin >> numsToStore;
29:
30:     MyBuffer buf(numsToStore);
31:
32:     return 0;
33: }
```

▼ 输出：

第一次运行的输出：

```
How many integers would you like to store? 200
Constructor allocates 200 integers
Destructor releasing allocated memory
```

第二次运行的输出：

```
How many integers would you like to store? 200000
Constructor allocates 200000 integers
Destructor releasing allocated memory
```

▼ 分析：

MyBuffer 类封装了指针 MyBuffer::myNums，让您无须操心在合适的时机分配和释放内存的问题。在这里，我们最为关心的是第 9～13 行的构造函数 MyBuffer( )以及第 15～19 行的析构函数~MyBuffer( )。重载的构造函数要求创建对象时必须提供输入参数 length，它指定了要给多少个元素动态地分配内存。析构函数的代码确保构造函数分配的内存自动被归还给系统。它执行 delete[]，这与构造函数中的 new[…]相对应。您可以注意到，在 main( )中，程序员无须调用 new 和 delete。MyBuffer 类不仅对程序员隐藏了内存管理实现，还正确地释放了分配的内存。当 main( )执行完毕时，将自动调用析构函数~MyBuffer( )，输出证明了这一点——其中包含析构函数中 cout 语句的输出。

在更智能地使用指针方面，析构函数也扮演了重要角色，第 26 章将演示这一点。

注意　析构函数不能重载，每个类都只能有一个析构函数。如果您忘记了实现析构函数，编译器将创建一个伪（dummy）析构函数并调用它。如果伪析构函数为空，则不释放动态分配的内存。

9.5　复制构造函数

第 7 章介绍过，对于程序清单 7.1 中的函数 Area( )，传递的实参会被复制：

```
double Area(double radius);
```

因此，调用 Area( )时，实参被复制给形参 radius。这种规则也适用于对象（类的实例）。然而，浅复制是个需要解决的问题。

9.5.1　浅复制及其存在的问题

程序清单 9.7 所示的 MyBuffer 类包含一个指针成员 myNums，它指向动态分配的内存（这些内存是在构造函数中使用 new[…]分配的，并在析构函数中使用 delete[]进行释放）。复制这个类的对象时，将复制其指针成员，但不复制指针指向的内存，其结果是两个对象指向同一块动态分配的内存。在销毁其中一个对象时，delete[]将释放这个内存块，导致另一个对象存储的指针副本无效。这种复制被称为浅复制，会威胁程序的稳定性，如程序清单 9.8 所示。该程序运行后，会弹出图 9.2 所示的对话框。

程序清单 9.8　按值传递类（如 MyBuffer）的对象带来的问题

```
 0: #include<iostream>
 1: using namespace std;
 2:
 3: class MyBuffer
 4: {
 5: private:
 6:    int* myNums;
 7:
 8: public:
 9:    MyBuffer(unsigned int length)
10:    {
11:       cout << "Constructor allocates " << length << " integers" << endl;
12:       myNums = new int[length]; // allocate memory
13:    }
14:
15:    ~MyBuffer()
16:    {
17:       cout << "Destructor releasing allocated memory" << endl;
18:       delete[] myNums; // free allocated memory
19:    }
20:
21:    // other set and get functions to work with myNums
22: };
23:
24: void UseMyBuf(MyBuffer copyBuf)
25: {
26:    cout << "Copy of buf will be destroyed when function ends" << endl;
27: }
28:
29: int main()
30: {
31:    cout << "How many integers would you like to store? ";
32:    unsigned int numsToStore = 0;
33:    cin >> numsToStore;
34:
35:    MyBuffer buf(numsToStore);
```

```
36:     UseMyBuf(buf); // send a copy
37:
38:     return 0; // crash, at destruction of buf
39: }
```

▼ 输出：

```
How many integers would you like to store? 25
Constructor allocates 25 integers
Copy of buf will be destroyed when function ends
Destructor releasing allocated memory
Destructor releasing allocated memory
```

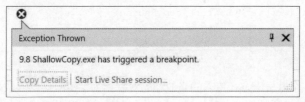

图 9.2　在 Microsoft Visual Studio 调试模式下执行程序清单 9.8 时出现的显示程序崩溃的对话框

▼ 分析：

使用 g++ 编译这些代码时，显示的错误消息更清晰些：

```
free(): double free detected in tcache 2
Aborted (core dumped)
```

显然，这条错误消息指出内存被释放了两次。在程序清单 9.7 中运行正常的 MyBuffer 类，为何会导致程序清单 9.8 崩溃呢？相比于程序清单 9.7，程序清单 9.8 中唯一不同的地方在于，调用函数 UseMyBuf( ) 时，向它传递了 buf 的一个副本。编译器之所以进行复制，是因为函数 UseMyBuf( ) 的参数被声明为按值（而不是按引用）传递。复制 buf 时，对于整型、字符和指针等 POD 类型的数据，编译器执行二进制复制，因此直接复制 buf.myNums 包含的指针值。也就是说，在函数 UseMyBuf( ) 中，copyBuf.myNums 指向的内存单元与 buf.myNums 相同。图 9.3 说明了这一点。

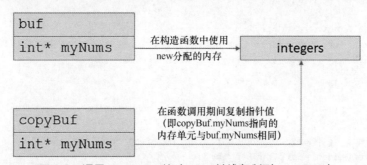

图 9.3　调用 UseMyBuf( ) 时，buf 被浅复制到 copyBuf 中

二进制复制不复制指向的内存单元中的数据，这导致两个 MyBuffer 对象中的指针指向同一个内存单元，即 buf.myNums 和 copyBuf.myNums 指向的是同一个内存块。函数 UseMyBuf( ) 返回时，局部变量 copyBuf 不再在作用域内，因此被销毁。为此，将调用 MyBuffer 类的析构函数，而该析构函数使用 delete[] 释放 copyBuf.myNums 指向的内存（如程序清单 9.8 的第 18 行所示）。main( ) 执行完毕后，buf 不再在作用域内，进而被销毁。但这次第 18 行对不再有效的内存地址调用 delete[]（销毁 copyBuf 时释放了该内存，导致它无效）。正是这样重复调用 delete[] 导致了程序崩溃。

9.5.2 使用复制构造函数确保深复制

复制构造函数是一个重载的构造函数，由编写类的程序员提供。每当对象被复制时，编译器都将调用复制构造函数。通过编写正确的复制构造函数，可解决程序清单 9.8 演示的浅复制问题。

为 MyBuffer 类声明复制构造函数的代码如下：

```
class MyBuffer
{
   MyBuffer(const MyBuffer& copySource); // copy constructor
};
MyBuffer::MyBuffer(const MyBuffer& copySource)
{
   // Copy constructor implementation code
}
```

复制构造函数将一个以引用方式传入的当前类的对象作为参数。这个参数是源对象的别名，您可以使用它来编写自定义的复制代码，确保对源对象的所有缓冲区进行深复制，如程序清单 9.9 所示。

程序清单 9.9　定义一个复制构造函数，确保对动态分配的缓冲区进行深复制

```
 0: #include<iostream>
 1: #include<algorithm>
 2: using namespace std;
 3:
 4: class MyBuffer
 5: {
 6: private:
 7:    int* myNums;
 8:    unsigned int bufLength;
 9:
10: public:
11:    MyBuffer(unsigned int length)
12:    {
13:       bufLength = length;
14:       cout << "Constructor allocates " << length << " integers" << endl;
15:       myNums = new int[length]; // allocate memory
16:    }
17:
18:    MyBuffer(const MyBuffer& src) // copy constructor
19:    {
20:       cout << "Copy constructor creating deep copy" << endl;
21:       bufLength = src.bufLength;
22:       myNums = new int[bufLength];
23:       copy(src.myNums, src.myNums + bufLength, myNums); // deep copy
24:    }
25:
26:    ~MyBuffer()
27:    {
28:       cout << "Destructor releasing allocated memory" << endl;
29:       delete[] myNums; // free allocated memory
30:    }
```

```
31:
32:     void SetValue(unsigned int index, int value)
33:     {
34:        if (index < bufLength) // check for bounds
35:           *(myNums + index) = value;
36:     }
37:
38:     void DisplayBuf()
39:     {
40:        for (unsigned int counter = 0; counter < bufLength; ++counter)
41:           cout << *(myNums + counter) << " ";
42:
43:        cout << endl;
44:     }
45: };
46:
47: void UseMyBuf(MyBuffer copyBuf)
48: {
49:     cout << "Displaying copy of buf: " << endl;
50:     copyBuf.DisplayBuf();
51: }
52:
53: int main()
54: {
55:     cout << "How many integers would you like to store? ";
56:     unsigned int numsToStore = 0;
57:     cin >> numsToStore;
58:
59:     MyBuffer buf(numsToStore);
60:     for (unsigned int counter = 0; counter < numsToStore; ++counter)
61:     {
62:        cout << "Enter value: ";
63:        int valueEntered = 0;
64:        cin >> valueEntered;
65:        buf.SetValue(counter, valueEntered);
66:     }
67:
68:     cout << "Numbers in the buffer buf: ";
69:     buf.DisplayBuf();
70:     UseMyBuf(buf); // function receives a deep copy of buf
71:
72:     return 0; // no crash, at destruction of buf
73: }
```

▼ 输出：

```
How many integers would you like to store? 3
Constructor allocates 3 integers
Enter value: 2020
Enter value: -596
Enter value: 42
Numbers in the buffer buf: 2020 -596 42
```

```
Copy constructor creating deep copy
Displaying copy of buf: 2020 -596 42
Destructor releasing allocated memory
Destructor releasing allocated memory
```

▼ **分析:**

程序清单 9.9 是 MyBuffer 类的功能齐备版,包含函数 SetValue( )和 DisplayBuf( ),但其中最重要的部分是第 18~24 行的复制构造函数。第 70 行执行时,将隐式地调用这个复制构造函数,将一个 buf 副本传递给函数 UseMyBuf( )。这个复制构造函数先使用 new 分配内存,再使用 STL 算法 std::copy 执行深复制,如图 9.4 所示。

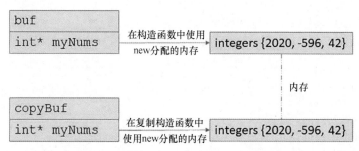

图 9.4 调用函数 UseMyBuf( )时,将实参 buf 深复制到形参 copyBuf 中

程序清单 9.9 的输出表明,副本中的 myNums 指向的内存地址不同,即两个对象并未指向同一个动态分配的内存地址。因此,函数 UseMyBuf( )返回、形参 copyBuf 被销毁时,析构函数对复制构造函数分配的内存地址调用 delete[],并没有影响 main( )中 buf 指向的内存。因此,这两个函数都执行完毕时,成功地销毁了各自的对象,并没有导致应用程序崩溃。

注意

复制构造函数能够确保下面的函数调用进行深复制:

```
UseMyBuf(buf);
```

然而,如果您通过赋值进行复制,结果如何呢?

```
MyBuffer anotherCopy(numsToStore);
anotherCopy = buf; // assignment doesn't invoke
copy constructor
```

由于您没有提供复制赋值运算符 operator=,编译器提供的默认复制赋值运算符将导致浅复制。

复制赋值运算符将在第 12 章进行深入讨论。程序清单 12.9 中的 MyBuffer 是改进后的,它实现了复制赋值运算符:

```
MyBuffer::operator= (const MyBuffer& copySource)
{
    //... copy assignment operator code
}
```

警告

通过在复制构造函数声明中使用 const,可确保复制构造函数不会修改指向的源对象。另外,复制构造函数的参数必须按引用传递,否则复制构造函数将不断调用自己,直到耗尽系统的内存为止。

白名单	黑名单
类包含原始指针成员（int *等）时，务必编写复制构造函数和复制赋值运算符。 编写复制构造函数时，务必将接收源对象的参数声明为 const 引用。 声明构造函数时务必使用关键字 explicit，以避免隐式转换。	除非万不得已，否则不要将类成员声明为原始指针。

注意　MyBuffer 类包含原始指针成员 int* myNums，这里使用它旨在阐述为何需要复制构造函数。如果您编写类时需要包含字符串成员，并将它们用于存储姓名等，应使用 std::string 而不是 char*。在没有使用原始指针的情况下，您就不需要编写复制构造函数。这是因为编译器添加的默认复制构造函数将调用成员对象（如 std::string）的复制构造函数。

9.5.3　使用移动构造函数改善性能

由于 C++的特征和需求，有些情况下对象会自动被复制。请看下面的代码：

```
class MyBuffer
{
   // pick implementation from Listing 9.9
};
MyBuffer Copy(MyBuffer& source) // function
{
   MyBuffer copyForReturn(source. bufLength); // create copy
   return copyForReturn; // return by value invokes copy constructor
}
int main()
{
   MyBuffer buf1(5);
   MyBuffer buf2(Copy(buf1)); // invokes 2x copy constructor

   return 0;
}
```

正如注释指出的，实例化 buf2 时，由于调用了函数 Copy(buf1)，而它按值返回一个 MyBuffer，因此调用了复制构造函数两次。然而，这个返回的值存在的时间很短，且在该表达式外不可用。因此，C++编译器严格地调用复制构造函数反而降低了性能，如果复制的对象很大，对性能的影响将很严重。

为避免这种性能瓶颈，C++11 引入了移动构造函数。移动构造函数的语法如下：

```
// move constructor
MyBuffer(MyBuffer&& moveSource)
{
   if(moveSource.myNums != NULL)
   {
      myNums = moveSource. myNums; // take ownership i.e. 'move'
      moveSource.myNums = NULL; // set the move source to NULL
   }
}
```

有移动构造函数时，编译器将自动使用它来"移动"临时资源，从而避免深复制。实现移动构造函数后，应将前面的注释改成下面这样：

```
MyBuffer buf2(Copy(buf1)); // invokes 1x copy, 1x move constructor
```

移动构造函数通常是利用移动赋值运算符实现的，这将在第 12 章更详细地讨论。程序清单 12.12 演示了一个更好的 MyBuffer 版本，实现了移动构造函数和移动赋值运算符。

9.6　构造函数和析构函数的其他用途

本章介绍了几个重要的基本概念，如构造函数、析构函数以及关键字 public 和 private 等。当您设计类时，这些概念让您能够控制其对象的创建、复制和销毁方式，还可控制其数据的暴露方式。

下面介绍几种有趣的模式，它们可以帮助您解决众多重要的设计问题。

9.6.1　不允许复制的类

假设您需要模拟国家的政体。一个国家只能有一位现任总统（注：此处"总统"指最高领导人，具体情况请结合不同国家的称谓），而 President 类面临如下风险：

```
President ourPresident;
DoSomething(ourPresident); // duplicate created in passing by value
President clone;
clone = ourPresident; // duplicate via assignment
```

显然，需要避免这样的情况发生。编写操作系统时，您可能还需要模拟一个局域网、一个处理器等，为此，需要避免这样的资源被复制。如果您不声明复制构造函数，C++将为您添加一个公有的默认复制构造函数，这破坏了您的设计，威胁着您的实现。然而，C++提供了实现这种设计范式的解决方案。

要禁止类对象被复制，可声明一个私有的复制构造函数。这确保函数调用 DoSomething(OurPresident) 无法通过编译。为禁止赋值，可声明一个私有的赋值运算符。

因此，解决方案如下：

```
class President
{
private:
    President(const President&); // private copy constructor
    President& operator= (const President&); // private copy assignment operator

    // ... other attributes and methods
};
```

无须给私有复制构造函数和私有赋值运算符提供实现，只需将它们声明为私有的就足以实现您的目标——确保 President 的对象是不可复制的。

9.6.2　只能有一个实例的单例类

刚才讨论的 President 类很不错，但无法禁止通过实例化多个对象来创建多名总统（指最高领导人）：

```
President One, Two, Three;
```

由于复制构造函数是私有的，因此其中每个对象都是不可复制的，但您的目标是确保 President 类有且只有一个"化身"，即有了一个 President 对象后，就禁止创建其他的 President 对象。要实现这种功能强大的模式，可使用单例类的概念，它使用私有构造函数、私有赋值运算符和静态实例成员。

提示　　　　　　将关键字 static 用于类的数据成员时，该数据成员将在所有实例之间共享。
　　　　　　　　将 static 用于成员函数（方法）时，该方法将在所有成员之间共享。
　　　　　　　　将 static 用于函数中声明的局部变量时，该变量的值将在函数调用之间保持不变。

要创建单例类，关键字 static 必不可少，如程序清单 9.10 所示。

程序清单 9.10 单例类 President，它禁止复制、赋值以及创建多个实例

```
0: #include<iostream>
1: #include<string>
2: using namespace std;
3:
4: class President
5: {
6: private:
7:     President() {}; // private default constructor
8:     President(const President&); // private copy constructor
9:     const President& operator=(const President&); // assignment operator
10:
11:     string name;
12:
13: public:
14:     static President& GetInstance()
15:     {
16:         // static objects are constructed only once
17:         static President onlyInstance;
18:         return onlyInstance;
19:     }
20:
21:     string GetName()
22:     { return name; }
23:
24:     void SetName(string InputName)
25:     { name = InputName; }
26: };
27:
28: int main()
29: {
30:     President& onlyPresident = President::GetInstance();
31:     onlyPresident.SetName("Abraham Lincoln");
32:
33:     // uncomment lines to see how compile failures prohibit duplicates
34:     // President second; // cannot access constructor
35:     // President* third= new President(); // cannot access constructor
36:     // President fourth = onlyPresident; // cannot access copy constructor
37:     // onlyPresident = President::GetInstance(); // cannot access operator=
38:
39:     cout << "The name of the President is: ";
```

```
40:    cout << President::GetInstance().GetName() << endl;
41:
42:    return 0;
43: }
```

▼ 输出：

```
The name of the President is: Abraham Lincoln
```

▼ 分析：

第 28~43 行的 main( )包含大量注释，演示了各种创建 President 实例和副本的方式，它们都无法通过编译。下面逐一进行分析。第 34 和 35 行分别试图使用默认构造函数在堆和自由存储区中创建对象，但默认构造函数不可用，因为它是私有的，如第 7 行所示。

```
34:    // President second; // cannot access constructor
35:    // President* third= new President(); // cannot access constructor
```

第 36 行试图使用复制构造函数创建现有对象的副本（在创建对象的同时赋值将调用复制构造函数），但在 main( )中不能使用复制构造函数，因为第 8 行将其声明成了私有的。

```
36:    // President fourth = onlyPresident; // cannot access copy constructor
```

第 37 行试图通过赋值创建对象的副本，但行不通，因为第 9 行将赋值运算符声明成了私有的。

```
37:    // OnlyPresident = President::GetInstance(); // cannot access operator=
```

因此，在 main( )中，不能创建 President 类的实例，唯一的方法是使用静态函数 GetInstance( )来获取 President 的实例，如第 30 行所示。GetInstance( )是静态成员，类似于全局函数，无须通过对象来调用它。GetInstance( )是在第 14~19 行实现的，它使用静态变量 onlyInstance 确保有且只有一个 President 实例。为更好地理解这一点，可以认为第 17 行只执行一次（静态初始化），因此 GetInstance( )返回唯一一个 President 实例，而不管您如何频繁地调用 President:: GetInstance( )。

> **警告**
>
> 为方便扩充应用程序的功能，仅在绝对必要时才使用单例模式。单例模式禁止创建多个实例，在需要多个实例时，将遭遇架构瓶颈。
>
> 例如，项目从模拟一个国家升级到模拟联合国（当前，联合国有 193 个会员国，按照每个会员国一位总统（指最高领导人）来算，就有 193 位总统）后，如果使用只允许存在一个实例的单例类 President，将面临架构问题。

9.6.3 禁止在栈中实例化的类

第 7 章介绍过，栈是内存中的后进先出（Last In First Qut，LIFO）装置，用于存储函数中的局部变量。栈空间通常有限。如果您要编写一个数据库类，其内部结构包含数 TB 数据，那么您可能应该禁止在栈上实例化它，而只允许在自由存储区中创建其实例。为此，将析构函数声明为私有的很关键：

```
class MonsterDB
{
private:
   ~MonsterDB();  // private destructor

   //... members that consume a huge amount of data
};
```

通过声明私有的析构函数，可禁止像下面这样创建实例：

```
int main()
{
   MonsterDB myDatabase; // compile error
   // ... more code
   return 0;
}
```

上述代码试图在栈上创建实例。退栈时，将弹出栈中的所有对象，因此编译器需要在 main( ) 末尾调用析构函数~MonsterDB( )，但这个析构函数是私有的，即不可用，因此上述语句将导致编译错误。

将析构函数声明为私有的并不能禁止使用 new 在自由存储区中创建实例，因为这样的实例不会自动被销毁：

```
int main()
{
   MonsterDB* myDatabase = new MonsterDB(); // no error
   // ... more code
   return 0;
}
```

上述代码将导致内存泄漏，您发现了吗？由于在 main( )中不能调用析构函数，因此也不能调用 delete。为解决这种问题，需要在 MonsterDB 类中提供一个销毁实例的静态公有函数（作为类成员，它能够调用析构函数），如程序清单 9.11 所示。

程序清单 9.11　一个只能使用 new 在自由存储区中创建对象的数据库类 MonsterDB

```
0: #include<iostream>
1: using namespace std;
2:
3: class MonsterDB
4: {
5: private:
6:    ~MonsterDB() {}; // private destructor prevents instances on stack
7:
8: public:
9:    static void DestroyInstance(MonsterDB* pInstance)
10:   {
11:       delete pInstance; // member can invoke private destructor
12:   }
13:
14:   void DoSomething() {} // sample empty member method
15: };
16:
17: int main()
18: {
19:    MonsterDB* myDB = new MonsterDB(); // on free store
20:    myDB->DoSomething();
21:
22:    // uncomment next line to see compile failure
```

```
23:     // delete myDB; // private destructor cannot be invoked
24:
25:     // use static member to release memory
26:     MonsterDB::DestroyInstance(myDB);
27:
28:     return 0;
29: }
```

▼ 输出:

这个代码片段没有输出。

▼ 分析:

这些代码旨在演示如何创建禁止在栈中实例化的类。为此，关键是将构造函数声明为私有的，如第 6 行所示。为分配内存，第 9～12 行的静态函数 DestroyInstance( )必不可少，因为在 main( )中不能对 myDB 调用 delete。为验证这一点，您可取消对第 23 行的注释。

9.6.4　使用构造函数进行类型转换

本章前面介绍过，可给类提供重载的构造函数，即接收一个或多个参数的构造函数。这种构造函数常用于进行类型转换。请看下面的 Human 类，它包含一个将整数作为参数的重载构造函数：

```
class Human
{
   int age;
public:
   Human(int humansAge): age(humansAge) {}
};
// Function that takes a Human as a parameter
void DoSomething(Human person)
{
   cout << "Human sent did something" << endl;
   return;
}
```

这样的转换构造函数让您能够执行隐式转换：

```
Human kid(10); // convert integer in to a Human
DoSomething(kid);
DoSomething(5); // implicitly convert integer to Human!
```

前面的代码为何可行呢？这是因为编译器知道 Human 类包含一个将整数作为参数的构造函数，进而替您执行了隐式转换——将您提供的整数作为参数发送给这个构造函数，从而创建一个 Human 对象。

为避免隐式转换，可在声明构造函数时使用关键字 explicit：

```
class Human
{
   int age;
```

```
public:
    explicit Human(int humansAge): age(humansAge) {}
};
```

并非必须使用关键字 explicit，但在很多情况下，这都是一种良好的编程实践。程序清单 9.12 演示了另一个版本的 Human 类，它不允许执行隐式转换。

程序清单 9.12　使用关键字 explicit 避免无意间的隐式转换

```
0: #include<iostream>
1: using namespace std;
2:
3: class Human
4: {
5:     int age;
6: public:
7:     // explicit constructor blocks implicit conversions
8:     explicit Human(int humansAge) : age(humansAge) {}
9: };
10:
11: void DoSomething(Human person)
12: {
13:     cout << "Human did something" << endl;
14:     return;
15: }
16:
17: int main()
18: {
19:     Human kid(10);    // explicit conversion is OK
20:     Human anotherKid = Human(11); // explicit, OK
21:     DoSomething(kid); // OK
22:
23:     // Human anotherKid2 = 11; // error: implicit conversion not OK
24:     // DoSomething(10); // implicit conversion, not OK
25:
26:     return 0;
27: }
```

▼ **输出：**

```
Human did something
```

▼ **分析：**

无输出的代码行与提供输出的代码行一样重要。这个 Human 类包含一个使用关键字 explicit 声明的构造函数，如第 8 行所示，而第 17～27 行的 main( )以各种不同的方式实例化这个类。使用 int 来实例化 Human 类的代码行执行的是显式转换，都能通过编译。第 23 和 24 行涉及隐式转换，它们被注释掉了，但如果将第 8 行的关键字 explicit 删掉，这些代码行在取消注释后也能通过编译。这个实例表明，使用关键字 explicit 可禁止隐式转换。

| 提示 | 运算符也存在隐式转换的问题，也可在运算符中使用关键字 explicit 来禁止隐式转换。编写第 12 章的转换运算符时，请注意使用关键字 explicit。 |

9.7　this 指针

this 是一个保留的关键字。在类中，关键字 this 包含当前对象的地址，换句话说，其值为&object。这是一个重要的概念。您在类成员方法中调用其他成员方法时，编译器将隐式地传递 this 指针——函数调用中不可见的参数：

```
class Human
{
private:
    void Talk (string statement)
    {
        cout << statement;
    }

public:
    void IntroduceSelf()
    {
        Talk("Bla bla"); // same as Talk(this, "Bla Bla")
    }
};
```

在这里，方法 IntroduceSelf( )使用私有成员 Talk( )在屏幕上显示一句话。实际上，编译器将在调用 Talk 时嵌入 this 指针，即 Talk(this, "Bla bla")。

从编程的角度看，this 的用途不多，且大多数情况下 this 的使用都是可选的。例如，在程序清单 9.2 中，可将 SetAge( )中访问 age 的代码修改成下面这样：

```
void SetAge(int inputAge)
{
    this->age = inputAge; // same as: age = inputAge
}
```

> **注意**
> 调用静态方法时，不会隐式地传递 this 指针，因为静态函数不与类实例相关联，而被所有实例所共享。
> 要在静态函数中使用实例变量，应显式地声明一个形参，并将实参设置为 this 指针。

9.8　将 sizeof( )用于类

您知道了，通过使用关键字 class 声明自定义类型，封装数据属性和使用数据的方法。第 3 章介绍过，运算符 sizeof( )用于确定指定类型需要多少内存，单位为字节。这个运算符也可用于类，在这种情况下，它将指出类声明中所有数据属性占用的总内存量，单位为字节。sizeof( )可能对某些属性进行填充，使其与字边界对齐，也可能不这样做，这取决于您使用的编译器。用于类时，sizeof( )不考虑成员函数及其定义的局部变量，如程序清单 9.13 所示。

程序清单 9.13　将 sizeof( )用于类及其实例的结果

```
0: #include<iostream>
1: using namespace std;
2:
3: class MyBuffer
```

```
 4: {
 5: private:
 6:     int* myNums;
 7:
 8: public:
 9:     MyBuffer(unsigned int length)
10:     {
11:         myNums = new int[length]; // allocate memory
12:     }
13:
14:     ~MyBuffer()
15:     {
16:         delete[] myNums; // free allocated memory
17:     }
18:
19:     // other set and get functions to work with myNums
20: };
21:
22: class Human
23: {
24: private:
25:     int age;
26:     string gender;
27:     string name;
28:
29: public:
30:     Human(const string& inputName, int inputAge, string inputGender)
31:         : name(inputName), age (inputAge), gender(inputGender) {}
32:
33:     int GetAge ()
34:     { return age; }
35: };
36:
37: int main()
38: {
39:     MyBuffer buf1(5); // buffer initialized to 5 integers
40:     MyBuffer buf2(20);// buffer initialized to 20 integers
41:
42:     cout << "sizeof(MyBuffer) = " << sizeof(MyBuffer) << endl;
43:     cout << "sizeof(buf1) = " << sizeof(buf1) << endl;
44:     cout << "sizeof(buf2) = " << sizeof(buf2) << endl;
45:
46:     Human firstMan("Adam", 25, "man");
47:     Human firstWoman("Eve", 25, "woman");
48:
49:     cout << "sizeof(Human) = " << sizeof(Human) << endl;
50:     cout << "sizeof(firstMan) = " << sizeof(firstMan) << endl;
51:     cout << "sizeof(firstWoman) = " << sizeof(firstWoman) << endl;
52:
53:     return 0;
54: }
```

▼ 使用 32 位编译器的输出：

```
sizeof(MyBuffer) = 4
sizeof(buf1) = 4
sizeof(buf2) = 4
sizeof(Human) = 60
sizeof(firstMan) = 60
sizeof(firstWoman) = 60
```

▼ 使用 64 位编译器的输出：

```
sizeof(MyBuffer) = 8
sizeof(buf1) = 8
sizeof(buf2) = 8
sizeof(Human) = 88
sizeof(firstMan) = 88
sizeof(firstWoman) = 88
```

▼ 分析：

从输出可知，将 sizeof( ) 用于类及其实例的结果相同。sizeof(MyBuffer) 和 sizeof(buf1) 的值相同，因为类占用的字节数在编译阶段就已确定。虽然 buf1 和 buf2 分别包含 5 个和 20 个整数，但它们占用的字节数相同，这没什么可奇怪的，因为 MyBuffer::myNums 是一个 int*，而这种指针占用的字节数是固定的，与指向的数据量无关。输出还表明，对于同一种类型，64 位编译器为其预留的内存空间比 32 位编译器为其预留的多，这是为了方便执行涉及更大地址和数字范围的计算。

9.9　结构不同于类的地方

关键字 struct 来自 C 语言，在 C++编译器看来，它与类极其相似，差别在于在程序员未指定时，默认的访问限定符（public 和 private）不同。因此，除非指定了，否则结构中的成员默认为公有的（而类成员默认为私有的）；另外，除非指定了，否则结构以公有方式继承基结构（而类以私有方式继承）。继承将在第 10 章详细讨论。

对于程序清单 9.13 所示的 Human 类，对应的结构如下：

```
struct Human
{
private:
   int age;
   string gender;
   string name;

public:
   Human(const string& inputName, int inputAge, string inputGender)
      : name(inputName), age(inputAge), gender(inputGender) {}

   int GetAge()
   {
      return age;
   }
};
```

正如您看到的，结构 Human 与类 Human 很像；结构的实例化与类的实例化也很像：

```
Human firstMan("Adam", 25, "man"); // an instance of struct Human
```

9.10 声明友元

虽然有不能从外部访问类的私有数据成员和方法的规则，但这条规则不适用于友元类和友元函数。要声明友元类或友元函数，可使用关键字 friend，如程序清单 9.14 所示。

程序清单 9.14 使用关键字 friend 让外部函数 DisplayAge( )能够访问私有数据成员

```
0: #include<iostream>
1: #include<string>
2: using namespace std;
3:
4: class Human
5: {
6: private:
7:     friend void DisplayAge(const Human& person);
8:     string name;
9:     int age;
10:
11: public:
12:     Human(string humansName, int humansAge)
13:     {
14:         name = humansName;
15:         age = humansAge;
16:     }
17: };
18:
19: void DisplayAge(const Human& person)
20: {
21:     cout << person.age << endl;
22: }
23:
24: int main()
25: {
26:     Human firstMan("Adam", 25);
27:     cout << "Accessing private member age via friend function: ";
28:     DisplayAge(firstMan);
29:
30:     return 0;
31: }
```

▼ 输出：

```
Accessing private member age via friend function: 25
```

▼ 分析：

第 7 行的声明告诉编译器，函数 DisplayAge( )是全局函数，也是 Human 类的友元，因此能够访问 Human 类的私有数据成员。如果将第 7 行注释掉，第 21 行将导致编译错误。

与函数一样，也可将外部类指定为友元类，如程序清单 9.15 所示。

程序清单 9.15 使用关键字 friend 让外部类 Utility 能够访问私有数据成员

```
0: #include<iostream>
1: #include<string>
```

```
 2: using namespace std;
 3:
 4: class Human
 5: {
 6: private:
 7:     friend class Utility;
 8:     string name;
 9:     int age;
10:
11: public:
12:     Human(string humansName, int humansAge)
13:     {
14:         name = humansName;
15:         age = humansAge;
16:     }
17: };
18:
19: class Utility
20: {
21: public:
22:     static void DisplayAge(const Human& person)
23:     {
24:         cout << person.age << endl;
25:     }
26: };
27:
28: int main()
29: {
30:     Human firstMan("Adam", 25);
31:     cout << "Accessing private member age via friend class: ";
32:     Utility::DisplayAge(firstMan);
33:
34:     return 0;
35: }
```

▼ 输出:

```
Accessing private member age via friend class: 25
```

▼ 分析:

第 7 行指出 Utility 类是 Human 类的友元，该声明让 Utility 类的所有方法都能访问 Human 类的私有数据成员和方法。

9.11 共用体: 一种特殊的数据存储机制

共用体是一种特殊的类，每次只有一个非静态数据成员处于活动状态。因此，共用体与类一样，可包含多个数据成员，但不同的是只能使用其中的一个。

9.11.1 声明共用体

要声明共用体，可使用关键字 union，再在这个关键字后面指定共用体名称，然后在花括号内指定其数据成员：

```
union UnionName
{
    Type1 member1;
    Type2 member2;
...
    TypeN memberN;
};
```

要实例化并使用共用体，可像下面这样做：

```
UnionName unionObject;
unionObject.member2 = value; // choose member2 as the active member
```

注意　与结构类似，共用体的成员默认也是公有的，但不同的是，共用体不能继承。另外，将 sizeof( )用于共用体时，结果总为共用体最大成员的长度，即便该成员并不处于活动状态。

9.11.2　在什么情况下使用共用体

在结构中，常使用共用体来模拟复杂的数据类型。共用体可将固定的内存空间解释为另一种类型，有些实现利用这一点进行类型转换或重新解释内存空间，但这种做法存在争议，而且可采用其他替代方式。

程序清单 9.16 演示了如何声明和使用共用体。

程序清单 9.16　声明并实例化共用体，并对其使用 sizeof( )

```
 0: #include<iostream>
 1: using namespace std;
 2:
 3: union SimpleUnion
 4: {
 5:     int num;
 6:     char alphabet;
 7: };
 8:
 9: struct ComplexType
10: {
11:     enum class DataType
12:     {
13:         Int,
14:         Char
15:     } Type;
16:
17:     union Value
18:     {
19:         int num;
20:         char alphabet;
21:
22:         Value() {}
23:         ~Value() {}
24:     }value;
```

```
25: };
26:
27: void DisplayComplexType(const ComplexType& obj)
28: {
29:     switch (obj.Type)
30:     {
31:     case ComplexType::DataType::Int:
32:         cout << "Union contains number: " << obj.value.num << endl;
33:         break;
34:
35:     case ComplexType::DataType::Char:
36:         cout << "Union contains character: " << obj.value.alphabet << endl;
37:         break;
38:     }
39: }
40:
41: int main()
42: {
43:     SimpleUnion u1, u2;
44:     u1.num = 2100;
45:     u2.alphabet = 'C';
46:     cout << "sizeof(u1) containing integer: " << sizeof(u1) << endl;
47:     cout << "sizeof(u2) containing character: " << sizeof(u2) << endl;
48:
49:     ComplexType myData1, myData2;
50:     myData1.Type = ComplexType::DataType::Int;
51:     myData1.value.num = 2017;
52:
53:     myData2.Type = ComplexType::DataType::Char;
54:     myData2.value.alphabet = 'X';
55:
56:     DisplayComplexType(myData1);
57:     DisplayComplexType(myData2);
58:
59:     return 0;
60: }
```

▼ 输出：

```
sizeof(u1) containing integer: 4
sizeof(u2) containing character: 4
Union contains number: 2017
Union contains character: X
```

▼ 分析：

　　这个示例表明，对共用体 u1 和 u2 使用 sizeof( )时，返回的值相同（即为它们预留的内存空间相同），虽然 u1 被用来存储一个 int 类型的值，而 u2 被用来存储一个比 int 类型的值短的 char 类型的值。这是因为对于共用体，编译器为其预留最大成员占用的内存量。第 9～25 行定义了结构 ComplexType，它包含两个数据成员：类型为枚举 DataType 的 Type 和共用体 Value 的 value，其中，前者用于指出后者存储的是哪种对象。换句话说，这个结构使用枚举来存储信息类型，并使用共用体来存储实际值。这是共用体的一种常见用法，例如，在 Windows 应用程序编程中常用的结构 VARIANT 就以这样的方式使用了共用体。第 27～39 行定义了函数 DisplayComplexType( )，它根据枚举的值执行 switch-case 结构中相应的 case 部分。出于演示考虑，这里的共用体包含构造函数和析构函数；就程序清单 9.16 而言，由于共用体包含的是 POD 类型，因此这些构造函数和析构函数是可选的，但如果共用体包含用户定义的数据类型（如类或结构），构造函数和析构函数就可能是必不可少的。

提示	共用体提供了灵活性，让您能够在其中存储多种类型中的一个，但不能阻止您将一种类型的内容作为另一种类型来访问。也就是说，共用体没有实现类型安全。C++17 引入了类型安全共用体替代品 std::variant。

9.12 对类和结构使用聚合初始化

下面的初始化语法被称为聚合初始化（aggregate initialization）语法：

```
Type objectName = {argument1, ..., argumentN};
```

也可像下面这样做：

```
Type objectName {argument1, ..., argumentN};
```

聚合初始化可用于聚合类型，因此明白哪些数据类型属于聚合类型很重要。第 4 章在初始化数组时，使用过聚合初始化：

```
int myNums[] = { 9, 5, -1 }; // myNums is int[3]
char hello[6] = { 'h', 'e', 'l', 'l', 'o', ' \0' };
```

然而，并非只有由整数或字符等简单类型组成的数组属于聚合类型，类（以及结构和共用体）也可能属于聚合类型。有关结构和类的规范标准指出了结构和类必须满足哪些条件才属于聚合类型，但在不同的 C++标准中，需要满足的条件存在细微的差别，但可以肯定地说，满足如下条件的类或结构可作为一个整体进行初始化：不包含用户定义的构造函数；只包含公有和非静态的数据成员，而不包含私有或受保护的数据成员；不包含任何虚成员函数；不涉及继承或只涉及公有继承（不涉及私有、受保护和虚拟继承）。

提示	继承将在第 10 和 11 章详细介绍。

下面的结构符合成为聚合类型的条件：

```
struct Aggregate1
{
    int num;
    double pi;
};
```

可将其作为一个整体进行初始化：

```
Aggregate1 a1{ 2017, 3.14 };
```

再来看一个例子：

```
struct Aggregate2
{
    int num;
```

```
    char hello[6];
    int impYears[5];
};
```

对于这个结构，可像下面这样进行初始化：

```
Aggregate2 a2 {42, {'h', 'e', 'l', 'l', 'o'}, {1998, 2003, 2011, 2014, 2017}};
```

程序清单 9.17 演示了如何将聚合初始化用于类和结构。

程序清单 9.17　将聚合初始化用于类和结构

```
 0: #include<iostream>
 1: #include<string>
 2: using namespace std;
 3:
 4: class Aggregate1
 5: {
 6: public:
 7:     int num;
 8:     double pi;
 9: };
10:
11: struct Aggregate2
12: {
13:     char hello[6];
14:     int impYears[3];
15:     string world;
16: };
17:
18: int main()
19: {
20:     int myNums[] = { 9, 5, -1 }; // myNums is int[3]
21:     Aggregate1 a1{ 2023, 3.14 };
22:     cout << "Pi is approximately: " << a1.pi << endl;
23:
24:     Aggregate2 a2{ {'h', 'e', 'l', 'l', 'o'}, {2017, 2020, 2023}, "world"};
25:
26:     // Alternatively
27:     Aggregate2 a2_2{'h', 'e', 'l', 'l', 'o', '\0', 2017, 2020, 2023, "world"};
28:
29:     cout << a2.hello << ' ' << a2.world << endl;
30:     cout << "C++ standard update scheduled in: " << a2.impYears[2] << endl;
31:
32:     return 0;
33: }
```

▼ 输出：

```
Pi is approximately: 3.14
hello world
C++ standard update scheduled in: 2023
```

▼ 分析：

第 4～9 行定义的 Aggregate1 是一个包含公有数据成员的类，而第 11～16 行定义的 Aggregate2 是一个结构。第 21、24 和 27 行分别演示了如何将聚合初始化用于类和结构。请注意，有些成员为数组。另外，请注意 Aggregate2 的 std::string 成员是如何被初始化的（第 24 行）。

> **警告**
>
> 聚合初始化只初始化共用体的第一个非静态成员。对于程序清单 9.16 声明的共用体，聚合初始化代码如下：
>
> ```
> 43:     SimpleUnion u1{ 2100 }, u2{ 'C' };
> // In u2, member num (type int) is initialized to 'C' (ASCII 67)
> // Although, you intended to initialize member alphabet (type char)
> ```
>
> 因此，为清晰起见，最好不要对共用体使用聚合初始化。

将 constexpr 用于类和对象

第 3 章介绍了 constexpr，这为改善 C++应用程序的性能提供了一种强有力的方式。通过使用 constexpr 来声明操作常量或常量表达式的函数，可让编译器计算并插入函数的结果，而不是插入计算函数结果的指令。这个关键字也可用于类和常量对象，如程序清单 9.18 所示。请注意，将这样的函数或类用于非常量实体时，编译器将忽略关键字 constexpr。

程序清单 9.18　将关键字 constexpr 用于 Human 类

```
0: #include<iostream>
1: using namespace std;
2:
3: class Human
4: {
5:     int age;
6: public:
7:     constexpr Human(int humansAge):age(humansAge) {}
8:     constexpr int GetAge() const { return age; }
9: };
10:
11: int main()
12: {
13:     constexpr Human somePerson(15);
14:     const int hisAge = somePerson.GetAge();
15:
16:     Human anotherPerson(45); // not constant expression
17:
18:     return 0;
19: }
```

▼ **输出：**

这个代码片段没有输出。

▼ **分析：**

您可以注意到，第 3~9 行定义的 Human 类与以前稍有不同：其构造函数和成员函数 GetAge( )的声明中包含关键字 constexpr。这个关键字让编译器尽可能地将创建和使用 Human 实例的代码视为常量表达式。第 13 行声明了一个 Human 常量实例，而第 14 行使用了该常量，因此编译器将计算结果，从而改善代码的执行性能。在第 16 行中，没有将实例 anotherPerson 声明为常量，因此编译器不会将实例化它的代码视为常量表达式。

9.13　总结

本章介绍了最重要的 C++概念——类。您了解到，类封装了成员数据及成员函数；您知道了，诸如 public 和 private 等访问限定符有助于对外部实体隐藏类的数据和功能。您学习了复制构造函数和移动构造函数，其中前者用于确保对动态分配的成员数据进行深复制，而后者可帮助消除不必要的复制步骤。您还了解到，通过结合使用这些元素，可实现单例等设计模式。

9.14　问与答

问：类实例和类对象有何不同？
答：它们基本上是一回事。实例化类时，将获得一个实例，这个实例也被称为对象。

问：要访问成员，可使用句点运算符（ . ），也可使用指针运算符（ -> ）。请问哪种方式更好？
答：如果有一个指向对象的指针，则使用指针运算符更合适；如果栈中实例化了一个对象，并将其存储到了一个局部变量中，则使用句点运算符更合适。

问：应该总是编写一个复制构造函数吗？
答：如果类的数据成员是设计良好的智能指针、字符串类或 STL 容器（如 std::vector），则编译器生成的默认复制构造函数将调用成员的复制构造函数。然而，如果类包含原始指针成员（如使用 int* 而不是 std::vector<int>表示的动态数组），则需要提供设计良好的复制构造函数，确保将类对象按值传递给函数时进行深复制，创建该数组的副本。

问：我的类只有一个构造函数，它接收一个有默认值的参数。请问这个构造函数是默认构造函数吗？
答：是的。只要在不提供参数的情况下创建实例，就可认为这个类有默认构造函数。每个类都只能有一个默认构造函数。

问：在本章的有些示例中，使用了函数 SetAge( )来设置成员 Human::age 的值。为何不将其声明为公有的，这样就能在需要时给它赋值了？
答：从技术角度说，将成员 Human::age 声明为公有的也可行，但从设计的角度看，将数据成员声明为私有的才是个不错的主意。通过使用 GetAge( )和 SetAge( )等存取函数，提供了一种更优雅、可扩展性更强的私有数据访问方式，让您在设置或重置 Human::age 的值之前，能够执行错误检查。

问：在复制构造函数中，为何将指向源对象的引用作为参数？
答：这是编译器对复制构造函数的要求，原因是如果按值接收源对象，复制构造函数将调用自己，导致没完没了的复制循环。

问：类和结构相似吗？
答：总体而言是相似的，但存在细微的差别。对于类成员，在没有指定访问限定符（ private 或 public ）时，默认为私有的；而结构成员默认为公有的。在以公有方式还是私有方式继承方面，情况亦如此。

9.15 作业

作业包括测验和练习，前者帮助读者加深对所学知识的理解，后者为读者提供了使用新学知识的机会。请尽量先完成测验和练习题，然后对照附录 E 的答案，继续学习第 10 章前，请务必弄懂这些题目。

9.15.1 测验

1. 使用 new 创建类实例时，将在什么地方创建它？
2. 有个类包含一个原始指针 int*，它指向一个动态分配的 int 类型的数组。请问将 sizeof( ) 用于这个类的对象时，结果是否取决于该动态数组包含的元素数？
3. 假设有一个类，其所有成员都是私有的，且没有友元类和友元函数。请问谁能访问这些成员？
4. 可以在一个类成员方法中调用另一个成员方法吗？
5. 构造函数适合用来做什么？
6. 析构函数适合用来做什么？

9.15.2 练习

1. 查错：下面的类声明有什么错误？

```
Class Human
{
    int age;
    string name;

public:
    Human() {}
}
```

2. 练习题 1 所示类的用户如何访问成员 Human::age？
3. 对练习题 1 中的类进行修改，在构造函数中使用初始化列表对所有参数进行初始化。
4. 编写一个 Circle 类，它根据实例化时提供的半径计算圆的面积和周长。将 Pi 包含在一个私有成员常量中，该常量不能在类外访问。

第 10 章
实现继承

面向对象编程基于 4 个重要的概念：封装、抽象、继承和多态。其中，继承是一种强大的属性重用方式，是通向多态的跳板。

在本章中，您将学习：

- 编程意义的继承；
- C++继承语法；
- 公有继承、私有继承和保护继承；
- 多继承；
- 隐藏基类方法和切除（slicing）导致的问题。

10.1 继承基础

在 Tom Smith 从祖先那里继承的东西中，最重要的是姓，因此他姓 Smith。另外，他还从父母那里继承了某些价值观以及木雕手艺，因为 Smith 家族数代人都从事木雕行业。这些属性一起标识了 Tom 作为 Smith 家族后代的身份。

在编程领域，您经常会遇到具有类似属性，但细节或行为存在细微差异的组件。要以编程方式对此进行建模，一种方法是将每个组件声明为一个类，并在每个类中实现所有的属性，这将重复实现相同的属性；另一种方法是使用继承，从一个包含通用属性且实现了通用功能的基类中派生出类似的类，并在派生类中覆盖基本功能，使得每个类都独一无二。第二种方法通常更佳。面向对象编程支持继承，类之间的继承关系如图 10.1 所示。

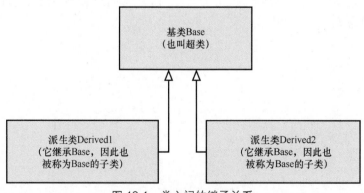

图 10.1　类之间的继承关系

10.1.1 继承和派生

图 10.1 说明了基类与派生类之间的关系。现在就要了解基类和派生类是什么可能并不容易。派生类继承了基类，从这种意义上说，它是一个基类，就像 Tom 是 Smith 家族的成员一样。

注意	派生类和基类之间的这种 is-a 关系仅适用于公有继承。本章首先介绍公有继承，让您明白继承的概念以及最常见的继承方式，然后介绍私有继承和保护继承。

为方便理解这种概念，先来看基类 Bird（鸟）。Crow（乌鸦）、Parrot（鹦鹉）和 Kiwi（鹬鸵）都是从 Bird 派生而来的。Bird 类将定义鸟的最基本属性，如有羽毛和翅膀、会孵蛋、能飞。派生类 Crow、Parrot 和 Kiwi 继承这些属性，并进行定制（例如，Kiwi 类表示一种不能飞的鸟，即不包含 Fly( )的实现）。表 10.1 说明了其他一些继承的例子。

表 10.1 日常生活中的公有继承示例

基类	派生类
Fish（鱼）	Goldfish（金鱼）、Carp（鲤鱼）、Tuna（金枪鱼，金枪鱼是一种鱼）
Mammal（哺乳动物）	Human（人）、Elephant（大象）、Lion（狮子）、Platypus（鸭嘴兽，鸭嘴兽是一种哺乳动物）
Bird（鸟）	Crow（乌鸦）、Parrot（鹦鹉）、Ostrich（鸵鸟）、Kiwi（鹬鸵）、Platypus（鸭嘴兽也是一种鸟）
Shape（形状）	Circle（圆）、Polygon（多边形，多边形是一种形状）
Polygon（多边形）	Triangle（三角形）、Octagon（八角形，八角形是一种多边形，而多边形是一种形状）

这些示例表明，戴上面向对象编程的"眼镜"后，就可在周围的很多物体中看到继承的例子。Fish 是 Tuna 的基类，因为与鲤鱼一样，金枪鱼也是一种鱼，具备鱼的所有特征，如冷血等。然而，金枪鱼在外观、游泳方式上不同于鲤鱼，另外，它是一种海水鱼。因此，Tuna 和 Carp 都从基类 Fish 那里继承了一些共同的特征，同时新增了一些特征，让它们彼此不同。图 10.2 说明了这一点。

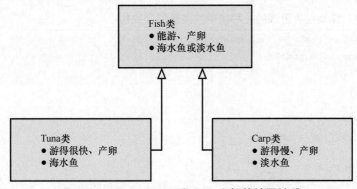

图 10.2 Tuna、Carp 和 Fish 之间的继承关系

鸭嘴兽能游，但是一种特殊的动物，它具备哺乳动物的特征，如通过哺乳喂养后代，同时具备鸟的特征（如产卵）和爬行动物的特征（有毒腺）。因此，可将 Platypus 类视为继承了两个基类——Mammal 和 Bird。这种继承被称为多继承，将在本章后面讨论。

10.1.2 C++派生语法

如何从 Fish 类派生出 Carp 类呢？C++派生语法如下：

```
class Base
{
    // ... base class members
};

class Derived: access-specifier Base
{
    // ... derived class members
};
```

其中 access-specifier 可以是 public（这是最常见的，表示派生类是一个基类）、private 或 protected（表示派生类有一个基类）。

下面的继承层次结构表明，Carp 类是从 Fish 类派生而来的：

```
class Fish // base class
{
    // ... Fish's members
};

class Carp:public Fish // derived class
{
    // ... Carp's members
};
```

程序清单 10.1 从 Fish 类派生出了 Carp 和 Tuna 类，这些代码能够通过编译。

有关术语的说明

> 阅读介绍继承的文献时，您将遇到"从……继承而来"和"从……派生而来"等术语，它们的含义相同。
> 同样，基类也被称为超类；从基类派生而来的类称为派生类，也叫子类。

程序清单 10.1　鱼类世界呈现的一种简单的继承层次结构

```
 0: #include<iostream>
 1: using namespace std;
 2:
 3: class Fish
 4: {
 5: public:
 6:    bool isFreshWaterFish;
 7:
 8:    void Swim()
 9:    {
10:       if (isFreshWaterFish)
11:          cout << "Swims in lake" << endl;
12:       else
13:          cout << "Swims in sea" << endl;
14:    }
15: };
16:
17: class Tuna: public Fish
18: {
19: public:
```

```
20:    Tuna()
21:    {
22:        isFreshWaterFish = false;
23:    }
24: };
25:
26: class Carp: public Fish
27: {
28: public:
29:    Carp()
30:    {
31:        isFreshWaterFish = true;
32:    }
33: };
34:
35: int main()
36: {
37:    Carp myLunch;
38:    Tuna myDinner;
39:
40:    cout << "About my food:" << endl;
41:
42:    cout << "Lunch: ";
43:    myLunch.Swim();
44:
45:    cout << "Dinner: ";
46:    myDinner.Swim();
47:
48:     return 0;
49: }
```

▼ 输出：

```
About my food:
Lunch: Swims in lake
Dinner: Swims in sea
```

▼ 分析：

在 main( )中，第 37 和 38 行分别创建了一个 Carp 对象和一个 Tuna 对象：myLunch 和 myDinner。第 43 和 46 行调用方法 Swim( )让这些对象游动起来。接下来，看看 Tuna 和 Carp 的类定义，如第 17～24 行和第 26～33 行所示。正如您看到的，这些类非常紧凑，它们的构造函数都将基类中的布尔标志 Fish:: isFreshWaterFish 设置为合适的值。这些派生类好像都没有定义方法 Swim( )，但您却在 main( )中调用这个方法，这是因为基类 Fish 的成员函数 Swim( )是公有的（如第 8～14 行所示），这些类能够继承这个方法。通过公有继承（如第 17 和 26 行所示），派生而来的 Tuna 和 Carp 类将自动暴露基类的公有方法 Swim( )，因此我们能够在 main( )中调用它。

10.1.3 访问限定符 protected

在程序清单 10.1 中，Fish 类包含公有属性 isFreshWaterFish。派生类 Tuna 和 Carp 通过设置它来定制 Fish 的行为——在海水还是淡水中游动。然而，程序清单 10.1 存在一个严重的缺陷：如果您愿意，可在 main( )中修改布尔标志 Fish::isFreshWaterFish，因为它是公有的，可在 Fish 类外对其进行操作：

```
myDinner.isFreshWaterFish = true; // but Tuna isn't a fresh water fish!
```

显然，需要让基类的某些属性能在派生类中访问，但不能在继承层次结构外部访问。这意味着您希望 Fish 类的布尔标志 isFreshWaterFish 可在派生类 Tuna 和 Carp 中访问,但不能在实例化 Tuna 和 Carp 的 main( )中访问。为此，可使用关键字 protected。

> **注意**　与 public 和 private 一样，protected 也是一个访问限定符。使用 protected 声明属性时，相当于允许派生类和友元类访问它，但禁止在继承层次结构外部（包括 main( )）访问它。

要只让派生类能够访问基类的某个属性，可使用访问限定符 protected，如程序清单 10.2 所示。

程序清单 10.2　一种更好的 Fish 类设计，它使用关键字 protected 将成员属性只暴露给派生类

```
0: #include<iostream>
1: using namespace std;
2:
3: class Fish
4: {
5: protected:
6:    bool isFreshWaterFish; // accessible only to derived classes
7:
8: public:
9:    void Swim()
10:    {
11:        if (isFreshWaterFish)
12:            cout << "Swims in lake" << endl;
13:        else
14:            cout << "Swims in sea" << endl;
15:    }
16: };
17:
18: class Tuna: public Fish
19: {
20: public:
21:    Tuna()
22:    {
23:        isFreshWaterFish = false; // set protected member in base
24:    }
25: };
26:
27: class Carp: public Fish
28: {
29: public:
30:    Carp()
31:    {
32:        isFreshWaterFish = true;
33:    }
34: };
35:
36: int main()
37: {
```

```
38:      Carp myLunch;
39:      Tuna myDinner;
40:
41:      cout << "About my food:" << endl;
42:
43:      cout << "Lunch: ";
44:      myLunch.Swim();
45:
46:      cout << "Dinner: ";
47:      myDinner.Swim();
48:
49:      // uncomment line below to see that protected members
50:      // are not accessible from outside the class hierarchy
51:      // myLunch.isFreshWaterFish = false;
52:
53:      return 0;
54: }
```

▼ 输出：

```
About my food:
Lunch: Swims in lake
Dinner: Swims in sea
```

▼ 分析：

虽然程序清单 10.2 的输出与程序清单 10.1 的相同，但在程序清单 10.2 中对 Fish 类做了大量重要的修改，如第 3～16 行所示。第一项也是最重要的修改是，布尔标志 Fish::isFreshWaterFish 现在用 protected 修饰，因此不能在 main( )中访问，如第 51 行所示（如果取消对这行的注释，将导致编译错误）。但在派生类 Tuna 和 Carp 中，仍可访问这个布尔标志，如第 23 和 32 行所示。这个程序表明，通过使用关键字 protected，可对需要继承的基类属性进行保护，禁止在继承层次结构外部访问它。

这是面向对象编程的一个非常重要的方面，它与数据抽象和继承一起确保派生类可安全地继承基类的属性，同时禁止在继承层次结构外部对其进行修改。

10.1.4　基类初始化——向基类传递参数

如果基类包含重载的构造函数，需要在实例化时给它提供实参，该怎么办呢？创建派生对象时将如何实例化这样的基类？方法是使用初始化列表，并通过派生类的构造函数调用合适的基类构造函数，如下面的代码所示：

```
class Base
{
public:
   Base(int someNumber) // overloaded constructor
   {
      // Use someNumber
   }
};
Class Derived: public Base
{
public:
```

```
     Derived(): Base(25) // instantiate Base with argument 25
     {
        // derived class constructor code
     }
  };
```

对 Fish 类来说,这种机制很有用。通过给 Fish 的构造函数提供一个布尔型参数,初始化 Fish::isFreshWaterFish,可强制每个派生类都指出它代表的是淡水鱼还是海水鱼,如程序清单 10.3 所示。

程序清单 10.3　包含初始化列表的派生类构造函数

```
 0: #include<iostream>
 1: using namespace std;
 2:
 3: class Fish
 4: {
 5: protected:
 6:    bool isFreshWaterFish; // accessible only to derived classes
 7:
 8: public:
 9:    // Fish constructor
10:    Fish(bool isFreshWater) : isFreshWaterFish(isFreshWater){}
11:
12:    void Swim()
13:    {
14:       if (isFreshWaterFish)
15:          cout << "Swims in lake" << endl;
16:       else
17:          cout << "Swims in sea" << endl;
18:    }
19: };
20:
21: class Tuna: public Fish
22: {
23: public:
24:    Tuna(): Fish(false) {} // constructor initializes base
25: };
26:
27: class Carp: public Fish
28: {
29: public:
30:    Carp(): Fish(true) {}
31: };
32:
33: int main()
34: {
35:    Carp myLunch;
36:    Tuna myDinner;
37:
38:    cout << "About my food" << endl;
39:
40:    cout << "Lunch: ";
41:    myLunch.Swim();
```

```
42:
43:    cout << "Dinner: ";
44:    myDinner.Swim();
45:
46:    return 0;
47: }
```

▼ 输出：

```
About my food
Lunch: Swims in lake
Dinner: Swims in sea
```

▼ 分析：

现在，Fish 有一个构造函数，它接收一个默认参数，用于初始化 Fish::isFreshWaterFish。因此，要创建 Fish 对象，必须提供一个用于初始化该受保护成员的参数。这样，Fish 类便避免了受保护的成员包含随机值，尤其是在派生类忘记设置它时。派生类 Tuna 和 Carp 被迫定义一个这样的构造函数，即使用合适的参数（true 或 false，表示代表的是否是淡水鱼）来实例化基类 Fish，如第 24 和 30 行所示。

注意	在程序清单 10.3 中，派生类没有直接访问布尔标志 Fish::isFreshWaterFish，即便它是用 protected 修饰的，这是因为这个变量是通过 Fish 的构造函数设置的。 为最大限度地提高安全性，对于派生类不需要访问的基类属性，别忘了将其声明为私有的。因此，对于程序清单 10.3，更佳的做法是将 Fish::isFreshWaterFish 声明为私有的，因为它只供基类 Fish 使用，如程序清单 10.4 所示。

10.1.5　在派生类中覆盖基类的方法

如果派生类实现了从基类继承的函数，且返回值和签名相同，就相当于覆盖了基类的这个方法，如下面的代码所示：

```
class Base
{
public:
   void DoSomething()
   {
      // implementation code... Does something
   }
};
class Derived:public Base
{
public:
   void DoSomething()
   {
      // implementation code... Does something else
   }
};
```

因此，如果使用 Derived 类的实例调用方法 DoSomething( )，调用的将不是 Base 类中的这个方法。

如果 Tuna 和 Carp 类实现了自己的方法 Swim( )，则在程序清单 10.3 的 main( ) 中下述代码将调用 Tuna::Swim( )的实现，这相当于覆盖了基类 Fish 的方法 Swim( )：

```
36:     Tuna myDinner;
// ...other lines
44:     myDinner.Swim();
```

程序清单 10.4 演示了这一点。

程序清单 10.4　派生类 Tuna 和 Carp 覆盖了基类 Fish 的方法 Swim( )

```
0: #include<iostream>
1: using namespace std;
2:
3: class Fish
4: {
5: private:
6:     bool isFreshWaterFish;
7:
8: public:
9:     // Fish constructor
10:     Fish(bool isFreshWater) : isFreshWaterFish(isFreshWater){}
11:
12:     void Swim()
13:     {
14:         if (isFreshWaterFish)
15:             cout << "Swims in lake" << endl;
16:         else
17:             cout << "Swims in sea" << endl;
18:     }
19: };
20:
21: class Tuna: public Fish
22: {
23: public:
24:     Tuna(): Fish(false) {}
25:
26:     void Swim()
27:     {
28:         cout << "Tuna swims real fast" << endl;
29:     }
30: };
31:
32: class Carp: public Fish
33: {
34: public:
35:     Carp(): Fish(true) {}
36:
37:     void Swim()
38:     {
39:         cout << "Carp swims real slow" << endl;
40:     }
41: };
42:
43: int main()
44: {
```

```
45:    Carp myLunch;
46:    Tuna myDinner;
47:
48:    cout << "About my food" << endl;
49:
50:    cout << "Lunch: ";
51:    myLunch.Swim();
52:
53:    cout << "Dinner: ";
54:    myDinner.Swim();
55:
56:    return 0;
57: }
```

▼ 输出：

```
About my food
Lunch: Carp swims real slow
Dinner: Tuna swims real fast
```

▼ 分析：

输出表明，第 51 行的 myLunch.Swim( )调用的是第 37～40 行定义的 Carp::Swim( )。同样，第 54 行的 myDinner.Swim( )调用的是第 26～29 行定义的 Tuna::Swim( )。换句话说，基类 Fish 中 Swim( )的实现（第 12～18 行）被派生类 Tuna 和 Carp 类中的 Swim( )覆盖了。要调用 Fish::Swim( )，只能在 main( ) 中使用作用域解析运算符显式地调用它，这将在 10.1.6 小节演示。

10.1.6 调用基类中被覆盖的方法

在程序清单 10.4 中，派生类 Tuna 通过实现 Swim( )覆盖了 Fish 类的 Swim( )函数，其结果如下：

```
Tuna myDinner;
myDinner.Swim(); // will invoke Tuna::Swim()
```

在程序清单 10.4 中，如果要在 main( )中调用 Fish::Swim( )，需要使用作用域解析运算符（::），如下所示：

```
myDinner.Fish::Swim(); // invokes Fish::Swim() using instance of Tuna
```

稍后的程序清单 10.5 演示了如何通过派生类的实例调用基类的成员。

10.1.7 在派生类中调用基类的方法

通常，Fish::Swim( )包含适用于所有鱼（包括金枪鱼和鲤鱼）的通用实现。如果要在 Tuna::Swim( )和 Carp::Swim( )的实现中重用 Fish::Swim( )的通用实现，可使用作用域解析运算符（::），如下面的代码所示：

```
class Carp: public Fish
{
public:
   Carp(): Fish(true) {}

   void Swim()
   {
```

```
        cout << "Carp swims real slow"
        Fish::Swim(); // invoke base class function using operator::
    }
};
```

程序清单 10.5 演示了这一点。

程序清单 10.5   在派生类方法和 main( )中，使用作用域解析运算符（::）来调用基类方法

```
 0: #include<iostream>
 1: using namespace std;
 2:
 3: class Fish
 4: {
 5: private:
 6:     bool isFreshWaterFish;
 7:
 8: public:
 9:     // Fish constructor
10:     Fish(bool isFreshWater) : isFreshWaterFish(isFreshWater){}
11:
12:     void Swim()
13:     {
14:         if (isFreshWaterFish)
15:             cout << "Swims in lake" << endl;
16:         else
17:             cout << "Swims in sea" << endl;
18:     }
19: };
20:
21: class Tuna: public Fish
22: {
23: public:
24:     Tuna(): Fish(false) {}
25:
26:     void Swim()
27:     {
28:         cout << "Tuna swims real fast" << endl;
29:     }
30: };
31:
32: class Carp: public Fish
33: {
34: public:
35:     Carp(): Fish(true) {}
36:
37:     void Swim()
38:     {
39:         cout << "Carp swims real slow" << endl;
40:         Fish::Swim();
41:     }
42: };
43:
```

```
44: int main()
45: {
46:    Carp myLunch;
47:    Tuna myDinner;
48:
49:    cout << "Getting my food to swim" << endl;
50:
51:    cout << "Lunch: ";
52:    myLunch.Swim();
53:
54:    cout << "Dinner: ";
55:    myDinner.Fish::Swim();
56:
57:    return 0;
58: }
```

▼ 输出：

```
Getting my food to swim
Lunch: Carp swims real slow
Swims in lake
Dinner: Swims in sea
```

▼ 分析：

第 37~41 行的 Carp::Swim( )使用作用域解析运算符（::）调用了基类方法 Fish::Swim( )，而第 55 行演示了如何在 main( )中，使用作用域解析运算符（::）通过派生类 Tuna 的实例调用基类方法 Fish::Swim( )。

10.1.8　在派生类中隐藏基类的方法

覆盖的一种极端情形是，Tuna::Swim( )可能隐藏 Fish::Swim( )的所有重载版本，使得调用这些重载版本会导致编译错误（因此称为隐藏），程序清单 10.6 演示了这一点。

程序清单 10.6　Tuna::Swim( )隐藏了重载方法 Fish::Swim(bool)

```
0: #include<iostream>
1: using namespace std;
2:
3: class Fish
4: {
5: public:
6:    void Swim()
7:    {
8:       cout << "Fish swims... !" << endl;
9:    }
10:
11:    void Swim(bool isFreshWaterFish) // overloaded version
12:    {
13:       if (isFreshWaterFish)
14:          cout << "Swims in lake" << endl;
15:       else
16:          cout << "Swims in sea" << endl;
```

```
17:    }
18: };
19:
20: class Tuna: public Fish
21: {
22: public:
23:    void Swim()
24:    {
25:        cout << "Tuna swims real fast" << endl;
26:    }
27: };
28:
29: int main()
30: {
31:    Tuna myDinner;
32:
33:    cout << "About my food" << endl;
34:
35:    // myDinner.Swim(false);//failure: Tuna::Swim() hides Fish::Swim(bool)
36:    myDinner.Swim();
37:
38:    return 0;
39: }
```

▼ 输出：

```
About my food
Tuna swims real fast
```

▼ 分析：

这个版本的 Fish 类与前面的 Fish 类有点不同。除采用尽可能简单的版本诠释当前问题外，这个 Fish 版本还包含两个重载的 Swim( )方法：一个不接收任何参数，如第 6~9 行所示，另一个接收一个布尔型参数，如第 11~17 行所示。鉴于 Tuna 以公有方式继承了 Fish，您可能认为通过 Tuna 实例可调用这两个版本的 Fish::Swim( )方法。然而，由于 Tuna 实现了自己的 Tuna::Swim( )，如第 23~26 行所示，因此对编译器隐藏了 Fish::Swim(bool)。如果取消对第 35 行的注释，将出现编译错误。

要通过 Tuna 实例调用 Fish::Swim(bool)，可使用如下解决方案。

- 解决方案 1：在 main( )中使用作用域解析运算符（::）。

```
myDinner.Fish::Swim();
```

- 解决方案 2：在 Tuna 类中，使用关键字 using 解除对 Fish::Swim( )的隐藏。

```
class Tuna: public Fish
{
public:
   using Fish::Swim; // unhide all Swim() methods in class Fish

   void Swim()
   {
      cout << "Tuna swims real fast" << endl;
   }
};
```

- 解决方案 3：在 Tuna 类中，覆盖 Fish::Swim( )的所有重载版本（如通过 Tuna::Fish( )调用方法 Fish::Swim( )）。

```
class Tuna: public Fish
{
public:
    void Swim(bool isFreshWaterFish)
    {
        Fish::Swim(isFreshWaterFish);
    }

    void Swim()
    {
        cout << "Tuna swims real fast" << endl;
    }
};
```

10.1.9　构造顺序

如果 Tuna 类是从 Fish 类派生而来的，那么创建 Tuna 对象时，先调用 Tuna 的构造函数还是 Fish 的构造函数？另外，实例化对象时，成员属性（如 Fish::isFreshWaterFish）是在调用构造函数之前还是之后实例化？好在实例化顺序已标准化，基类对象在派生类对象之前被实例化。因此，首先构造 Tuna 对象的 Fish 部分，这样实例化 Tuna 部分时，成员属性（具体地说是 Fish 的保护和公有属性）已准备就绪，可以使用了。实例化 Fish 部分和 Tuna 部分时，先实例化成员属性（如 Fish::isFreshWaterFish），再调用构造函数，确保成员属性准备就绪，可供构造函数使用。这也适用于 Tuna::Tuna( )。

10.1.10　析构顺序

Tuna 实例不在作用域内时，它的析构顺序与构造顺序相反：先调用派生类析构函数 Tuna::~Tuna( )，再调用基类析构函数 Fish::~Fish( )。程序清单 10.7 所示的简单示例演示了基类、派生类及其成员的构造顺序和析构顺序。

程序清单 10.7　基类、派生类及其成员的构造顺序和析构顺序

```
0: #include<iostream>
1: using namespace std;
2:
3: class FishDummyMember
4: {
5: public:
6:    FishDummyMember()
7:    {
8:        cout << "FishDummyMember constructor" << endl;
9:    }
10:
11:    ~FishDummyMember()
12:    {
13:        cout << "FishDummyMember destructor" << endl;
14:    }
15: };
```

```
16:
17: class Fish
18: {
19: protected:
20:     FishDummyMember dummy;
21:
22: public:
23:     // Fish constructor
24:     Fish()
25:     {
26:         cout << "Fish constructor" << endl;
27:     }
28:
29:     ~Fish()
30:     {
31:         cout << "Fish destructor" << endl;
32:     }
33: };
34:
35: class TunaDummyMember
36: {
37: public:
38:     TunaDummyMember()
39:     {
40:         cout << "TunaDummyMember constructor" << endl;
41:     }
42:
43:     ~TunaDummyMember()
44:     {
45:         cout << "TunaDummyMember destructor" << endl;
46:     }
47: };
48:
49: class Tuna: public Fish
50: {
51: private:
52:     TunaDummyMember dummy;
53:
54: public:
55:     Tuna()
56:     {
57:         cout << "Tuna constructor" << endl;
58:     }
59:     ~Tuna()
60:     {
61:         cout << "Tuna destructor" << endl;
62:     }
63:
64: };
65:
66: int main()
67: {
68:     Tuna myDinner;
69: }
```

▼ 输出：

```
FishDummyMember constructor
Fish constructor
TunaDummyMember constructor
Tuna constructor
Tuna destructor
TunaDummyMember destructor
Fish destructor
FishDummyMember destructor
```

▼ 分析：

虽然程序中的 main( ) 很短（第 66～69 行），但它的输出量很大。实例化一个 Tuna 对象就生成了这些输出，这是由于涉及的所有类的构造函数和析构函数都包含 cout 语句。为帮助理解成员变量是如何被实例化和销毁的，定义了两个毫无用途的类——FishDummyMember 和 TunaDummyMember，并在其构造函数和析构函数中包含 cout 语句。Fish 和 Tuna 类分别将这些类的对象作为成员，如第 20 和 52 行所示。输出表明，实例化 Tuna 对象时，将从继承层次结构顶部开始，因此首先实例化 Tuna 对象的 Fish部分。为此，首先实例化 Fish 的成员属性，即 Fish::dummy。构造好成员属性（如 dummy）后，将调用 Fish 的构造函数。构造好基类部分后，将实例化 Tuna 部分——首先实例化成员 Tuna::dummy，再执行构造函数 Tuna::Tuna( ) 的代码。输出表明，析构顺序正好相反。

10.2　私有继承

前面介绍的都是公有继承，私有继承与公有继承的不同之处在于，指定派生类的基类时使用关键字 private：

```
class Base
{
    // ... base class members and methods
};

class Derived: private Base      // private inheritance
{
    // ... derived class members and methods
};
```

私有继承意味着在派生类的实例中，基类的所有公有成员和方法都是私有的——不能从外部访问。换句话说，即便是 Base 类的公有成员和方法，也只能被 Derived 类使用，而无法通过 Derived 实例来使用它们。

这与前面的示例截然不同。在程序清单 10.1 中，可在 main( ) 中通过 Tuna 实例调用 Fish::Swim( )，因为 Fish::Swim( ) 是公有方法，且 Tuna 类是以公有方式从基类 Fish 派生而来的。如果将第 17 行的 public改为 private，该程序清单将无法通过编译。

因此，从继承层次结构外部看，私有继承并非 is-a 关系。私有继承使得只有子类才能使用基类的属性和方法，因此也被称为 has-a 关系。在现实世界中，存在一些私有继承的例子，如表 10.2 所示。

表 10.2　　　　　　　　　　　　　　现实世界的私有继承示例

基类	派生类
Motor（发动机）	Car（汽车，汽车有发动机）
Heart（心脏）	Mammal（哺乳动物，哺乳动物有心脏）
Bulb（灯泡）	Lamp（灯具，灯具有灯泡）

下面来看看汽车与发动机之间的私有继承关系，如程序清单 10.8 所示。

程序清单 10.8 Car 类以私有方式继承 Motor 类

```
0: #include<iostream>
1: using namespace std;
2:
3: class Motor
4: {
5: public:
6:     void SwitchIgnition()
7:     {
8:         cout << "Ignition ON" << endl;
9:     }
10:     void PumpFuel()
11:     {
12:         cout << "Fuel in cylinders" << endl;
13:     }
14:     void FireCylinders()
15:     {
16:         cout << "Vroooom" << endl;
17:     }
18: };
19:
20: class Car:private Motor // private inheritance
21: {
22: public:
23:     void Move()
24:     {
25:         SwitchIgnition();
26:         PumpFuel();
27:         FireCylinders();
28:     }
29: };
30:
31: int main()
32: {
33:     Car myDreamCar;
34:     myDreamCar.Move();
35:
36:     return 0;
37: }
```

▼ **输出：**

```
Ignition ON
Fuel in cylinders
Vroooom
```

▼ **分析：**

Motor 类是在第 3～18 行定义的，它非常简单，包含 3 个公有的成员函数，它们分别用来开启点火开关、喷油和点火。Car 类使用关键字 private 继承了 Motor 类，如第 20 行所示。公有函数 Car::Move( )调用了基类 Motor 的成员函数。如果在 main( )中插入下述代码：

```
myDreamCar.PumpFuel(); // cannot access base's public member
```

那么程序将无法通过编译，编译错误类似于下面这样："error C2247: Motor::PumpFuel not accessible because 'Car' uses 'private' to inherit from 'Motor'"。

注意

> 如果有一个 RaceCar 类，它继承了 Car 类，则不管 RaceCar 和 Car 之间的继承关系是什么样的，RaceCar 都不能访问基类 Motor 的公有成员和方法。这是因为 Car 和 Motor 之间是私有继承关系，这意味着除 Car 外，其他所有实体都不能访问基类 Motor 的公有成员或保护成员。换句话说，编译器在确定派生类能否访问基类的公有成员或保护成员时，考虑的是继承层次结构中最严格的访问限定符。

10.3　保护继承

保护继承与公有继承的不同之处在于，声明派生类继承基类时使用关键字 protected：

```
class Base
{
   // ... base class members and methods
};

class Derived: protected Base     // protected inheritance
{
   // ... derived class members and methods
};
```

保护继承与私有继承的类似之处如下。
- 它也表示 has-a 关系。
- 它也让派生类能够访问基类的所有公有和保护成员。
- 在继承层次结构外，也不能通过派生类实例访问基类的公有成员。

随着继承层次结构的加深，保护继承将与私有继承有些不同：

```
class Derived2: protected Derived
{
   // can access public & protected members of Base
};
```

在保护继承层次结构中，子类的子类（即 Derived2）能够访问 Base 类的公有和保护成员，如程序清单 10.9 所示。如果派生类和基类之间的继承关系是私有的，就不能这样做。

程序清单 10.9　RaceCar 类以保护方式继承了 Car 类，而 Car 类以保护方式继承了 Motor 类

```
0: #include<iostream>
1: using namespace std;
2:
3: class Motor
4: {
5: public:
6:    void SwitchIgnition()
7:    {
8:       cout << "Ignition ON" << endl;
9:    }
```

```
10:     void PumpFuel()
11:     {
12:         cout << "Fuel in cylinders" << endl;
13:     }
14:     void FireCylinders()
15:     {
16:         cout << "Vroooom" << endl;
17:     }
18: };
19:
20: class Car:protected Motor
21: {
22: public:
23:     void Move()
24:     {
25:         SwitchIgnition();
26:         PumpFuel();
27:         FireCylinders();
28:     }
29: };
30:
31: class RaceCar:protected Car
32: {
33: public:
34:     void Move()
35:     {
36:         SwitchIgnition(); // RaceCar has access to members of
37:         PumpFuel(); // base Motor due to "protected" inheritance
38:         FireCylinders(); // between RaceCar & Car, Car & Motor
39:         FireCylinders();
40:         FireCylinders();
41:     }
42: };
43:
44: int main()
45: {
46:     RaceCar myDreamCar;
47:     myDreamCar.Move();
48:
49:     return 0;
50: }
```

▼ 输出：

```
Ignition ON
Fuel in cylinders
Vroooom
Vroooom
Vroooom
```

▼ 分析：

Car 类以保护方式继承了 Motor 类，如第 20 行所示，而 RaceCar 类以保护方式继承了 Car 类，如第 31 行所示。正如您看到的，RaceCar::Move( )的实现使用了基类 Motor 中定义的公有方法。能否经由中间基类 Car 访问终极基类 Motor 的公有成员呢？这取决于 Car 和 Motor 之间的继承关系。如果继承关系是私有的，而不是保护的，RaceCar 将不能访问 Motor 类的公有成员，因为编译器根据最严格的访问限定符来确定访问权。请注意，RaceCar 和 Car 之间的继承关系不会影响它对基类 Motor 公有成员的访问权，而 Car 和 Motor 之间的继承关系会。因此即便将第 31 行的 protected 改为 public 或 private，也改变不了这个程序无法通过编译的命运。

> **警告**
>
> 仅当必要时才使用私有继承或保护继承。
>
> 对于大多数使用私有继承的情形（如 Car 和 Motor 之间的私有继承），更好的选择是，将基类对象作为派生类的一个成员属性。通过继承 Motor 类，相当于对 Car 类进行了限制，使其只能有一台发动机，相比于将 Motor 对象作为私有成员，没有任何好处可言。
>
> 汽车在不断发展，例如，混合动力汽车除有电力发动机外，还有一台传统发动机。在这种情况下，让 Car 类继承 Motor 类将造成兼容性瓶颈。

> **注意**
>
> 将 Motor 对象作为 Car 类的私有成员被称为组合（composition）或聚合（aggergation），这样的 Car 类类似于下面这样：
>
> ```cpp
> class Car
> {
> private:
>     Motor heartOfCar; // private member
>
> public:
>     void Move()
>     {
>         heartOfCar.SwitchIgnition();
>         heartOfCar.PumpFuel();
>         heartOfCar.FireCylinders();
>     }
> };
> ```
>
> 这是一种不错的设计，让您能够轻松地在 Car 类中添加 Motor 成员，而无须改变继承层次结构，也不用修改设计。

10.4　切除问题

如果程序员像下面这样做，结果将如何呢？

```cpp
Derived objDerived;
Base objectBase = objDerived;
```

如果程序员像下面这样做，结果又将如何呢？

```cpp
void UseBase(Base input);
...
Derived objDerived;
UseBase(objDerived);  // copy of objDerived will be sliced and sent
```

它们都将 Derived 对象复制给 Base 对象，一个是通过显式地复制，另一个是通过传递参数。在这些情形下，编译器将只复制 objDerived 的 Base 部分，而不是整个对象。换句话说，Derived 的数据成员包含的信息将丢失。这种无意间裁剪数据，导致派生类变成基类的行为称为切除（slicing）。

警告	要避免切除问题，就不要按值传递参数，而应以指向基类的指针或引用的方式传递（必要时用 const 将指针或引用声明为常量）。

10.5 多继承

在本章前面，您知道了在有些情况下，采用多继承是合适的，如鸭嘴兽。鸭嘴兽具备哺乳动物、鸟和爬行动物的特征。为应对这样的情况，C++允许继承多个基类：

```
class Derived: access-specifier Base1, access-specifier Base2
{
   // class members
};
```

图 10.3 所示是 Platypus 类的类图，这与 Tuna 和 Carp 的类图（见图 10.2）完全不同。

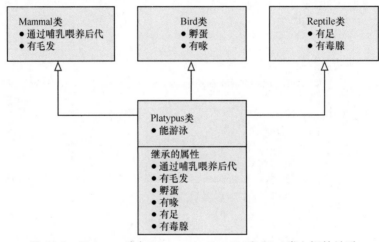

图 10.3　Platypus 类与 Mammal、Reptile 和 Bird 类之间的关系

因此，表示 Platypus 类的 C++代码如下：

```
class Platypus: public Mammal, public Reptile, public Bird
{
   // ... platypus members
};
```

程序清单 10.10 使用 Platypus 类演示了多继承。

程序清单 10.10　使用多继承模拟具备哺乳动物、鸟和爬行动物特征的鸭嘴兽

```
0: #include<iostream>
1: using namespace std;
2:
3: class Mammal
4: {
5: public:
6:    void FeedBabyMilk()
7:    {
```

```
 8:          cout << "Mammal: Baby says glug!" << endl;
 9:      }
10: };
11:
12: class Reptile
13: {
14: public:
15:     void SpitVenom()
16:     {
17:          cout << "Reptile: Shoo enemy! Spits venom!" << endl;
18:     }
19: };
20:
21: class Bird
22: {
23: public:
24:     void LayEggs()
25:     {
26:          cout << "Bird: Laid my eggs, am lighter now!" << endl;
27:     }
28: };
29:
30: class Platypus: public Mammal, public Bird, public Reptile
31: {
32: public:
33:     void Swim()
34:     {
35:          cout << "Platypus: Voila, I can swim!" << endl;
36:     }
37: };
38:
39: int main()
40: {
41:     Platypus realFreak;
42:     realFreak.LayEggs();
43:     realFreak.FeedBabyMilk();
44:     realFreak.SpitVenom();
45:     realFreak.Swim();
46:
47:     return 0;
48: }
```

▼ 输出：

```
Bird: Laid my eggs, am lighter now!
Mammal: Baby says glug!
Reptile: Shoo enemy! Spits venom!
Platypus: Voila, I can swim!
```

▼ 分析：

Platypus 类的定义非常简单，如第 30～37 行所示。除继承 Mammal、Reptile 和 Bird 等 3 个类外，这个类几乎什么都没做。在 main( )中的第 41～44 行，可通过派生类 Platypus 的对象调用这 3 个基类的方法，该对象被恰当地命名为 realFreak。除调用了从 Mammal、Reptile 和 Bird 类继承而来的方法外，第 45 行还调用了 Platypus::Swim( )。这个程序演示了多继承的语法，还表明派生类暴露了从众多基类继承而来的公有属性（这里是公有成员方法）。

10.6 使用 final 禁止继承

在有些情况下，需要确保类不会被其他类继承，即禁止它被用作基类。C++11 引入的限定符 final 可帮助您实现这个目标。被声明为 final 的类不能用作基类，例如，在程序清单 10.10 中，Platypus 类表示一种进化得很好的物种，因此您可能想使用 final 对其进行声明，从而禁止继承它。对于程序清单 10.10 中的 Platypus 类，要使用 final 对其进行声明，可像下面这样做：

```
class Platypus final: public Mammal, public Bird, public Reptile
{
public:
    void Swim()
    {
        cout << "Platypus: Voila, I can swim!" << endl;
    }
};
```

除用于类外，还可将 final 用于成员函数以控制多态行为，这将在第 11 章讨论。

> **注意**
>
> 鸭嘴兽会游泳，但不属于鱼，因此在程序清单 10.10 中，并没有让 Platypus 继承 Fish。这个程序清单没有为方便重用现有的 Fish::Swim( )函数而使用继承，因为如果这样做，设计将非常糟糕。公有继承应表示 is-a 关系，因此不应为重用代码而不分青红皂白地使用公有继承。可采取其他方式实现这种目标。

白名单	黑名单
要建立 is-a 关系，务必创建公有继承层次结构。 要建立 has-a 关系，务必创建私有继承或保护继承层次结构，但仅在评估了其他设计选项后才这样做。 务必牢记，无论采用哪种继承方式，派生类都不能访问基类的私有成员。 务必牢记，公有继承意味着继承派生类的类能够访问基类的公有和保护成员。可通过派生类的对象来访问基类的公有成员。 务必牢记，保护继承意味着继承派生类的类能够访问基类的公有和保护方法，但不能通过派生类的对象来访问基类的公有成员。	不要仅为重用微不足道的方法而创建继承层次结构。 不要不分青红皂白地使用继承，因为这可能给应用程序的可扩展性带来架构瓶颈。 在派生类中，不要编写与基类方法同名但参数不同的方法，以免隐藏基类方法。 不要以按值的方式将对象作为参数传递给函数，相反，请按引用传递对象，以避免切除问题。

10.7 总结

在本章中，您学习了 C++继承的基本知识。您了解到，公有继承在派生类和基类之间建立 is-a 关系，而私有继承和保护继承建立 has-a 关系。您得知了，通过使用访问限定符 protected，可将基类的属性暴露给派生类，同时对继承层次结构外部隐藏它们。您了解到，保护继承与私有继承的不同之处在于，派生类的子类可访问基类的公有和保护成员，而使用私有继承时不能。您学习了覆盖和隐藏方法的基本知识，还知道可使用关键字 using 避免隐藏方法。最后，您了解了限定符 final，它用于禁止类被继承。

现在，您可以先回答一些问题，然后继续学习面向对象编程的下一个主要支柱——多态。

10.8　问与答

问：我需要模拟哺乳动物（Mammal）以及一些具体的哺乳动物，如人（Human）、狮子（Lion）和鲸鱼（Whale）。我该使用继承层次结构吗？如果该使用，应使用哪种继承关系？

答： 由于人、狮子和鲸鱼都是哺乳动物，这是 is-a 关系，因此应使用公有继承，并将 Mammal 作为基类，而 Human、Lion 和 Whale 类从它派生而来。

问：术语派生类和子类有何不同？

答： 它们是一回事，都表示从基类派生而来的类。

问：以公有方式继承基类的派生类能访问基类的私有成员吗？

答： 不能。在类外不能访问类的私有成员属性和方法，即便是在派生类中也不能；对于这个规则，一个例外是类的友元。编译器总是执行最严格的访问限定符。

10.9　作业

作业包括测验和练习，前者帮助加深读者对所学知识的理解，后者为读者提供了使用新学知识的机会。请尽量先完成测验和练习题，然后对照附录 E 的答案，继续学习第 11 章前，请务必弄懂这些题目。

10.9.1　测验

1. 您希望基类的某些成员可在派生类中访问，但不能在继承层次结构外访问，该使用哪种访问限定符？

2. 如果一个函数接收一个基类对象作为参数，而我将一个派生类对象作为实参按值传递给它，结果将如何？

3. 该使用私有继承还是组合？

4. 在继承层次结构中，关键字 using 有何用途？

5. Derived 类以私有方式继承了 Base 类，而 SubDerived 类以公有方式继承了 Derived 类。请问 SubDerived 类能访问 Base 类的公有成员吗？

10.9.2　练习

1. 创建程序清单 10.10 所示的 Platypus 对象时，将以什么样的顺序调用构造函数？

2. 使用代码说明 Polygon、Triangle 和 Shape 类之间的关系。

3. D2 继承了 D1 类，而 D1 类继承了 Base 类。要禁止 D2 访问 Base 的公有方法，应使用哪种访问限定符？在什么地方使用？

4. 下面的代码表示哪种继承关系？如果 Derived 是结构而不是类，答案会不同吗？

```
class Derived: Base
{
    // ... Derived members
};
```

5. 查错：下述代码有何问题？

```
class Derived: public Base
{
    // ... Derived members
};
void SomeFunc (Base value)
{
    // ...
}
```

学习继承的基本知识、创建继承层次结构并明白公有继承实际上模拟的是 is-a 关系后，该学习面向对象编程的核心——多态，并应用这些知识了。

在本章中，您将学习：

- 多态意味着什么；
- 虚函数的用途和用法；
- 什么是抽象类及如何声明它们；
- 虚继承意味着什么以及在什么情况下使用它。

11.1 多态基础

Poly 源自希腊语，意思是"多"，而 morph 是"形态"的意思。多态（polymorphism）是面向对象编程的一种特征，让您能够以类似的方式处理不同类型的对象。本章重点介绍多态行为，这种行为也被称为子类型多态（subtype polymorphism），在 C++中，可通过继承层次结构来实现。

11.1.1 为何需要多态行为

在第 10 章，您发现 Tuna 和 Carp 从 Fish 那里继承了方法 Swim( )，如程序清单 10.1 所示。然而，Tuna 和 Carp 都可提供自己的 Swim( )方法，以定制其游泳方式，但由于它们都是鱼，如果将 Tuna 实例作为实参传递给 Fish，并通过该参数调用 Swim( )，最终执行的将是 Fish::Swim( )，而不是Tuna::Swim( )。程序清单 11.1 演示了这种问题。

> **注意**　为最大限度地减少代码，提高可读性，对本章的所有代码示例都进行了简化，使其足以诠释相关主题即可。在您自己编程时，应根据应用程序的设计和用途正确地编写类，并创建合理的继承层次结构。

程序清单 11.1　将 Tuna 实例传递给 Fish，并通过该参数调用方法

```
0: #include<iostream>
1: using namespace std;
2:
3: class Fish
4: {
5: public:
6:    void Swim()
7:    {
8:        cout << "Fish swims! " << endl;
```

```
 9:     }
10: };
11:
12: class Tuna:public Fish
13: {
14: public:
15:     // override Fish::Swim
16:     void Swim()
17:     {
18:         cout << "Tuna swims!" << endl;
19:     }
20: };
21:
22: void MakeFishSwim(Fish& inputFish)
23: {
24:     // calling Fish::Swim
25:     inputFish.Swim();
26: }
27:
28: int main()
29: {
30:     Tuna myDinner;
31:
32:     // calling Tuna::Swim
33:     myDinner.Swim();
34:
35:     // sending Tuna as Fish
36:     MakeFishSwim(myDinner);
37:
38:     return 0;
39: }
```

▼ 输出：

```
Tuna swims!
Fish swims!
```

▼ 分析：

Tuna 类以公有方式继承了 Fish 类，如第 12 行所示，它还覆盖了方法 Fish::Swim( )。在 main( )中，第 33 行直接调用了 Tuna::Swim( )，并将 myDinner(其类型为 Tuna)作为参数传递给了 MakeFishSwim( )，而该函数将其视为 Fish 引用，如第 22 行的声明所示。换句话说，虽然传入的是 Tuna 对象，但 MakeFishSwim(Fish&)也将其视为 Fish 引用，进而调用 Fish::Swim。输出的第 2 行表明，虽然传入的是 Tuna 对象，但得到的却是 Fish 的输出（这也适用于 Carp 对象）。

理想情况下，用户希望 Tuna 对象表现出金枪鱼的行为，即便是在通过 Fish 参数调用 Swim( )时亦如此。换句话说，第 25 行调用 inputFish.Swim( )时，用户希望执行的是 Tuna::Swim( )。要实现这种多态行为——让 Fish 参数表现出其实际类型（派生类 Tuna）的行为，可将 Fish::Swim( )声明为虚函数。

11.1.2　使用虚函数实现多态行为

可通过 Fish 指针或 Fish 引用来访问 Fish 对象，这种指针或引用可指向 Fish、Tuna 或 Carp 对象，但您不知道也不关心它们指向的是哪种对象。要通过这种指针或引用调用方法 Swim( )，可以像下面这样做：

```
pFish->Swim();
myFish.Swim();
```

您希望通过这种指针或引用调用 Swim( )时，如果它们指向的是 Tuna 对象，则像金枪鱼那样游泳，如果指向的是 Carp 对象，则像鲤鱼那样游泳，如果指向的是 Fish，则像鱼那样游泳。为此，可在基类 Fish 中将 Swim( )声明为虚函数：

```
class Base
{
    virtual ReturnType FunctionName (Parameter List);
};
class Derived: public Base
{
    ReturnType FunctionName (Parameter List);
};
```

通过使用关键字 virtual，可确保编译器调用覆盖版本。也就是说，如果 Swim( )被声明为虚函数，则将参数 myFish（其类型为 Fish&）设置为 Tuna 对象时，myFish.Swim( )将执行 Tuna::Swim( )，如程序清单 11.2 所示。

程序清单 11.2 将 Fish::Swim( )声明为虚函数带来的影响

```
 0: #include<iostream>
 1: using namespace std;
 2:
 3: class Fish
 4: {
 5: public:
 6:     virtual void Swim()
 7:     {
 8:         cout << "Fish swims!" << endl;
 9:     }
10: };
11:
12: class Tuna:public Fish
13: {
14: public:
15:     // override Fish::Swim
16:     void Swim()
17:     {
18:         cout << "Tuna swims!" << endl;
19:     }
20: };
21:
22: class Carp:public Fish
23: {
24: public:
25:     // override Fish::Swim
26:     void Swim()
27:     {
28:         cout << "Carp swims!" << endl;
```

```
29:     }
30: };
31:
32: void MakeFishSwim(Fish& inputFish)
33: {
34:     // calling virtual method Swim()
35:     inputFish.Swim();
36: }
37:
38: int main()
39: {
40:     Tuna myDinner;
41:     Carp myLunch;
42:
43:     // sending Tuna as Fish
44:     MakeFishSwim(myDinner);
45:
46:     // sending Carp as Fish
47:     MakeFishSwim(myLunch);
48:
49:     return 0;
50: }
```

▼ 输出：

```
Tuna swims!
Carp swims!
```

▼ 分析：

函数 MakeFishSwim(Fish&)与程序清单 11.1 中的完全相同，但输出截然不同。程序清单 11.2 根本没有调用 Fish::Swim( )，因为存在覆盖版本 Tuna::Swim( )和 Carp::Swim( )，它们优先于被声明为虚函数的 Fish::Swim( )。这很重要，它意味着在 MakeFishSwim( )中，可通过 Fish&参数调用派生类定义的 Swim( )，而无须知道该参数指向的是哪种类型的对象。

这就是多态——将派生类对象视为基类对象，并执行派生类的 Swim( )实现。

11.1.3　为何需要虚构造函数

程序清单 11.1 演示了一个问题，那就是将派生类对象传递给基类参数，并通过该参数调用函数时，将执行基类的函数。然而，还存在一个问题：如果基类指针指向的是派生类对象，通过该指针调用运算符 delete 时，结果将如何呢？

将调用哪个析构函数呢？请看程序清单 11.3。

程序清单 11.3　在函数中通过基类指针调用运算符 delete

```
0: #include<iostream>
1: using namespace std;
2:
3: class Fish
4: {
5: public:
6:     Fish()
```

```
 7:    {
 8:        cout << "Constructed Fish" << endl;
 9:    }
10:    ~Fish()
11:    {
12:        cout << "Destroyed Fish" << endl;
13:    }
14: };
15:
16: class Tuna:public Fish
17: {
18: public:
19:    Tuna()
20:    {
21:        cout << "Constructed Tuna" << endl;
22:    }
23:    ~Tuna()
24:    {
25:        cout << "Destroyed Tuna" << endl;
26:    }
27: };
28:
29: void DeleteFish(Fish* pFish)
30: {
31:    delete pFish;
32: }
33:
34: int main()
35: {
36:    cout << "Allocating a Tuna on the free store:" << endl;
37:    Tuna* pTuna = new Tuna;
38:    cout << "Deleting the Tuna: " << endl;
39:    DeleteFish(pTuna);
40:
41:    cout << "Instantiating a Tuna on the stack:" << endl;
42:    Tuna myDinner;
43:    cout << "Automatic destruction as it goes out of scope: \n";
44:
45:    return 0;
46: }
```

▼ 输出：

```
Allocating a Tuna on the free store:
Constructed Fish
Constructed Tuna
Deleting the Tuna:
Destroyed Fish
Instantiating a Tuna on the stack:
Constructed Fish
Constructed Tuna
Automatic destruction as it goes out of scope:
Destroyed Tuna
Destroyed Fish
```

▼ 分析:

在 main( ) 中,第 37 行使用 new 在自由存储区中创建了一个 Tuna 实例;然后第 39 行使用辅助函数 DeleteFish( ) 释放分配的内存。出于比较的目的,第 42 行在栈上创建了另一个 Tuna 实例——局部变量 myDinner,main( ) 结束时,它将不再在作用域内。输出是由 Fish 和 Tuna 类的构造函数和析构函数中的 cout 语句生成的。请注意,由于在第 37 行使用了关键字 new,因此在自由存储区中构造了 Tuna 和 Fish,但第 39 行的 DeleteFish( ) 在释放内存方面做得不全面:delete 没有调用 Tuna 的析构函数,而只调用了 Fish 的析构函数。在构造和析构局部变量 myDinner 时,调用了基类和派生类的构造函数和析构函数,这形成了鲜明的对比。在第 10 章中,程序清单 10.7 演示了派生类对象的构造和析构过程;它表明,在析构过程中,需要调用所有相关的析构函数,包括 ~Tuna( ),显然有什么地方出了问题。

这个程序清单表明,对于使用 new 在自由存储区中实例化的派生类对象,如果将其赋给基类指针,并通过该指针调用 delete,将不会调用派生类的析构函数。这可能导致资源未释放、内存泄漏等问题,必须引起重视。

要避免这种问题,可将析构函数声明为虚函数,如程序清单 11.4 所示。

程序清单 11.4 将析构函数声明为虚函数,确保通过基类指针调用 delete 时,将调用派生类的析构函数

```
 0: #include<iostream>
 1: using namespace std;
 2:
 3: class Fish
 4: {
 5: public:
 6:    Fish()
 7:    {
 8:       cout << "Constructed Fish" << endl;
 9:    }
10:    virtual ~Fish() // virtual destructor!
11:    {
12:       cout << "Destroyed Fish" << endl;
13:    }
14: };
15:
16: class Tuna:public Fish
17: {
18: public:
19:    Tuna()
20:    {
21:       cout << "Constructed Tuna" << endl;
22:    }
23:    ~Tuna()
24:    {
25:       cout << "Destroyed Tuna" << endl;
26:    }
27: };
28:
29: void DeleteFish(Fish* pFish)
30: {
31:    delete pFish;
32: }
```

```
33:
34: int main()
35: {
36:     cout << "Allocating a Tuna on the free store:" << endl;
37:     Tuna* pTuna = new Tuna;
38:     cout << "Deleting the Tuna: " << endl;
39:     DeleteFish(pTuna);
40:
41:     cout << "Instantiating a Tuna on the stack:" << endl;
42:     Tuna myDinner;
43:     cout << "Automatic destruction as it goes out of scope: \n";
44:
45:     return 0;
46: }
```

▼ 输出：

```
Allocating a Tuna on the free store:
Constructed Fish
Constructed Tuna
Deleting the Tuna:
Destroyed Tuna
Destroyed Fish
Instantiating a Tuna on the stack:
Constructed Fish
Constructed Tuna
Automatic destruction as it goes out of scope:
Destroyed Tuna
Destroyed Fish
```

▼ 分析：

相比于程序清单 11.3，程序清单 11.4 所做的唯一改进是，在第 10 行声明基类 Fish 的析构函数时，添加了关键字 virtual。这个细微的修改导致将运算符 delete 用于 Fish 指针（如第 31 行所示）时，如果该指针指向的是 Tuna 对象，则编译器不仅会执行 Fish::~Fish( )，还会执行 Tuna::~Tuna( )。输出还表明，无论 Tuna 对象是使用 new 在自由存储区中实例化的（第 37 行），还是以局部变量的方式在栈中实例化的，构造函数和析构函数的调用顺序都相同。

注意

> 务必像下面这样将基类的析构函数声明为虚函数：
>
> ```
> class Base
> {
> public:
>     virtual ~Base() {}; // virtual destructor
> };
> ```
>
> 这可避免将 delete 用于 Base 指针时，派生类实例未被妥善销毁的情况发生。

11.1.4 虚函数的工作原理——理解虚函数表

注意

> 对学习使用多态而言，本小节的内容并非必须掌握。您可以跳过本小节；如果您想满足您的好奇心，也可阅读它。

在程序清单 11.2 的函数 MakeFishSwim(Fish&)中，虽然程序员通过 Fish 引用调用 Swim( )，但实际调用的却是方法 Carp::Swim( )或 Tuna::Swim( )。显然，编译器只知道调用这个函数时，将传入一个类型为 Fish&的参数，但这个函数最终执行的是派生类的 Swim( )方法。该调用哪个 Swim( )方法显然是在运行阶段决定的，这是使用实现多态的逻辑完成的，而这种逻辑是编译器在编译阶段提供的。

请看下面的 Base 类，它声明了 *N* 个虚函数：

```
class Base
{
public:
    virtual void Func1()
    {
        // Func1 implementation
    }
    virtual void Func2()
    {
        // Func2 implementation
    }
    // .. so on and so forth
    virtual void FuncN()
    {
        // FuncN implementation
    }
};
```

下面的 Derived 类继承了 Base 类，并覆盖了除 Base::Func2( )外的其他所有虚函数：

```
class Derived: public Base
{
public:
    virtual void Func1()
    {
        // Derived::Func1 overrides Base::Func1()
    }

    // no implementation for Func2()

    virtual void FuncN()
    {
        // FuncN implementation
    }
};
```

编译器见到这种继承层次结构后，就会知道 Base 定义了一些虚函数，并在 Derived 中覆盖了它们。在这种情况下，编译器将为每个实现了虚函数的类创建虚函数表（Virtual Function Table，VFT）。Base 和 Derived 类的实例都将获得一个指针，这些指针指向 Base 或 Derived 类的虚函数表。可将虚函数表视为包含函数指针的静态数组，其中每个指针都指向相应的虚函数的实现，如图 11.1 所示。

每个虚函数表都由函数指针组成，其中每个指针都指向相应虚函数的实现。在 Derived 类的虚函数表中，除一个函数指针外，其他所有函数指针都指向 Derived 类本地的虚函数实现。Derived 类没有覆盖 Base::Func2( )，因此相应的函数指针指向 Base 类的 Func2( )实现。

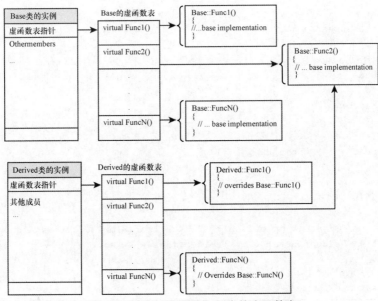

图 11.1 Base 和 Derived 类的虚函数表

这意味着在遇到下述代码时，编译器将查找 Derived 类的虚函数表，确保调用 Base::Func2( )的实现：

```
Derived objDerived;
objDerived.Func2();
```

调用被覆盖的方法时，也将如此：

```
void DoSomething(Base& objBase)
{
    objBase.Func1(); // invoke Derived::Func1
}
int main()
{
    Derived objDerived;
    DoSomething(objDerived);
};
```

在这里，虽然将 objDerived 传递给了 objBase，进而被解读为一个 Base 类的实例，但该实例的虚函数表指针仍指向 Derived 类的虚函数表，因此通过该虚函数表执行的是 Derived::Func1( )。

虚函数表就是这样帮助实现 C++多态的。

程序清单 11.5 将 sizeof( )用于两个相同的类（一个包含虚函数，另一个不包含），并对结果进行比较，从而证明了确实存在隐藏的虚函数表指针。

程序清单 11.5　对两个相同的类（一个包含虚函数，另一个不包含）进行比较，证明确实存在隐藏的虚函数表指针

```
0: #include<iostream>
1: using namespace std;
2:
3: class SimpleClass
4: {
5:     int a, b;
6:
```

```
7: public:
8:     void DoSomething() {}
9: };
10:
11: class Base
12: {
13:     int a, b;
14:
15: public:
16:     virtual void DoSomething() {}
17: };
18:
19: int main()
20: {
21:     cout << "sizeof(SimpleClass) = " << sizeof(SimpleClass) << endl;
22:     cout << "sizeof(Base) = " << sizeof(Base) << endl;
23:
24:     return 0;
25: }
```

▼ 使用 32 位编译器的输出：

```
sizeof(SimpleClass) = 8
sizeof(Base) = 12
```

▼ 使用 64 位编译器的输出：

```
sizeof(SimpleClass) = 8
sizeof(Base) = 16
```

▼ 分析：

最大程度地简化了这个示例。其中有两个类——SimpleClass 和 Base，它们包含的成员数量和类型都相同，但在 Base 中将 DoSomething( )声明成了虚函数。添加关键字 virtual 带来的影响是：编译器将为 Base 类生成一个虚函数表，并为其虚函数表指针（一个隐藏成员）预留空间。在 32 位系统中，这种指针占用的内存空间为 4 字节。输出表明，对于至少包含一个虚函数的类，编译器确实插入了一个隐藏虚函数表的指针。

注意

在 C++中，可使用类型转换运算符 dynamic_cast 确定 Base 指针指向的是否是 Derived 对象，再根据结果执行额外的操作。这被称为运行阶段类型识别（RunTime Type Identification，RTTI）。虽然大多数 C++编译器都支持运行阶段类型识别，但应尽可能避免这样做。需要知道，将基类指针指向派生类对象，通常是一种糟糕的编程实践。运行阶段类型识别和 dynamic_cast 将在第 13 章讨论。

11.1.5 抽象基类和纯虚函数

不能实例化的基类被称为抽象基类，在继承层次结构中，这种基类的用途只有一个，那就是从它派生出其他类。在 C++中，要创建抽象基类，可声明纯虚函数。

以类似于下面的方式声明的虚函数被称为纯虚函数：

```
class AbstractBase
{
public:
```

```
   virtual void DoSomething() = 0;  // pure virtual method
};
```

该声明告诉编译器，AbstractBase 的派生类必须实现函数 DoSomething( )：

```
class Derived: public AbstractBase
{
public:
   void DoSomething()  // pure virtual fn. must be implemented
   {
      cout << "Implemented virtual function" << endl;
   }
};
```

AbstractBase 类要求 Derived 类必须提供虚函数 DoSomething( )的实现。这让基类可指定派生类中函数的名称和签名，即指定派生类的接口。再次以 Tuna 类为例，假定它继承了 Fish 类，但没有覆盖 Fish::Swim( )，因此不能游得很快。这种实现存在缺陷。通过将 Swim( )声明为纯虚函数，让 Fish 类变成抽象基类，可确保从 Fish 类派生而来的 Tuna 类能实现 Tuna::Swim( )，从而像金枪鱼那样游动，如程序清单 11.6 所示。

程序清单 11.6　Fish 类是 Tuna 类和 Carp 类的抽象基类

```
0: #include<iostream>
1: using namespace std;
2:
3: class Fish
4: {
5: public:
6:    // define a pure virtual function Swim
7:    virtual void Swim() = 0;
8: };
9:
10: class Tuna:public Fish
11: {
12: public:
13:    void Swim()
14:    {
15:       cout << "Tuna swims fast in the sea! " << endl;
16:    }
17: };
18:
19: class Carp:public Fish
20: {
21:    void Swim()
22:    {
23:       cout << "Carp swims slow in the lake!" << endl;
24:    }
25: };
26:
27: void MakeFishSwim(Fish& inputFish)
28: {
29:    inputFish.Swim();
30: }
31:
32: int main()
33: {
```

```
34:     // Fish myFish; // Fails, cannot instantiate an ABC
35:     Carp myLunch;
36:     Tuna myDinner;
37:
38:     MakeFishSwim(myLunch);
39:     MakeFishSwim(myDinner);
40:
41:     return 0;
42: }
```

▼ **输出：**

```
Carp swims slow in the lake!
Tuna swims fast in the sea!
```

▼ **分析：**

虽然 main( )的第 1 行（第 34 行）被注释掉了，但它意义重大。它表明，编译器不允许您创建抽象基类（Abstract Base Class，ABC）Fish 的实例。编译器要求您创建具体类（如 Tuna 类）的对象，这与现实世界一致。第 7 行声明了纯虚函数 Fish::Swim( )，这迫使 Tuna 类和 Carp 类必须分别实现 Tuna::Swim( ) 和 Carp::Swim( )。第 27～30 行实现了 MakeFishSwim(Fish&)，这表明虽然不能实例化抽象基类，但可将指针或引用的类型指定为抽象基类。抽象基类提供了一种非常好的机制，让您能够声明所有派生类都必须实现的函数。如果 Trout 类从 Fish 类派生而来，但没有实现 Trout::Swim( )，程序将无法通过编译。

注意	抽象基类常被简称为 ABC。抽象基类有助于约束程序的设计。

11.2　使用虚继承解决菱形问题

第 10 章介绍过，鸭嘴兽具备哺乳动物、鸟类和爬行动物的特征，这意味着 Platypus 类需要继承 Mammal、Bird 和 Reptile 类。然而，这些类都从同一个类——Animal 派生而来，如图 11.2 所示。

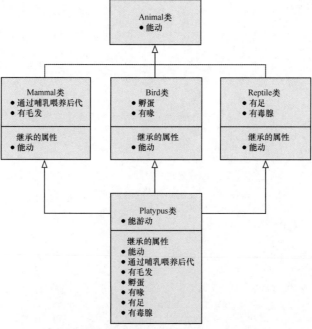

图 11.2　采用多继承的 Platypus 类的类图

实例化 Platypus 时，结果将如何呢？对于每个 Platypus 类的实例，又将实例化多少个基类 Animal 的实例呢？程序清单 11.7 帮助回答了这个问题。

程序清单 11.7 每个 Platypus 类的实例包含多少个基类 Animal 的实例

```
0: #include<iostream>
1: using namespace std;
2:
3: class Animal
4: {
5: public:
6:    Animal()
7:    {
8:       cout << "Animal constructor" << endl;
9:    }
10:
11:    int age;
12: };
13:
14: class Mammal:public Animal {};
15: class Bird:public Animal {};
16: class Reptile:public Animal {};
17:
18: class Platypus :public Mammal, public Bird, public Reptile
19: {
20: public:
21:    Platypus()
22:    {
23:       cout << "Platypus constructor" << endl;
24:    }
25: };
26:
27: int main()
28: {
29:    Platypus duckBilledP;
30:
31:    // uncomment next line of code to see compile failure because
32:    // age is ambiguous: three instances of base Animal per Platypus
33:    // duckBilledP.age = 25;
34:
35:    return 0;
36: }
```

▼ **输出：**

```
Animal constructor
Animal constructor
Animal constructor
Platypus constructor
```

▼ **分析：**

输出表明，由于采用了多继承，且 Platypus 的全部 3 个基类都是从 Animal 类派生而来的，因此第 29 行创建 Platypus 类的实例时，自动创建了 3 个 Animal 类的实例。这太可笑了，因为鸭嘴兽是一种动物，继承了哺乳动物、鸟和爬行动物的属性。存在多个 Animal 类的实例带来的问题并非仅限于会占用更多内存。Animal 有一个整型成员——Animal::age，为方便说明问题，这里将其声明成了公有的。如果您试图通过 Platypus 类的实例访问 Animal::age（如第 33 行所示），将导致编译错误，因为编译器不知道您要设置 Mammal::Animal::age、Bird::Animal::age 还是 Reptile::Animal::age。更可笑的是，如果您愿意，可以分别设置这 3 个属性：

```
duckBilledP.Mammal::Animal::age = 25;
duckBilledP.Bird::Animal::age = 2;
duckBilledP.Reptile::Animal::age = 5;
```

显然，鸭嘴兽应该只有一个 age 属性，但您希望 Platypus 类以公有方式继承 Mammal、Bird 和 Reptile 类。解决方案是使用虚继承。如果派生类可能被用作基类，派生它时最好使用关键字 virtual：

```
class Derived1: public virtual Base
{
    // ... members and functions
};
class Derived2: public virtual Base
{
    // ... members and functions
};
```

程序清单 11.8 列出了更佳的 Platypus 类声明（实际上是更佳的 Mammal、Bird 和 Reptile 类声明）。

程序清单 11.8　在继承层次结构中使用关键字 virtual，将基类 Animal 的实例个数限定为 1

```
0: #include<iostream>
1: using namespace std;
2:
3: class Animal
4: {
5: public:
6:     Animal()
7:     {
8:         cout << "Animal constructor" << endl;
9:     }
10:
11:     int age;
12: };
13:
14: class Mammal:public virtual Animal {};
15: class Bird:public virtual Animal {};
16: class Reptile:public virtual Animal {};
17:
18: class Platypus final:public Mammal, public Bird, public Reptile
19: {
20: public:
21:     Platypus()
22:     {
23:         cout << "Platypus constructor" << endl;
24:     }
25: };
```

```
26:
27: int main()
28: {
29:     Platypus duckBilledP;
30:
31:     // no compile error as there is only one Animal::age
32:     duckBilledP.age = 25;
33:
34:     return 0;
35: }
```

▼ 输出：

```
Animal constructor
Platypus constructor
```

▼ 分析：

如果将这里的输出与程序清单 11.7 的输出进行比较，将发现构造的 Animal 类的实例数减少到了 1 个，这表明第 29 行只实例化了一个 Platypus。这是因为从 Animal 类派生 Mammal、Bird 和 Reptile 类时，使用了关键字 virtual（如第 14～16 行所示），这样在 Platypus 继承这些类时，每个 Platypus 类的实例只包含一个 Animal 类的实例。这解决了很多问题，其中之一是第 32 行能够通过编译了。另外，您可以注意到，第 18 行使用了关键字 final 以禁止将 Platypus 类用作基类。

注意   在继承层次结构中，继承多个从同一个类派生而来的基类时，如果这些基类没有采用虚继承，将导致二义性。这种二义性被称为菱形问题（diamond problem）。

其中的"菱形"可能源自类图的形状（如果使用直线和斜线表示 Platypus 经由 Mammal、Bird 和 Reptile 与 Animal 建立的关系，将形成一个菱形）。

注意   C++关键字 virtual 的含义随上下文而异（我想这样做很可能是为了省事），对其含义总结如下：

在函数声明中，使用 virtual 意味着当基类指针指向派生对象时，通过它可调用派生类的相应函数。

从 Base 类派生 Derived1 和 Derived2 类时，如果使用了关键字 virtual，则意味着再从 Derived1 和 Derived2 派生 Derived3 时，每个 Derived3 实例只包含一个 Base 实例。

也就是说，关键字 virtual 被用于实现两个不同的概念。

11.3 使用限定符 override 明确覆盖意图

前面的基类 Fish 都包含虚函数 Swim( )，如下面的代码所示：

```
class Fish
{
public:
    virtual void Swim()
    {
        cout << "Fish swims!" << endl;
    }
};
```

假设派生类 Tuna 要定义函数 Swim( )，但签名稍有不同——程序员原本想覆盖 Fish::Swim( )，但不小心插入了关键字 const，如下所示：

```
class Tuna:public Fish
{
public:
   void Swim() const
   {
      cout << "Tuna swims!" << endl;
   }
};
```

在这种情况下，函数 Tuna::Swim( )实际上并不会覆盖 Fish::Swim( )，这是因为 Tuna::Swim( )包含 const，这导致它们的签名不同。然而，这些代码能够通过编译，导致程序员误以为他在 Tuna 类中成功地覆盖了函数 Swim( )。从 C++11 起，可在派生类的方法声明中使用限定符 override，以明确地指出您就是要覆盖基类相应的方法：

```
class Tuna:public Fish
{
public:
   void Swim() const override // Error: no virtual fn with this sig in Fish
   {
      cout << "Tuna swims!" << endl;
   }
};
```

换言之，override 提供了一种强大的方式，让程序员能够明确地表达对基类虚函数进行覆盖的意图，进而让编译器做如下检查。

基类函数是否是虚函数？

基类中相应虚函数的签名是否与派生类中被声明为 override 的函数的完全相同？

11.4　使用 final 来禁止覆盖函数

限定符 final 在第 10 章介绍过。被声明为 final 的类不能用作基类，同样，对于被声明为 final 的虚函数，不能在派生类中进行覆盖。

因此，要在 Tuna 类中禁止进一步定制虚函数 Swim( )，可像下面这样做：

```
class Tuna:public Fish
{
public:
   // override Fish::Swim and make this final
   void Swim() override final
   {
      cout << "Tuna swims!" << endl;
   }
};
```

您可继承这个版本的 Tuna 类，但不能进一步覆盖函数 Swim( )：

```
class BluefinTuna final:public Tuna
{
public:
```

```
void Swim() // Error: Swim() was final in Tuna, cannot override
    {
    }
};
```

程序清单 11.9 演示了限定符 override 和 final 的用法。

注意　　我们在声明 BluefinTuna 时，也使用了关键字 final，由于这会禁止将 BluefinTuna 类用作基类，因此下面的代码将导致错误：

```
class FailedDerivation:public BluefinTuna {};
```

11.5　可将复制构造函数声明为虚函数吗

将这个节标题设置为疑问句，是有一定道理的。从技术上说，C++不支持虚复制构造函数。然而如果能实现虚复制构造函数，就能创建一个基类指针集合（如静态数组，其中的每个元素指向不同的派生类对象），并将其赋给另一个相同类型的数组。在这种情况下，虽然是通过 Fish 指针调用的复制构造函数，但将复制指向的派生类对象，并对其进行深复制：

```
// Tuna, Carp and Trout are classes that inherit public from base class Fish
Fish* pFishes[3];
Fishes[0] = new Tuna();
Fishes[1] = new Carp();
Fishes[2] = new Trout();
```

然而，这只是一种美好的梦想。

根本不可能实现虚复制构造函数，因为在基类方法声明中使用关键字 **virtual** 时，就表示它将被派生类的实现覆盖，这种多态行为是在运行阶段实现的。而构造函数只能创建固定类型的对象，不具备多态性，因此 C++不允许使用虚复制构造函数。

虽然如此，但是存在一种不错的解决方案，就是定义自己的 Clone( )函数来实现上述目的：

```
class Fish
{
public:
   virtual Fish* Clone() const = 0; // pure virtual function
};

class Tuna:public Fish
{
// ... other members
public:
   Fish* Clone() const // virtual clone function
   {
      return new Tuna(*this); // return new Tuna that is a copy of this
   }
};
```

虚函数 Clone( )模拟了虚复制构造函数，但需要显式地调用，如程序清单 11.9 所示。

程序清单 11.9　Tuna 和 Carp 包含 Clone( )函数，它们模拟了虚复制构造函数

```
 0: #include<iostream>
 1: using namespace std;
 2:
 3: class Fish
 4: {
 5: public:
 6:     virtual Fish* Clone() = 0;
 7:     virtual void Swim() = 0;
 8:     virtual ~Fish() {};
 9: };
10:
11: class Tuna: public Fish
12: {
13: public:
14:     Fish* Clone() override
15:     {
16:         return new Tuna (*this);
17:     }
18:
19:     void Swim() override final
20:     {
21:         cout << "Tuna swims fast in the sea" << endl;
22:     }
23: };
24:
25: class BluefinTuna final:public Tuna
26: {
27: public:
28:     Fish* Clone() override
29:     {
30:         return new BluefinTuna(*this);
31:     }
32:
33:     // Cannot override Tuna::Swim as it is "final" in Tuna
34: };
35:
36: class Carp final: public Fish
37: {
38:     Fish* Clone() override
39:     {
40:         return new Carp(*this);
41:     }
42:     void Swim() override final
43:     {
44:         cout << "Carp swims slow in the lake" << endl;
45:     }
46: };
47:
```

```
48: int main()
49: {
50:     const int ARRAY_SIZE = 4;
51:
52:     Fish* myFishes[ARRAY_SIZE];
53:     myFishes[0] = new Tuna();
54:     myFishes[1] = new Carp();
55:     myFishes[2] = new BluefinTuna();
56:     myFishes[3] = new Carp();
57:
58:     Fish* myNewFishes[ARRAY_SIZE];
59:     for (int index = 0; index < ARRAY_SIZE; ++index)
60:         myNewFishes[index] = myFishes[index]->Clone();
61:
62:     // invoke a virtual method to check
63:     for (int index = 0; index < ARRAY_SIZE; ++index)
64:         myNewFishes[index]->Swim();
65:
66:     // memory cleanup
67:     for (int index = 0; index < ARRAY_SIZE; ++index)
68:     {
69:         delete myFishes[index];
70:         delete myNewFishes[index];
71:     }
72:
73:     return 0;
74: }
```

▼ 输出:

```
Tuna swims fast in the sea
Carp swims slow in the lake
Tuna swims fast in the sea
Carp swims slow in the lake
```

▼ 分析:

除通过虚函数 Fish::Clone( )演示虚复制构造函数外，程序清单 11.9 还演示了关键字 override 和 final 的用法（将关键字 final 用于函数和类的方法类似）。另外，类 Fish 还包含一个虚析构函数，如第 8 行所示。在 main( )中，第 52~56 行声明了一个静态基类指针（Fish*）数组，并将各个元素分别设置为新创建的 Tuna、Carp、BluefinTuna 和 Carp 对象。您可以注意到，myFishes 数组能够存储不同类型的对象，这些对象都是从 Fish 派生而来的。这太酷了，因为本书前面的大部分数组包含的都是相同类型的数据，如 int。如果这还不够酷，别忘了还可在循环中使用虚函数 Fish::Clone 将其复制到另一个 Fish*数组（myNewFishes）中，如第 60 行所示。注意，这里的数组很短，只有 4 个元素，但即便数组比这里的长得多，复制逻辑的差别也不大，只需调整循环结束条件即可。第 64 行进行了核实，它通过新数组的每个元素调用虚函数 Swim( )。输出表明，Clone( )确实复制了整个 Tuna 对象，而不仅仅是 Fish 部分。另外，您可以注意到，对 BluefinTuna 和 Tuna 的实例调用 Swim( )得到的输出相同，这是因为 Tuna::Swim( )被声明为 final，因此 BluefinTuna 不能覆盖 Swim( )，所以编译器在您对 BluefinTuna 的实例调用 Swim( )时执行 Tuna::Swim( )。

白名单	黑名单
对于将被派生类覆盖的基类函数，务必将其声明为虚函数。 纯虚函数可以使类变成抽象基类，且在派生类中必须提供纯虚函数的实现。 在派生类中声明要覆盖基类函数的函数时，务必使用关键字 override。 务必使用虚继承来解决菱形问题。	别忘了，给基类提供一个虚析构函数。 别忘了，编译器不允许您创建抽象基类的实例。 别忘了，在菱形继承层次结构中，虚继承旨在确保只有一个基类实例。 用于创建继承层次结构和声明基类函数时，关键字 virtual 的作用不同，请不要混为一谈。

11.6 总结

在本章中，您学习了如何使用多态来充分发挥 C++继承的威力。您学习了如何声明和编写虚函数。通过基类指针或引用调用虚函数时，如果它指向的是派生类对象，则将调用派生类的方法实现。纯虚函数是一种特殊的虚函数，确保基类不能被实例化，让这种基类非常适用于定义派生类必须实现的接口。最后，您了解了多继承导致的菱形问题以及如何使用虚继承解决这种问题。

11.7 问与答

问：为何在基类函数声明中使用关键字 virtual？即便不使用该关键字，代码也能通过编译。
答：如果不使用关键字 virtual，就不能确保 objBase.Function( )执行 Derived::Function( )。另外，代码能够通过编译并不意味着其质量上乘。

问：编译器为何创建虚函数表？
答：编译器创建虚函数表旨在存储函数指针，以确保调用继承层次结构中正确的虚函数。

问：基类总是应该包含一个虚析构函数吗？
答：最好如此。如果编写了如下代码：

```
Base* pBase = new Derived();
delete pBase;
```

则仅当析构函数~Base( )被声明为虚函数时，delete pBase 才会调用析构函数~Derived( )。

问：抽象基类都不能被实例化，那它有何用途呢？
答：抽象基类并非为实例化而创建，它仅充当基类。它包含纯虚函数，指定了派生类必须实现哪些函数，还可充当接口。

问：在继承层次结构中，需要在所有虚函数声明中都使用关键字 virtual，还是只需在基类中这样做？
答：只需在基类的函数声明中使用关键字 virtual。

问：在抽象基类中，可定义成员函数和成员属性吗？
答：当然可以。这样的抽象基类也不能被实例化，因为它至少包含一个纯虚函数，派生类必须实现该函数。

11.8 作业

作业包括测验和练习，前者帮助读者加深对所学知识的理解，后者为读者提供了使用新学知识的机会。请尽量先完成测验和练习题，然后再对照附录 E 的答案，继续学习第 12 章前，请务必弄懂这些题目。

11.8.1 测验

1. 假设您要模拟形状——圆和三角形，并要求每个形状都必须实现函数 Area( )和 Print( )。您该如何完成？

2. 每个类都有虚函数表吗？

3. 我编写了一个 Fish 类，它有两个公有方法、一个纯虚函数和几个成员属性。这个类是抽象基类吗？

11.8.2 练习

1. 创建一个继承层次结构，实现测验题 1 中的 Circle 和 Triangle 类。

2. 查错：下面的代码有何问题？

```
class Vehicle
{
public:
    Vehicle() {}
    ~Vehicle(){}
};
    class Car: public Vehicle
{
public:
    Car() {}
    ~Car() {}
};
```

3. 给定练习题 2 所示的（错误）代码，像下面这样创建并销毁 Car 实例时，将按什么样的顺序执行构造函数和析构函数？

```
Vehicle* myRacer = new Car;
delete myRacer;
```

第 12 章
运算符类型与运算符重载

除能封装数据和方法外，类还能封装运算符，以简化对实例执行的操作。通过使用这些运算符，可以像第 5 章处理整数那样，对对象执行赋值或加法运算。与函数一样，运算符也可以重载。

在本章中，您将学习：

- 关键字 operator；
- 单目运算符与双目运算符；
- 转换运算符；
- 移动赋值运算符；
- 不能重载的运算符。

12.1　C++运算符

从语法层面看，除使用关键字 operator 外，运算符与函数几乎没有区别。运算符声明看起来与函数声明极其相似：

```
return_type operator operator_symbol (...parameter list...);
```

其中 operator_symbol 是程序员可定义的几种运算符类型之一，可以是+（加）和&&（逻辑 AND）等。编译器可根据操作数区分运算符。那么，C++在支持函数的情况下为何还要提供运算符呢？

来看封装了年、月、日的实用类 Date：

```
Date holiday (12, 25, 2021); // initialized to Dec 25, 2021
```

如果要将这个 Date 对象指向下一天（2021 年 12 月 26 日），那么下面两种方法中的哪种更方便、更直观呢？

方法 1：使用递增运算符：

```
++ holiday;  // Dec 26, 2021
```

方法 2：使用成员函数 Increment( )：

```
holiday.Increment();  // Dec 26, 2021
```

显然，方法 1 优于方法 2。基于运算符的机制更容易使用，也更直观。通过在 Date 类中实现运算符<，将可以像下面这样对两个 Date 实例进行比较：

```
if(date1 < date2)
{
    // Do something
```

```
}
else
{
    // Do something else
}
```

运算符并非仅能用于管理日期的类。对于提供字符串拼接功能的 std::string 等类来说，运算符也是必不可少的；且智能指针类提供了运算符->和*，以帮助程序员管理指针和内存。

注意	要实现相关运算符，需要做额外的工作，但类使用起来将更容易，因此值得这样做。

C++运算符分为两大类：单目运算符与双目运算符。

12.2 单目运算符

顾名思义，单目运算符只对一个操作数进行操作。以全局函数或静态成员函数的方式实现的单目运算符的典型定义如下：

```
return_type operator operator_type (parameter_type)
{
    // ... implementation
}
```

作为类成员（非静态函数）的单目运算符没有参数，因为它们使用的唯一参数是当前类的实例（*this），如下所示：

```
return_type operator operator_type()
{
    // ... implementation
}
```

12.2.1 单目运算符的类型

可重载（或重新定义）的单目运算符如表 12.1 所示。

表 12.1　　　　　　　　　　　　可重载的单目运算符

运算符	作用	运算符	作用
++	递增	&	取址
--	递减	~	求反
*	解除引用	+	正
->	成员选择	-	负
!	逻辑非	转换运算符	转换为其他类型

提示	sizeof( )为单目运算符，不能重载！

12.2.2 单目递增与单目递减运算符

要在类声明中编写单目前缀递增运算符（++），可采用如下语法：

```
// Unary increment operator (prefix)
Date& operator ++ ()
{
    // operator implementation code
    return *this;
}
```

后缀递增运算符（++）的返回类型不同，且有一个输入参数（但并非总是使用它）：

```
Date operator ++ (int)
{
    // Store a copy of the current state of the object, before incrementing day
    Date copy (*this);

    // increment code operating on 'this'

    // Return state before increment (because, postfix)
    return copy;
}
```

前缀和后缀递减运算符的声明语法与递增运算符的类似，只是将声明中的++替换成了--。程序清单 12.1 所示是一个简单的 Date 类，让您能够使用运算符++和--对日期进行递增和递减操作。

程序清单 12.1　一个处理日、月、年的 Date 类，可对日期执行递增和递减操作

```
0: #include<iostream>
1: using namespace std;
2:
3: class Date
4: {
5: private:
6:     int day, month, year;
7:
8: public:
9:     Date (int inMonth, int inDay, int inYear)
10:         : month (inMonth), day(inDay), year (inYear) {};
11:
12:     Date& operator ++ () // prefix increment
13:     {
14:         ++day;
15:         return *this;
16:     }
17:
18:     Date& operator -- () // prefix decrement
19:     {
20:         --day;
21:         return *this;
22:     }
23:
24:     void DisplayDate()
25:     {
26:         cout << month << " / " << day << " / " << year << endl;
27:     }
```

```
28: };
29:
30: int main ()
31: {
32:     Date holiday (12, 25, 2021); // Dec 25, 2021
33:
34:     cout << "The date object is initialized to: ";
35:     holiday.DisplayDate ();
36:
37:     ++holiday; // move date ahead by a day
38:     cout << "Date after a prefix-increment is: ";
39:     holiday.DisplayDate ();
40:
41:     --holiday; // move date backwards by a day
42:     cout << "Date after a prefix-decrement is: ";
43:     holiday.DisplayDate ();
44:
45:     return 0;
46: }
```

▼ 输出:

```
The date object is initialized to: 12 / 25 / 2021
Date after a prefix-increment is: 12 / 26 / 2021
Date after a prefix-decrement is: 12 / 25 / 2021
```

▼ 分析:

我们感兴趣的运算符是在第 12～22 行定义的，它们让您能够将 Date 对象存储的日期向前或向后推一天，如 main( )中的第 37 和 41 行所示。前缀递增运算符先执行递增操作，再返回指向当前对象的引用。

注意

这个版本的 Date 类做了最大程度的简化，只阐述了如何实现前缀递增运算符（++）和前缀递减运算符（--）。专业版本需要考虑导致月份甚至年份加 1 或减 1 的情形，还需考虑闰年。

要支持后缀递增和递减运算符，只需在 Date 类中添加如下代码:

```
// postfix differs from prefix operator in return-type and parameters
Date operator ++ (int) // postfix increment
{
    Date copy(month, day, year);
    ++day;
    return copy; // copy of instance before increment returned
}


Date operator -- (int) // postfix decrement
{
    Date copy(month, day, year);
    --day;
    return copy; // copy of instance before decrement returned
}
```

Date 类支持前缀和后缀递增和递减运算符后，就可像下面这样使用 Date 对象了：

```
Date holiday (12, 25, 2021);  // instantiate
++ holiday;  // using prefix increment operator++
holiday ++;  // using postfix increment operator++
-- holiday;  // using prefix decrement operator --
holiday --;  // using postfix decrement operator --
```

注意

> 在上述后缀运算符的实现中，首先复制了当前对象，再对当前对象执行递增或递减运算，最后将复制的对象返回给调用者。
>
> 换句话说，如果只想执行递增运算，可使用 ++ object，也可使用 object ++，但应尽量选择前者，以避免创建一个未用的临时副本。

12.2.3　转换运算符

在程序清单 12.1 的 main( ) 中，如果添加下述代码行：

```
cout << holiday;  // error in absence of conversion operator
```

将导致这样的编译错误："error: binary '<<': no operator found which takes a right-hand operand of type 'Date' (or there is no acceptable conversion)"。这种错误表明，cout 不知道如何解读 Date 类的实例，因为 Date 类不支持这样的运算符，即需要将 Date 对象的内容转换成 cout 能够接受的类型。

cout 能够很好地显示 const char*：

```
std::cout << "Hello world"; // const char* works!
```

因此，要让 cout 能够显示 Date 对象，只需添加一个返回 const char* 的运算符：

```
operator const char*()
{
    // operator implementation that returns a char*
}
```

程序清单 12.2 展示了该转换运算符的简单实现。

程序清单 12.2　在 Date 类中实现转换运算符 const char*

```
 0: #include<iostream>
 1: #include<sstream> // new include for ostringstream
 2: #include<string>
 3: using namespace std;
 4:
 5: class Date
 6: {
 7: private:
 8:     int day, month, year;
 9:     string dateInString;
10:
11: public:
12:     Date(int inMonth, int inDay, int inYear)
13:         : month(inMonth), day(inDay), year(inYear) {};
14:
```

```
15:     operator const char*()
16:     {
17:        ostringstream formattedDate; // assists string construction
18:        formattedDate << month << " / " << day << " / " << year;
19:
20:        dateInString = formattedDate.str();
21:        return dateInString.c_str();
22:     }
23: };
24:
25: int main ()
26: {
27:     Date holiday (12, 25, 2021);
28:
29:     cout << "Holiday is on: " << holiday << endl;
30:
31:     // string strHoliday (holiday); // OK!
32:     // strHoliday = Date(11, 11, 2021); // also OK!
33:
34:     return 0;
35: }
```

▼ **输出:**

```
Holiday is on: 12 / 25 / 2021
```

▼ **分析:**

第 15～22 行实现了将 Date 转换为 const char*运算符，main( )中的第 29 行演示了这样做的好处。现在，可在 cout 语句中直接使用 Date 对象，因为 cout 能够理解 const char*。编译器自动将合适的运算符（这里只有一个）的返回值提供给 cout，从而在屏幕上显示日期。在转换为 const char*运算符的过程中，使用 std::ostringstream 将整型成员转换成了一个 std::string 对象，如第 17 行所示。原本可直接返回 formattedDate.str( )，但没有这样做，而将其副本存储在私有成员 Date::dateInString 中，如第 20 行所示。这是因为 formattedDate 是一个局部变量，将在运算符返回时被销毁，因此运算符返回时，formattedDate.str( )返回的指针将无效。在第 21 行中，使用 std::string::c_str( )返回了一个 C 风格的 const char*，它指向字符串对象的内容。

这个 const char*运算符让您能够以新的方式使用 Date 类。现在，您甚至可以将 Date 对象直接赋给 string 对象：

```
string strHoliday (holiday);
strHoliday = Date(11, 11, 2021);
```

警告

请注意，这样的赋值将导致隐式转换，即为让赋值通过编译而不引发错误，编译器使用了可用的转换运算符（这里为 const char*）。为禁止隐式转换，可在运算符声明开头使用关键字 explicit，如下所示：

```
explicit operator const char*()
{
    // conversion code here
}
```

通过使用关键字 explicit，可要求程序员使用强制类型转换来确认转换意图：

```
string strHoliday(static_cast<const char*>
(holiday));
strHoliday=static_cast<const char*>
(Date(11,11,2021));
```

强制类型转换（包括 static_cast）将在第 13 章讨论。

注意

应根据类的可能用法编写尽可能多的运算符。如果应用程序需要 Date 对象的整数表示，可编写如下转换运算符：

```
explicit operator int()
{
    return day + month + year;
}
```

这样便可将 Date 对象当作整数使用：

```
FuncTakesInt(static_cast<int>(Date(12, 25, 2021)));
```

12.3.7 小节中的程序清单 12.9 还演示了用于字符串类的转换运算符。

12.2.4 解除引用运算符（*）和成员选择运算符（->）

解除引用运算符（*）和成员选择运算符（->）在智能指针类编程中应用最广。智能指针是封装常规指针的类，旨在通过管理所有权和复制问题简化内存管理。在有些情况下，智能指针甚至能够提高应用程序的性能。智能指针将在第 26 章详细讨论，这里只简要地介绍如何重载运算符，以帮助智能指针完成其工作。

请看程序清单 12.3 中 std::unique_ptr 的用法，它使用了运算符*和->，让您能够像使用常规指针那样使用智能指针。

程序清单 12.3 使用智能指针 std:: unique_ptr 管理动态分配的 Date 对象

```
 0: #include<iostream>
 1: #include<memory> // new include to use unique_ptr
 2: using namespace std;
 3:
 4: class Date
 5: {
 6: private:
 7:    int day, month, year;
 8:    string dateInString;
 9:
10: public:
11:    Date(int inMonth, int inDay, int inYear)
12:       : month(inMonth), day(inDay), year(inYear) {};
13:
14:    void DisplayDate()
15:    {
16:       cout << month << " / " << day << " / " << year << endl;
17:    }
18: };
19:
```

```
20: int main()
21: {
22:    unique_ptr<int> smartIntPtr(new int);
23:    *smartIntPtr = 42;
24:
25:    // Use smart pointer type like an int*
26:    cout << "Integer value is: " << *smartIntPtr << endl;
27:
28:    unique_ptr<Date> smartHoliday (new Date(12, 25, 2021));
29:    cout << "The new instance of date contains: ";
30:
31:    // use smartHoliday just as you would a Date*
32:    smartHoliday->DisplayDate();
33:
34:    return 0; // smart pointers do the deallocation for you
35: }
```

▼ 输出：

```
Integer value is: 42
The new instance of date contains: 12 / 25 / 2021
```

▼ 分析：

第 22 行声明了一个指向 int 的智能指针，它演示了智能指针类 unique_ptr 的模板初始化语法。同样，第 28 行声明了一个指向 Date 对象的智能指针。这里的重点是模式，请暂时不要考虑细节。

> 注意   如果这种模板语法看起来很难理解，也不用担心。第 14 章将讨论模板。

这个示例表明，可像使用常规指针那样使用智能指针，如第 23 和 32 行所示。第 26 行使用了 *smartIntPtr 来显示指向的 int 类型的值，而第 32 行使用了 smartHoliday->DisplayDate( )，就像这两个变量的类型分别是 int* 和 Date*。其中的秘诀在于，智能指针 std::unique_ptr 实现了运算符 * 和 ->，让指针变得智能了。

> 注意   除与常规指针一样，能够在离开作用域后释放其占用的内存外，智能指针还有很多其他功能，这些功能将在第 26 章详细讨论。
> 有关智能指针类的实现，请参阅程序清单 26.1。

12.3 双目运算符

对两个操作数进行操作的运算符称为双目运算符。要定义以全局函数或静态成员函数的方式实现的双目运算符，可使用如下语法：

```
return_type operator_type (parameter1, parameter2);
```

要定义以类成员的方式实现的双目运算符，可使用如下语法：

```
return_type operator_type (parameter);
```

以类成员的方式实现的双目运算符只接收一个参数，其原因是另一个参数通常是从类属性获得的。

12.3.1 双目运算符的类型

表 12.2 列出了可在 C++ 应用程序中重载或重新定义的双目运算符。

表 12.2 可重载的双目运算符

运算符	名称	运算符	名称
,	逗号	<	小于
!=	不等	<<	左移
%	求模	<<=	左移并赋值
%=	求模并赋值	<=	小于等于
&	按位与	=	赋值、复制赋值和移动赋值
&&	逻辑与	==	相等
&=	按位与并赋值	>	大于
*	乘	>=	大于等于
*=	乘并赋值	>>	右移
+	加	>>=	右移并赋值
+=	加并赋值	^	异或
-	减	^=	异或并赋值
-=	减并赋值	|	按位或
->*	指向成员的指针	|=	按位或并赋值
/	除	||	逻辑或
/=	除并赋值	[]	索引运算符

12.3.2 双目加法与双目减法运算符

与递增和递减运算符类似，如果类实现了双目加法和双目减法运算符，便可将其对象加上或减去指定类型的值。再来看看日历类 Date，虽然前面实现了将 Date 递增以便将日期前移一天的功能，但该功能还不支持前移 5 天。为实现这种功能，需要实现双目加法运算符，如程序清单 12.4 中的代码所示。

程序清单 12.4 实现了双目加法运算符的日历类 Date

```
0: #include<iostream>
1: using namespace std;
2:
3: class Date
4: {
5: private:
6:     int day, month, year;
7:     string dateInString;
8:
9: public:
10:     Date(int inMonth, int inDay, int inYear)
11:         : month(inMonth), day(inDay), year(inYear) {};
12:
13:     Date operator + (int daysToAdd) // binary addition
```

```
14:    {
15:        Date newDate (month, day + daysToAdd, year);
16:        return newDate;
17:    }
18:
19:    Date operator - (int daysToSub) // binary subtraction
20:    {
21:        return Date(month, day - daysToSub, year);
22:    }
23:
24:    void DisplayDate()
25:    {
26:        cout << month << " / " << day << " / " << year << endl;
27:    }
28: };
29:
30: int main()
31: {
32:    Date holiday (12, 25, 2021);
33:    cout << "Holiday on: ";
34:    holiday.DisplayDate ();
35:
36:    Date previousHoliday (holiday - 19);
37:    cout << "Previous holiday on: ";
38:    previousHoliday.DisplayDate();
39:
40:    Date nextHoliday(holiday + 6);
41:    cout << "Next holiday on: ";
42:    nextHoliday.DisplayDate ();
43:
44:    return 0;
45: }
```

▼ 输出：

```
Holiday on: 12 / 25 / 2021
Previous holiday on: 12 / 6 / 2021
Next holiday on: 12 / 31 / 2021
```

▼ 分析：

第 13～22 行是双目运算符+和-的实现，让您能够使用简单的加法和减法语法，如 main( )中的第 36 和 40 行所示。

对管理动态内存分配的类来说，双目加法运算符也很有用。第 9 章分析了简单的整数缓冲区类 **MyBuffer**，它提供了内存管理、复制等功能，如程序清单 9.9 所示。但这个 **MyBuffer** 类不支持使用如下简单语法来合并两个缓冲区：

```
MyBuffer buf1(3);  // space for 3 integers
MyBuffer buf2(2);  // 2 integers
MyBuffer bigBuf(buf1 + buf2);  // error: operator+ not defined
```

定义双目运算符+后，**MyBuffer** 使用起来将非常容易，因此值得去实现它：

```
MyBuffer operator + (const MyBuffer& bufToAppend)
{
   MyBuffer newBuf(this->bufLength + bufToAppend.bufLength);

   for (unsigned int counter = 0; counter < bufLength; ++counter)
      newBuf.SetValue(counter, *(myNums + counter));

   for (unsigned int counter = 0; counter < bufToAppend.bufLength; ++counter)
      newBuf.SetValue(counter + bufLength, *(bufToAppend.myNums + counter));

   return newBuf;
}
```

12.5.2 小节的程序清单 12.12 提供了一个 **MyBuffer** 类，它实现了一些运算符。

12.3.3　实现运算符+=与−=

加并赋值运算符支持语法 a += b;，这让您可将对象 a 增加 b。然后，可重载加法赋值运算符，使其接收不同类型的参数 b。程序清单 12.5 让您能够给 Date 对象加上一个整数。

程序清单 12.5　定义运算符+=和−=，以便将日历向前或向后翻整型输入参数指定的天数

```
 0: #include<iostream>
 1: using namespace std;
 2:
 3: class Date
 4: {
 5: private:
 6:    int day, month, year;
 7:
 8: public:
 9:    Date(int inMonth, int inDay, int inYear)
10:        : month(inMonth), day(inDay), year(inYear) {}
11:
12:    void operator+= (int daysToAdd) // addition assignment
13:    {
14:       day += daysToAdd;
15:    }
16:
17:    void operator-= (int daysToSub) // subtraction assignment
18:    {
19:       day -= daysToSub;
20:    }
21:
22:    void DisplayDate()
23:    {
24:       cout << month << " / " << day << " / " << year << endl;
25:    }
26: };
27:
28: int main()
29: {
```

```
30:     Date holiday (12, 25, 2021);
31:     cout << "holiday is on: ";
32:     holiday.DisplayDate ();
33:
34:     cout << "holiday -= 19 gives: ";
35:     holiday -= 19;
36:     holiday.DisplayDate();
37:
38:     cout << "holiday += 25 gives: ";
39:     holiday += 25;
40:     holiday.DisplayDate ();
41:
42:     return 0;
43: }
```

▼ 输出：

```
holiday is on: 12 / 25 / 2021
holiday -= 19 gives: 12 / 6 / 2021
holiday += 25 gives: 12 / 31 / 2021
```

▼ 分析：

运算符+=和-=是在第 12～20 行定义的，在 main( )中对应下述代码：

```
35:     holiday -= 19;
39:     holiday += 25;
```

运算符+=和-=接收一个整型参数，让您能够给 Date 对象加上或减去指定的天数，就像处理的是整数一样。您还可提供运算符+=的重载版本，让它接收一个虚构的 Days 对象作为参数：

```
// operator that adds a Days to an existing Date
void operator += (const Days& daysToAdd)
{
    day += daysToAdd.GetDays();
}
```

注意	乘并赋值运算符（*=）、除并赋值运算符（/=）、求模并赋值运算符（%=）、减并赋值运算符（-=）、左移并赋值运算符（<<=）、右移并赋值运算符（>>=）、异或并赋值运算符（^=）、按位或并赋值运算符（|=）以及按位与并赋值运算符（&=）的语法都与程序清单 12.6 所示的加并赋值运算符类似。 虽然重载运算符的最终目标是让类更直观、更易于使用，但很多时候实现这些运算符并没有意义。例如，前面的日历类 Date 绝对不会用到按位与并赋值运算符&=。这个类的用户应该不会想通过 greatDay &= 20;等操作获得有用的结果。

12.3.4 重载相等运算符（==）和不等运算符（!=）

如果像下面这样将两个 Date 对象进行比较，结果将如何呢？

```
if (date1 == date2)
{
    // Do something
```

```
}
else
{
    // Do something else
}
```

由于还没有定义相等运算符（==），编译器将对这两个对象进行二进制比较，并仅当它们完全相同时才返回 true。对于包含简单数据类型的类（如现在的 Date 类），这种二进制比较是可行的。然而，如果类中有一个非静态指针成员，如程序清单 9.9 所示的 MyBuffer 类中名为 myNums 的 int*，比较结果可能不符合预期。对 MyBuffer 类的两个实例进行比较时，对成员属性的二进制比较实际上将比较成员指针值（MyBuffer::myNums），而两个指针不可能相等。因此，对 MyBuffer 类的两个实例进行比较时，总是返回 false，因为比较的是成员指针，而不是它们指向的内容。为解决这种问题，可定义比较运算符。相等运算符的通用实现如下：

```
bool operator== (const ClassType& compareTo)
{
    // comparison code here, return true if equal else false
}
```

实现不等运算符时，可重用相等运算符：

```
bool operator!= (const ClassType& compareTo)
{
    // comparison code here, return true if inequal else false
}
```

不等运算符的执行结果与相等运算符的相反（逻辑非）。程序清单 12.6 列出了日历类 Date 定义的比较运算符。

程序清单 12.6 运算符==和!=

```
0: #include<iostream>
1: using namespace std;
2:
3: class Date
4: {
5: private:
6:     int day, month, year;
7:
8: public:
9:     Date(int inMonth, int inDay, int inYear)
10:         : month(inMonth), day(inDay), year(inYear) {}
11:
12:     bool operator== (const Date& compareTo) const
13:     {
14:         return ((day == compareTo.day)
15:             && (month == compareTo.month)
16:             && (year == compareTo.year));
17:     }
18:
19:     bool operator!= (const Date& compareTo) const
20:     {
21:         return !(this->operator==(compareTo));
```

```
22:    }
23:
24:    void DisplayDate()
25:    {
26:    cout << month << " / " << day << " / " << year << endl;
27:    }
28: };
29:
30: int main()
31: {
32:    Date holiday1 (12, 25, 2021);
33:    Date holiday2 (12, 31, 2021);
34:
35:    cout << "holiday 1 is: ";
36:    holiday1.DisplayDate();
37:    cout << "holiday 2 is: ";
38:    holiday2.DisplayDate();
39:
40:    if (holiday1 == holiday2)
41:        cout << "Equality operator: The two are on the same day" << endl;
42:    else
43:        cout << "Equality operator: The two are on different days" << endl;
44:
45:    if (holiday1 != holiday2)
46:        cout << "Inequality operator: The two are on different days" << endl;
47:    else
48:        cout << "Inequality operator: The two are on the same day" << endl;
49:
50:    return 0;
51: }
```

▼ **输出:**

```
holiday 1 is: 12 / 25 / 2021
holiday 2 is: 12 / 31 / 2021
Equality operator: The two are on different days
Inequality operator: The two are on different days
```

▼ **分析:**

相等运算符（==）的实现很简单，它在年、月、日都相同时返回 true，如第 12～17 行所示。实现不等运算符时，重用了相等运算符的代码，如第 21 行所示（对相等运算符的执行结果取反，并返回结果）。有了这两个运算符后，就可对两个 Date 对象（holiday1 和 holiday2）进行比较了，如 main( )中的第 40 和 45 行所示。

12.3.5　重载运算符<、>、<=和>=

程序清单 12.6 所示的代码让 Date 类足够聪明，能够判断两个 Date 对象是否相等。要使用这个类执行类似下面的条件检查，需要实现小于（<）、大于（>）、小于等于（<=）和大于等于（>=）运算符:

```
if (date1 < date2) {// do something}
```

或

```
if (date1 <= date2) {// do something}
```

或

```
if (date1 > date2) {// do something}
```

或

```
if (date1 >= date2) {// do something}
```

程序清单 12.7 演示了这些运算符。

程序清单 12.7　实现运算符<、>、<=和>=

```
0: #include<iostream>
1: using namespace std;
2:
3: class Date
4: {
5: private:
6:     int day, month, year;
7:
8: public:
9:     Date(int inMonth, int inDay, int inYear)
10:         : month(inMonth), day(inDay), year(inYear) {}
11:
12:     bool operator< (const Date& compareTo)
13:     {
14:         if (year < compareTo.year)
15:             return true;
16:         else if ((year == compareTo.year) && (month < compareTo.month))
17:             return true;
18:         else if ((year == compareTo.year) && (month == compareTo.month)
19:                     && (day < compareTo.day))
20:             return true;
21:         else
22:             return false;
23:     }
24:
25:     bool operator<= (const Date& compareTo)
26:     {
27:         if (this->operator== (compareTo))
28:             return true;
29:         else
30:             return this->operator< (compareTo);
31:     }
32:
33:     bool operator > (const Date& compareTo)
34:     {
35:         return !(this->operator<= (compareTo));
```

```
36:    }
37:
38:    bool operator== (const Date& compareTo)
39:    {
40:       return ((day == compareTo.day)
41:          && (month == compareTo.month)
42:          && (year == compareTo.year));
43:    }
44:
45:    bool operator>= (const Date& compareTo)
46:    {
47:       if(this->operator== (compareTo))
48:          return true;
49:       else
50:          return this->operator> (compareTo);
51:    }
52:
53:    void DisplayDate()
54:    {
55:       cout << month << " / " << day << " / " << year << endl;
56:    }
57: };
58:
59: int main()
60: {
61:    Date holiday1 (12, 25, 2016);
62:    Date holiday2 (12, 31, 2016);
63:
64:    cout << "holiday 1 is: ";
65:    holiday1.DisplayDate();
66:    cout << "holiday 2 is: ";
67:    holiday2.DisplayDate();
68:
69:    if (holiday1 < holiday2)
70:       cout << "operator<: holiday1 happens first" << endl;
71:
72:    if (holiday2 > holiday1)
73:       cout << "operator>: holiday2 happens later" << endl;
74:
75:    if (holiday1 <= holiday2)
76:       cout << "operator<=: holiday1 happens on or before holiday2" << endl;
77:
78:    if (holiday2 >= holiday1)
79:       cout << "operator>=: holiday2 happens on or after holiday1" << endl;
80:
81:    return 0;
82: }
```

▼ 输出：

```
holiday 1 is: 12 / 25 / 2021
holiday 2 is: 12 / 31 / 2021
```

```
operator<: holiday1 happens first
operator>: holiday2 happens later
operator<=: holiday1 happens on or before holiday2
operator>=: holiday2 happens on or after holiday1
```

▼ 分析：

这里讨论的运算符是在第 12～51 行实现的，其中重用了程序清单 12.6 所示的相等运算符（==）。另外，实现运算符>=和<=时，还使用了运算符==、<和>的实现。

在 main( )函数的第 69～79 行，使用了这些运算符，让您知道现在比较两个不同的日期有多简单。

12.3.6 C++20 三向比较运算符（<=>）

C++20，让您能够使用三向比较运算符（<=>）来代替运算符=、<、>、!=、<=和>=，从而极大地简化了执行比较运算的代码。

定义这个运算符的语法如下：

```
auto operator <=>(const Type& objToCompare)
{
    // comparison code, return type std::strong_ordering
}
```

本书首次介绍这个运算符时，是通过一个简单的示例进行的（参见程序清单 5.4）。程序清单 12.8 演示了如何为 Date 类定义运算符<=>；这个运算符的正式名称是宇宙飞船运算符，因为它形如宇宙飞船。

程序清单 12.8 为 Date 类定义运算符<=>，让您能够对两个日期进行比较

```
0: #include<iostream>
1: #include<compare>
2: using namespace std;
3:
4: class Date
5: {
6: private:
7:    int day, month, year;
8:
9: public:
10:    Date(int inMonth, int inDay, int inYear)
11:       : month(inMonth), day(inDay), year(inYear) {}
12:
13:    auto operator <=>(const Date& rhs) const
14:    {
15:       if (year < rhs.year)
16:          return std::strong_ordering::less;
17:       else if (year > rhs.year)
18:          return std::strong_ordering::greater;
19:       else
20:       {
21:          // years are identical, compare months
22:          if (month < rhs.month)
```

```
23:            return std::strong_ordering::less;
24:        else if (month > rhs.month)
25:            return std::strong_ordering::greater;
26:        else
27:        {
28:            // months are identical, compare days
29:            if (day < rhs.day)
30:                return std::strong_ordering::less;
31:            else if (day > rhs.day)
32:                return std::strong_ordering::greater;
33:            else
34:                return std::strong_ordering::equal;
35:        }
36:     }
37:  }
38: };
39:
40: int main()
41: {
42:    cout << "Enter a date: month, day & year" << endl;
43:    int month, day, year;
44:    cin >> month;
45:    cin >> day;
46:    cin >> year;
47:    Date date1(month, day, year);
48:
49:    cout << "Enter another date: month, day & year" << endl;
50:    cin >> month;
51:    cin >> day;
52:    cin >> year;
53:    Date date2(month, day, year);
54:
55:    auto result = date1 <=> date2;
56:
57:    if (result < 0)
58:       cout << "Date 1 occurs before Date 2" << endl;
59:    else if (result > 0)
60:       cout << "Date 1 occurs after Date 2" << endl;
61:    else
62:       cout << "Dates are equal" << endl;
63:
64:    return 0;
65: }
```

▼ 输出：

第一次运行的输出：

```
Enter a date: month, day & year
12
25
2021
Enter another date: month, day & year
```

```
1
1
2022
Date 1 occurs before Date 2
```

第二次运行的输出:

```
Enter a date: month, day & year
6
2
2030
Enter another date: month, day & year
1
1
2001
Date 1 occurs after Date 2
```

第三次运行的输出:

```
Enter a date: month, day & year
12
25
2021
Enter another date: month, day & year
12
25
2021
Dates are equal
```

▼ 分析:

出于简化考虑,这个类没有对用户输入进行验证。第 13~37 行为 Date 定义了宇宙飞船运算符,而在 main( )中的第 55 行,使用了这个运算符。请注意,在程序清单 12.8 中,Date 类的定义比程序清单 12.7 中的定义少了 20 行,却没有减少任何功能。这就是三向比较运算符的强大威力。

> **注意**
>
> 您可能使用编译器定义的三向比较运算符,为此可像下面这样使用关键字 default:
>
> ```
> auto operator <=> (const T&) const = default;
> ```
>
> 对于简单的类,这可能可行,但对于这里的 Date 类,这不可行,因为默认的比较可能没有聪明到依次比较年份、月份和日期,再提供比较结果。

12.3.7 重载复制赋值运算符 (=)

有时候,需要将一个类实例的内容赋给另一个类实例,如下所示:

```
Date holiday(12, 25, 2021);
Date anotherHoliday(1, 1, 2022);
anotherHoliday = holiday; // uses copy assignment operator
```

如果您没有提供复制赋值运算符,那么将调用编译器自动给类添加的默认复制赋值运算符。根据类的特征,默认复制赋值运算符可能不可行,具体地说是它不复制类管理的资源,默认复制赋值运算符存在的这种问题与第 9 章讨论的默认复制构造函数存在的问题类似。与复制构造函数一样,为确保进行深复制，您需要提供复制赋值运算符：

```
ClassType& operator= (const ClassType& copySource)
{
    if(this != &copySource)  // protection against copy into self
    {
        // copy assignment operator implementation
    }
    return *this;
}
```

如果类封装了原始指针，如程序清单 9.9 所示的 **MyBuffer** 类，则确保进行深复制很重要。为确保赋值时进行深复制，应定义复制赋值运算符，如程序清单 12.9 所示。

程序清单 12.9　对程序清单 9.9 所示的 MyBuffer 类进行改进，添加复制赋值运算符

```
 0: #include<iostream>
 1: #include<algorithm>
 2: using namespace std;
 3: class MyBuffer
 4: {
 5: private:
 6:    int* myNums;
 7:    unsigned int bufLength;
 8:
 9: public:
10:    MyBuffer(unsigned int length)
11:    {
12:       bufLength = length;
13:       myNums = new int[length]; // allocate memory
14:    }
15:
16:    MyBuffer& operator= (const MyBuffer& src) // copy assignment
17:    {
18:       cout << "Copy Assignment creating deep copy" << endl;
19:       if (myNums != src.myNums) // avoid copy to self
20:       {
21:          if (myNums)
22:             delete myNums;
23:
24:          bufLength = src.bufLength;
25:          myNums = new int[bufLength];
26:          copy(src.myNums, src.myNums + bufLength, myNums); // deep copy
27:       }
28:
29:       return *this;
30:    }
31:
32:    ~MyBuffer()
33:    {
34:       delete[] myNums; // free allocated memory
35:    }
36:
```

```
37:    void SetValue(unsigned int index, int value)
38:    {
39:        if (index < bufLength) // check for bounds
40:            *(myNums + index) = value;
41:    }
42:
43:    void DisplayBuf()
44:    {
45:        for (unsigned int counter = 0; counter < bufLength; ++counter)
46:            cout << *(myNums + counter) << " ";
47:
48:        cout << endl;
49:    }
50: };
51:
52: int main()
53: {
54:    cout << "How many integers would you like to store? ";
55:    unsigned int numsToStore = 0;
56:    cin >> numsToStore;
57:
58:    MyBuffer buf(numsToStore);
59:    for (unsigned int counter = 0; counter < numsToStore; ++counter)
60:    {
61:        cout << "Enter value: ";
62:        int valueEntered = 0;
63:        cin >> valueEntered;
64:        buf.SetValue(counter, valueEntered);
65:    }
66:
67:    MyBuffer anotherBuf(1); // initialize to contain just 1 int
68:    anotherBuf = buf;
69:    anotherBuf.DisplayBuf();
70:
71:    return 0; // no crash, at destruction of buf
72: }
```

▼ 输出：

```
How many integers would you like to store? 3
Enter value: 101
Enter value: 202
Enter value: 303
Copy Assignment creating deep copy
101 202 303
```

▼ 分析：

在这个示例中，我故意省略了复制构造函数，旨在减少代码行（但您编写这样的类时，应添加它，详情请参阅程序清单 9.9）。在第 16～30 行实现了复制赋值运算符，并在 main( )中的第 68 行调用了它，其功能与复制构造函数很像。它首先检查源和目标是否是同一个对象。如果不是，MyBuffer 的复制赋值构造函数将释放成员 myNums 占用的内存，再重新给它分配足以存储复制源中整数的内存，然后使用 std::copy( )进行复制，如第 26 行所示。最后一行输出是用户输入的数字，这是根据用于存储它们的原始对象的副本生成的。

| 提示 | std::copy( )是 STL 提供的众多很有用的算法中的一个，要使用它，需要包含头文件 algorithm。
这些算法将在第 23 章详细讨论。 |

| 警告 | 如果您编写的类管理着动态分配的资源（如使用 new 分配的数组），除构造函数和析构函数外，请务必实现复制构造函数和复制赋值运算符。
如果没有解决对象被复制时出现的资源所有权问题，您的类就是不完整的，使用时甚至会影响应用程序的稳定性。 |

| 提示 | 要创建不允许复制的类，可将复制构造函数和复制赋值运算符都声明为私有的。只这样声明（而不提供实现）就足以让编译器在遇到试图复制对象（将对象按值传递给函数或将一个对象赋给另一个对象）的代码时引发错误。 |

12.3.8 索引运算符

索引运算符让您能够像访问数组那样访问类，其典型语法如下：

```
return_type& operator [] (subscript_type& subscript);
```

在编写封装了动态数组的类（如 **MyBuffer**）时，通过实现索引运算符，可轻松地随机访问缓冲区中的各个字符：

```
class MyBuffer
{
    // ... other class members
public:
    /*const*/ char& operator [] (int index) /*const*/
    {
        // return the char at position index in buffer
    }
};
```

程序清单 12.10 是一个简单的示例，演示了索引运算符（[]）让用户能够使用常规数组语法来遍历 **MyBuffer** 实例包含的字符。

程序清单 12.10　在 MyBuffer 类中实现索引运算符，以便随机访问 MyBuffer::myNums 包含的字符

```
 0: #include<iostream>
 1: using namespace std;
 2:
 3: class MyBuffer
 4: {
 5: private:
 6:     int* myNums;
 7:     unsigned int bufLength;
 8:
 9: public:
10:     MyBuffer(unsigned int length)
11:     {
```

```
12:         bufLength = length;
13:         myNums = new int[length]; // allocate memory
14:     }
15:
16:     int& operator[] (unsigned int index)
17:     {
18:         return myNums[index];
19:     }
20:
21:     // Insert copy constructor & copy assignment operator
22:     // from previous listings here
23:
24:     ~MyBuffer()
25:     {
26:         delete[] myNums; // free allocated memory
27:     }
28: };
29:
30: int main()
31: {
32:     cout << "How many integers would you like to store? ";
33:     unsigned int numsToStore = 0;
34:     cin >> numsToStore;
35:
36:     MyBuffer buf(numsToStore);
37:     for (unsigned int counter = 0; counter < numsToStore; ++counter)
38:     {
39:        cout << "Enter value: ";
40:        cin >> buf[counter];
41:     }
42:
43:     for (unsigned int counter = 0; counter < numsToStore; ++counter)
44:        cout << "Value " << counter << " is " << buf[counter] << endl;
45:
46:     return 0;
47: }
```

▼ 输出：

```
How many integers would you like to store? 3
Enter value: 101
Enter value: 202
Enter value: -101
Value 0 is 101
Value 1 is 202
Value 2 is -101
```

▼ 分析：

这个程序执行的任务很简单——从用户那里接收数字，将它们存储在自定义数组 MyBuffer 中，再显示这个数组中的数字。这里最值得注意的是定义索引运算符（[]）的第 16～19 行，这让您能够以直观的方式访问数据（就像访问数组元素一样），如 main( )中的第 40～44 行所示。

警告　实现运算符时，应使用关键字 const，这很重要。为确保索引运算符（[ ]）只能用来读取数据，而不能用来修改数据，最好像下面这样定义它：

```
const int& operator[] (unsigned int index) const
{
    return myNums[index];
}
```

通过使用 const，可禁止从外部通过运算符[ ]直接修改成员 MyBuffer::myNums。除应将返回类型声明为 const 外，还应将该运算符的函数类型设置成 const，这将禁止它修改类的成员属性。

一般而言，应尽可能使用 const，以免无意间修改数据，并最大限度地保护类的成员属性。

可对程序清单 12.10 所示版本进行改进——实现 const 版索引运算符：

```
const int& operator[] (unsigned int index) const
{
    return myNums[index];
}
```

要像下面这样支持 **MyBuffer** 类的 const 实例，必须做上述改进：

```
const MyBuffer constBuf(20);
cout << constBuf[0];
```

还有其他双目运算符可被重定义或重载（如表 12.2 所示），但本章不打算介绍它们。这些运算符的实现与已讨论的运算符的实现类似。

如果其他运算符（如逻辑运算符和按位运算符）有助于改善您编写的类，就应实现它们。显然，诸如 Date 等类没有必要实现逻辑运算符，但处理字符串和数字的类可能需要实现它们。

应根据类的目标和用途重载运算符或实现新的运算符。

12.4　函数运算符( )

运算符( )让对象像函数，被称为函数运算符。函数运算符用于 STL 中，尤其是 STL 算法中。函数运算符可用来做决策；根据使用的操作数数量，又可分为一元谓词或二元谓词。程序清单 12.11 展示了一个非常简单的函数对象，旨在让您明白使用如此有意思的名称的原因！

程序清单 12.11　一个使用运算符( )实现的函数对象

```
0: #include<iostream>
1: #include<string>
2: using namespace std;
3:
4: class Display
5: {
6: public:
7:     void operator() (string input) const
8:     {
9:         cout << input << endl;
10:     }
11: };
```

```
12:
13: int main()
14: {
15:     Display displayFuncObj;
16:
17:     // equivalent to displayFuncObj.operator () ("Display this string!");
18:     displayFuncObj("Display this string!");
19:
20:     return 0;
21: }
```

▼ 输出:

```
Display this string!
```

▼ 分析:

第 7~10 行实现了 operator( )，然后在 main( )函数的第 17 行使用了它。注意，之所以能够在第 18 行将对象 displayFuncObj 用作函数，是因为编译器隐式地将它转换为对函数 operator( )的调用。

因此，这个运算符也称为 operator( )函数，而 Display 对象也称为函数对象或 functor。第 21 章将详细地讨论这个主题。

12.5　用于高性能编程的移动构造函数和移动赋值运算符

移动构造函数和移动赋值运算符乃性能优化功能，属于 C++11 标准的一部分，旨在避免复制不必要的临时值（当前语句执行完毕后就不再存在的右值）。对于那些管理动态分配资源的类，如动态数组类或字符串类，这很有用。

12.5.1　不必要的复制带来的问题

请看程序清单 12.4 实现的加法运算符（+），您可以注意到，它创建并返回一个副本。如果程序清单 12.9 所示的 MyBuffer 类支持加法运算符，就可轻松地执行合并操作，如下所示:

```
MyBuffer buf1(5);
MyBuffer buf2(15);
MyBuffer buf3(buf1+buf2); // operator+, copy constructor
MyBuffer bufSum (1);
bufSum = buf1 + buf2 + buf3; // operator+, copy constructor, copy assignment
operator=
```

这个加法运算符（+）让您能够轻松地执行合并操作，但也可能导致性能问题，因为需要在内部执行多个复制步骤。例如，复制构造函数执行深复制，而生成的临时副本在该表达式执行完毕后就不再存在。

为解决这个问题，引入了移动构造函数和移动赋值运算符，它们有助于避免多个内部的资源复制或重新赋值步骤，从而改善复制和赋值操作的性能。

12.5.2　声明移动构造函数和移动赋值运算符

声明移动构造函数的方式如下:

```
class Sample
{
private:
   Type* ptrResource;

public:
   Sample(Sample&& moveSource) // Move constructor, note &&
   {
      ptrResource = moveSource.ptrResource; // take ownership, start move
      moveSource.ptrResource = NULL;
   }

   Sample& operator= (Sample&& moveSource)//move assignment operator, note &&
   {
      if(this != &moveSource)
      {
         delete [] ptrResource;  // free own resource
         ptrResource = moveSource.ptrResource;  // take ownership, start move
         moveSource.ptrResource = NULL; // free move source of ownership
      }
   }

   Sample(); // default constructor
   Sample(const Sample& copySource); // copy constructor
   Sample& operator= (const Sample& copySource); // copy assignment
};
```

从上述代码可知，相比于常规复制构造函数和复制赋值运算符的声明，移动构造函数和移动赋值运算符声明的不同之处在于，输入参数的类型为 Sample&&。另外，由于输入参数是要移动的源对象，它将被修改，因此不能使用 const 进行限定。而且，返回类型没有变，因为它们分别是构造函数和赋值运算符的重载版本。

在需要创建临时右值时，遵循 C++标准的编译器将使用移动构造函数（而不是复制构造函数）和移动赋值运算符（而不是复制赋值运算符）。移动构造函数和移动赋值运算符的实现中，只是将资源从源移到目的地，而没有进行复制。程序清单 12.12 演示了如何使用这两项新功能对 MyBuffer 类进行优化。

程序清单 12.12　除包含复制构造函数和复制赋值运算符外，还包含移动构造函数和移动赋值运算符的 MyBuffer 类

```
0: #include<iostream>
1: #include<algorithm>
2: using namespace std;
3: class MyBuffer
4: {
5: private:
6:    int* myNums;
7:    unsigned int bufLength;
8:
9: public:
10:    MyBuffer(unsigned int length)
11:    {
```

```
12:        cout << "Constructing new instance with " \
13:            << length << " elements" << endl;
14:        bufLength = length;
15:        myNums = new int[length]; // allocate memory
16:    }
17:
18:    MyBuffer(const MyBuffer& src) // copy constructor
19:    {
20:        cout << "Copy constructor creating deep copy" << endl;
21:        bufLength = src.bufLength;
22:        myNums = new int[bufLength];
23:        copy(src.myNums, src.myNums + bufLength, myNums); // deep copy
24:    }
25:
26:    MyBuffer(MyBuffer&& src) // move constructor
27:    {
28:        cout << "Move constructor transferring ownership" << endl;
29:
30:        if (src.myNums != NULL)
31:        {
32:            bufLength = src.bufLength;
33:            myNums = src.myNums; // take ownership
34:
35:            src.myNums = NULL;
36:            src.bufLength = 0;
37:        }
38:    }
39:
40:    MyBuffer& operator= (const MyBuffer& src) // copy assignment
41:    {
42:        cout << "Copy Assignment creating deep copy" << endl;
43:        if (myNums != src.myNums) // avoid copy to self
44:        {
45:            if (myNums)
46:                delete myNums;
47:
48:            bufLength = src.bufLength;
49:            myNums = new int[bufLength];
50:            copy(src.myNums, src.myNums + bufLength, myNums); // deep copy
51:        }
52:
53:        return *this;
54:    }
55:
56:    MyBuffer& operator= (MyBuffer&& src) // move assignment
57:    {
58:        cout << "Move assignment transferring ownership" << endl;
59:
60:        if ((src.myNums != NULL) && (myNums != src.myNums))
61:        {
62:            delete[] myNums;
63:            myNums = src.myNums; // take ownership
```

```
64:            bufLength = src.bufLength;
65:
66:            src.bufLength = 0;
67:            src.myNums = NULL;
68:        }
69:
70:        return *this;
71:    }
72:
73:    MyBuffer operator + (const MyBuffer& bufToAppend)
74:    {
75:        cout << "Operator + concatenating" << endl;
76:        MyBuffer newBuf(this->bufLength + bufToAppend.bufLength);
77:
78:        for (unsigned int counter = 0; counter < bufLength; ++counter)
79:            newBuf.SetValue(counter, *(myNums + counter));
80:
81:        for (unsigned int counter = 0; counter < bufToAppend.bufLength; ++counter)
82:            newBuf.SetValue(counter + bufLength, *(bufToAppend.myNums + counter));
83:
84:        return newBuf;
85:    }
86:
87:    ~MyBuffer()
88:    {
89:        delete[] myNums; // free allocated memory
90:    }
91:
92:    void SetValue(unsigned int index, int value)
93:    {
94:        if (index < bufLength) // check for bounds
95:            *(myNums + index) = value;
96:    }
97:
98:    void DisplayBuf()
99:    {
100:        for (unsigned int counter = 0; counter < bufLength; ++counter)
101:            cout << *(myNums + counter) << " ";
102:
103:        cout << endl;
104:    }
105:};
106:
107:int main()
108:{
109:    MyBuffer buf1(5);
110:    MyBuffer buf2(15);
111:
112:    cout << "Concatenation at object instantiation: " << endl;
113:    MyBuffer buf3(buf1 + buf2);
114:    MyBuffer bufSum(1);
115:
```

```
116:    cout << "Concatenation at assignment: " << endl;
117:    bufSum = buf1 + buf2 + buf3;
118:
119:    return 0;
120:}
```

▼ 输出：

没有移动构造函数和移动赋值运算符时的输出：

```
Constructing new instance with 5 elements
Constructing new instance with 15 elements
Concatenation at object instantiation:
Operator + concatenating
Constructing new instance with 20 elements
Copy constructor creating deep copy
Constructing new instance with 1 elements
Concatenation at assignment:
Operator + concatenating
Constructing new instance with 20 elements
Copy constructor creating deep copy
Operator + concatenating
Constructing new instance with 40 elements
Copy constructor creating deep copy
Copy Assignment creating deep copy
```

添加移动构造函数和移动赋值运算符后的输出（使用 MSVC）：

```
Constructing new instance with 5 elements
Constructing new instance with 15 elements
Concatenation at object instantiation:
Operator + concatenating
Constructing new instance with 20 elements
Move constructor transferring ownership
Constructing new instance with 1 elements
Concatenation at assignment:
Operator + concatenating
Constructing new instance with 20 elements
Move constructor transferring ownership
Operator + concatenating
Constructing new instance with 40 elements
Move constructor transferring ownership
Move assignment transferring ownership
```

添加移动构造函数和移动赋值运算符后的输出（使用 g++）：

```
Constructing new instance with 5 elements
Constructing new instance with 15 elements
Concatenation at object instantiation:
Operator + concatenating
Constructing new instance with 20 elements
Constructing new instance with 1 elements
Concatenation at assignment:
Operator + concatenating
```

```
Constructing new instance with 20 elements
Operator + concatenating
Constructing new instance with 40 elements
Move assignment transferring ownership
```

▼ **分析：**

这个代码示例很长，但大部分都在本书前面介绍过。在该程序清单中，最重要的部分是实现移动构造函数的第 26～38 行，以及实现移动赋值运算符的第 56～71 行。请注意，相比于没有这两个实体时，输出变化很大——不必要的深复制步骤没有了。如果您查看移动构造函数和移动赋值运算符的实现，将发现移动语义基本上是通过接管移动源 src 中资源的所有权实现的，如移动构造函数的第 33 行和移动赋值运算符的第 63 行所示。接下来，将移动源指针设置为 NULL，如第 35 和 67 行所示。这样，移动源被销毁时，通过析构函数调用的 delete[]（第 89 行）什么也不会做，因为所有权已转交给目标对象。注意，在没有移动构造函数时，将调用复制构造函数，它对指向的字符串进行深复制。总之，移动构造函数避免了不必要的内存分配和复制步骤，从而节省了大量的处理时间。

请注意，移动构造函数和移动赋值运算符是可选的，即便没有它们，程序也能够正确地运行。然而，提供它们可极大地改善性能，并减少资源消耗。不同于复制构造函数和复制赋值运算符，如果您没有提供移动构造函数和移动赋值运算符，编译器并不会添加默认实现。

提示 ——————

程序清单 12.12 还表明，g++（11.11 版）生成的输出与 MSVC（16.11 版）生成的输出不同。g++默认消除了某些构造步骤；在 Visual Studio 中启用了最大限度的优化（maximum optimization）后，生成的输出将与 g++生成的输出类似。

12.6　用户定义的字面量

第 3 章介绍了字面量常量，下面是几个示例：

```
int bankBalance = 10000;
long long companyNetWorth = 50'000'000'000; // 50 billion
double pi = 3.14;
char firstAlphabet = 'a';
const char* sayHello = "Hello!";
```

在上述代码中，10000、3.14、'a'和"Hello!"都是字面量常量。从 C++11 起，C++标准让您能够自定义字面量。例如，在编写热力学方面的科学应用程序时，对于所有的温度，您都可能想以开尔文为单位来存储它们。为此，可像下面这样声明所有的温度：

```
Temperature k1 = 32.15_F;
Temperature k2 = 0.0_C;
```

通过使用自定义的字面量_F 和_C，让应用程序理解和维护起来要容易得多。

要自定义字面量，可像下面这样定义 operator ""：

```
ReturnType operator "" YourLiteral(ValueType value)
{
    // conversion code here
}
```

注意

> 参数 ValueType 只能是下面几个之一，具体使用哪个取决于自定义字面量的性质。
>
> unsigned long long int：用于定义整型字面量。
>
> long double：用于定义浮点型字面量。
>
> char、wchar_t、char16_t 和 char32_t：用于定义字符字面量。
>
> const char*：用于定义原始字符串字面量。
>
> const char*和 size_t：用于定义字符串字面量。
>
> const wchar_t*和 size_t：用于定义字符串字面量。
>
> const char16_t*和 size_t：用于定义字符串字面量。
>
> const char32_t*和 size_t：用于定义字符串字面量。

程序清单 12.13 演示了一个将华氏和摄氏温度转换为开尔文温度的自定义字面量。

程序清单 12.13 将华氏温度和摄氏温度转换为开尔文温度

```
0: #include<iostream>
1: using namespace std;
2:
3: struct Temperature
4: {
5:     double Kelvin;
6:     Temperature(long double kelvin) : Kelvin(kelvin) {}
7: };
8:
9: Temperature operator"" _C(long double celsius)
10: {
11:     return Temperature(celsius + 273);
12: }
13:
14: Temperature operator "" _F(long double fahrenheit)
15: {
16:     return Temperature((fahrenheit + 459.67) * 5 / 9);
17: }
18:
19: int main()
20: {
21:     Temperature k1 = 31.73_F;
22:     Temperature k2 = 0.0_C;
23:
24:     cout << "k1 is " << k1.Kelvin << " Kelvin" << endl;
25:     cout << "k2 is " << k2.Kelvin << " Kelvin" << endl;
26:
27:     return 0;
28: }
```

▼ 输出：

```
k1 is 273 Kelvin
k2 is 273 Kelvin
```

▼ **分析：**

第 21 和 22 行初始化了两个 Temperature 实例，其中，前者使用自定义字面量_F 声明了一个华氏温度值，而后者使用自定义字面量_C 声明了一个摄氏温度值。这两个字面量是在第 9～17 行定义的，它们分别将华氏温度和摄氏温度转换为开尔文温度，并返回一个 Temperature 实例。请注意，对于 k2，有意识地将其初始化为 0.0_C，而不是 0_C，这是因为字面量_C 被定义成接收一个 long double 类型的输入值，所以要求输入值必须是这种类型，而 0 将被解读为 int 类型。

12.7　不能重载的运算符

虽然 C++具有很大的灵活性，让程序员能够自定义运算符的行为，让类更易于使用，但 C++也有所保留，不允许程序员改变有些运算符的行为。表 12.3 列出了不能重载或重新定义的运算符。

表 12.3　　　　　　　　　　　　不能重载或重新定义的运算符

运算符	作用	运算符	作用
.	成员选择	?:	条件（三目）运算符
.*	指针成员选择	sizeof( )	获取对象/类类型的大小
::	作用域解析		

白名单	黑名单
务必实现让类易于使用的运算符，但不要实现无助于实现这个目的的运算符。 声明转换运算符时，务必使用关键字 explicit，以禁止隐式转换。 对于包含指针成员的类，除提供复制构造函数和析构函数外，务必同时提供复制赋值运算符。 对于管理动态分配资源（如数组）的类，务必给它提供移动赋值运算符和移动构造函数。	不要依靠编译器提供的默认复制赋值运算符和复制构造函数，因为它们不一定会对类的指针成员进行深复制。 不要指望编译器为您创建移动赋值运算符和移动构造函数。编译器也不会替您创建它们，而是退而求其次，转而使用复制赋值运算符和复制构造函数。

12.8　总结

本章介绍了如何使用各种运算符，让类更易于使用。在编写管理资源（如动态数组或字符串）的类时，除析构函数外，还需至少提供复制构造函数和复制赋值运算符。对于管理动态数组的实用类，如果包含移动构造函数和移动赋值运算符，就可避免将包含的资源深复制给临时对象。最后，您学习了.、.*、::、?:和 sizeof( )等不能重新定义的运算符。

12.9　问与答

问：我编写的类封装了一个动态整型数组，请问我至少应该实现哪些函数和方法？

答：编写这样的类时，必须明确定义下述情形下的行为：通过赋值直接复制对象或通过按值传递给函数间接复制对象。通常，应实现复制构造函数、复制赋值运算符和析构函数。另外，如果想改善这个类在某些情况下的性能，还应实现移动构造函数和移动赋值运算符。要能够像访问数组一样访问类实例存储的元素，需要重载索引运算符。

问：假设有一个类对象 object，而我希望支持语法 cout << object;，请问需要实现哪个运算符？

答：您需要实现一个转换运算符，让类能被解读为 std::cout 支持的类型。一种解决方案是，像程序清单 12.2 那样定义运算符 char* ( )。

问：自己编写智能指针类时，至少需要实现哪些函数和运算符？

答：智能指针必须能够像常规指针那样使用，如*pSmartPtr 或 pSmartPtr->Func( )。为此，需要实现运算符*和->。要确保它足够智能，还需合理地编写析构函数，以自动释放或归还资源；另外，还需实现复制构造函数和复制赋值运算符，以明确定义复制和赋值的方式。也可将复制构造函数和复制赋值运算符声明为私有的，以禁止复制和赋值。

12.10　作业

作业包括测验和练习，前者帮助读者加深对所学知识的理解，后者为读者提供了使用新学知识的机会。请尽量先完成测验和练习题，然后对照附录 E 的答案，继续学习第 13 章前，请务必弄懂这些题目。

12.10.1　测验

1. 可以像下面这样，编写两个版本的索引运算符，使得其中一个的返回类型为 const，另一个为非 const 吗？

```
const Type& operator[](int index);
Type& operator[](int index); // is this OK?
```

2. 可以将复制构造函数或复制赋值运算符声明为私有的吗？
3. 给 Date 类实现移动构造函数和移动赋值运算符有意义吗？

12.10.2　练习

1. 为 Date 类编写一个转换运算符，将其存储的日期转换为整数。
2. DynamicFloats 类以 float*私有成员的方式封装了一个动态分配的数组，请给它编写移动构造函数和移动赋值运算符。

第 13 章
类型转换运算符

类型转换是一种机制，让程序员能够暂时或永久地改变编译器对对象的解读。注意，这并不意味着程序员改变了对象本身，他只是改变了对对象的解读。可改变对象解读方式的运算符称为类型转换运算符。

在本章中，您将学习：

- 为何需要类型转换；
- 为什么 C 风格类型转换不受欢迎；
- 4 个 C++类型转换运算符；
- 向上转换和向下转换；
- 为什么不强烈推荐使用 C++类型转换运算符。

13.1　为何需要类型转换

如果 C++应用程序都编写得很完善，处于类型安全的强类型世界，则没有必要进行类型转换，也不需要类型转换运算符。然而，在现实世界中，不同的模块往往由使用不同环境的人编写，同时，新编写的代码需要与遗留代码和库协同工作。为让这种互操作性的实现变得可能，需要让编译器以特定的方式解读数据，从而让应用程序能够通过编译并正确执行。这种互操作性是使用类型转换运算符实现的。

来看一个真实的例子：C++编译器支持 bool 类型，但需要链接很多年前使用 C 语言编写的库。这些遗留代码和库通常使用 int 来存储布尔数据，因为那时的编译器不支持 bool 类型。在那时，通常以类似于下面的方式定义 bool 类型：

```
typedef unsigned short BOOL;
```

并像下面这样声明返回布尔值的函数：

```
BOOL IsX ();
```

要在新应用程序中使用遗留库，需要在编译器支持的 bool 类型和库返回的数据类型 BOOL 之间实现互操作性。为此，可使用类型转换：

```
bool Result = (bool)IsX(); // C-style cast interprets BOOL as bool
```

随着 C++的不断发展，引入了 C++类型转换运算符，同时支持遗留的 C 风格类型转换运算符。这两种类型转换风格当前都在使用，因此您需要同时搞明白它们。

13.2 为何有些 C++ 程序员不喜欢 C 风格类型转换

作为编程语言，C++ 的优点之一是类型安全。大多数 C++ 编译器都不允许您像下面这样做：

```
char* staticStr = "Hello World!";
int* intArray = staticStr; // error: cannot convert char* to int*
```

但这是非常正确的！

然而，由于编译器需向后兼容以支持遗留代码，因此必须支持类型转换。为此，编译器允许您编写类似于下面的代码：

```
int* intArray = (int*)staticStr; // cast one problem away, create another
```

这种 C 风格类型转换强制编译器将源类型解读为目标类型。类型转换压制了编译错误，即便源类型和目标类型完全不兼容。在这里，程序员所做的实际上是让编译器"闭嘴"，并强迫它服从。在将 char* 解读为 int* 的过程中，编译器并没有执行任何转换。换言之，在这个示例中，C 风格类型转换破坏了类型安全，降低了程序的质量。

13.3 C++ 类型转换运算符

虽然类型转换有缺点，但也不能完全抛弃它。在很多情况下，为解决重要的兼容性问题，必须进行类型转换。C++ 提供了一种新的类型转换运算符，专门用于基于继承的情形，这种情形在 C 语言编程中并不存在。

4 个 C++ 类型转换运算符如下：

- static_cast；
- dynamic_cast；
- reinterpret_cast；
- const_cast。

这 4 个类型转换运算符的使用语法相同：

```
destination_type result = cast_operator<destination_type> (object_to_cast);
```

13.3.1 使用 static_cast

static_cast 用于在相关类型的指针之间进行转换，还可显式地执行标准数据类型的类型转换——这种转换原本将自动或隐式地进行。在用于指针时，static_cast 实现了基本的编译阶段检查，确保指针被转换为相关类型。这改进了 C 风格类型转换，在 C 语言中，可将指向一个对象的指针转换为完全不相关的类型，而编译器不会报错。使用 static_cast 可将指针向上转换为基类类型，也可向下转换为派生类型，如下面的示例代码所示：

```
Base* objBase = new Derived();
Derived* objDer = static_cast<Derived*>(objBase);  // ok!

// class Unrelated is not related to Base
Unrelated* notRelated = static_cast<Unrelated*>(objBase); // Error
// The cast is not permitted as types are unrelated
```

注意
> 将 Derived* 转换为 Base* 被称为向上转换，无须使用任何显式类型转换运算符就能进行这种转换：
>
> ```
> Derived objDerived;
> Base* objBase = &objDerived;  // ok!
> ```
>
> 将 Base* 转换为 Derived* 被称为向下转换，如果不使用显式类型转换运算符，就无法进行这种转换：
>
> ```
> Derived objDerived;
> Base* objBase = &objDerived; // Upcast, ok!
> Derived* objDer = objBase; // Error: Downcast, needs explicit casting
> ```

然而，static_cast 只验证指针类型是否相关，而不执行任何运行阶段检查。因此，程序员可使用 static_cast 编写如下代码，而编译器不会报错：

```
Base* objBase = new Base();
Derived* objDer = static_cast<Derived*>(objBase); // Still no errors!
```

在这里，objDer 指向的是一个 Base 对象，而不是 Derived 对象。static_cast 执行编译阶段检查，核实涉及的类型是否相关（它们确实相关，因此允许转换）。static_cast 不执行运行阶段检查，以确保指向的对象是 Derived 类型的。使用指针 objDer 来调用派生类方法的代码（objDer->DerivedFunction()）能够通过编译，但执行结果无疑会出乎意料。

除用于向上转换和向下转换外，static_cast 还可在很多情况下将隐式类型转换为显式类型，以引起程序员或代码阅读者的注意：

```
double Pi = 3.14159265;
int num = static_cast<int>(Pi); // Making an otherwise implicit cast, explicit
```

在上述代码中，使用 num = Pi 将获得同样的效果，但使用 static_cast 可让代码阅读者注意到这里使用了类型转换，并指出（对知道 static_cast 的人而言）编译器根据编译阶段可用的信息进行了必要的调整，以便执行所需的类型转换。对于使用关键字 explicit 声明的转换运算符和构造函数，要使用它们，也必须通过 static_cast。有关如何使用关键字 explicit 来避免隐式转换，已经在第 9 和 12 章讨论过。

13.3.2 使用 dynamic_cast 和运行阶段类型识别

动态类型转换，顾名思义，与静态类型转换相反，在运行阶段（即应用程序运行时）执行类型转换。可检查 dynamic_cast 操作的结果，以判断类型转换是否成功。使用 dynamic_cast 运算符的典型语法如下：

```
destination_type* Dest = dynamic_cast<class_type*>(Source);

if(Dest)      // Check for success of the casting operation
    Dest->CallFunc();
```

例如：

```
Base* objBase = new Derived();
// Perform a downcast
Derived* objDer = dynamic_cast<Derived*>(objBase);
```

```
if(objDer)       // Check for success of the cast
    objDer->CallDerivedMethod();
```

如上述代码所示，给定一个指向基类对象的指针，程序员可使用 dynamic_cast 进行类型转换，并在使用指针前检查指针指向的目标对象的类型。在上述示例代码中，目标对象的类型显然是 Derived，因此这些代码只有演示价值。然而，情况并非总是如此，例如，将 Derived*传递给接收 Base*参数的函数时，该函数可使用 dynamic_cast 判断基类指针指向的对象的类型，再执行该类型特有的操作。总之，可使用 dynamic_cast 在运行阶段判断对象的类型，并在安全时使用转换后的指针。程序清单 13.1 使用了一个您熟悉的继承层次结构——Tuna 和 Carp 类从基类 Fish 派生而来，其中的函数 DetectFishtype( )动态地检查 Fish 指针指向的是否是 Tuna 对象或 Carp 对象。

| 注意 | 这种在运行阶段识别对象类型的机制称为运行阶段类型识别。 |

程序清单 13.1　使用动态转换判断 Fish 指针指向的是否是 Tuna 对象或 Carp 对象

```
0: #include<iostream>
1: using namespace std;
2:
3: class Fish
4: {
5: public:
6:     virtual void Swim()
7:     {
8:         cout << "Fish swims in water" << endl;
9:     }
10:
11:     // base class should always have virtual destructor
12:     virtual ~Fish() {}
13: };
14:
15: class Tuna: public Fish
16: {
17: public:
18:     void Swim()
19:     {
20:         cout << "Tuna swims real fast in the sea" << endl;
21:     }
22:
23:     void BecomeDinner()
24:     {
25:         cout << "Tuna became dinner in Sushi" << endl;
26:     }
27: };
28:
29: class Carp: public Fish
30: {
31: public:
32:     void Swim()
33:     {
34:         cout << "Carp swims real slow in the lake" << endl;
35:     }
```

```
36:
37:    void Talk()
38:    {
39:        cout << "Carp talked Carp!" << endl;
40:    }
41: };
42:
43: void DetectFishType(Fish* objFish)
44: {
45:    Tuna* objTuna = dynamic_cast <Tuna*>(objFish);
46:    if (objTuna) // check success of cast
47:    {
48:        cout << "Detected Tuna. Making Tuna dinner: " << endl;
49:        objTuna->BecomeDinner();
50:    }
51:
52:    Carp* objCarp = dynamic_cast <Carp*>(objFish);
53:    if(objCarp)
54:    {
55:        cout << "Detected Carp. Making carp talk: " << endl;
56:        objCarp->Talk();
57:    }
58:
59:    cout << "Verifying type using virtual Fish::Swim()" << endl;
60:    objFish->Swim(); // calling virtual function Swim
61: }
62:
63: int main()
64: {
65:    Carp myLunch;
66:    Tuna myDinner;
67:
68:    DetectFishType(&myDinner);
69:    cout << endl;
70:    DetectFishType(&myLunch);
71:
72:    return 0;
73: }
```

▼ 输出：

```
Detected Tuna. Making Tuna dinner:
Tuna became dinner in Sushi
Verifying type using virtual Fish::Swim()
Tuna swims real fast in the sea

Detected Carp. Making carp talk:
Carp talked Carp!
Verifying type using virtual Fish::Swim()
Carp swims real slow in the lake
```

▼ 分析：

这个示例使用了这样的继承层次结构：Tuna 和 Carp 类从基类 Fish 派生而来。为方便解释，这两个派生类不仅实现了虚函数 Swim( )，还包含特有的函数，即 Tuna::BecomeDinner( )和 Carp::Talk( )。这个示例的独特之处在于，给定一个基类指针（Fish*），您可动态地检测它指向的是否是 Tuna 对象或 Carp 对象。这种动态检测（运行阶段类型识别）是在第 43～61 行定义的函数 DetectFishType( )中进行的。在第 45 行，使用 dynamic_cast 检查传入的 Fish*参数指向的是否是 Tuna 对象。如果该 Fish*参数指向的是 Tuna 对象，该运算符将返回一个有效的地址，否则将返回 NULL。因此，总是需要检查 dynamic_cast 的结果是否有效。如果通过了第 46 行的检查，您便知道指针 objTuna 指向的是一个有效的 Tuna 对象，那么可以使用它来调用函数 Tuna::BecomeDinner( )，如第 49 行所示。如果传入的 Fish*参数指向的是 Carp 对象，则使用它来调用函数 Carp::Talk( )，如第 56 行所示。返回之前，DetectFishType( )调用了 Swim( )，以验证对象类型。Swim( )是一个虚函数，第 60 行代码将根据指针指向的对象类型，调用相应类（Tuna 或 Carp）中实现的 Swim( )。

警告 _____ 务必检查 dynamic_cast 的返回值，看它是否有效。如果返回值为 NULL，则说明转换失败。

13.3.3 使用 reinterpret_cast

reinterpret_cast 是 C++中与 C 风格类型转换最接近的类型转换运算符。它让程序员能够将一种对象类型转换为另一种，而不管它们是否相关，也就是说，它强行重新解读类型，如下面的示例所示：

```
Base* objBase = new Base();
Unrelated* notRelated = reinterpret_cast<Unrelated*>(objBase);
// The code above compiles, yet bad programming!
```

这种类型转换实际上是强制编译器接受 static_cast 通常不允许的类型转换，通常用于低级程序（如设备驱动程序），在这种程序中，需要将数据转换为应用程序接口（Application Program Interface，API）能够接受的简单类型（例如，有些 OS 级 API 要求提供的数据为字节数组，即 unsigned char*）：

```
SomeClass* object = new SomeClass();
// Need to send the object as a byte-stream...
unsigned char* bytesFoAPI = reinterpret_cast<unsigned char*>(object);
```

上述代码使用的类型转换并没有改变 object 的二进制表示。由于其他 C++类型转换运算符都不允许执行这种有悖类型安全的转换，因此除非万不得已，否则不要使用 reinterpret_cast 来执行不安全（不可移植）的转换。

警告 _____ 不要在应用程序中使用 reinterpret_cast，因为它让编译器将类型 X 视为不相关的类型 Y，破坏了类型安全。

13.3.4 使用 const_cast

const_cast 让程序员能够关闭对象的访问修饰符 const。您可能会问："为何要进行这种转换？"在理想情况下，程序员将经常在正确的地方使用关键字 const。不幸的是，在现实世界中并非如此，像下面这样的代码随处可见：

```
class SomeClass
{
public:
```

```
// ...
void DisplayMembers(); //problem - display function isn't const
};
```

在下面的函数中，以 const 引用的方式传递 object 显然是正确的。毕竟，显示函数应该是只读的，不应调用非 const 成员函数，即不应调用能够修改对象状态的函数。然而，SomeClass::DisplayMembers( ) 本应用 const 声明，但却没有这样定义。如果 SomeClass 归您所有，且源代码受您控制，则可对 DisplayMembers( ) 进行修改。然而，在很多情况下，它可能属于第三方库，无法对其进行修改。在这种情况下，const_cast 将是您的救星。

```
void DisplayAllData (const SomeClass& object)
{
    object.DisplayMembers ();  // Compile failure
    // reason: call to a non-const member using a const reference
}
```

在这种情况下，调用 DisplayMembers( )的代码如下：

```
void DisplayAllData (const SomeClass& object)
{
    SomeClass& refData = const_cast<SomeClass&>(object);
    refData.DisplayMembers();     // Allowed!
}
```

警告　　　　　 除非万不得已，否则不要使用 const_cast 来调用非 const 函数。

请注意，const_cast 也可用于指针：

```
void DisplayAllData (const SomeClass* data)
{
    // data->DisplayMembers(); Error: attempt to invoke a non-const function!
    SomeClass* pCastedData = const_cast<SomeClass*>(data);
    pCastedData->DisplayMembers();     // Allowed!
}
```

13.4　C++类型转换运算符存在的问题

并非所有人都喜欢使用 C++类型转换，即使那些 C++拥趸也是如此。原因很多，比如语法烦琐而不够直观，甚至显得多余。请看下面的代码：

```
double Pi = 3.14159265;

// C++ style cast: static_cast
int num = static_cast<int>(Pi);   // result: Num is 3

// C-style cast
int num2 = (int)Pi;               // result: num2 is 3

// leave casting to the compiler
int num3 = Pi;                 // result: num3 is 3. No errors!
```

这 3 种方法的结果都相同。编译器都足够聪明，能够正确地进行类型转换，这让人觉得类型转换语法有些多余。

同样，static_cast 的每种用途都可使用 C 风格类型转换来实现：

```
// using static_cast
Derived* objDer = static_cast <Derived*>(objBase);

// But, this works just as well...
Derived* objDerSimple = (Derived*)objBase;
```

因此，使用 static_cast 的优点常常被其烦琐的语法所掩盖。

再来看看其他运算符。在 static_cast 不管用时，可使用 reinterpret_cast 强制进行转换；同样，也可以使用 const_cast 修改访问修饰符 const。只要继承层次结构设计良好，并使用基类实例来调用虚函数，就可避免使用 dynamic_cast。因此，很多专家都认为，设计良好的现代 C++ 应用程序不需要类型转换运算符。然而，为解决与遗留代码的互操作性问题，这些运算符不可或缺。

白名单	黑名单
请牢记，将 Derived* 转换为 Base* 被称为向上转换，这种转换是安全的。 请牢记，将 Base* 转换为 Derived* 被称为向下转换，除非使用 dynamic_cast 并核实转换成功，否则这种转换不安全。 请牢记，创建继承层次结构时，应尽量将函数声明为虚函数。这样通过基类指针调用这些函数时，如果该指针指向的是派生类对象，则将调用相应类的函数版本。	使用 dynamic_cast 时，别忘了对转换得到的指针进行检查，看其是否有效。 在设计应用程序时，不要使用 dynamic_cast 来依赖于运行阶段类型识别。相反，应使用设计良好的虚函数。

13.5　总结

本章介绍了各种 C++ 类型转换运算符以及支持和反对类型转换运算符的根据。一般而言，应避免使用类型转换。

13.6　问与答

问：是否可使用 const_cast 对指向常量对象的指针或引用进行类型转换，以便修改 const 对象的内容？

答：不可使用。这样做的结果是不确定的，也绝不是您希望的。

问：我需要一个 Bird*，但只有一个 Dog*。编译器不允许将指向 Dog 对象的指针用作 Bird*。然而，当我使用 reinterpret_cast 将 Dog* 转换为 Bird* 时，编译器并不报错。看起来，可使用这个指针来调用 Bird 的成员函数 Fly( )，可以这样做吗？

答：绝对不要这样做。reinterpret_cast 只改变对指针的解释，并不改变指向的对象（它还是 Dog）。对 Dog 对象调用 Fly( ) 函数将得不到所需的结果，还可能导致应用程序出现故障。

问：我有一个 Base 指针 objBase，它指向一个 Derived 对象。我确信 objBase 指向的是一个 Derived 对象，是否还需要使用 dynamic_cast？

答：不需要。由于您确定指向的是 Derived 对象，因此可使用 static_cast 来提高运行性能。

问：C++提供了类型转换运算符，但却建议尽量不使用它们。这是为什么？

答：在集成遗留代码时，类型转换运算符很有用，但设计良好的现代 C++应用程序大都不需要它们。

13.7 作业

作业包括测验和练习，前者帮助读者加深对所学知识的理解，后者为读者提供了使用新学知识的机会。请尽量先完成测验和练习题，然后对照附录 E 的答案，继续学习第 14 章前，请务必弄懂这些题目。

13.7.1 测验

1. 您有一个基类对象指针 objBase，要确定它指向的是否是 Derived1 或 Derived2 对象，应使用哪种类型转换？

2. 假设您有一个指向对象的 const 引用，并试图通过它调用一个您编写的公有成员函数，但编译器不允许您这样做，因为该函数不是 const 成员。您将修改这个函数还是使用 const_cast？

3. 判断对错：仅在不能使用 static_cast 时才应使用 reinterpret_cast，这种类型转换是必须且安全的。

4. 判断对错：优秀的编译器将自动执行很多基于 static_cast 的类型转换，尤其是简单数据类型之间的转换。

13.7.2 练习

1. 查错：下述代码有何问题？

```
void DoSomething(Base* objBase)
{
   Derived* objDer = dynamic_cast <Derived*>(objBase);
   objDer->DerivedClassMethod();
}
```

2. 假设有一个 Fish 指针（objFish），它指向一个 Tuna 对象：

```
Fish* objFish = new Tuna;
Tuna* objTuna = <what cast?>objFish;
```

要让一个 Tuna 指针指向 Fish 指针指向的 Tuna 对象，应使用哪种类型转换？请使用代码证明您的看法。

第 14 章

宏和模板简介

现在，您应对基本的 C++ 语法有深入的认识，为学习有助于高效地编写程序的语言特性做好了准备。在本章中，您将学习：

- 预处理器简介；
- 关键字 #define 与宏；
- 模板简介；
- 如何编写函数模板和模板类；
- 宏和模板之间的区别；
- 如何使用 static_assert 执行编译阶段检查。

14.1 预处理器与编译器

在第 2 章，您首次接触到了预处理器。顾名思义，预处理器在编译器之前运行，换句话说，您使用预处理器编译指令来影响要编译的内容。预处理器编译指令都以 # 开头，例如：

```
// instruct preprocessor to insert contents of iostream here
#include<iostream>

// define a macro constant
#define ARRAY_LENGTH 25
int numbers[ARRAY_LENGTH]; // array of 25 integers

// define a macro function
#define SQUARE(x) ((x) * (x))
const int twentyFive = SQUARE(5);
```

本章重点介绍上述代码演示的两种预处理器编译指令：一是使用 #define 定义常量；二是使用 #define 定义宏函数。这两个编译指令都告诉编译器，将每个宏实例（ARRAY_LENGTH 或 SQUARE）都替换为其定义的值。

> **注意** 宏执行文本替换。预处理器只是就地将标识符替换为指定的文本，而不进行验证。

14.2 使用 #define 定义常量

使用 #define 定义常量的语法非常简单：

```
#define identifier replacement-text
```

例如，要定义将被替换为25的常量ARRAY_LENGTH，可使用如下代码：

```
#define ARRAY_LENGTH 25
```

这样，每当预处理器遇到标识符ARRAY_LENGTH时，都会将其替换为25。

```
int numbers[ARRAY_LENGTH];
double radiuses[ARRAY_LENGTH];
std::string names[ARRAY_LENGTH];
```

对于上述3行代码，预处理器运行完毕后，编译器看到的代码如下：

```
int numbers[25];       // an array of 25 integers
double radiuses[25];   // an array of 25 doubles
std::string names[25];// an array of 25 std::strings
```

替换将在所有代码中进行，包括下面这样的for循环：

```
for(int index = 0; index < ARRAY_LENGTH; ++index)
   numbers[index] = index;
```

编译器看到的上述循环如下：

```
for(int index = 0; index < 25; ++index)
   numbers[index] = index;
```

要准确地了解宏的工作原理，请参阅程序清单14.1。

程序清单14.1　声明并使用定义常量的宏

```
 0: #include<iostream>
 1: #include<string>
 2: using namespace std;
 3:
 4: #define ARRAY_LENGTH 25
 5: #define PI 3.1416
 6: #define MY_DOUBLE double
 7: #define FAV_WHISKY "Jack Daniels"
 8:
 9: int main()
10: {
11:    int numbers [ARRAY_LENGTH] = {0};
12:    cout << "Array's length: " << sizeof(numbers) / sizeof(int) << endl;
13:
14:    cout << "Enter a radius: ";
15:    MY_DOUBLE radius = 0;
16:    cin >> radius;
17:    cout << "Area is: " << PI * radius * radius << endl;
18:
19:    string favoriteWhisky (FAV_WHISKY);
20:    cout << "My favorite drink is: " << FAV_WHISKY << endl;
21:
22:    return 0;
23: }
```

▼ 输出：

▼ 输出：

```
Array's length: 25
Enter a radius: 2.1569
Area is: 14.6154
My favorite drink is: Jack Daniels
```

▼ 分析：

　　第 4～7 行定义了 4 个宏常量：ARRAY_LENGTH、PI、MY_DOUBLE 和 FAV_WHISKY。正如您看到的，第 11 行使用了常量 ARRAY_LENGTH 来指定数组的长度，第 12 行使用了运算符 sizeof( )间接地核实数组长度，第 15 行使用 MY_DOUBLE 声明了类型为 double 的变量 radius，第 17 行使用了 PI 来计算圆的面积。最后，第 19 行使用了 FAV_WHISKY 来初始化一个 std::string 对象，第 20 行在 cout 语句中直接使用了该常量。所有这些语句都表明，预处理器只是进行文本替换。

　　程序清单 14.1 演示的预处理器执行的简单文本替换存在缺点。

> **提示**
>
> 预处理器在执行文本替换时，不检查替换是否正确，但编译器总是会检查。在程序清单 14.1 的第 7 行中，如果这样定义 FAV_WHISKY：
>
> ```
> #define FAV_WHISKY 42 // previously "Jack Daniels"
> ```
>
> 那么第 19 行实例化 std::string 的代码将导致编译错误。但如果没有这行代码，该程序将通过编译，并输出如下内容：
>
> ```
> My favorite drink is: 42
> ```
>
> 这样的输出显然不符合逻辑，然而最重要的是，编译器却没有检测到这一点。另外，对于使用宏定义的常量 PI，您没有太大的控制权，其类型是 double 还是 float？答案是都不是。在预处理器看来，PI 就是 3.1416，根本不知道其数据类型。
>
> 在定义常量时，最好使用关键字 const 并指定数据类型，因此下面的定义好得多：
>
> ```
> const int ARRAY_LENGTH = 25;
> const double PI = 3.1416;
> const char* FAV_WHISKY = "Jack Daniels";
> typedef double MY_DOUBLE;  // typedef aliases a type
> ```

使用宏避免多次包含

　　C++程序员通常在.h 文件（头文件）中声明类和函数，并在.cpp 文件中定义函数，因此需要在.cpp 文件中使用预处理器编译指令#include <header>来包含头文件。如果在头文件 class1.h 中声明了一个类，而这个类将 class2.h 中声明的类作为其成员，则需要在 class1.h 中包含 class2.h。如果设计非常复杂，即第二个类需要第一个类，则在 class2.h 中也需要包含 class1.h！

　　然而，在预处理器看来，两个头文件彼此包含对方会导致递归问题。为避免这种问题，可结合使用宏以及预处理器编译指令#ifndef 和#endif。

　　包含 header2.h 的 header1.h 类似于下面这样：

```
#ifndef HEADER1_H_ //multiple inclusion guard
#define HEADER1_H_ // preprocessor will read this and following lines once
#include<header2.h>

class Class1
```

```
{
    // class members
};
#endif  // end of header1.h
```

header2.h 与此类似，但宏定义不同，且包含的是 header1.h：

```
#ifndef HEADER2_H //multiple inclusion guard
#define HEADER2_H_
#include<header1.h>

class Class2
{
    // class members
};
#endif // end of header2.h
```

注意

> #ifndef 可读作 if-not-defined。这是一个条件处理命令，让预处理器仅在标识符未定义时才继续。这种检查确保预处理器只处理随后的代码行一次。
>
> #endif 告诉预处理器，条件处理指令到此结束。

因此，预处理器在首次处理 header1.h 并遇到#ifndef 后，由于发现宏 HEADER1_H_ 还未定义，因此继续处理。#ifndef 后面的第一行定义了宏 HEADER1_H_，确保预处理器再次处理该文件时，将在遇到包含#ifndef 的第一行时结束，因为其中的条件为 false。header2.h 与此类似。在 C++编程领域，这种简单的机制无疑是最常用的宏功能之一。

提示

> C++20 引入了模块。模块提供了一种新的重用以前包含在头文件（.h 文件）中代码的方式。在使用模块时，不需要防范重复包含，可极大地缩短超大型代码库的编译时间。模块将在第 31 章介绍。

14.3 使用#define 编写宏函数

预处理器对宏指定的文本进行简单替换，因此也可以使用宏来编写简单的函数，例如：

```
#define SQUARE(x) ((x) * (x))
```

这个宏计算平方值。同样，计算圆面积的宏类似于下面这样：

```
#define PI 3.1416
#define AREA_CIRCLE(r) (PI*(r)*(r))
```

宏函数通常用于执行非常简单的计算。虽然宏函数看起来像常规函数调用，但将在编译前就地展开，因此在有些情况下有助于改善代码的性能。程序清单 14.2 演示了如何使用这些宏函数。

程序清单 14.2　使用计算平方值、圆面积、最小值和最大值的宏函数

```
0: #include<iostream>
1: #include<string>
2: using namespace std;
3:
4: #define SQUARE(x) ((x) * (x))
5: #define PI 3.1416
```

```
 6: #define AREA_CIRCLE(r)  (PI*(r)*(r))
 7: #define MAX(a, b)  (((a) > (b)) ? (a) : (b))
 8: #define MIN(a, b)  (((a) < (b)) ? (a) : (b))
 9:
10: int main()
11: {
12:    cout << "Enter an integer: ";
13:    int num = 0;
14:    cin >> num;
15:
16:    cout << "SQUARE(" << num << ") = " << SQUARE(num) << endl;
17:    cout << "Area of a circle with radius " << num << " is: ";
18:    cout << AREA_CIRCLE(num) << endl;
19:
20:    cout << "Enter another integer: ";
21:    int num2 = 0;
22:    cin >> num2;
23:
24:    cout << "MIN(" << num << ", " << num2 << ") = ";
25:    cout << MIN (num, num2) << endl;
26:
27:    cout << "MAX(" << num << ", " << num2 << ") = ";
28:    cout << MAX (num, num2) << endl;
29:
30:    return 0;
31: }
```

▼ 输出：

```
Enter an integer: 36
SQUARE(36) = 1296
Area of a circle with radius 36 is: 4071.51
Enter another integer: -101
MIN(36, -101) = -101
MAX(36, -101) = 36
```

▼ 分析：

第 4～8 行包含几个宏函数，它们分别计算平方值、圆面积以及两个数中的最大值和最小值。注意，第 6 行的 AREA_CIRCLE 使用了宏常量 PI 来计算圆面积，这表明一个宏可使用另一个宏。毕竟，宏是向预处理器发出的文本替换命令。下面来分析使用 MIN 宏的第 25 行：

```
cout << MIN (num, num2) << endl;
```

在编译器进行编译时，这行代码变成了下面这样，即将宏就地展开了：

```
cout << (((num) < (num2)) ? (num) : (num2)) << endl;
```

警告

> 由于宏不考虑数据类型，因此可能带来问题。例如，在理想情况下，AREA_CIRCLE 的返回类型应为 double，这样可确保返回的圆面积的精度。

14.3.1 为什么要使用括号

再来看一下计算圆面积的宏：

```
#define AREA_CIRCLE(r) (PI*(r)*(r))
```

上述代码比较古怪，使用了大量的圆括号。而在程序清单 7.1 中，函数 Area( )的代码如下：

```
double Area(double radius)
{
    return Pi * radius * radius; // look, no parentheses?
}
```

在编写宏时使用了大量圆括号，而在函数中表示同样的公式时没有使用圆括号。这是为什么呢？原因在于宏的计算方式——预处理器支持的文本替换机制。

请看下面的宏，它省略了大部分圆括号：

```
#define AREA_CIRCLE(r) (PI*r*r)
```

如果使用类似于下面的语句调用这个宏，结果将如何呢？

```
cout << AREA_CIRCLE (4+6);
```

展开后，编译器看到的语句如下：

```
cout << (PI*4+6*4+6);  // not the same as PI*10*10
```

根据运算符优先级，先执行乘法运算，再执行加法运算，因此编译器将这样计算面积：

```
cout << (PI*4+24+6);  // 42.5664 (which is incorrect)
```

在省略了括号的情况下，简单的文本替换破坏了编程逻辑！使用圆括号有助于避免这种问题：

```
#define AREA_CIRCLE(r) (PI*(r)*(r))
cout << AREA_CIRCLE (4+6);
```

经过替换后，编译器看到的表达式如下：

```
cout << (PI*(4+6)*(4+6));  // PI*10*10, as expected
```

通过使用圆括号，让宏代码不受运算符优先级的影响，从而能够正确地计算面积。

14.3.2 使用 assert 宏验证表达式

虽然对每条代码执行路径和可能的每种数据输入进行测试是一种很不错的做法，但对大型应用程序来说，可能无法做到如此面面俱到。比较现实的做法是，对表达式或变量的值进行验证。

assert 宏让您能够完成这项任务。为此，需要包含 assert.h，再像下面这样使用 assert 宏：

```
assert(expression that evaluates to true or false);
```

下面是一个示例，它使用 assert( )来验证指针的值：

```
#include<cassert>
#include<cstddef>
#include<new>

int main()
{
    char* sayHello = new (std::nothrow) char[25];
```

```
    assert(sayHello != NULL); // throws a message if pointer is NULL

    // other code

    delete[] sayHello;
    return 0;
}
```

assert( )在指针无效时会将这一点告诉您。为演示这一点，我将 sayHello 初始化为 NULL，并在调试模式下执行。使用 g++编译时，这个程序生成的输出如下：

```
int main(): Assertion 'sayHello != NULL' failed.
```

在调试模式等配置下，Microsoft Visual Studio 可能发出可视化警告。

因此，assert( )可方便调试，例如，可使用 assert 对函数的输入参数进行验证。长期而言，assert 有助于改善代码的质量，强烈推荐使用它。

14.3.3 使用宏函数的优点和缺点

宏函数可用于不同的变量类型。再来看一下程序清单 14.2 中的下述代码行：

```
#define MIN(a, b) (((a) < (b)) ? (a) : (b))
```

可将宏函数 MIN 用于 int 类型的参数：

```
cout << MIN(25, 101) << endl;
```

也可将其用于 double 类型的参数：

```
cout << MIN(0.1, 0.2) << endl;
```

如果 MIN( )为常规函数，则必须编写两个不同的版本：MIN_INT( )和 MIN_DOUBLE( )，前者接收 int 类型的参数并返回一个 int 类型的值，而后者接收 double 类型的参数并返回一个 double 类型的值。通过将 MIN( )定义为宏函数，减少了代码行，这诱使有些程序员使用宏来定义简单函数。宏函数将在编译前就地展开，因此简单宏的性能优于常规函数调用。这是因为函数调用要求创建调用栈、传递参数等，完成这些操作占用 CPU 的时间通常比 MIN 执行计算占用的还多。

然而，宏不支持任何形式的类型安全，这降低了程序的质量，是个严重的缺点。另外，复杂的宏调试起来也不容易。

如果需要编写独立于类型的泛型函数，又要确保类型安全，可使用模板函数，而不是宏函数。这将在 14.4 节介绍。如果要改善性能，可将函数声明为内联的。

第 7 章介绍过，要编写内联函数，可使用关键字 inline，如程序清单 7.10 所示。

白名单	黑名单
务必尽可能少使用宏。 务必用 const 变量替代宏。 请牢记，宏并非类型安全的，预处理器不执行类型检查。	在宏函数的定义中，别忘了使用圆括号来标识每个变量。 别忘了在代码中大量使用 assert( )，它们对提高代码的质量很有帮助，而且不会进入发行版本。

现在该学习使用模板进行泛型编程了。

14.4 模板简介

模板无疑是 C++语言中最强大的特性之一。

在 C++中，模板让程序员能够定义一种适用于不同类型对象的行为。虽然这听起来有点像宏（参见程序清单 14.2 中用于判断两个数中哪个更大的简单宏 MAX），但宏不是类型安全的，而模板是类型安全的。

14.4.1 模板声明语法

模板声明以关键字 template 开头，然后是模板参数列表。这种声明的格式如下：

```
template <parameter list>
function or class declaration
```

关键字 template 标志着模板声明的开始，而模板参数列表包含关键字 typename，它定义了模板参数 objType。objType 是一个占位符，在针对对象实例化模板时，将使用对象的类型替换它。

```
template <typename T1, typename T2 = T1>
bool TemplateFunction(const T1& param1, const T2& param2);


// A template class
template <typename T1, typename T2 = T1>
class MyTemplate
{
private:
   T1 member1;
   T2 member2;

public:
   T1 GetMember1() {return member1; }
   // ... other methods
};
```

上述代码演示了一个模板函数和一个模板类，它们都接收两个模板参数：T1 和 T2，其中，T2 的类型默认与 T1 相同。

14.4.2 各种类型的模板声明

模板声明可以是：

- 函数的声明或定义；
- 类的声明或定义；
- 类模板的成员函数或成员类的声明或定义；
- 类模板的静态数据成员的定义；
- 嵌套在类模板中的类的静态数据成员的定义；
- 类或类模板的成员模板的定义。

14.4.3 模板函数

假设要编写一个函数,它适用于不同类型的参数,这样就不用为每种类型编写重载版本了。为此可使用模板语法!下面来分析一个模板声明,它与前面讨论的 MAX 宏等价——返回两个参数中较大的一个:

```
template <typename objType>
const objType& GetMax(const objType& value1, const objType& value2)
{
    if (value1 > value2)
        return value1;
    else
        return value2;
}
```

下面是一个使用该模板的示例:

```
int num1 = 25;
int num2 = 40;
int maxVal = GetMax<int>(num1, num2);
double double1 = 1.1;
double double2 = 1.001;
double maxVal = GetMax<double>(double1, double2);
```

您可以注意到,调用 GetMax 时使用了<int>,这将模板参数 objType 指定为 int 类型的参数。编译器根据上述代码生成模板函数 GetMax 的两个版本,如下所示:

```
const int& GetMax(const int& value1, const int& value2)
{
    //...
}
const double& GetMax(const double& value1, const double& value2)
{
    // ...
}
```

然而,实际在调用模板函数时并非一定要指定类型,因此下面的函数调用没有任何问题:

```
int maxVal = GetMax(num1, num2);
```

编译器很聪明,知道这是针对 int 类型调用模板函数,如程序清单 14.3 所示。然而,对于模板类,必须显式地指定类型。

程序清单 14.3 使用模板函数 GetMax 返回两个参数中较大的一个

```
0: #include<iostream>
1: #include<string>
2: using namespace std;
3:
4: template <typename Type>
5: const Type& GetMax(const Type& value1, const Type& value2)
6: {
7:     if (value1 > value2)
```

```
 8:        return value1;
 9:    else
10:        return value2;
11: }
12:
13: template <typename Type>
14: void DisplayComparison(const Type& value1, const Type& value2)
15: {
16:     cout << "GetMax(" << value1 << ", " << value2 << ") = ";
17:     cout << GetMax(value1, value2) << endl;
18: }
19:
20: int main()
21: {
22:     int num1 = -101, num2 = 2011;
23:     DisplayComparison(num1, num2);
24:
25:     double d1 = 3.14, d2 = 3.1416;
26:     DisplayComparison(d1, d2);
27:
28:     string name1("Jack"), name2("John");
29:     DisplayComparison(name1, name2);
30:
31:     return 0;
32: }
```

▼ 输出：

```
GetMax(-101, 2011) = 2011
GetMax(3.14, 3.1416) = 3.1416
GetMax(Jack, John) = John
```

▼ 分析：

该程序清单包含两个模板函数：第 4～11 行的 GetMax( )；第 13～18 行的 DisplayComparison( )，它使用了 GetMax( )。在 main( ) 函数中，第 23、26 和 29 行表明，可将同一个模板函数用于不同类型的数据——int、double 和 std::string。模板函数不仅可以重用（就像宏函数一样），而且更容易编写和维护，还是类型安全的。

请注意，在调用 DisplayComparison 时，也可显式地指定类型，如下所示：

```
23:     DisplayComparison<int>(num1, num2);
```

然而，调用模板函数时没有必要这样做。您无须指定模板参数的类型，因为编译器能够自动推断出类型，但使用模板类时，需要这样做。

14.4.4　模板与类型安全

程序清单 14.3 中的模板函数 DisplayComparison( )和 GetMax( )是类型安全的，这意味着不能像下面这样进行无意义的调用：

```
DisplayComparison(num1, name1);
```

这种调用将导致编译错误。

14.4.5 模板类

第 9 章介绍过，类是一种编程单元，还介绍了封装类属性以及使用这些属性的方法。属性通常是私有成员，如 Human 类中的 int age。类是设计蓝图，其实际表示为对象。例如，可将 Tom 视为 Human 类的一个对象，其 age 属性为 15。显然，这里的单位是年，但如果出于特殊原因，需要在应用程序中将年龄存储为秒数，使用 int 可能不行，为安全起见，您可能想转而使用 long long。模板类是模板化的 C++类，是蓝图的蓝图。在使用模板类时，可指定要为哪种类型具体化类。这让您能够创建不同的 Human 对象，即有的年龄存储在 long long 类型的成员中，有的存储在 int 类型的成员中，还有的存储在 short 类型的成员中。

下面是一个简单的模板类，它只有单个模板参数 T，用于存储一个类型为 T 的成员变量：

```
template <typename T>
class HoldVarTypeT
{
private:
    T value;

public:
    void SetValue (const T& newValue) { value = newValue; }
    T& GetValue() {return value;}
};
```

变量 value 的类型为 T，该变量的类型是在使用模板（即实例化模板）时解析的。下面来看该模板类的一种用法：

```
HoldVarTypeT<int> holdInt;  // template instantiation for int
holdInt.SetValue(5);
cout << "The value stored is: " << holdInt.GetValue() << endl;
```

这里演示了如何使用这个模板类来存储和检索类型为 int 的对象，即使用 int 类型的模板参数实例化模板类。同样，这个类也可以用于处理字符串，两者的用法类似：

```
HoldVarTypeT<string> holdStr;
holdStr.SetValue("Sample string");
cout << "The value stored is: " << holdStr.GetValue() << endl;
```

因此，这个模板类定义了一种模式，并可针对不同的数据类型实现这种模式。

提示

在实例化模板类时，除使用 int 等简单类型和标准库中的类外，还可使用其他类型。您可以使用自己定义的类来实例化模板。例如，如果在程序清单 9.1 中添加定义模板类 HoldVarTypeT 的代码，就可在 main( )中使用 Human 类来实例化这个模板，如下所示：

```
HoldVarTypeT<Human> holdHuman;
holdHuman.SetValue(firstMan);
holdHuman.GetValue().IntroduceSelf();
```

14.4.6 声明包含多个参数的模板

模板参数列表包含多个参数，参数间用逗号分隔。因此，如果要声明一个泛型类，用于存储两个类型可能不同的对象，则可使用如下所示的代码（这个模板类包含两个模板参数）：

```
template <typename T1, typename T2>
class HoldsPair
{
private:
    T1 value1;
    T2 value2;
public:
    // Constructor that initializes member variables
    HoldsPair (const T1& val1, const T2& val2)
    {
        value1 = val1;
        value2 = val2;
    };
    // ... Other member functions
};
```

在这里，类 HoldsPair 接收两个模板参数，参数名分别为 T1 和 T2。可使用这个类来存储两个类型相同或不同的对象，如下所示：

```
// A template instantiation that pairs an int with a double
HoldsPair<int, double> pairIntDouble(6, 1.99);

// A template instantiation that pairs an int with an int
HoldsPair<int, int> pairIntDouble(6, 500);
```

14.4.7　声明包含默认参数的模板

可修改前面的 HoldsPair <...>，将模板参数的默认类型指定为 int：

```
template <typename T1=int, typename T2=int>
class HoldsPair
{
    // ... method declarations
};
```

这与给函数指定默认参数值极其相似，只是这里指定的是默认类型。

这样，前述 HoldsPair 用法可以简写为：

```
// Pair an int with an int (default type)
HoldsPair<> pairInts (6, 500);
```

14.4.8　一个模板类示例：HoldsPair

下面来进一步开发前面讨论的 HoldsPair 模板，如程序清单 14.4 所示。

程序清单 14.4　包含两个成员属性的模板类

```
0: #include<iostream>
1: using namespace std;
```

```
 2:
 3: // template with default params: int & double
 4: template <typename T1=int, typename T2=double>
 5: class HoldsPair
 6: {
 7: private:
 8:     T1 value1;
 9:     T2 value2;
10: public:
11:     HoldsPair(const T1& val1, const T2& val2) // constructor
12:         : value1(val1), value2(val2) {}
13:
14:     // Accessor functions
15:     const T1& GetFirstValue() const
16:     {
17:         return value1;
18:     }
19:
20:     const T2& GetSecondValue() const
21:     {
22:         return value2;
23:     }
24: };
25:
26: int main ()
27: {
28:     HoldsPair<> pairIntDbl (300, 10.09);
29:     HoldsPair<short,const char*>pairShortStr(25,"Learn templates, love C++");
30:
31:     cout << "The first object contains -" << endl;
32:     cout << "Value 1: " << pairIntDbl.GetFirstValue() << endl;
33:     cout << "Value 2: " << pairIntDbl.GetSecondValue() << endl;
34:
35:     cout << "The second object contains -" << endl;
36:     cout << "Value 1: " << pairShortStr.GetFirstValue() << endl;
37:     cout << "Value 2: " << pairShortStr.GetSecondValue() << endl;
38:
39:     return 0;
40: }
```

▼ 输出：

```
The first object contains -
Value 1: 300
Value 2: 10.09
The second object contains -
Value 1: 25
Value 2: Learn templates, love C++
```

▼ 分析：

　　这个简单的程序清单演示了如何声明模板类 HoldsPair 来存储两个值，且这两个值的类型取决于模板的参数列表。第 4 行有一个模板参数列表，它定义了两个参数（T1 和 T2），这两个参数的默认类型分别为 int 和 double。存取函数 GetFirstValue ( )和 GetSecondValue( )用于查询对象的值，它们将根据模板实例化语法返回正确的对象类型。HoldsPair 定义了一种模式，可通过重用该模式针对不同的变量类型实现相同的逻辑。因此，使用模板可提高代码的可复用性。

14.4.9 模板的实例化和具体化

由于模板类是创建类的蓝图，因此在编译器看来，仅当模板类以某种方式被使用后，其代码才存在。换言之，对于您定义了但未使用的模板类，编译器将忽略它。然而，当您像下面这样通过提供模板参数来实例化模板类（如 HoldsPair）时：

```
HoldsPair<int, double> pairIntDbl;
```

就相当于命令编译器使用模板来创建一个类，即使用模板参数指定的类型（这里是 int 和 double）实例化模板。因此，对模板来说，实例化指的是使用一个或多个模板参数来创建特定的类型。

而且，在有些情况下，使用特定的类型实例化模板时，需要显式地指定不同的行为。这就是具体化模板，即为特定的类型指定行为。下面是模板类 HoldsPair 的一个具体化示例，其中两个模板参数的类型都为 int：

```
template<> class HoldsPair<int, int>
{
    // implementation code here
};
```

当然，具体化模板的代码必须在模板定义后面。程序清单 14.5 是一个模板具体化示例，演示了使用同一个模板可创建不同的具体化版本。

程序清单 14.5 模板具体化

```
0: #include<iostream>
1: using namespace std;
2:
3: template <typename T1 = int, typename T2 = double>
4: class HoldsPair
5: {
6: private:
7:     T1 value1;
8:     T2 value2;
9: public:
10:     HoldsPair(const T1& val1, const T2& val2) // constructor
11:         : value1(val1), value2(val2) {}
12:
13:     // Accessor functions
14:     const T1& GetFirstValue() const;
15:     const T2& GetSecondValue() const;
16: };
17:
18: // specialization of HoldsPair for types int & int here
19: template<> class HoldsPair<int, int>
20: {
21: private:
22:     int value1;
```

```
23:     int value2;
24:     string strFun;
25: public:
26:     HoldsPair(const int& val1, const int& val2) // constructor
27:         : value1(val1), value2(val2) {}
28:
29:     const int & GetFirstValue() const
30:     {
31:         cout << "Returning integer " << value1 << endl;
32:         return value1;
33:     }
34: };
35:
36: int main()
37: {
38:     HoldsPair<int, int> pairIntInt(222, 333);
39:     pairIntInt.GetFirstValue();
40:
41:     return 0;
42: }
```

▼ 输出:

```
Returning integer 222
```

▼ 分析:

如果对程序清单 14.4 和这个程序清单中模板类 HoldsPair 的行为进行比较,就会发现它们有天壤之别。事实上,在模板具体化 HoldsPair<int, int>中,对函数 GetFirstValue( )做了修改,使其同时显示获得的值。如果您仔细查看第 18～34 行的具体化代码,将发现这个版本在第 24 行还声明了一个字符串成员,在第 3～16 行的 HoldsPair<>模板定义中,并没有这个成员。事实上,这个模板定义甚至都没有提供存取函数 GetFirstValue( )和 GetSecondValue( )的实现,但程序依然能够通过编译。这是因为编译器只需考虑针对<int, int>的模板实例化,而在这个实例化中,我们提供了完备的具体实现。总之,这个示例不仅演示了模板具体化,还表明根据模板的使用情况,编译器可能忽略模板代码。

14.4.10 模板类和静态成员

前面说过,在编译器看来,仅当模板被使用时,其代码才存在。那么在模板类中,静态成员属性的工作原理是什么样的呢? 第 9 章介绍过,如果将类成员声明为静态的,那么该成员将由类的所有实例共享。模板类的静态成员与此类似,由特定具体化的所有实例共享。也就是说,如果模板类包含静态成员,该成员将在针对 int 具体化的所有实例之间共享;同样,它还将在针对 double 具体化的所有实例之间共享,且与针对 int 具体化的实例无关。换句话说,可以认为编译器创建了两个版本的 x——x_int 用于针对 int 具体化的实例,而 x_double 用于针对 double 具体化的实例,程序清单 14.6 演示了这一点。

程序清单 14.6 静态成员对模板类和实例的影响

```
0: #include<iostream>
1: using namespace std;
2:
3: template <typename T>
4: class TestStatic
```

```
 5: {
 6: public:
 7:     static T staticVal;
 8: };
 9:
10: // static member initialization
11: template<typename T> T TestStatic<T>::staticVal;
12:
13: int main()
14: {
15:     TestStatic<int> intInstance;
16:     cout << "Setting staticVal for intInstance to 2021" << endl;
17:     intInstance.staticVal = 2021;
18:
19:     TestStatic<double> dblnstance;
20:     cout << "Setting staticVal for dblnstance to 1011.022" << endl;
21:     dblnstance.staticVal = 1011.022;
22:
23:     cout << "intInstance.staticVal = " << intInstance.staticVal << endl;
24:     cout << "dblnstance.staticVal = " << dblnstance.staticVal << endl;
25:
26:     return 0;
27: }
```

▼ **输出**：

```
Setting staticVal for intInstance to 2021
Setting staticVal for dblnstance to 1011.022
intInstance.staticVal = 2021
dblnstance.staticVal = 1011.02
```

▼ **分析**：

在第 17 和 21 行，分别为针对 int 和 double 类型的模板具体化设置了成员 staticVal。输出表明，编译器在两个不同的静态成员中存储了两个不同的值，但这两个静态成员都名为 staticVal。也就是说，对于针对每种类型具体化的类，编译器确保其静态变量不受其他类的影响。

> **注意**　　请注意模板类的静态成员的实例化语法，如程序清单 14.6 中第 11 行所示：
>
> ```
> template<typename T> T TestStatic<T>::staticVal;
> ```

14.4.11　参数数量可变的模板

如果您要编写一个将两个值相加的泛型函数，那么可编写下面这样的模板函数 Sum( )：

```
template <typename T1, typename T2, typename T3>
void Sum(T1& result, T2 num1, T3 num2)
{
    result = num1 + num2;
    return;
}
```

这个函数很简单。然而，如果需要编写一个能够计算任意个值的和的函数，就需要使用参数数量可变的模板。从 C++14 起，C++支持参数数量可变的模板。程序清单 14.7 演示了如何使用参数数量可变的模板来定义刚才说的函数。

程序清单 14.7　使用参数数量可变的模板的函数

```
0: #include<iostream>
1: using namespace std;
2:
3: template <typename Res, typename ValType>
4: void Sum(Res& result, ValType& val)
5: {
6:     result = result + val;
7: }
8:
9: template <typename Res, typename First, typename... Rest>
10: void Sum(Res& result, First val1, Rest... valN)
11: {
12:     result = result + val1;
13:     return Sum(result, valN ...);
14: }
15:
16: int main()
17: {
18:     double dResult = 0;
19:     Sum (dResult, 3.14, 4.56, 1.1111);
20:     cout << "dResult = " << dResult << endl;
21:
22:     string strResult;
23:     Sum (strResult, "Hello ", "World");
24:     cout << "strResult = " << strResult.c_str() << endl;
25:
26:     return 0;
27: }
```

▼ 输出：

```
dResult = 8.8111
strResult = Hello World
```

▼ 分析：

这个示例表明，使用参数数量可变的模板定义的函数 Sum( )不仅能够处理不同类型的参数（如第 19 和 23 行所示），还能够处理不同数量的参数。第 19 行调用 Sum( )时指定了 4 个参数，而第 23 行调用它时指定了 3 个参数，其中，第一个为 std::string，其他两个为 const char*。在编译期间，编译器将根据调用 Sum( )的情况创建正确的代码，并反复处理提供的参数，直到将所有参数都处理完毕。

注意

> 您可能注意到了，在程序清单 14.7 中，使用了省略号（ … ）。在 C++中，模板中的省略号告诉编译器，模板类或模板函数可接收任意数量的模板参数，且这些参数可为任何类型。

参数数量可变的模板是一项强大的 C++功能，可用于执行数学运算，也可用于完成某些简单的任务。通过使用参数数量可变的模板，程序员可避免反复实现执行任务的各种重载版本，从而创建出更简短、更容易维护的代码。

注意

要确定调用参数数量可变的模板时提供了多少个模板参数，可使用运算符 sizeof...( )。在程序清单 14.7 中，可像下面这样在函数 Sum( )中使用这个运算符：

```
int arrNums[sizeof...(Rest)];
// length of array evaluated using sizeof...() at
compile time
```

千万不要将 sizeof...( )和 sizeof(Type)混为一谈。后者返回类型的长度，而前者指出向参数数量可变的模板传递了多少个参数。

通过支持参数数量可变的模板，C++还打开了支持元组的大门。std::tuple 就是实现元组的模板类，您可使用任意数量的元素来实例化这个模板类，其中每个元素都可为任何类型。要访问这些元素，可使用标准库函数 std::get。程序清单 14.8 演示了如何实例化并使用 std::tuple。

程序清单 14.8 实例化并使用 std::tuple

```cpp
0: #include<iostream>
1: #include<tuple>
2: #include<string>
3: using namespace std;
4:
5: template <typename tupleType>
6: void DisplayTupleInfo(tupleType& tup)
7: {
8:     const int numMembers = tuple_size<tupleType>::value;
9:     cout << "Num elements in tuple: " << numMembers << endl;
10:     cout << "Last element value: " << get<numMembers - 1>(tup) << endl;
11: }
12:
13: int main()
14: {
15:     tuple<int, char, string> tup1(make_tuple(101, 's', "Hello Tuple!"));
16:     DisplayTupleInfo(tup1);
17:
18:     auto tup2(make_tuple(3.14, false));
19:     DisplayTupleInfo(tup2);
20:
21:     auto concatTup(tuple_cat(tup2, tup1)); // contains tup2, tup1 members
22:     DisplayTupleInfo(concatTup);
23:
24:     double pi;
25:     string sentence;
26:     tie(pi, ignore, ignore, ignore, sentence) = concatTup;
27:     cout << "Unpacked! Pi: " << pi << " and \"" << sentence << "\"" << endl;
28:
29:     return 0;
30: }
```

▼ 输出：

```
Num elements in tuple: 3
Last element value: Hello Tuple!
```

```
Num elements in tuple: 2
Last element value: 0
Num elements in tuple: 5
Last element value: Hello Tuple!
Unpacked! Pi: 3.14 and "Hello Tuple!"
```

▼ 分析：

首先，如果您觉得程序清单 14.8 中的代码难以理解，请不用担心！元组用于存储一系列类型不同的元素。在这个示例中，使用了 std::tuple 类来实例化各种元组，它们包含的元素数和类型各不相同。第 15、18 和 21 行实例化了 3 个 std::tuple：tup1 包含 3 个成员，它们的类型分别为 int、char、std::string；tup2 包含一个 double 类型的成员和一个 bool 类型的成员，它还通过关键字 auto 使用了编译器的类型自动推断功能；tup3 实际上是一个包含 5 个成员的元组，它们的类型分别为 double、bool、int、char 和 string，这是使用模板函数 std::tuple_cat 拼接的结果。

第 5～11 行的模板函数 DisplayTupleInfo( ) 演示了如何使用 tuple_size，它在编译阶段获得特定的 std::tuple 实例化包含的元素数。第 10 行使用的 std::get 是一种访问元组中各个元素的机制，它使用从 0 开始的索引。最后，第 26 行的 std::tie 演示了如何将元组的内容拆封（复制）到对象中，还在第 26 行使用了 std::ignore 让 tie 忽略不感兴趣的元组成员。

14.4.12　使用 static_assert 执行编译阶段检查

static_assert 是 C++11 引入的，让您能够在不满足指定条件时禁止编译。它是一种编译阶段断言，可用于在开发环境（或控制台中）显示自定义消息：

```
static_assert(expression being validated, "Error message when check fails");
```

对模板类来说，static_assert 很有用。例如，您可能想确保只能针对 int 实例化模板类，为此可像下面这样使用 static_assert：

```
static_assert(std::is_integral<T>::value, "Only integers please!");
```

C++11 引入的 is_integral<>是在头文件 type_traits 中定义的，它检查提供的模板参数的类型是否是 int。

程序清单 14.9 演示了一个模板类，它使用 static_assert( ) 允许针对 int 的实例化，并禁止针对其他类型的实例化。

程序清单 14.9　一个模板类，它使用 static_assert 禁止针对非 int 类型的实例化

```
0: #include<type_traits>
1:
2: template <typename T>
3: class OnlyInt
4: {
5: public:
6:    OnlyInt()
7:    {
8:        static_assert(std::is_integral<T>::value, "Only integers please!");
9:    }
10: };
11:
12: int main()
```

```
13: {
14:     OnlyInt<int> test1; // OK!
15:     // OnlyInt<double> test2; // Error!
16:
17:     return 0;
18: }
```

▼ **输出:**

这个代码片段没有输出。

▼ **分析:**

在这个示例中,第 8 行使用了 static_assert 来禁止针对 double 实例化模板类 OnlyInt<>。第 15 行的模板实例化不符合这个模板类的目标用途,因此禁止编译,并指出了原因:

```
Only integers please!
```

> **提示**
>
> C++20 引入了概念(concept),您可使用它们来定义规则,使得只能针对特定的类型实例化模板。编译器将检查模板是否满足指定的规则,并在模板使用了不允许的参数类型时显示一条简单的错误消息。
>
> 概念将在第 29 章介绍。

14.4.13　在实际 C++编程中使用模板

模板的一个重要而且最强大的应用在 STL 中。STL 由一系列模板类和函数组成,它们分别包含泛型实用类和算法。这些 STL 模板类让您能够实现动态数组、链表以及包含键值对的容器,而 std::sort 等算法可用于这些容器,从而对容器包含的数据进行处理。

前面介绍的模板语法有助于读者使用本书后面将详细介绍的 STL 容器和函数;更深入地理解 STL 将有助于使用在 STL 中经过测试的可靠实现,从而编写出更高效的 C++程序,还有助于避免在模板细节上浪费时间。

白名单	黑名单
务必使用模板来实现通用概念。 务必使用模板而不是宏。	编写模板函数和模板类时,别忘了尽可能使用 const。 别忘了,模板类的静态成员由特定的具体化的所有实例共享。

14.5　总结

本章更详细地介绍了预处理器。每当您运行编译器时,预处理器都将先运行,对#define 等指令进行转换。

预处理器执行文本替换,但在使用宏时替换将比较复杂。通过使用宏函数,可根据在编译阶段传递给宏的参数进行复杂的文本替换。将宏中的每个参数放在圆括号内以确保进行正确的替换,这很重要。

模板有助于编写可重用的代码,它向开发人员提供了一种可用于不同数据类型的模式。模板可以取代宏,且是类型安全的。学习本章介绍的模板知识后,便为学习如何使用 STL 做好了准备!

14.6 问与答

问：在头文件中，为何要使用多次包含防范？

答： 多次包含防范使用的#ifndef、#define 和#endif，可避免头文件出现多次包含或递归包含错误，有时还可提高编译速度。

问：如果所需的功能使用宏函数和模板都能实现，在什么情况下应使用宏函数，而不是模板？

答： 在任何情况下都应使用模板，而不是宏函数，因为模板不但提供了泛型实现，还是类型安全的。宏函数不是类型安全的，最好不要使用。

问：调用模板函数时，需要指定模板参数类型吗？

答： 通常不需要，因为编译器能够根据函数调用使用的实参推断出模板参数类型。

问：对于特定的模板类，每个静态成员有多少个版本？

答： 这完全取决于针对多少种类型实例化了该模板类。如果针对 int、string 和自定义类型 X 实例化了该模板类，则每个静态成员都有 3 个不同的版本——每种模板实例化一个。

14.7 作业

作业包括测验和练习，前者帮助读者加深对所学知识的理解，后者为读者提供了使用新学知识的机会。请尽量先完成测验和练习题，然后对照附录 E 的答案，继续学习第 15 章前，请务必弄懂这些题目。

14.7.1 测验

1. 什么是多次包含防范（inclusion guard）？
2. 如果使用参数 20 调用下面的宏，结果将是多少？

```
#define SPLIT(x) x / 5
```

3. 如果用 10+10 调用测验题 2 中的 SPLIT 宏，结果将是多少？
4. 如何修改测验题 2 中的 SPLIT 宏，以避免得到错误的结果？

14.7.2 练习

1. 编写一个将两个数相乘的宏。
2. 编写一个模板，实现测验题 2 中宏的功能。
3. 实现模板函数 Swap，它可以交换两个变量的值。
4. 查错：您将如何改进下面的宏，使其计算输入值的 1/4？

```
#define QUARTER(x) (x / 4)
```

5. 编写一个简单的模板类，它存储两个数组，数组的类型是通过模板参数列表指定的。数组包含 10 个元素，模板类应包含存取函数，用于操作数组元素。
6. 编写模板函数 Display( )，它可使用不同数量和类型的参数调用，并将所有参数都显示出来。

第三部分
学习标准模板库

第15章
标准模板库简介

简单地说，标准模板库（STL）是一组模板类和函数，向程序员提供了：

- 用于存储信息的容器；
- 用于访问容器存储的信息的迭代器；
- 使用迭代器操作容器的算法（以实用函数的面目出现）。

本章概述 STL 的这 3 个重要方面，而后续章节将详细介绍它们。

15.1 STL 容器

容器是用于存储数据的 STL 类，STL 提供了两种类型的容器类：

- 顺序容器；
- 关联容器。

另外，STL 还提供了被称为容器适配器（container adapter）的类，它们是顺序容器和关联容器的变种，包含的功能更少，用于满足特殊的需求。

15.1.1 顺序容器

顾名思义，顺序容器按顺序存储数据，如数组和列表。顺序容器具有插入速度快但查找操作相对较慢的特征。

STL 顺序容器如下。

- **std::vector**：类似于动态数组，在末尾插入数据；可将 vector 视为书架，可在一端添加和拿走图书。
- **std::deque**：与 std::vector 类似，但允许在开头插入或删除元素。
- **std::list**：类似于双向链表。可将它视为链条，对象被连接在一起，可在任何位置添加或删除对象。
- **std::forward_list**：类似于 std::list，但是单向链表，只能沿一个方向遍历。

STL vector 与数组类似，允许随机访问元素，即可使用索引运算符（[]）指定元素在 vector 中的位置（索引），从而直接访问或操作元素。另外，STL vector 是动态数组，因此能够根据应用程序在运行阶段的需求自动调整长度。为保留数组根据位置随机访问元素的特征，大多数 STL vector 实现都将所有元素存储在连续的存储单元中，因此需要调整长度的 vector 通常会降低应用程序的性能，这取决于它包含的对象类型。第 4 章简要地介绍了 vector（参见程序清单 4.4），而第 17 章将更详细地讨论这种容器。

可将 STL list 类视为普通链表的 STL 实现。虽然 list 中的元素不能像 vector 中的元素那样随机访间，但 list 可使用不连续的内存块组织元素，因此它不像 std::vector 那样需要给内部数组重新分配内存，进而导致性能问题。STL list 类将在第 18 章更详细地讨论。

15.1.2　关联容器

关联容器按指定的顺序存储元素，就像词典一样。虽然这将降低插入数据的速度，但在查询方面有很大的优势。

STL 提供的关联容器如下。

- **std::set**：存储各不相同的值，在插入时进行排序；复杂度为对数。
- **std::unordered_set**：存储各不相同的值，在插入时进行排序；复杂度接近常数。
- **std::map**：存储键值对，并根据唯一的键排序；复杂度为对数。
- **std::unordered_map**：存储键值对，并根据唯一的键排序；复杂度接近常数。
- **std::multiset**：与 set 类似，但允许存储多个值相同的项，即值不需要是唯一的。
- **std::unordered_multiset**：与 unordered_set 类似，但允许存储多个值相同的项，即值不需要是唯一的。复杂度接近常数。
- **std::multimap**：与 map 类似，但不要求键是唯一的。
- **std::unordered_multimap**：与 unordered_map 类似，但不要求键是唯一的；复杂度接近常数。

注意

> 复杂度是一种指标，它指出了容器的性能与其包含的元素数之间的关系。因此，我们说 std::unordered_map 的复杂度为常数时，意思是说这种容器的性能不受其包含的元素数的影响。换句话说，这种容器在包含 1000 个元素和 1000000 个元素时，处理时间相同。
>
> 对数复杂度（如 std::map）表示性能与元素数的对数成反比。换句话说，这种容器包含 1000000 个元素时，处理时间为包含 1000 个元素时的两倍。
>
> 线性复杂度意味着性能与元素数成反比。换言之，这种容器在包含 1000000 个元素时，处理时间为包含 1000 个元素时的两倍。
>
> 对于给定的容器，复杂度可能随要执行的操作而异。也就是说，插入元素这一操作的复杂度可能接近常数，而搜索复杂度为线性。因此，要选择正确的容器，除了解容器的功能外，了解其性能也至关重要。

可通过谓词函数编程来定制 STL 容器的排序标准。

提示

> 有些 STL 实现也支持关联容器 hash_set、hash_multiset、hash_map 和 hash_multimap，它们与 C++标准支持的 unordered_*容器类似。在有些情况下，hash_*和 unordered_*容器有更好的元素搜索性能，因为其元素访问时间为常量（不依赖于容器包含的元素数）。通常，由于这些容器提供了与相应的标准容器相同的公有方法，因此使用起来很容易。
>
> 在使用遵循标准的容器时，代码将更容易在不同平台和编译器之间移植，因此是更好的选择。另外，虽然遵循标准的容器的性能呈对数降低，但这可能并不会严重影响应用程序。

15.1.3　容器适配器

容器适配器是顺序容器和关联容器的变种，其功能有限，用于满足特定的需求。主要的容器适配器如下。

- **std::stack**：以 LIFO 的方式存储元素，让您能够在栈顶插入（压入）和删除（弹出）元素。
- **std::queue**：以 FIFO（First In First Out，先进先出）的方式存储元素，让您能够按插入顺序删除元素。

- **std::priority_queue**：以特定顺序存储元素，因为优先级最高的元素总是位于队列开头。

这些容器适配器将在第 24 章详细讨论。

15.2 STL 迭代器

最简单的迭代器是指针。给定一个指向数组中的第一个元素的指针，可递增该指针使其指向下一个元素，还可直接对当前位置的元素进行操作。

迭代器也是模板类，可将它们视为泛型指针。这些模板类让程序员能够操作 STL 容器中的元素。STL 以模板函数的方式提供了一些被称为算法的操作，而迭代器犹如沟通算法和容器的桥梁。

STL 提供的迭代器分为如下两大类。

- **输入迭代器**：通过对输入迭代器解除引用，它将指向对象，而对象可能是集合中的元素。最严格的输入迭代器确保只能以只读的方式访问对象。
- **输出迭代器**：输出迭代器让程序员能够修改集合的内容。最严格的输出迭代器确保只能执行写入操作。

上述两类基本迭代器可进一步分为如下 3 类。

- **前向迭代器**：它是输入迭代器和输出迭代器的一种细化，允许输入与输出。前向迭代器可以用 const 声明，只能读取它指向的对象；也可以修改对象，即可读写对象。前向迭代器通常用于单向链表。
- **双向迭代器**：它是前向迭代器的一种细化，可对其执行递减操作，从而向后移动。双向迭代器通常用于双向链表。
- **随机访问迭代器**：它是对双向迭代器的一种细化，可对其加减一个偏移量，还可将两个迭代器相减以得到集合中两个对象的相对距离。随机访问迭代器通常用于数组。

> **注意** 从实现层面说，可将"细化"视为继承或具体化。

15.3 STL 算法

虽然查找、排序和反转等都是标准的编程需求，但是不应让每个应用程序都重复实现这些功能。因此 STL 以 STL 算法的方式提供这些函数，通过结合使用这些函数和迭代器，程序员可对容器执行一些常见的操作。

常用的 STL 算法如下。

- **std::find**：在集合中查找值。
- **std::find_if**：使用程序员提供的谓词在集合中查找值。
- **std::reverse**：反转集合中元素的排列顺序。
- **std::remove_if**：使用程序员提供的谓词将元素从集合中删除。
- **std::transform**：使用程序员提供的变换函数对容器中的元素进行变换。

这些算法都是 std 命名空间中的模板函数，要使用它们，必须包含标准头文件 algorithm。

15.4 使用迭代器在容器和算法之间交互

下面通过一个示例阐述迭代器如何无缝地将容器和 STL 算法连接起来。程序清单 15.1 所示的程序使用 STL 顺序容器 std::vector（它类似于动态数组）来存储一些整数，再使用 std::find 算法在集合中查找一个整数。请注意，迭代器就是沟通容器和算法的桥梁。请不要担心语法和功能，

std::vector 等容器以及 std::find 等算法将分别在第 17 和 23 章详细讨论。如果您觉得这部分很复杂，可暂时跳过，等阅读第 17 和 23 章后再来看。

程序清单 15.1　在 vector 中查找元素及其位置

```
 1: #include<iostream>
 2: #include<vector>
 3: #include<algorithm>
 4: using namespace std;
 5:
 6: int main ()
 7: {
 8:    // A dynamic array of integers
 9:    vector<int> intArray;
10:
11:    // Insert sample integers into the array
12:    intArray.push_back(50);
13:    intArray.push_back(2991);
14:    intArray.push_back(23);
15:    intArray.push_back(9999);
16:
17:    cout < < "The contents of the vector are: " < < endl;
18:
19:    // Walk the vector and read values using an iterator
20:    vector<int>::iterator arrIterator = intArray.begin();
21:
22:    while (arrIterator != intArray.end())
23:    {
24:        // Write the value to the screen
25:        cout < < *arrIterator < < endl;
26:
27:        // Increment the iterator to access the next element
28:        ++arrIterator;
29:    }
30:
31:    // Find an element (say 2991) using the 'find' algorithm
32:    vector<int>::iterator elFound = find(intArray.begin(),
33:                        intArray.end(), 2991);
34:
35:    // Check if value was found
36:    if (elFound != intArray.end())
37:    {
38:        // Determine position of element using std::distance
39:        int elPos = distance(intArray.begin(), elFound);
40:        cout < < "Value "< < *elFound;
41:        cout < < " found in the vector at position: " < < elPos < < endl;
42:    }
43:
44:    return 0;
45: }
```

▼ 输出：

```
The contents of the vector are:
50
```

```
2991
23
9999
Value 2991 found in the vector at position: 1
```

▼ 分析：

　　程序清单 15.1 演示了如何使用迭代器遍历 vector。迭代器是一个接口，将算法（如 find( )）关联到其要操作的数据所属的容器（如 vector）。第 20 行声明了迭代器对象 arrIterator，并将其初始化为指向容器开头，即指向 vector 的成员函数 begin( )返回的值。第 22～29 行演示了如何在循环中使用该迭代器遍历并显示 vector 包含的元素，这与显示静态数组的内容极其相似。迭代器的用法在所有 STL 容器中都相同。所有容器都提供了 begin( )函数和 end( )函数，其中前者指向容器的第一个元素，后者指向容器中最后一个元素的后面。这就是第 22 行的 while 循环在 end( )前面而不是 end( )处结束的原因。第 32 行演示了如何使用 find 在 vector 中查找值。find 操作的结果也是一个迭代器，通过将该迭代器与容器末尾进行比较，可判断 find 是否成功，如第 36 行所示。如果找到了元素，便可对该迭代器解除引用（就像对指针解除引用一样）以显示该元素。算法 distance 计算找到的元素的所处位置的偏移量。

　　如果将程序清单 15.1 中所有的 vector 都替换为 deque，代码仍能通过编译并完美地运行。如您所见，迭代器让您能够轻松地使用算法来操作容器。

使用关键字 auto 让编译器确定类型

　　在程序清单 15.1 中，有多个迭代器声明，这些声明类似于下面这样：

```
20:    vector<int>::iterator arrIterator = intArray.begin();
```

上述迭代器类型定义看起来令人害怕，但可将这行代码简化成下面这样：

```
20:    auto arrIterator = intArray.begin(); // compiler detects type
```

请注意，将变量类型声明为 auto 时，必须对其进行初始化，这样编译器才能根据变量的初始值推断变量的类型。

15.5　选择正确的容器

　　显然，可能有多种 STL 容器能够满足应用程序的需求，这时必须做出选择，这种选择很重要，因为糟糕的选择将导致性能问题和可扩展性瓶颈。
　　因此，在选择容器前，评估各种容器的优缺点很重要。STL 容器类的特点如表 15.1 所示。

表 15.1　　　　　　　　　　　　　　　STL 容器类的特点

STL 容器类	优点	缺点
std::vector（顺序容器）	在末尾插入数据时速度快（时间固定）； 可以像访问数组一样进行访问	调整大小时将影响性能； 搜索速度与容器包含的元素数成反比； 只能在末尾插入数据
std::deque（顺序容器）	具备 vector 的所有优点，还可在容器开头插入数据，插入时间也是固定的	有 vector 的所有缺点； 与 vector 不同的是，根据规范，deque 不需要支持 reserve( )函数，该函数让程序员能够给 vector 预留内存空间，以免频繁地调整大小，从而提高性能

容器	优点	缺点
std::list（顺序容器）	在 list 开头、中间或末尾插入数据，所需时间都是固定的；将元素从 list 中删除所需的时间是固定的，不管元素的位置如何；插入或删除元素后，指向 list 中其他元素的迭代器仍有效	不能像数组那样根据索引随机访问元素；搜索速度比 vector 慢，因为元素没有存储在连续的内存单元中；搜索速度与容器中的元素数成反比
std::forward_list（顺序容器）	单向链表，只能沿一个方向遍历	只能使用 push_front() 在链表开头插入元素
std::set（关联容器）	搜索速度不与容器中的元素数（而与元素数的对数）成反比，因此搜索速度通常比顺序容器快得多	元素的插入速度比顺序容器慢，这是因为在插入时对元素进行排序
std::unordered_set（关联容器）	搜索、插入和删除的速度几乎不受容器包含的元素数的影响	由于元素未被严格排序，因此不能依赖于元素在容器中的相对位置
std::multiset（关联容器）	在需要存储非唯一的值时，应使用这种容器	插入速度可能比顺序容器慢，因为在插入时对（键值对）进行排序
std::unordered_multiset（关联容器）	在需要存储非唯一的值时，应使用这种容器，而不是 unorder_set；性能与 unordered_set 类似，即搜索、插入和删除元素的时间是固定的，不受容器长度的影响	由于元素未被严格排序，因此不能依赖于元素在容器中的相对位置
std::map（关联容器）	用于存储键值对的容器，搜索速度与元素数的对数成反比，因此搜索速度通常比顺序容器快得多	插入时进行排序，因此插入速度比顺序容器慢
std::unordered_map（关联容器）	搜索、插入和删除元素的时间是固定的，不受容器长度的影响	由于元素未被严格排序，因此不适合用于顺序很重要的场景
std::multimap（关联容器）	在需要存储键值对且要求键不唯一时，应选择这种容器，而不是 map	插入时进行排序，因此插入速度比顺序容器慢
std::unordered_multimap（关联容器）	在需要存储键值对且要求键不唯一时，应选择这种容器，而不是 multimap；搜索、插入和删除元素的时间是固定的，不受容器长度的影响	元素未被严格排序，需要依赖于元素的相对顺序时，不能使用它

15.6　STL 字符串类

STL 提供了一个专门为操纵字符串而设计的模板类：std::basic_string<T>，该模板类的两个常用具体化如下。

- **std::string**：基于 char 的 std::basic_string 具体化，用于操纵简单字符串。
- **std::wstring**：基于 wchar_t 的 std::basic_string 具体化，用于操纵宽字符串，通常还用于存储支持各种语言中符号的 Unicode 字符。

第 16 章将详细讨论这个实用类，届时您将发现，它使使用和操纵字符串变得非常简单。

15.7　总结

本章介绍了 STL 容器、迭代器和算法等的基本概念，还简要地介绍了 basic_string<T>，这个类将在本书后面详细讨论。容器、迭代器和算法是最重要的 STL 概念，深入理解它们有助于在应用程序中高效地使用 STL。第 17～25 章将更详细地解释这些概念的实现及其应用。

15.8　问与答

问：我需要一个数组，但不知道它应包含多少个元素，请问我应使用哪种 STL 容器？

答：std::vector 或 std::deque 能够很好地满足这种需求。这两种容器都负责管理内存，并可根据应用程序的需求动态地调整大小。

问：**我的应用程序经常需要执行搜索操作，我应选择哪种容器？**

答：诸如 std::map 和 std::set 及其 unordered 变种等关联容器最适合用于需要经常进行搜索的应用程序。

问：**我要存储键值对，并希望能够快速完成查找，但键可能不是唯一的，我应选择哪种容器？**

答：关联容器 std::multimap 适用于这种需求。multimap 可存储非唯一的键值对，查找速度也快，这也是关联容器的一个特点。

问：**我要开发一个能够在不同平台和编译器之间移植的应用程序，该程序还需要使用能够根据键快速查询的容器，我应使用 std::map 还是 std::hash_map？**

答：移植性是一个重要约束条件，因此必须使用符合标准的容器。hash_map 不是 C++标准的一部分，并非所有平台都支持它。因此，使用 std::map 或 std::hash_map 都不合适，应使用 std::unordered_map。

15.9　作业

作业包括测验和练习，前者帮助读者加深对所学知识的理解，后者为读者提供了使用新学知识的机会。请尽量先完成测验和练习题，然后对照附录 E 的答案，继续学习第 16 章前，请务必弄懂这些题目。

测验

1. 要包含一个对象数组，并允许在开头和末尾插入对象，应使用哪种容器？
2. 要存储元素以进行快速查找，应选择哪种容器？
3. 您想使用 std::set 存储元素，并根据除元素值外的其他条件进行存储和查找。这可能吗？
4. 哪项 STL 特性能够将算法和容器联系起来？
5. 如果应用程序要移植到不同的平台，并使用不同的 C++编译器进行编译，是否可选择使用容器 hash_set？

第 16 章
STL string 类

STL 提供了一个用于操作字符串的容器类。std::string 类不仅能够根据应用程序的需求动态调整大小，还提供了很有用的辅助函数（方法），可帮助操作字符串，这让程序员能够在应用程序中使用标准的、经过测试的可移植功能，并将其主要精力放在开发应用程序的重要功能上。

在本章中，您将学习：

- 为何需要字符串操作类；
- 如何使用 STL string 类；
- STL 如何帮助您轻松地执行拼接、附加、查找以及其他字符串操作；
- 如何使用基于模板的 STL string 实现；
- 从 C++14 起，STL string 类支持的 operator ""s。

16.1　为何需要字符串操作类

在 C++中，字符串是一个字符数组。第 4 章介绍过，简单的字符数组可这样定义：

```
char sayHello[] = {'H','e','l','l','o',' ','W','o','r','l','d','\0'};
```

sayHello 被声明为字符数组（也叫字符串），其长度是固定的（静态的）。可以看到，该数组可存储一个长度有限的字符串，如果试图存储的字符数超出限制将溢出。而且，不能调整静态数组的长度，为避开这种限制，C++支持动态分配内存，因此可以使用如下方式定义更动态的字符数组：

```
char* dynamicStr = new char[arrayLen];
```

dynamicStr 是一个动态分配的字符数组，其长度由变量 arrayLen 的值指定，而该变量的值是在运行阶段确定的，因此该数组的长度是可变的。然而，如果要在运行阶段改变数组的长度，则必须首先释放以前分配给它的内存，再重新分配内存来存储数据。

如果将 char*用作类的成员属性，那么情况将更复杂。将这种类的对象赋给另一个对象时，必须有编写正确的复制构造函数和赋值运算符，否则两个对象将包含同一个指针的副本，它们指向内存中相同的缓冲区。在这种情况下，其中一个对象被销毁（释放缓冲区）时，另一个对象中的指针将变得非法，导致应用程序不能正常运行。

字符串类帮您解决了这些问题。STL 字符串类 std::string 和 std::wstring 分别模拟了普通字符串和宽字符串，可提供如下帮助：

- 减少程序员在创建和操作字符串方面需要做的工作；
- 在内部管理内存分配细节，从而提高应用程序的稳定性；

- 提供复制构造函数和赋值运算符，可确保成员字符串得以正确复制；
- 提供帮助执行截短、查找和删除等操作的实用函数；
- 提供用于比较的运算符；
- 让程序员能够将精力放在应用程序的主要需求而不是字符串的操作细节上。

注意 std::string 和 std::wstring 实际上是同一个模板类（std::basic_string<T>）的具体化，即它们是分别针对类型 char 和 wchar 的具体化。学会使用其中一个后，就能将这些方法和运算符用于另一个。

稍后将以 std::string 为例，介绍 STL 字符串类提供的一些辅助函数。

16.2 使用 STL string 类

最常用的字符串操作包括：
- 复制；
- 拼接；
- 查找字符和子字符串；
- 截短；
- 使用 STL 提供的算法实现字符串反转和大小写转换。

提示 要使用 STL string 类，必须包含头文件 string。

16.2.1 实例化和复制 STL string

由于 string 类提供了很多重载的构造函数，因此可以使用多种方式进行实例化和初始化。例如，可使用常量字符串初始化 STL string 对象或将常量字符串赋给 STL string 对象：

```
const char* constCStyleString = "Hello String!";
std::string strFromConst(constCStyleString);
```

或：

```
std::string strFromConst = constCStyleString;
```

上述代码与下面的代码类似：

```
std::string str2("Hello String!");
```

显然，在实例化并初始化 string 对象时，无须关心字符串长度和内存分配细节。STL string 类的构造函数将自动完成这些工作。

同样，可使用一个 string 对象来初始化另一个：

```
std::string str2Copy(str2);
```

可让 string 的构造函数只接收输入字符串的前 *n* 个字符：

```
// Initialize a string to the first 5 characters of another
std::string strPartialCopy(constCStyleString, 5);
```

还可这样初始化 string 对象，即使其包含指定数量的特定字符：

```
// Initialize a string object to contain 10 'a's
std::string strRepeatChars (10, 'a');
```

程序清单 16.1 演示了一些实例化和复制 STL string 的常见方法。

程序清单 16.1 实例化和复制 STL string 的常见方法

```
 0: #include<string>
 1: #include<iostream>
 2:
 3: int main ()
 4: {
 5:     using namespace std;
 6:     const char* constCStyleString = "Hello String!";
 7:     cout << "Constant string is: " << constCStyleString << endl;
 8:
 9:     std::string strFromConst(constCStyleString);  // constructor
10:     cout << "strFromConst is: " << strFromConst << endl;
11:
12:     std::string str2("Hello String!");
13:     std::string str2Copy(str2);
14:     cout << "str2Copy is: " << str2Copy << endl;
15:
16:     // Initialize a string to the first 5 characters of another
17:     std::string strPartialCopy(constCStyleString, 5);
18:     cout << "strPartialCopy is: " << strPartialCopy << endl;
19:
20:     // Initialize a string object to contain 10 'a's
21:     std::string strRepeatChars(10, 'a');
22:     cout << "strRepeatChars is: " << strRepeatChars << endl;
23:
24:     return 0;
25: }
```

▼ 输出：

```
Constant string is: Hello String!
strFromConst is: Hello String!
str2Copy is: Hello String!
strPartialCopy is: Hello
strRepeatChars is: aaaaaaaaaa
```

▼ 分析：

这个代码示例演示了如何实例化 STL string 对象，还演示了如何将 STL string 对象初始化为另一个字符串、字符串的一部分或多个相同的字符。constCStyleString 是一个包含示例值的 C 风格字符串，它是在第 6 行初始化的。从第 9 行可知，使用 std::string 的构造函数进行复制操作非常简单。第 12 行将另一个常量字符串复制给 std::string 对象 str2，第 13 行演示了如何使用 std::string 的另一个重载构造函数来复制 std::string 对象，从而获得 str2Copy。第 17 行演示了如何进行部分复制。第 21 行演示了如何实例化一个 std::string 对象，并将其初始化为包含多个相同的字符。这个代码示例表明，通过使用 std::string 及其众多复制构造函数，创建、复制和显示字符串很容易。

注意　　　　　　如果要将一个 C 风格字符串复制到另一个 C 风格字符串中，那么程序清单 16.1 的第 9

> 行代码将变为：
>
> ```cpp
> const char* constCStyleString = "Hello World!";
>
> // To create a copy, first allocate memory for one...
> char* copy = new char[strlen(constCStyleString) + 1];
> strcpy(copy, constCStyleString);  // The copy step
>
> // deallocate memory after using copy
> delete[] copy;
> ```
>
> 如您所见，这需要更多的代码，导致错误的可能性也更大，同时程序员还需要负责管理内存的分配与释放。这些工作 STL string 都能完成，STL string 还能完成其他工作。因此，您根本不需要使用 C 风格字符串。

16.2.2　访问 std::string 的字符内容

要访问 STL string 类的字符内容，可使用迭代器，也可采用类似于数组的语法并使用索引运算符提供偏移量。要获得 string 对象的 C 风格表示，可使用成员函数 c_str ( )，如程序清单 16.2 所示。

程序清单 16.2　两种访问 STL string 字符元素的方式：索引运算符和迭代器

```cpp
0: #include<string>
1: #include<iostream>
2:
3: int main()
4: {
5:    using namespace std;
6:
7:    string stlString("Hello String"); // sample
8:
9:     // Access the contents of the string using array syntax
10:    cout << "Display elements in string using array-syntax: " << endl;
11:    for(size_t charCounter = 0;
12:        charCounter < stlString.length();
13:        ++charCounter)
14:    {
15:        cout << "Character[" << charCounter << "] is: ";
16:        cout << stlString[charCounter] << endl;
17:    }
18:    cout << endl;
19:
20:     // Access the contents of a string using iterators
21:    cout << "Display elements in string using iterators: " << endl;
22:    int charOffset = 0;
23:
24:    for(auto charLocator = stlString.cbegin();
25:        charLocator != stlString.cend();
26:        ++charLocator)
27:    {
28:        cout << "Character [" << charOffset ++ << "] is: ";
```

```
29:         cout << *charLocator << endl;
30:     }
31:     cout << endl;
32:
33:     // Access contents as a const char*
34:     cout << "The char* representation of the string is: ";
35:     cout << stlString.c_str() << endl;
36:
37:     return 0;
38: }
```

▼ 输出：

```
Display elements in string using array-syntax:
Character[0] is: H
Character[1] is: e
Character[2] is: l
Character[3] is: l
Character[4] is: o
Character[5] is:
Character[6] is: S
Character[7] is: t
Character[8] is: r
Character[9] is: i
Character[10] is: n
Character[11] is: g

Display elements in string using iterators:
Character[0] is: H
Character[1] is: e
Character[2] is: l
Character[3] is: l
Character[4] is: o
Character[5] is:
Character[6] is: S
Character[7] is: t
Character[8] is: r
Character[9] is: i
Character[10] is: n
Character[11] is: g

The char* representation of the string is: Hello String
```

▼ 分析：

这个代码示例演示了访问 string 内容的多种方式。迭代器很重要，因为很多 string 成员函数都以迭代器的方式返回其结果。第 11~17 行使用 std::string 类实现的索引运算符以类似数组的语法显示 string 中的字符。注意，这个运算符要求提供偏移量，如第 16 行所示。因此，确保不超出 string 的边界很重要，即读取字符时，提供的偏移量不能大于 string 的长度。第 24~30 行也逐字符显示 string 的内容，但使用的是迭代器。

该程序清单的第 24 行使用了关键字 auto，让编译器根据 std::string::cbegin( )的返回值推断迭代器 charLocator 的类型，从而巧妙地避免了烦琐的迭代器声明。如果显式地声明迭代器的类型，那么第 24~

30 行代码将如下所示：

```
24: for(string::const_iterator charLocator = stlString.cbegin();
25:     charLocator != stlString.cend();
26:      ++charLocator)
27: {
28:     cout << "Character["<<charOffset++ <<"] is: ";
29:     cout << *charLocator << endl;
30: }
```

16.2.3　拼接字符串

要拼接字符串，可使用运算符+=，也可使用成员函数 append( )：

```
string sampleStr1("Hello");
string sampleStr2(" String! ");
sampleStr1 += sampleStr2;    // use std::string::operator+=
// alternatively use std::string::append()
sampleStr1.append(sampleStr2);  // (overloaded for char* too)
```

程序清单 16.3 演示了这两种方式。

程序清单 16.3　使用加法赋值运算符（+=）或 append( )拼接字符串

```
0: #include<string>
1: #include<iostream>
2:
3: int main()
4: {
5:     using namespace std;
6:
7:     string sampleStr1("Hello");
8:     string sampleStr2(" String!");
9:
10:     // Concatenate
11:     sampleStr1 += sampleStr2;
12:     cout << sampleStr1 << endl << endl;
13:
14:     string sampleStr3(" Fun is not needing to use pointers!");
15:     sampleStr1.append(sampleStr3);
16:     cout << sampleStr1 << endl << endl;
17:
18:     const char* constCStyleString = " You however still can!";
19:     sampleStr1.append(constCStyleString);
20:     cout << sampleStr1 << endl;
21:
22:     return 0;
23: }
```

▼ **输出：**

```
Hello String!
```

```
Hello String! Fun is not needing to use pointers!

Hello String! Fun is not needing to use pointers! You however still can!
```

▼ 分析：

第 11、15 和 19 行演示了几种拼接 STL string 的方法。第 11 行使用了运算符+=来拼接另一个 string 对象，而第 15 和 19 行使用了函数 string::append( )的两个重载版本，其中第 19 行拼接的是一个 C 风格字符串。

16.2.4　在 string 中查找字符或子字符串

STL string 类提供了成员函数 find( )，该函数有多个重载版本，可在给定 string 对象中查找字符或子字符串。

```
// Find substring "day" in sampleStr, starting at position 0
size_t charPos = sampleStr.find("day", 0);

// Check if the substring was found, compare against string::npos
if(charPos != string::npos)
   cout << "First instance of \"day\" was found at position " << charPos;
else
   cout << "Substring not found." << endl;
```

程序清单 16.4 演示了 std::string::find( )的用法。

程序清单 16.4　使用 string::find( )查找子字符串或字符

```
0: #include<string>
1: #include<iostream>
2:
3: int main()
4: {
5:    using namespace std;
6:
7:    string sampleStr("Good day String! Today is beautiful!");
8:    cout << "Sample string is:" << endl << sampleStr << endl << endl;
9:
10:    // Find substring "day" - find() returns position
11:    size_t charPos = sampleStr.find("day", 0);
12:
13:    // Check if the substring was found...
14:    if(charPos != string::npos)
15:       cout << "First instance \"day\" at pos. " << charPos << endl;
16:    else
17:       cout << "Substring not found." << endl;
18:
19:    cout << "Locating all instances of substring \"day\"" << endl;
20:    size_t subStrPos = sampleStr.find("day", 0);
21:
22:    while(subStrPos != string::npos)
23:    {
24:       cout << "\"day\" found at position " << subStrPos << endl;
```

```
25:
26:         // Make find() search forward from the next character onwards
27:         size_t searchOffset = subStrPos + 1;
28:
29:         subStrPos = sampleStr.find("day", searchOffset);
30:    }
31:
32:    return 0;
33: }
```

▼ 输出：

```
Sample string is:
Good day String! Today is beautiful!

First instance "day" at pos. 5
Locating all instances of substring "day"
"day" found at position 5
"day" found at position 19
```

▼ 分析：

第 11～17 行演示了 find( )函数的最简单用法，它判断在 string 中是否找到了特定子字符串。这是通过将 find( )操作的结果与 std::string::npos（实际值为–1）进行比较实现的，std::string::npos 表明没有找到要搜索的元素。如果 find( )函数没有返回 npos，那么它将返回一个偏移量，指出子字符串或字符在 string 中的位置。

这个代码示例演示了如何在 while 循环中使用 string::find( ) 函数查找指定字符或子字符串的所有实例。这里使用的 find( )函数的重载版本接收两个参数：要搜索的子字符串或字符以及命令 find( )从哪里开始搜索的偏移量。可通过指定偏移量，让 find( )搜索下一个指定的子字符串，如第 29 行所示。

| 注意 | STL string 还有一些与 find( )类似的函数，如 find_first_of( )、find_first_not_of( )、find_last_of( )和 find_last_not_of( )，这些函数都可帮助程序员处理字符串。 |

16.2.5 截短 STL string

STL string 类提供了 erase( )函数，它有如下几种用途。
- 在给定偏移位置和字符数时删除指定数目的字符。

```
string sampleStr("Hello String! Wake up to a beautiful day!");
sampleStr.erase(13, 28); // Hello String!
```

- 在给定指向字符的迭代器时删除指定的字符。

```
sampleStr.erase(iCharS); // iterator points to a specific character
```

- 在给定由两个迭代器指定的范围时删除该范围内的字符。

```
sampleStr.erase(sampleStr.begin(), sampleStr.end()); // erase from begin
to end
```

程序清单 16.5 的示例演示了 string::erase( )函数的各种重载版本的用途。

程序清单 16.5 使用 string::erase( )函数从指定偏移位置或迭代器指定的位置开始截短字符串

```cpp
0: #include<string>
1: #include<algorithm>
2: #include<iostream>
3:
4: int main()
5: {
6:     using namespace std;
7:
8:     string sampleStr("Hello String! Wake up to a beautiful day!");
9:     cout << "The original sample string is: " << endl;
10:     cout << sampleStr << endl << endl;
11:
12:     // Delete characters given position and count
13:     cout << "Truncating the second sentence: " << endl;
14:     sampleStr.erase(13, 28);
15:     cout << sampleStr << endl << endl;
16:
17:     // Find character 'S' using find() algorithm
18:     string::iterator iCharS = find(sampleStr.begin(),
19:                                     sampleStr.end(), 'S');
20:
21:     // If character found, 'erase' to deletes a character
22:     cout << "Erasing character 'S' from the sample string:" << endl;
23:     if(iCharS != sampleStr.end())
24:         sampleStr.erase(iCharS);
25:
26:     cout << sampleStr << endl << endl;
27:
28:     // Erase a range of characters using an overloaded version of erase()
29:     cout << "Erasing a range between begin() and end(): " << endl;
30:     sampleStr.erase(sampleStr.begin(), sampleStr.end());
31:
32:     // Verify the length after the erase() operation above
33:     if(sampleStr.length() == 0)
34:         cout << "The string is empty" << endl;
35:
36:     return 0;
37: }
```

▼ 输出：

```
The original sample string is:
Hello String! Wake up to a beautiful day!

Truncating the second sentence:
Hello String!

Erasing character 'S' from the sample string:
Hello tring!

Erasing a range between begin() and end():
The string is empty
```

▼ 分析：

该程序清单演示 erase( )函数的 3 个版本。其中一个版本在给定偏移位置和字符数的情况下删除指定数目的字符，如第 14 行所示；另一个版本在给定指向字符的迭代器的情况下删除指定的字符，如第 24 行所示；最后一个版本在给定由两个迭代器指定的范围的情况下删除该范围内的字符，如第 30 行所示。在这里，范围是由 string 的成员函数 begin( )和 end( )指定的，它包含字符串的所有内容，因此对该范围调用 erase( )将清除 string 对象的全部内容。注意，string 类还提供了 clear( )函数，该函数清除全部内容并重置 string 对象。

提示

在程序清单 16.5 中，如下所示的迭代器声明有点烦琐：

```
string::iterator iCharS = find(sampleStr.begin(),
                               sampleStr.end(), 'S');
```

可像下面这样使用 auto 来简化：

```
auto iCharS = find(sampleStr.begin(),
                   sampleStr.end(), 'S');
```

这样编译器将根据 std::find( )的返回类型自动推断变量 iCharS 的类型。

16.2.6　字符串反转

有时，您可能需要反转字符串的内容。假设要判断用户输入的字符串是否为回文，方法之一就是将其反转，再与原来的字符串进行比较。反转 STL string 很容易，只需使用泛型算法 std::reverse( )：

```
string sampleStr("Hello String! We will reverse you!");
reverse(sampleStr.begin(), sampleStr.end());
```

程序清单 16.6 演示了如何将算法 std::reverse( )用于 STL string。

程序清单 16.6　使用 std::reverse( )反转 STL string

```
 0: #include<string>
 1: #include<iostream>
 2: #include<algorithm>
 3:
 4: int main()
 5: {
 6:    using namespace std;
 7:
 8:    string sampleStr("Hello String! We will reverse you!");
 9:    cout << "The original sample string is: " << endl;
10:    cout << sampleStr << endl << endl;
11:
12:    reverse(sampleStr.begin(), sampleStr.end());
13:
14:    cout << "After applying the std::reverse algorithm: " << endl;
15:    cout << sampleStr << endl;
16:
17:    return 0;
18: }
```

```
The original sample string is:
Hello String! We will reverse you!

After applying the std::reverse algorithm:
!uoy esrever lliw eW !gnirtS olleH
```

▼ 分析：

第 12 行的 std::reverse( )算法根据两个输入参数指定的边界反转边界内的内容。在这里，由于两个边界分别是 string 对象的开头和末尾，因此整个字符串都被反转。只要提供合适的输入参数，也可将字符串的一部分反转。注意，边界不能超过 end( )。

16.2.7　字符串的大小写转换

要对字符串进行大小写转换，可使用算法 std::transform( )，它将对集合中的每个元素执行一个用户指定的函数。在这里，集合是 string 对象本身。程序清单 16.7 演示了如何对 string 中的字符进行大小写转换。

程序清单 16.7　使用 std::transform( )改变 STL string 的大小写

```
0: #include<string>
1: #include<iostream>
2: #include<algorithm>
3:
4: int main()
5: {
6:     using namespace std;
7:
8:     cout << "Please enter a string for case-conversion:" << endl;
9:     cout << "> ";
10:
11:     string inStr;
12:     getline(cin, inStr);
13:     cout << endl;
14:
15:     transform(inStr.begin(), inStr.end(), inStr.begin(), ::toupper);
16:     cout << "The string converted to upper case is: " << endl;
17:     cout << inStr << endl << endl;
18:
19:     transform(inStr.begin(), inStr.end(), inStr.begin(), ::tolower);
20:     cout << "The string converted to lower case is: " << endl;
21:     cout << inStr << endl << endl;
22:
23:     return 0;
24: }
```

▼ 输出：

```
Please enter a string for case-conversion:
> ConverT thIS StrINg!
```

```
The string converted to upper case is:
CONVERT THIS STRING!

The string converted to lower case is:
convert this string!
```

▼ 分析：

第 15 行和第 19 行演示了如何使用 std::transform( )来改变 STL string 的大小写。

16.3　基于模板的 STL string 实现

前面说过，std::string 类实际上是 STL 模板类 std::basic_string <T>的具体化。容器类 basic_string 的模板声明如下：

```
template<class _Elem,
    class _Traits,
    class _Ax>
    class basic_string
```

在该模板定义中，最重要的参数是第一个——_Elem，它指定了 basic_string 对象将存储的数据类型。因此，std::string 使用_Elem=char 具体化模板 basic_string 的结果，而 wstring 使用_Elem= wchar 具体化模板 basic_string 的结果。

换句话说，STL string 类的定义如下：

```
typedef basic_string<char, char_traits<char>, allocator<char> >
    string;
```

而 STL wstring 类的定义如下：

```
typedef basic_string<wchar_t, char_traits<wchar_t>, allocator<wchar_t> >
    string;
```

因此，前面介绍的所有 string 功能和函数实际上都是 basic_string 提供的，它们也适用于 STL wstring 类。

提示　如果编写的应用程序需要更好地支持非拉丁字符，如中文和日文，应使用 std::wstring。

16.4　std::string 中的 operator ""s

从 C++14 起，STL 支持 operator ""s，它将用引号标识的字符串转换为 std::basic_string<T>。这让有些字符串操作直观而简单，如程序清单 16.8 所示。

程序清单 16.8　使用 operator ""s

```
0: #include<string>
1: #include<iostream>
2: using namespace std;
3:
4: int main()
5: {
6:     string str1("Conventional string \0 initialization");
```

```
 7:     cout << "Str1: " << str1 << " Length: " << str1.length() << endl;
 8:
 9:     string str2("Initialization \0 using literals"s);
10:     cout << "Str2: " << str2 << " Length: " << str2.length() << endl;
11:
12:     return 0;
13: }
```

▼ 输出：

```
Str1: Conventional string Length: 20
Str2: Initialization using literals Length: 31
```

▼ 分析：

第 6 行使用常规字符串字面量创建一个 std::string 实例。您可以注意到，这个字符串中间的终止空字符导致 str1 根本不包含单词 "initialization"。第 9 行使用了 operator ""s，这让实例 str2 能够包含并操作含有终止空字符的字符缓冲区。

警告	不要将用于 std::string 的 operator ""s 与 std::chrono 中的字面量运算符 s 混为一谈：

```
std::chrono::seconds timeInSec(100s); // 100 seconds
std::string timeinText = "100"s; // string "100"
```

前者指出时间为 100 秒，是一个 int 类型的字面量；而后者的结果为字符串。

16.5　使用 C++20 改进了的 std::string_view

可像下面这样使用 std::string 类来创建副本：

```
string strOriginal("Hello string");
string strCopy(strOriginal);
string strCopy2(strCopy);
string strCopy3;
strCopy3 = strCopy2;
```

然而，如果您只想使用 strOriginal 的副本来执行读取操作，那么这个开销高昂的复制步骤本身是可以避免的。实用类 string_view 让您能够在不创建副本的情况下查看原始字符串：

```
string strOriginal("Hello string view");
string_view strCopy(strOriginal);
string_view strCopy2(strCopy);
string_view strCopy3(strCopy2);
cout << strCopy3; // Hello string view
```

string_view 提供了大量很有用的方法，如程序清单 16.9 所示。

程序清单 16.9　使用 str::string_view 执行基本的字符串操作

```
0: #include<string_view>
1: #include<iostream>
2: using namespace std;
3:
4: int main()
5: {
```

```
6:      string strOriginal("Use views instead of copies of strings");
7:      string_view fullView(strOriginal); // a full view
8:
9:      cout << "The full view shows: " << fullView << endl;
10:
11:     cout << "The first instance of 'v' is at position: "
12:          << fullView.find_first_of('v') << endl;
13:
14:     cout << "Is view starting with \"Use\": " <<
15:          (fullView.starts_with("Use") ? "true" : "false") << endl; // C++20
16:
17:     cout << "Is view ending with \"strings\": " <<
18:          (fullView.ends_with("strings") ? "true" : "false") << endl; // C++20
19:
20:     string_view partialView(strOriginal.c_str(), 9); // partial view
21:     cout << "Partial view shows: " << partialView << endl;
22:
23:     return 0;
24: }
```

▼ **输出:**

```
The full view shows: Use views instead of copies of strings
The first instance of 'v' is at position: 4
Is view starting with "Use": true
Is view ending with "strings": true
Partial view shows: Use views
```

▼ **分析:**

并非必须使用 string_view 类(而不是 string 类),仅当要优化性能时才应使用它。程序清单 16.9 表明,可在不复制的情况下查看字符串数据。在第 15 和 18 行,分别使用了方法 starts_with()和 ends_with(),这些方法是 C++20 给 string_view 类添加的。第 20 和 21 行表明,可构造原始字符串的部分视图。

> **提示**　每当只想查看(读取)字符串,而不需要修改时,都应使用 string_view 类,而不应使用 std::string 的副本。

白名单	黑名单
每当需要执行字符串操作时,都务必优先考虑使用 std::string 类。 务必使用 std::string::length( )来计算字符串的长度。 务必熟悉各种使用 std::string 类的方法和运算符来复制和拼接字符串的方式。	除非万不得已,否则不要使用 C 风格字符串(char*)。 不要使用不安全的函数(如 strlen( ))来计算字符串的长度。 不要使用不安全的函数(如 strcpy( )或 strcat( ))来复制或拼接字符串。

16.6　总结

本章介绍了 STL string 类,它是 STL 提供的一个容器,可满足程序员众多的字符串操作需求。使用这个类的优点显而易见——STL 提供的这个容器类实现了内存管理、字符串比较和字符串操作函数,让程序员无须这样做。

16.7 问与答

问：可使用基于范围的 for 循环来遍历 std::string 对象吗？

答： 可使用它来依次读取各个字符，这会使得代码紧凑且可读性强。例如，对于程序清单 16.2 中第 24～30 行的代码，如果改用基于范围的 for 循环，结果将如下：

```
for(const auto& charLocator : stlString) // range-based for
{
    cout << "Character[" << charOffset ++ << "] is: ";
    cout << charLocator << endl;
}
```

问：我要使用 std::reverse( )来反转一个字符串，要使用这个函数，需要包含哪个头文件？

答： 要使用 std::reverse( )，需要包含头文件 algorithm。

问：在使用 tolower( )函数将字符串转换为小写时，std::transform( )的作用是什么？

答： std::transform( )对 string 对象中指定边界内的每个字符调用 tolower ( )函数。

问：为什么 std::wstring 和 std::string 的行为和成员函数完全相同？

答： 因为它们都是具体化模板类 std::basic_string\<T\>（T 分别为 char 和 wchar ）的结果。

问：STL string 类的比较运算符<在执行比较时是否区分大小写？

答： 区分大小写。

16.8 作业

作业包括测验和练习，前者帮助读者加深对所学知识的理解，后者为读者提供了使用新学知识的机会。请尽量先完成测验和练习题，然后对照附录 E 的答案，继续学习第 17 章前，请务必弄懂这些题目。

16.8.1 测验

1. std::string 具体化了哪个 STL 模板类？
2. 如果要对两个字符串进行区分大小写的比较，该怎么做？

16.8.2 练习

1. 编写一个程序检查用户输入的单词是否为回文。例如，ATOYOTA 是回文，因为它顺着读和反着读是一样的。
2. 编写一个程序，告诉用户输入的句子中包含多少个元音字母。
3. 编写一个程序，将字符串中的字符交替地转换为大写。
4. 编写一个程序，将 4 个 string 对象分别初始化为 I、Love、STL 和 String.，然后在这些字符串之间添加空格，再把它们拼接起来，然后显示整个句子。
5. 编写一个程序，显示字符串 "Good day String! Today is beautiful!" 中每个 a 所在的位置。

第 17 章
STL 动态数组类

不同于静态数组，动态数组让程序员能够灵活地存储数据，无须在编写应用程序时就知道数组的长度。显然，这是一种常见的需求，STL 通过 std::vector 类提供了现成的解决方案。

在本章中，您将学习：

- std::vector 的特点；
- 典型的 vector 操作；
- vector 的大小与容量；
- STL deque 类。

17.1　std::vector 的特点

vector 是一个模板类，它提供了动态数组的通用功能，且具有如下特点：

- 可在数组末尾添加元素，且所需的时间是固定的，即在末尾插入元素的所需时间不随数组大小而异，在末尾删除元素也如此；
- 在数组中间添加或删除元素所需的时间与该元素后面的元素数成正比；
- 存储的元素数是动态的，而 vector 类负责管理内存。

vector 是一种动态数组，其内部结构如图 17.1 所示。

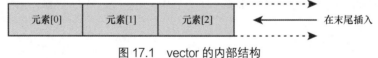

图 17.1　vector 的内部结构

提示   要使用 std::vector 类，需要包含头文件 vector：

```
#include<vector>
```

17.2　典型的 vector 操作

std::vector 类的行为规范和公有成员是由 C++标准定义的，因此，遵循该标准的所有 C++编程平台都支持本章将介绍的 vector 操作。

17.2.1　实例化 vector

vector 是一个模板类，需要使用第 14 章介绍的方法对它进行实例化。要实例化 vector，需要指定要在该动态数组中存储的元素类型：

```
std::vector<int> dynIntArray; // vector containing integers
std::vector<float> dynFloatArray; // vector containing floats
std::vector<Tuna> dynTunaArray; // vector containing Tunas
```

要声明指向 list 中元素的迭代器，可以这样做：

```
std::vector<int>::const_iterator elementInVec;
```

如果需要可用于修改值或调用非 const 函数的迭代器，则可使用 iterator 代替 const_iterator。

std::vector 提供了重载的构造函数，让您能够在实例化 vector 时指定它开始应包含的元素数以及这些元素的初始值，还可使用一个 vector 的一部分来实例化另一个 vector。

程序清单 17.1 演示了几种实例化 vector 的方式。

程序清单 17.1　各种实例化 std::vector 的方式：指定长度和初始值以及复制另一个 vector 中的值

```
 0: #include<vector>
 1:
 2: int main()
 3: {
 4:    // vector of integers
 5:    std::vector<int> integers;
 6:
 7:    // vector initialized using list initialization
 8:    std::vector<int> initVector{ 202, 2017, -1 };
 9:
10:    // Instantiate a vector with 10 elements (it can still grow)
11:    std::vector<int> tenElements(10);
12:
13:    // Instantiate a vector with 10 elements, each initialized to 90
14:    std::vector<int> tenElemInit(10, 90);
15:
16:    // Initialize vector to the contents of another
17:    std::vector<int> copyVector(tenElemInit);
18:
19:    // Vector initialized to 5 elements from another using iterators
20:    std::vector<int> partialCopy(tenElements.cbegin(),
21:                    tenElements.cbegin() + 5);
22:
23:    return 0;
24: }
```

▼ **分析：**

这个代码示例演示了如何为整型具体化 vector 类，即实例化一个存储整型数据的 vector。该 vector 名为 integers，它使用了默认构造函数，如第 5 行所示。在不知道容器最小需要多大，即不知道要存储多少个整数时，默认构造函数很有用。实例化 vector 的第 2 种方式如第 8 行所示，其中使用了 C++11 引入的列表初始化将 initVector 初始化为包含 3 个元素，这些元素的值分别为 202、2017 和-1。

在第 11 和 14 行的 vector 初始化中，您知道 vector 至少应包含 10 个元素。注意，这并没有限制容器最终的大小，而只是设置了最初包含的元素数量。

最后，第 17 和 20 行演示了如何使用一个 vector 实例化另一个 vector，即复制 vector 对象或其一部分。这是所有 STL 容器都支持的构造方式。最后一种方式使用了迭代器，partialCopy 包含 tenElements 的前 5 个元素。

注意

> 第 4 种构造方式只能用于类型类似的对象，因此可使用一个包含整型对象的 vector 来实例化 vecArrayCopy——另一个整型 vector，但如果其中一个 vector 包含的对象类型为 float，代码将不能通过编译。

17.2.2　使用 push_back( )在 vector 末尾插入元素

实例化一个整型 vector 后，接下来需要在 vector 中插入元素（整数）。在 vector 中插入元素时，元素将压入末尾，这是使用成员函数 push_back( )完成的：

```
vector<int> integers; // declare a vector of type int

// Insert sample integers into the vector:
integers.push_back(50);
integers.push_back(1);
```

程序清单 17.2 演示了如何使用 push_back( )在 vector 中动态地添加元素。

程序清单 17.2　使用 push_back 在 vector 中动态地添加元素

```
 0: #include<iostream>
 1: #include<vector>
 2: using namespace std;
 3:
 4: int main()
 5: {
 6:     vector<int> integers;
 7:
 8:     // Insert sample integers into the vector:
 9:     integers.push_back(50);
10:     integers.push_back(1);
11:     integers.push_back(987);
12:     integers.push_back(1001);
13:
14:     cout << "The vector contains ";
15:     cout << integers.size() << " Elements" << endl;
16:
17:     return 0;
18: }
```

▼ 输出：

```
The vector contains 4 Elements
```

▼ 分析：

第 9～12 行的 push_back 是 vector 类的一个公有成员函数，用于在动态数组末尾插入对象。请注意函数 size ( )的用法，它返回 vector 中存储的元素数。

17.2.3　列表初始化

C++11 通过 std::initialize_list<>支持列表初始化，让您能够像处理静态数组那样，在实例化 vector

的同时初始化其元素。与大多数容器一样，std::vector 也支持列表初始化，让您只需使用一行代码（而不像程序清单 17.2 中那样，使用很多行代码）就能实例化 vector 并指定其元素：

```
vector<int> integers = {50, 1, 987, 1001};
// alternatively:
vector<int> vecMoreIntegers {50, 1, 987, 1001};
```

17.2.4　使用 insert( )在指定位置插入元素

push_back( )在 vector 末尾插入元素。如果要在 vector 中间插入元素，该怎么办呢？包括 std::vector 在内的很多 STL 容器都包含 insert( )函数，且有多个重载版本。

其中有一个版本让您能够指定插入位置：

```
// insert an element at the beginning
integers.insert(integers.begin(), 25);
```

另一个版本让您能够指定插入位置、要插入的元素数以及这些元素的值（这些值是相同的）：

```
// Insert 2 elements of value 45 at the end
integers.insert(integers.end(), 2, 45);
```

还可将另一个 vector 的内容插入指定位置：

```
// Another vector containing 2 elements of value 30
vector<int> another(2, 30);

// Insert two elements from another container in position [1]
integers.insert(integers.begin() + 1,
                another.begin(), another.end());
```

可使用迭代器（通常是由 begin( )或 end( )返回的）告诉 insert( )，您想将新元素插入什么位置。

提示　　　也可将该迭代器设置为 STL 算法（如 std::find( )函数）的返回值。std::find( )可用于查找元素，再在这个位置插入另一个元素（这将导致找到的元素向后移）。诸如 find( )等算法将在第 23 章详细讨论。

程序清单 17.3 演示了 vector::insert( )的各种重载版本。

程序清单 17.3　使用函数 vector::insert 在指定位置插入元素

```
0: #include<vector>
1: #include<iostream>
2: using namespace std;
3:
4: void DisplayVector(const vector<int>& inVec)
5: {
6:    for(auto element = inVec.cbegin();
7:        element != inVec.cend();
8:        ++ element)
9:    cout << *element << ' ';
10:
11:    cout << endl;
```

```
12: }
13:
14: int main()
15: {
16:    // Instantiate a vector with 4 elements, each initialized to 90
17:     vector<int> integers(4, 90);
18:
19:     cout << "The initial contents of the vector: ";
20:     DisplayVector(integers);
21:
22:     // Insert 25 at the beginning
23:     integers.insert(integers.begin(), 25);
24:
25:     // Insert 2 numbers of value 45 at the end
26:     integers.insert(integers.end(), 2, 45);
27:
28:     cout << "Vector after inserting elements at beginning and end: ";
29:     DisplayVector(integers);
30:
31:     // Another vector containing 2 elements of value 30
32:     vector<int> another(2, 30);
33:
34:     // Insert two elements from another container in position [1]
35:     integers.insert(integers.begin() + 1,
36:         another.begin(), another.end());
37:
38:     cout << "Vector after inserting contents from another vector: ";
39:     cout << "in the middle:" << endl;
40:     DisplayVector(integers);
41:
42:     return 0;
43: }
```

▼ 输出：

```
The initial contents of the vector: 90 90 90 90
Vector after inserting elements at beginning and end: 25 90 90 90 90 45 45
Vector after inserting contents from another vector: in the middle:
25 30 30 90 90 90 90 45 45
```

▼ 分析：

这个代码示例表明，函数 insert( )让您能够将值插入容器中间。第 17 行的 vector 对象包含 4 个元素，每个元素都被初始化为 90。然后，使用成员函数 vector::insert( )的各种重载版本。第 23 行演示了如何在开头添加一个元素；第 26 行演示了如何在末尾添加两个元素，它们的值都是 45。第 35 行和第 36 行演示了如何将一个 vector 的元素插入另一个 vector 中间（这里是第一个元素后面，偏移量为 1）。

虽然函数 vector::insert( )多才多艺，但在给 vector 添加元素时，应首选 push_back( )。这是因为将元素插入 vector 时，insert( )可能是效率最低的（插入位置不是末尾时），因为在开头或中间插入元素时，将导致 vector 类将后面的所有元素后移（为要插入的元素腾出空间）。根据容器中包含的对象类型，这种移动操作可能需要调用复制构造函数或赋值运算符，因此开销可能很大。在程序清单 17.3 中，vector 包含的是 int 类型的对象，移动开销不是很大。但在其他情况下，情况可能并非如此。

提示 ———————— 如果需要频繁地在容器中间插入元素，那么应选择使用第 18 章将介绍的 std::list。

17.2.5 使用数组语法访问 vector 中的元素

可使用下列方法访问 vector 的元素：使用索引运算符以数组语法方式访问；使用成员函数 at( )访问；使用迭代器访问。

程序清单 17.1 演示了如何创建一个包含 10 个元素的 vector 实例：

```
std::vector<int> tenElements(10);
```

可使用类似于数组的语法访问并设置各个元素：

```
tenElements[3] = 2011; // assign element at index 3 value 2011
```

程序清单 17.4 演示了如何使用索引运算符访问元素。

程序清单 17.4 使用数组语法访问 vector 中的元素

```
 0: #include<iostream>
 1: #include<vector>
 2:
 3: int main()
 4: {
 5:     using namespace std;
 6:     vector<int> integers{ 50, 1, 987, 1001 };
 7:
 8:     for(size_t index = 0; index < integers.size(); ++index)
 9:     {
10:         cout << "Element[" << index << "] = " ;
11:         cout << integers[index] << endl;
12:     }
13:
14:     integers[2] = 2011; // change value of 3rd element
15:     cout << "After replacement: " << endl;
16:     cout << "Element[2] = " << integers[2] << endl;
17:
18:     return 0;
19: }
```

▼ 输出：

```
Element[0] = 50
Element[1] = 1
Element[2] = 987
Element[3] = 1001
After replacement:
Element[2] = 2011
```

▼ 分析：

第 11 行、14 行和 16 行像使用静态数组那样，使用索引运算符访问并设置了 vector 的元素。索引运算符接收一个从 0 开始的元素索引，与静态数组一样。您可以注意到，第 8 行的 for 循环将索引与 vector::size( )进行比较，确保它没有跨越 vector 的边界。

警告

使用索引运算符访问 vector 的元素时，面临的风险与访问数组元素相同，即不能超出容器的边界。而且，如果指定的位置超出了边界，结果将是不确定的（什么情况都可能发生，且很可能是违规访问）。

更安全的方法是使用成员函数 at( )：

```
// gets element at position 2

cout << integers.at(2);

// the vector::at() version of the code above in
// Listing  17.4, line 11:

cout << integers.at(index);
```

at( )函数在运行阶段检查容器的大小，如果索引超出了边界（无论如何都不能这样做），将引发异常。

索引运算符只有在保证边界完整性的情况下才是安全的，如程序清单 17.4 所示。

17.2.6 使用指针语法访问 vector 中的元素

也可使用迭代器以类似于指针的语法访问 vector 中的元素，如程序清单 17.5 所示。

程序清单 17.5 使用类似于指针的语法（迭代器）访问 vector 中的元素

```
0: #include<iostream>
1: #include<vector>
2:
3: int main()
4: {
5:     using namespace std;
6:     vector<int> integers{ 50, 1, 987, 1001 };
7:
8:     vector<int>::const_iterator element = integers.cbegin();
9:     // auto element = integers.cbegin(); // auto type deduction
10:
11:     while(element != integers.end())
12:     {
13:        size_t index = distance(integers.cbegin(), element);
14:
15:        cout << "Element at position ";
16:        cout << index << " is: " << *element << endl;
17:
18:        // move to the next element
19:        ++ element;
20:     }
21:
22:     return 0;
23: }
```

▼ 输出：

```
Element at position 0 is: 50
Element at position 1 is: 1
```

```
Element at position 2 is: 987
Element at position 3 is: 1001
```

▼ 分析：

在这个代码示例中，迭代器有点像指针，如第 16 和 19 行所示。第 16 行使用了解除引用运算符来访问存储在 vector 中的值，而第 19 行使用了递增运算符来递增迭代器，使其指向下一个元素。第 13 行使用了 std::distance 来计算元素的偏移量（相对于开头的位置），这是根据 cbegin( )和指向元素的迭代器计算得到的。第 9 行的迭代器声明方式比第 8 行更简单，它使用了编译器的类型自动推断功能，这在第 3 章介绍过。

17.2.7 删除 vector 中的元素

除支持使用 push_back( )函数在末尾插入元素外，vector 还支持使用 pop_back( )函数将末尾的元素删除。使用 pop_back( )将元素从 vector 中删除所需的时间是固定的，即不随 vector 存储的元素数而改变。程序清单 17.6 演示了如何使用函数 pop_back( )删除 vector 末尾的元素。

程序清单 17.6 使用 pop_back( )删除 vector 末尾的元素

```
0: #include<iostream>
1: #include<vector>
2: using namespace std;
3:
4: template <typename T>
5: void DisplayVector(const vector<T>& inVec)
6: {
7:    for(const auto& element : inVec)
8:      cout << element << ' ';
9:
10:    cout << endl;
11: }
12:
13: int main()
14: {
15:    vector<int> integers;
16:
17:    // Insert sample integers into the vector:
18:    integers.push_back(50);
19:    integers.push_back(1);
20:    integers.push_back(987);
21:    integers.push_back(1001);
22:
23:    cout << "Vector contains " << integers.size() << " elements: ";
24:    DisplayVector(integers);
25:
26:    // Erase one element at the end
27:    integers.pop_back();
28:
29:    cout << "After a call to pop_back()" << endl;
30:    cout << "Vector contains " << integers.size() << " elements: ";
31:    DisplayVector(integers);
32:
```

```
33:    return 0;
34: }
```

▼ 输出：

▼ 输出：

```
Vector contains 4 elements: 50 1 987 1001
After a call to pop_back()
Vector contains 3 elements: 50 1 987
```

▼ 分析：

上述输出表明，第 27 行的 pop_back( )函数将 vector 的最后一个元素删除，从而减少了 vector 包含的元素数。第 30 行再次调用 size( )，以证明 vector 包含的元素少了一个，如输出所示。

注意	在程序清单 17.3 中，DisplayVector( )只能接收整型 vector 作为参数，而在程序清单 17.6 中，它是个模板函数（第 4～11 行）。这有助于将该模板函数重用于其他类型的 vector，如浮点型 vector：
	
	`vector <float> vecFloats;`
	`DisplayVector(vecFloats);`
	
	该模板函数接收任何类型的 vector 作为参数，只要该类型支持这样的运算符，即其返回值可被 cout 理解。另外，第 7 行基于范围的 for 循环简化了代码。

17.3　理解大小和容量

vector 的大小指的是实际存储的元素数，而 vector 的容量指的是在重新分配内存以存储更多元素前 vector 能够存储的元素数。因此，vector 的大小小于或等于容量。

要查询 vector 当前存储的元素数，可调用 size( )：

```
cout << "Size: " << integers.size();
```

要查询 vector 的容量，可调用 capacity( )：

```
cout << "Capacity: " << integers.capacity();
```

如果 vector 需要频繁地给其内部动态数组重新分配内存，就可能带来性能问题。通过使用成员函数 reserve( )，可能能够解决这种问题。函数 reserve( )的功能本质上是增加分配给内部数组的内存，以免频繁地重新分配内存。通过减少重新分配内存的次数，还可减少复制对象的时间，从而提高性能，具体取决于存储在 vector 中的对象类型。程序清单 17.7 说明了 size( )和 capacity( )之间的区别。

程序清单 17.7　使用 size( )和 capacity( )

```
0: #include<iostream>
1: #include<vector>
2:
3: int main()
4: {
5:    using namespace std;
6:
7:    // instantiate a vector object that holds 5 integers of default value
8:    vector<int> integers(5);
9:
```

```
10:    cout << "Vector of integers was instantiated with " << endl;
11:    cout << "Size: " << integers.size();
12:    cout << ", Capacity: " << integers.capacity() << endl;
13:
14:    // Inserting a 6th element in to the vector
15:    integers.push_back(666);
16:
17:    cout << "After inserting an additional element... " << endl;
18:    cout << "Size: " << integers.size();
19:    cout << ", Capacity: " << integers.capacity() << endl;
20:
21:    // Inserting another element
22:    integers.push_back(777);
23:
24:    cout << "After inserting yet another element... " << endl;
25:    cout << "Size: " << integers.size();
26:    cout << ", Capacity: " << integers.capacity() << endl;
27:
28:    return 0;
29: }
```

▼ 输出：

```
Vector of integers was instantiated with
Size: 5, Capacity: 5
After inserting an additional element...
Size: 6, Capacity: 7
After inserting yet another element...
Size: 7, Capacity: 7
```

▼ 分析：

第 8 行实例化了一个包含 5 个整型对象的 vector，这些整型对象使用默认值 0。第 11 行和第 12 行分别显示 vector 的大小和容量，它们在实例化后相等。第 15 行在 vector 中插入了第 6 个元素。由于在插入前 vector 的容量为 5，因此 vector 的内部缓冲区没有足够的内存来存储第 6 个元素。换句话说，vector 为扩大其容量以存储 6 个元素，需要重新分配内部缓冲区。重新分配的逻辑实现是智能的：为避免在插入下一个元素时再次重新分配容量，提前分配了比当前需求更大的容量。

从输出可知，在容量为 5 的 vector 中插入第 6 个元素时，将容量增大到了 7。size( )总是指出 vector 存储的元素数，当前其元素数为 6。第 22 行插入了第 7 个元素，这次没有扩大容量，因为已分配的内存足以满足需求。这时 vector 的大小和容量相等，这表明 vector 的容量已经用完，再次插入元素将导致 vector 重新分配其内部缓冲区，复制现有的元素，然后插入新值。

注意   在重新分配 vector 内部缓冲区时是否需要提前增加容量方面，C++标准没有做任何规定，因此性能优化程度取决于使用的 STL 实现。因此，在您执行程序清单 17.7 时，输出可能与这里显示的不同。

17.4   STL deque 类

deque 是一个 STL 动态数组类，与 vector 很像，但支持在数组开头和末尾插入或删除元素。要实例化一个整型 deque，可以像下面这样做：

```
// Define a deque of integers
std::deque<int> intDeque;
```

提示 ┄┄┄┄┄┄

> 要使用 std::deque，需要包含头文件 deque：
>
> #include<deque>

deque 的内部结构如图 17.2 所示。

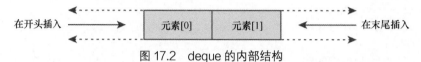

图 17.2　deque 的内部结构

deque 与 vector 极其相似，也支持使用函数 push_back( )和 pop_back( )在末尾插入和删除元素。且与 vector 一样，也可使用索引运算符以数组语法访问其 deque 的元素。deque 与 vector 的不同之处在于，它还允许您使用 push_front 和 pop_front 在开头插入元素和删除元素，如程序清单 17.8 所示。

程序清单 17.8　实例化一个 STL deque，并使用函数 push_front( )和 pop_front( )在开头插入和删除元素

```
0: #include<deque>
1: #include<iostream>
2: #include<algorithm>
3:
4: int main()
5: {
6:    using namespace std;
7:
8:    // Define a deque of integers
9:    deque<int> intDeque;
10:
11:    // Insert integers at the bottom of the array
12:    intDeque.push_back(3);
13:    intDeque.push_back(4);
14:    intDeque.push_back(5);
15:
16:    // Insert integers at the top of the array
17:    intDeque.push_front(2);
18:    intDeque.push_front(1);
19:    intDeque.push_front(0);
20:
21:    cout << "The contents of the deque after inserting elements ";
22:    cout << "at the top and bottom are:" << endl;
23:
24:    // Display contents on the screen
25:    for(size_t count = 0;
26:        count < intDeque.size();
27:        ++ count)
28:    {
29:       cout << "Element [" << count << "] = ";
30:       cout << intDeque [count] << endl;
31:    }
```

```
32:
33:        cout << endl;
34:
35:        // Erase an element at the top
36:        intDeque.pop_front();
37:
38:        // Erase an element at the bottom
39:        intDeque.pop_back();
40:
41:        cout << "The contents of the deque after erasing an element ";
42:        cout << "from the top and bottom are:" << endl;
43:
44:        // Display contents again: this time using iterators
45:        // if on older compilers, remove auto and uncomment next line
46:        // deque<int>::iterator element;
47:        for(auto element = intDeque.begin();
48:            element != intDeque.end();
49:            ++ element)
50:        {
51:            size_t Offset = distance(intDeque.begin(), element);
52:            cout << "Element [" << Offset << "] = " << *element << endl;
53:        }
54:
55:        intDeque.clear();
56:        if(intDeque.empty())
57:            cout << "The container is now empty" << endl;
58:
59:        return 0;
60: }
```

▼ 输出:

```
The contents of the deque after inserting elements at the top and bottom are:
Element [0] = 0
Element [1] = 1
Element [2] = 2
Element [3] = 3
Element [4] = 4
Element [5] = 5

The contents of the deque after erasing an element from the top and bottom are:
Element [0] = 1
Element [1] = 2
Element [2] = 3
Element [3] = 4
The container is now empty
```

▼ 分析:

第 9 行实例化了一个整型 deque, 其语法与实例化整型 vector 极其相似。第 12~14 行演示了 deque 的成员函数 push_back 的用法, 而第 17~19 行演示了 push_front( )的用法, push_front( )是 deque 不同于 vector 的地方。pop_front( )删除 deque 的第一个元素, 如第 36 行所示。要显示 deque 的内容, 第一种方法是使用索引运算符以数组语法访问其元素 (如第 25~31 行所示), 第二种方法是结合使用迭代器和解除引用运算符（如第 47~53 行所示）。对于 std::queue，也可像程序清单 17.6 那样，使用基于范围的 for 循环来遍历。在第 51 行，使用了算法 std::distance( ) 计算元素的偏移位置，这与程序清单 17.5 中处理 vector 时相同。

提示	要清空 vector 和 deque 等 STL 容器，即删除其包含的所有元素，可使用函数 clear( )。下面的代码可以删除程序清单 17.7 中 vector integers 的所有元素：

```
integers.clear();
```

要删除程序清单 17.8 中 deque intDeque 的所有元素，可使用如下代码（参见程序清单 17.8 中第 55 行）：

```
intDeque.clear();
```

请注意，vector 和 deque 都包含成员函数 empty( )，这个函数在容器为空时返回 true，而不像 clear( ) 那样删除既有的元素。

白名单	黑名单
在不知道需要存储多少个元素时，务必使用动态数组 vector 或 deque。 请牢记，vector 只能在一端扩容，因此可使用函数 push_back( )。 请牢记，deque 可在两端扩容，因此可使用函数 push_back( ) 和 push_front( )。	访问动态数组时，不要跨越其边界。 访问 vector 或 deque 时，如果不确定是否在边界内，不要使用索引运算符，而应使用成员函数 at( )。

17.5　总结

本章介绍了将 vector 和 deque 用作动态数组的基本知识，还解释了大小与容量的概念。通过对 vector 进行优化，减少了重新分配内部缓冲区的次数。在重新分配缓冲区时，需要复制容器包含的对象，这可能会降低性能。vector 是最简单的 STL 容器，也是最常用和最高效的。

17.6　问与答

问：vector 会改变其存储的元素的顺序吗？
答：不会。vector 是一种顺序容器，这意味着元素的存储顺序与插入顺序相同。

问：要将元素插入 vector 中，应使用哪个函数？元素将插入 vector 的什么位置？
答：应使用成员函数 push_back( )，元素将插入 vector 末尾。

问：哪个函数用于返回存储在 vector 中的元素数？
答：成员函数 size ( ) 用于返回存储在 vector 中的元素数。对于所有 STL 容器，该函数都如此。

问：随着 vector 包含的元素增多，在 vector 末尾插入或删除元素所需的时间是否更长？
答：否。在 vector 末尾插入或删除元素所需的时间是固定的。

问：使用成员函数 reserve( )的优点是什么？

答：reserve ( )为 vector 的内部缓冲区分配内存空间，这样在插入元素时 vector 就不需要重新分配缓冲区并复制现有内容。根据 vector 存储的对象类型，为 vector 预留内存空间能改善性能。

问：在插入元素方面，deque 和 vector 是否有不同？

答：有。在插入元素方面，deque 的特点与 vector 类似。将元素插入末尾时，两者所需的时间都是固定的，而将元素插入中间时，所需的时间与容器包含的元素数成正比。然而，vector 只允许在末尾插入，而 deque 允许在开头和末尾插入。

17.7 作业

作业包括测验和练习，前者帮助读者加深对所学知识的理解，后者为读者提供了使用新学知识的机会。请尽量先完成测验和练习题，然后对照附录 E 的答案，继续学习第 18 章前，请务必弄懂这些题目。

17.7.1 测验

1. 在 vector 的开头或中间插入元素时，所需的时间是否是固定的？
2. 有一个 vector，对其调用函数 size( )和 capacity( )时分别返回 10 和 20。还可在这个 vector 中再插入多少个元素，但不会导致 vector 重新分配其缓冲区？
3. pop_back( )函数有何功能？
4. 如果 vector <int>是一个整型动态数组，那 vector <Mammal>是什么类型的动态数组？
5. 能否随机访问 vector 中的元素？如果能，如何访问？
6. 哪种迭代器可用于随机访问 vector 中的元素？

17.7.2 练习

1. 编写一个交互式程序，它接收用户输入的整数并将其存储到 vector 中。用户应能够随时使用索引查询 vector 中存储的值。
2. 对练习题 1 中的程序进行扩展，使其能够告诉用户，他查询的值是否在 vector 中。
3. Jack 在 eBay 销售广口瓶。为帮助他打包和发货，请编写一个程序，让他能够输入每件商品的尺寸，将其存储在 vector 中再显示到屏幕上。
4. 编写一个应用程序，将一个队列初始化为包含如下 3 个字符串——"Hello"、"Containers are cool!"和"C++ is evolving!"，并使用适用于各种队列的泛型函数来显示这些元素。另外，在这个应用程序中，使用 C++11 引入的列表初始化和 C++14 引入的 operator ""s。

第 18 章

STL list 和 forward_list

STL 以模板类 std::list 的方式提供了双向链表。双向链表的主要优点是：插入和删除元素的速度快，且时间是固定的。C++还支持只能沿一个方向遍历的单向链表容器 std::forward_list。

在本章中，您将学习：

- 如何实例化 list 和 forward_list；
- 使用 STL 链表类插入和删除元素；
- 如何对元素进行反转和排序。

18.1 std::list 的特点

链表是一系列节点，其中每个节点除包含对象或值外还指向后一个节点，即每个节点都链接到后一个节点和前一个节点，双向链表的可视化表示如图 18.1 所示。

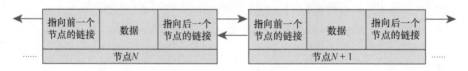

图 18.1 双向链表的可视化表示

list 类的 STL 实现允许在开头、末尾和中间插入元素，且所需的时间固定。

> **提示**　　要使用 std::list 类，需要包含头文件 list：
>
> ```
> #include<list>
> ```

18.2 基本的 list 操作

std 命名空间中的模板类 list 是一种泛型实现，要使用其成员函数，必须实例化该模板。

18.2.1 实例化 std::list 对象

要实例化模板类 list，需要指定要在其中存储的对象的类型，因此实例化 list 的语法类似于下面这样：

```
std::list<int> linkInts;  // list containing integers
std::list<float> listFloats;  // list containing floats
std::list<Tuna> listTunas;  // list containing objects of type Tuna
```

要声明一个指向 list 中元素的迭代器，可以像下面这样做：

```
std::list<int>::const_iterator elementInList;
```

如果需要可用来修改值或调用非 const 函数的迭代器，可将 const_iterator 替换为 iterator。

鉴于 std::list 的实现提供了一组重载的构造函数，您可以创建包含指定元素数的 list，并初始化每个元素，如程序清单 18.1 所示。

程序清单 18.1 各种实例化 std::list 的方式：指定元素数和初始值

```
 0: #include<list>
 1: #include<vector>
 2:
 3: int main()
 4: {
 5:    using namespace std;
 6:
 7:    // instantiate an empty list
 8:    list<int> linkInts;
 9:
10:    // instantiate a list with 10 integers
11:    list<int> listWith10Integers(10);
12:
13:    // instantiate a list with 4 integers, each value 99
14:    list<int> listWith4IntegerEach99(4, 99);
15:
16:    // create an exact copy of an existing list
17:    list<int> listCopyAnother(listWith4IntegerEach99);
18:
19:    // a vector with 10 integers, each 2017
20:    vector<int> vecIntegers(10, 2017);
21:
22:    // instantiate a list using values from another container
23:    list<int> listContainsCopyOfAnother(vecIntegers.cbegin(),
24:                                        vecIntegers.cend());
25:
26:    return 0;
27: }
```

▼ **输出：**

这个代码片段没有输出。

▼ **分析：**

这个程序没有输出，它演示了如何使用各种重载的构造函数来创建整型 list。第 8 行创建了一个空 list；第 11 行创建了一个包含 10 个整型元素的 list；第 14 行创建了一个名为 listWith4IntegerEach99 的 list，它包含 10 个整型元素，且每个元素都被初始化为 99；第 17 行创建一个内容与另一个 list 完全相同的 list。第 20～24 行令人惊讶！首先，第 20 行实例化了一个 vector，它包含 10 个整型元素，每个元素都被初始化为 2017；接下来，第 23 行实例化了一个 list，它包含从 vector 复制而来的元素，这是使用 vector::cbegin( ) 和 vector::cend( ) 返回的 const 迭代器复制的。该程序清单表明，迭代器让容器的实现彼此独立，其通用功能让您能够使用 vector 中的值实例化 list，如第 23 和 24 行所示。

注意

> 如果将程序清单 18.1 与程序清单 17.1 进行比较，则将发现实例化不同容器的方式类似。随着您越来越多地使用 STL 容器进行编程，这种模式将越来越明显，越来越容易理解。

18.2.2　在 list 开头或末尾插入元素

与 deque 类似，要在 list 开头插入元素，可使用其成员方法 push_front( )。要在末尾插入元素，可使用其成员方法 push_back( )。这两个方法都接收一个参数，即要插入的值：

```
linkInts.push_back(-1);
linkInts.push_front(2001);
```

程序清单 18.2 演示了这两个方法对整型 list 的影响。

程序清单 18.2　使用 push_front( )和 push_back( )在 list 中插入元素

```
0: #include<list>
1: #include<iostream>
2: using namespace std;
3:
4: template <typename T>
5: void DisplayContents(const T& container)
6: {
7:    for(auto element = container.cbegin();
8:        element != container.cend();
9:        ++ element )
10:       cout << *element << ' ';
11:
12:    cout << endl;
13: }
14:
15: int main()
16: {
17:    std::list<int> linkInts{ -101, 42 };
18:
19:    linkInts.push_front(10);
20:    linkInts.push_front(2011);
21:    linkInts.push_back(-1);
22:    linkInts.push_back(9999);
23:
24:    DisplayContents(linkInts);
25:
26:    return 0;
27: }
```

▼ **输出：**

```
2011 10 -101 42 -1 9999
```

▼ **分析：**

第 17 行实例化了一个整型 list，并使用了列表初始化语法 {...}来确保创建的 linkInts 包含两个整数（−101 和 42）。第 19~22 行演示了如何使用 push_front( )和 push_back( )。以实参方式提供给 push_front( )的值被插入 list 开头，而传递给 push_back( )的值被插入 list 末尾。使用模板函数 DisplayContents( )显示了 list 的内容，以显示插入的元素的排列顺序（它们并非以插入顺序存储）。

注意

> 程序清单 18.2 中的 DisplayContents( )(第 4～13 行)比程序清单 17.6 中的 DisplayVector( ) 更通用（请注意，两者的参数列表不同）。DisplayVector( )可用于任何 vector，而不管其存储的元素的类型如何，而 DisplayContents( )是通用的，可用于多种容器。
>
> 在调用程序清单 18.2 中的 DisplayContents( )时，如果实参设置为 vector、list 或 deque，那么该函数也将正确运行。

18.2.3 在 list 中间插入元素

在 std::list 中间插入元素所需的时间是固定的，这项工作是由成员函数 insert( )完成的。

成员函数 list::insert( )有 3 种常用的版本。

第 1 种版本：

```
iterator insert(const_iterator position, const T& value)
```

在这里，insert 函数接收的第 1 个参数是插入位置，第 2 个参数是要插入的值。该函数返回一个迭代器，指向刚插入 list 中的元素。

第 2 种版本：

```
void insert(const_iterator position, size_type n, const T& value)
```

该函数的第 1 个参数是插入位置，第 3 个参数是要插入的值，而第 2 个参数是要插入的元素数。

第 3 种版本：

```
template <class InputIterator>
void insert(const_iterator pos, InputIterator f, InputIterator l)
```

该重载版本是一个模板函数，除一个位置参数外，它还接收两个输入迭代器，指定要将集合中相应范围内的元素插入 list 中。注意，输入类型 InputIterator 是一种模板参数化类型，因此可指定任何集合（数组、vector 或另一个 list）的边界。

程序清单 18.3 演示了如何使用函数 list::insert( )的这些重载版本。

程序清单 18.3 在 list 中插入元素的各种方法

```
 0: #include<list>
 1: #include<iostream>
 2: using namespace std;
 3:
 4: template <typename T>
 5: void DisplayContents(const T& container)
 6: {
 7:     for(auto element = container.cbegin();
 8:         element != container.cend();
 9:         ++ element )
10:     cout << *element << ' ';
11:
12:     cout << endl;
```

```
13: }
14:
15: int main()
16: {
17:     list<int> linkInts1;
18:
19:     // Inserting elements at the beginning...
20:     linkInts1.insert(linkInts1.begin(), 2);
21:     linkInts1.insert(linkInts1.begin(), 1);
22:
23:     // Inserting an element at the end...
24:     linkInts1.insert(linkInts1.end(), 3);
25:
26:     cout << "The contents of list 1 after inserting elements:" << endl;
27:     DisplayContents(linkInts1);
28:
29:     list<int> linkInts2;
30:
31:     // Inserting 4 elements of the same value 0...
32:     linkInts2.insert(linkInts2.begin(), 4, 0);
33:
34:     cout << "The contents of list 2 after inserting '";
35:     cout << linkInts2.size() << "' elements of a value:" << endl;
36:     DisplayContents(linkInts2);
37:
38:     list<int> linkInts3;
39:
40:     // Inserting elements from another list at the beginning...
41:     linkInts3.insert(linkInts3.begin(),
42:                      linkInts1.begin(), linkInts1.end());
43:
44:     cout << "The contents of list 3 after inserting the contents of ";
45:     cout << "list 1 at the beginning:" << endl;
46:     DisplayContents(linkInts3);
47:
48:     // Inserting elements from another list at the end...
49:     linkInts3.insert(linkInts3.end(),
50:                      linkInts2.begin(), linkInts2.end());
51:
52:     cout << "The contents of list 3 after inserting ";
53:     cout << "the contents of list 2 at the end:" << endl;
54:     DisplayContents(linkInts3);
55:
56:     return 0;
57: }
```

▼ 输出：

```
The contents of list 1 after inserting elements:
1 2 3
The contents of list 2 after inserting '4' elements of a value:
0 0 0 0
```

```
The contents of list 3 after inserting the contents of list 1 at the beginning:
1 2 3
The contents of list 3 after inserting the contents of list 2 at the end:
1 2 3 0 0 0 0
```

▼ **分析：**

在程序清单 18.3 中，begin( )和 end( )是 list 的成员函数，分别返回指向 list 开头和末尾的迭代器，并且，几乎对所有 STL 容器来说都如此。函数 list::insert( )接收一个迭代器参数，元素将插入该参数指定的位置前面。第 24 行的 end( )函数返回的迭代器指向 list 中最后一个元素的后面，因此这行代码将 3 插入末尾。第 32 行在一个 list 开头插入了 4 个元素，这些元素的值都为 0。第 41 行和第 42 行演示了如何将一个 list 的内容插入另一个 list 开头。虽然这里演示的是将一个整型 list 插入另一个 list 中，但也可将插入范围指定为 vector 的边界（像程序清单 18.1 那样使用 begin( )和 end( )）或普通静态数组的边界。

18.2.4 删除 list 中的元素

list 的成员函数 erase( )有两个重载版本：一个接收一个迭代器参数并删除迭代器指向的元素，另一个接收两个迭代器参数并删除指定范围内的所有元素。程序清单 18.4 演示了如何使用 list::erase( )函数删除一个元素或指定范围内的所有元素。

程序清单 18.4　删除 list 中的元素

```cpp
0: #include<list>
1: #include<iostream>
2: using namespace std;
3:
4: template <typename T>
5: void DisplayContents(const T& container)
6: {
7:    for(auto element = container.cbegin();
8:        element != container.cend();
9:       ++ element )
10:    cout << *element << ' ';
11:
12:    cout << endl;
13: }
14:
15: int main()
16: {
17:    std::list<int> linkInts{ 4, 3, 5, -1, 2017 };
18:
19:    // Store an iterator obtained in using insert()
20:    auto val2 = linkInts.insert(linkInts.begin(), 2);
21:
22:    cout << "Initial contents of the list:" << endl;
23:    DisplayContents(linkInts);
24:
25:    cout << "After erasing element '"<< *val2 << "':" << endl;
26:    linkInts.erase(val2);
27:    DisplayContents(linkInts);
```

```
28:
29:     linkInts.erase(linkInts.begin(), linkInts.end());
30:     cout << "Number of elements after erasing range: ";
31:     cout << linkInts.size() << endl;
32:
33:     return 0;
34: }
```

▼ **输出：**

```
Initial contents of the list:
2 4 3 5 -1 2017
After erasing element '2':
4 3 5 -1 2017
Number of elements after erasing range: 0
```

▼ **分析：**

当用于插入值时，insert( )返回一个迭代器，该迭代器指向新插入的元素，如第 20 行所示。将指向值为 2 的元素的迭代器存储到变量 val2 中，以便第 26 行使用它来调用 erase( )，从而将该元素从 list 中删除。第 29 行演示了如何使用 erase( )来删除指定范围内的元素，这行删除了从 begin( )到 end( )之间的所有元素，相当于清空整个 list。

> **提示**
>
> 要清空 std::list 等 STL 容器，最简单、最快捷的方式是调用成员函数 clear( )。
> 因此，对于程序清单 18.4 中的第 29 行，更简单的代码如下：
>
> ```
> linkInts.clear();
> ```

> **注意**
>
> 程序清单 18.4 的第 31 行表明，可使用方法 size( )确定 std::list 的大小，这个方法与 vector 的方法 size( )很像。所有 STL 容器类都支持方法 size( )。

18.3　对 list 中的元素进行反转和排序

list 的一个独特之处是，指向元素的迭代器在 list 的元素重新排列或插入元素后仍有效。为实现这种特点，list 类提供了成员方法 sort( )和 reverse( )，虽然 STL 也提供了这两种方法，且这两种方法也可用于 list 类。这两种成员方法确保元素的相对位置发生变化后指向元素的迭代器仍有效。

18.3.1　使用 list::reverse( )反转元素的排列顺序

list 提供了成员函数 reverse( )，该函数没有参数，它能够反转 list 中元素的排列顺序：

```
linkInts.reverse(); // reverse order of elements
```

程序清单 18.5 演示了如何使用 reverse( )。

程序清单 18.5　反转 list 中元素的排列顺序

```
0: #include<list>
1: #include<iostream>
2: using namespace std;
3:
4: template <typename T>
```

```
 5: void DisplayContents(const T& container)
 6: {
 7:     for(auto element = container.cbegin();
 8:         element != container.cend();
 9:         ++ element )
10:      cout << *element << ' ';
11:
12:    cout << endl;
13: }
14:
15: int main()
16: {
17:    std::list<int> linkInts{ 0, 1, 2, 3, 4, 5 };
18:
19:    cout << "Initial contents of list:" << endl;
20:    DisplayContents(linkInts);
21:
22:    linkInts.reverse();
23:
24:    cout << "Contents of list after using reverse():" << endl;
25:    DisplayContents(linkInts);
26:
27:    return 0;
28: }
```

▼ **输出：**

```
Initial contents of list:
0 1 2 3 4 5
Contents of list after using reverse():
5 4 3 2 1 0
```

▼ **分析：**

如第 22 行所示，reverse( )只是反转 list 中元素的排列顺序。它是一个没有参数的简单函数，确保指向元素的迭代器在反转后仍有效——如果您保存了该迭代器。

18.3.2　对元素进行排序

list 的成员函数 sort( )有两个版本，其中一个没有参数：

```
linkInts.sort(); // sort in ascending order
```

另一个接收一个二元谓词作为参数，让您能够指定排序标准：

```
bool SortPredicate_Descending(const int& lhs, const int& rhs)
{
   // define criteria for list::sort: return true for desired order
   return(lhs > rhs);
}
// Use predicate to sort a list:
linkInts.sort(SortPredicate_Descending);
```

程序清单 18.6 演示了这两个版本。

程序清单 18.6　使用 list::sort( )将整型 list 按升序和降序排列

```
0: #include<list>
1: #include<iostream>
2: using namespace std;
3:
4: bool SortPredicate_Descending(const int& lhs, const int& rhs)
5: {
6:    // define criteria for list::sort: return true for desired order
7:    return(lhs > rhs);
8: }
9:
10: template <typename T>
11: void DisplayContents(const T& container)
12: {
13:    for(auto element = container.cbegin();
14:          element != container.cend();
15:          ++ element )
16:      cout << *element << ' ';
17:
18:    cout << endl;
19: }
20:
21: int main()
22: {
23:    list<int> linkInts{ 0, -1, 2011, 444, -5 };
24:
25:    cout << "Initial contents of the list are - " << endl;
26:    DisplayContents(linkInts);
27:
28:    linkInts.sort();
29:
30:    cout << "Order after sort():" << endl;
31:    DisplayContents(linkInts);
32:
33:    linkInts.sort(SortPredicate_Descending);
34:    cout << "Order after sort() with a predicate:" << endl;
35:    DisplayContents(linkInts);
36:
37:    return 0;
38: }
```

▼ **输出：**

```
Initial contents of the list are -
0 -1 2011 444 -5
Order after sort():
-5 -1 0 444 2011
Order after sort() with a predicate:
2011 444 0 -1 -5
```

▼ **分析：**

该代码示例演示了如何对整型 list 进行排序。第 28 行演示了不带参数的 sort( )函数的用法，它使用小于运算符（<）比较整数（就整型而言，该运算符是由编译器实现的），并将元素按默认的升序排列。然而，如果要覆盖这种默认行为，则必须向 sort( )函数提供一个二元谓词，如第 33 行所示。第 4～8 行定义了函数 SortPredicate_Descending( )，它是一个二元谓词，帮助 list 的 sort( )函数判断一个元素是否比另一个元素小。您使用这个谓词告诉了 list 如何解释小于（就这里而言，小于的含义是第一个参数大于第二个参数），而 list 类将据此进行排序。

18.3.3　对包含对象的 list 进行排序以及删除其中的元素

如果 list 的元素类型为对象，而不是 int 等简单内置类型，该如何对其进行排序呢？假设有一个包含地址簿条目的 list，其中每个元素都是对象，包含姓名、地址等内容，如何确保按姓名对其进行排序呢？

答案是采取下面两种方式之一：

- 在 list 包含的对象所属的类中，实现小于运算符；
- 提供一个二元排序谓词（函数），它接收两个输入值，并返回一个布尔值，指出第一个值是否比第二个值小。

在实际的应用程序中，很少使用 STL 容器来存储整数，而是存储用户定义的类型，如类或结构。程序清单 18.7 演示了一个联系人列表，其中的每个元素都是对象。这个代码示例看似很长，但大部分代码都很简单。

程序清单 18.7　存储对象的 list：创建一个联系人列表

```
0: #include<list>
1: #include<string>
2: #include<iostream>
3: using namespace std;
4:
5: template <typename T>
6: void displayAsContents(const T& container)
7: {
8:    for(auto element = container.cbegin();
9:         element != container.cend();
10:         ++ element )
11:     cout << *element << endl;
12:
13:    cout << endl;
14: }
15:
16: struct ContactItem
17: {
18:     string name;
19:     string phone;
20:     string displayAs;
21:
22:     ContactItem(const string& conName, const string & conNum)
23:     {
24:         name = conName;
25:         phone = conNum;
```

```
26:          displayAs =(name + ": " + phone);
27:      }
28:
29:      // used by list::remove() given contact list item
30:      bool operator ==(const ContactItem& itemToCompare) const
31:      {
32:          return(itemToCompare.name == this->name);
33:      }
34:
35:      // used by list::sort() without parameters
36:      bool operator < (const ContactItem& itemToCompare) const
37:      {
38:          return(this->name < itemToCompare.name);
39:      }
40:
41:      // Used by displayAsContents via cout
42:      operator const char*() const
43:      {
44:        return displayAs.c_str();
45:      }
46: };
47:
48: bool SortOnphoneNumber(const ContactItem& item1,
49:                                   const ContactItem& item2)
50: {
51:      return(item1.phone < item2.phone);
52: }
53:
54: int main()
55: {
56:      list <ContactItem> contacts;
57:      contacts.push_back(ContactItem("Oprah Winfrey", "+1 7889 879 879"));
58:      contacts.push_back(ContactItem("Bill Gates", "+1 97 7897 8799 8"));
59:      contacts.push_back(ContactItem("Angi Merkel", "+49 23456 5466"));
60:      contacts.push_back(ContactItem("Vlad Putin", "+7 6645 4564 797"));
61:      contacts.push_back(ContactItem("John Travolta", "91 234 4564 789"));
62:      contacts.push_back(ContactItem("Angelina Jolie", "+1 745 641 314"));
63:
64:      cout << "List in initial order: " << endl;
65:      displayAsContents(contacts);
66:
67:      contacts.sort();
68:      cout << "Sorting in alphabetical order via operator<:" << endl;
69:      displayAsContents(contacts);
70:
71:      contacts.sort(SortOnphoneNumber);
72:      cout << "Sorting in order of phone numbers via predicate:" << endl;
73:      displayAsContents(contacts);
74:
75:      cout << "After erasing Putin from the list: " << endl;
76:      contacts.remove(ContactItem("Vlad Putin", ""));
77:      displayAsContents(contacts);
```

```
78:
79:     return 0;
80: }
```

▼ 输出：

```
Sorting in alphabetical order via operator<:
Angelina Jolie: +1 745 641 314
Angi Merkel: +49 23456 5466
Bill Gates: +1 97 7897 8799 8
John Travolta: 91 234 4564 789
Oprah Winfrey: +1 7889 879 879
Vlad Putin: +7 6645 4564 797

Sorting in order of phone numbers via predicate:
Angelina Jolie: +1 745 641 314
Oprah Winfrey: +1 7889 879 879
Bill Gates: +1 97 7897 8799 8
Angi Merkel: +49 23456 5466
Vlad Putin: +7 6645 4564 797
John Travolta: 91 234 4564 789

After erasing Putin from the list:
Angelina Jolie: +1 745 641 314
Oprah Winfrey: +1 7889 879 879
Bill Gates: +1 97 7897 8799 8
Angi Merkel: +49 23456 5466
John Travolta: 91 234 4564 789
```

▼ 分析：

首先，将重点放在第 54～80 行的 main( ) 函数上。第 56 行实例化了一个 list，它包含类型为 ContactItem 的地址簿条目。第 57～62 行使用一些名人的姓名和电话号码（虚构的）填充该 list，而第 65 行显示该 list 的内容。第 67 行调用了 list::sort，但没有提供谓词函数。在没有提供谓词函数的情况下，函数 sort( ) 检查 ContactItem 是否定义了小于运算符，发现第 36～39 行定义了。ContactItem::operator<让 list::sort( ) 按姓名的字母顺序排列元素（而不是根据电话号码或随机逻辑进行排序）。要根据电话号码进行排序，可在调用 list::sort( ) 时提供二元谓词函数 SortOnphoneNumber( )，如第 71 行所示。这个函数是在第 48～52 行实现的，它根据电话号码（而不是姓名的字母顺序或随机逻辑）对两个类型为 ContactItem 的输入参数进行比较，从而让 list:: sort( ) 根据电话号码对这个列表进行排序，如输出所示。最后，第 76 行使用 list::remove( ) 将一个名人的联系信息从 list 中删除。您将参数设置成了包含该名人姓名的 ContactItem 对象，list::remove( ) 使用第 30～33 行实现的 ContactItem::operator==将该对象与 list 中的元素进行比较。该运算符在姓名相同时返回 true，并向 list::remove( ) 指出了匹配标准。

这个代码示例表明 STL list 是一个模板类，可用于创建任何对象类型的列表，它还说明了运算符与谓词的重要性。

18.3.4 std::forward_list

std::list 为双向链表，而 std::forward_list 是单向链表，即只能沿一个方向遍历，如图 18.2 所示。

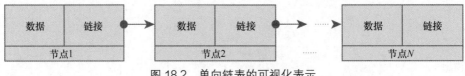

图 18.2 单向链表的可视化表示

> **提示**
>
> 要使用 std::forward_list，需要包含头文件 forward_list：
>
> ```
> #include<forward_list>
> ```

forward_list 的用法与 list 的很像，但只能沿一个方向移动迭代器，且插入元素时只能使用函数 push_front( )，而不能使用 push_back( )。当然，总是可以使用 insert( )及其重载版本在指定位置插入元素。

程序清单 18.8 演示了 forward_list 类的一些函数。

程序清单 18.8　forward_list 的基本插入和删除操作

```
 0: #include<forward_list>
 1: #include<iostream>
 2: using namespace std;
 3:
 4: template <typename T>
 5: void DisplayContents(const T& container)
 6: {
 7:    for(auto element = container.cbegin();
 8:         element != container.cend();
 9:         ++ element)
10:      cout << *element << ' ';
11:
12:    cout << endl;
13: }
14:
15: int main()
16: {
17:    forward_list<int> flistIntegers{ 3, 4, 2, 2, 0 };
18:    flistIntegers.push_front(1);
19:
20:    cout << "Contents of forward_list: " << endl;
21:    DisplayContents(flistIntegers);
22:
23:    flistIntegers.remove(2);
24:    flistIntegers.sort();
25:    cout << "Contents after removing 2 and sorting: " << endl;
26:    DisplayContents(flistIntegers);
27:
28:    return 0;
29: }
```

▼ 输出：

```
Contents of forward_list:
1 3 4 2 2 0
Contents after removing 2 and sorting:
0 1 3 4
```

▼ 分析：

　　这个代码示例表明，forward_list 与 list 很像。鉴于 forward_list 不支持双向迭代，因此只能对迭代器使用运算符++，而不能使用--。在这个示例中，第 23 行使用函数 remove(2) 删除了值为 2 的所有元素；第 24 行调用了 sort( )，这将使用默认的排序谓词，即 std::less<T>。

　　forward_list 的优点在于，它是一种单向链表，占用的内存比 list 稍少，因为只需指向后一个元素，而无须指向前一个元素。

白名单	黑名单
如果需要频繁地插入或删除元素（尤其是在中间插入或删除），应使用 std::list，而不是 std::vector。因为在这种情况下，vector 需要调整其内部缓冲区的大小，以支持数组语法，还需执行开销高昂的复制操作，而 list 只需建立或断开链接。 　　请记住，可使用成员方法 push_front( ) 和 push_back( ) 分别在 list 开头和末尾插入元素。 　　对于要使用 list 等 STL 容器存储其对象的类，务必在其中实现小于运算符和相等运算符==，以提供默认的排序和删除谓词。 　　请记住，和其他 STL 容器类一样，总是可以使用 list::size( ) 来确定 list 包含多少个元素。 　　请记住，和其他 STL 容器类一样，可使用方法 list::clear( ) 清空 list。	无须频繁在两端插入或删除元素，且不用在中间插入或删除元素时，请不要使用 list；在这些情况下，vector 和 deque 的速度要快得多。 　　如果不想根据默认标准进行删除或排序，别忘了给 sort( ) 和 remove( ) 提供一个谓词函数。 　　不要将方法 clear( ) 和 empty( ) 混为一谈，后者只检查容器是否是空的（如果是，就返回 true），而不对容器做任何修改。

18.4　总结

　　本章介绍了 list 和 forward_list 的特征以及各种列表操作。现在，您知道了列表的最常用函数，能够创建用于存储任何对象类型的列表。

18.5　问与答

问：list 为何提供诸如 sort( ) 和 remove( ) 等成员函数？

答：STL list 类需要确保指向 list 中元素的迭代器始终有效，而不管如何在 list 中移动该元素。虽然 STL 算法也可用于 list，但 list 的成员函数可确保 list 的前述特征。

问：使用存储 CAnimal 对象的 list 时，为让 list 的成员函数能够正确处理 CAnimal 对象，应为 CAnimal 类实现哪些运算符？

答：对于其对象将存储在 STL 容器中的类，必须为它实现默认相等运算符和小于运算符。

问：对于下述代码行，该如何将关键字 auto 替换为显式类型？

```
list<int> linkInts(10); // list of 10 integers
auto firstElement = linkInts.begin();
```

答：应将关键字 auto 替换为显式类型声明，如下所示：

```
list<int> linkInts(10);  // list of 10 integers
list<int>::iterator firstElement = linkInts.begin();
```

18.6 作业

作业包括测验和练习，前者帮助读者加深对所学知识的理解，后者为读者提供了使用新学知识的机会。请尽量先完成测验和练习题，然后对照附录 E 的答案，继续学习第 19 章前，请务必弄懂这些题目。

18.6.1 测验

1. 与在开头或末尾插入元素相比，在 STL list 中间插入元素是否会降低性能？
2. 假设有两个迭代器分别指向 STL list 对象中的两个元素，然后在这两个元素之间插入了一个元素。请问这种插入是否会导致这两个迭代器无效？
3. 如何清空 std::list 的内容？
4. 能否在 list 中插入多个元素？

18.6.2 练习

1. 编写一个程序，它接收用户输入的数字并将它们插入 list 开头。
2. 使用一个简短的程序来演示这样一点：在 list 中插入一个新元素，导致迭代器指向的元素的相对位置发生变化后，该迭代器仍有效。
3. 编写一个程序，使用 list 的 insert( )函数将一个 vector 的内容插入一个 STL list 中。
4. 编写一个程序，对字符串 list 进行排序，然后反转排列顺序。

第 19 章
STL set 和 multiset

STL 提供了一些有助于频繁而快速地进行搜索的容器类。std::set 和 std::multiset 类用于存储一组经过排序的元素，其查找元素的复杂度为对数，而 unordered 集合的插入和查找时间是固定的。

在本章中，您将学习：

- 如何使用 STL 容器 set、multiset、unordered_set 和 unordered_multiset；
- 插入、查找和删除元素；
- 使用 STL 容器 set、multiset、unordered_set 和 unordered_multiset 的优缺点。

19.1　简介

容器 set 和 multiset 让您能够在容器中快速查找键。键是存储在一维容器中的值。set 和 multiset 之间的区别在于，后者可存储重复的值，而前者只能存储不同的值。

图 19.1 表明，set 只能包含不同的人名，而 multiset 可存储重复的人名。

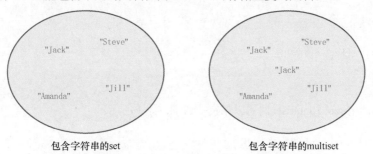

包含字符串的set　　　　　　　　　　　包含字符串的multiset

图 19.1　包含人名的 set 和 multiset 的可视化表示

为实现快速搜索，set 和 multiset 的内部结构像二叉树，这意味着将元素插入 set 或 multiset 时将对其进行排序，以提高查找速度。这还意味着不像 vector 那样可以使用其他元素替换给定位置的元素，位于 set 中特定位置的元素不能替换为值不同的新元素，这是因为 set 将把新元素同内部树中的其他元素进行比较，进而将其放在其他位置。

> **提示**
>
> 要使用 std::set 或 set::multiset 类，需要包含头文件 set：
>
> ```
> #include<set>
> ```

19.2　STL set 和 multiset 的基本操作

STL set 和 multiset 都是模板类，要使用其成员函数，必须先将其实例化。

19.2.1　实例化 std::set 对象

要实例化一个特定类型的 set 或 multiset，必须针对该类型具体化模板类 std::set 或 std::multiset：

```
std::set<int> setInts;
std::multiset<int> msetInts;
```

要声明一个包含 Tuna 对象的 set 或 multiset，应这样编写代码：

```
std::set<Tuna> tunaSet;
std::multiset<Tuna> tunaMSet;
```

要声明指向 set 或 multiset 中元素的迭代器，可像下面这样做：

```
std::set<int>::const_iterator element;
std::multiset<int>::const_iterator element;
```

如果需要一个可用于修改值或调用非 const 函数的迭代器，则应将 const_iterator 替换为 iterator。

鉴于 set 和 multiset 都是在插入时对元素进行排序的容器，如果您没有指定排序标准，那么它们将使用默认谓词 std::less，确保包含的元素按升序排列。

要创建二元排序谓词，可在类中定义一个 operator( )，让它接收两个参数（其类型与集合存储的数据类型相同），并根据排序标准返回 true。下面就是一个这样的排序谓词，它按降序排列元素：

```
// used as a template parameter in set / multiset instantiation
template <typename T>
struct SortDescending
{
   bool operator()(const T& lhs, const T& rhs) const
   {
      return (lhs > rhs);
   }
};
```

然后，在实例化 set 或 multiset 时可以指定该谓词，如下所示：

```
// a set and multiset of integers (using sort predicate)
set<int, SortDescending<int>> setInts;
multiset<int, SortDescending<int>> msetInts;
```

除上述实例化方式外，还可使用另一个 set 或 multiset 的部分或全部元素来创建 set 或 multiset。各种实例化 set 和 multiset 的方式如程序清单 19.1 所示。

程序清单 19.1　各种实例化 set 和 multiset 的方式

```
0: #include<set>
1:
2: // used as a template parameter in set / multiset instantiation
3: template <typename T>
4: struct SortDescending
5: {
6:    bool operator()(const T& lhs, const T& rhs) const
7:    {
```

```
 8:        return (lhs > rhs);
 9:    }
10: };
11:
12: int main()
13: {
14:    using namespace std;
15:
16:    // a simple set or multiset of integers (using default sort predicate)
17:    set<int> setInts1;
18:    multiset<int> msetInts1;
19:
20:    // set and multiset instantiated given a user-defined sort predicate
21:    set<int, SortDescending<int>> setInts2;
22:    multiset<int, SortDescending<int>> msetInts2;
23:
24:    // creating one set from another, or part of another container
25:    set<int> setInts3(setInts1);
26:    multiset<int> msetInts3(setInts1.cbegin(), setInts1.cend());
27:
28:    return 0;
29: }
```

▼ **输出：**

这个代码片段没有输出。

▼ **分析：**

虽然这个程序没有输出，但演示了各种实例化整型 set 和 multiset 的方式。第 17 和 18 行演示了最简单的实例化方式（省略除类型外的其他所有模板参数），这导致使用默认排序谓词，即 std::less<T>。如果要覆盖这种默认行为，需要像第 3～10 行那样定义一个谓词，并像第 21 和 22 行那样使用它。该谓词将元素按降序排列（默认为升序）。最后，第 25 和 26 行演示了这样两种实例化方式：使用一个 set 来实例化另一个 set；使用 set 的特定范围内的元素来实例化 multiset，这里也可使用 vector、list 或其他任何 STL 容器类，只要它能够通过 cbegin( )和 cend( )返回描述边界的迭代器。

19.2.2　在 set 或 multiset 中插入元素

set 和 multiset 的大多数函数的用法类似，它们接收类似的参数，且返回类型也类似。例如，要在这两种容器中插入元素，可使用成员函数 insert( )，这个函数接收要插入的值或容器的指定范围：

```
setInts.insert(-1);
msetInts.insert(setInts.begin(), setInts.end());
```

程序清单 19.2 演示了如何在这些容器中插入元素。

程序清单 19.2　在 STL set 或 multiset 中插入元素

```
0: #include<set>
1: #include<iostream>
2: using namespace std;
3:
```

```
 4: template <typename T>
 5: void DisplayContents(const T& container)
 6: {
 7:    for(auto element = container.cbegin();
 8:         element != container.cend();
 9:         ++element)
10:      cout << *element << ' ';
11:
12:    cout << endl;
13: }
14:
15: int main()
16: {
17:    set<int> setInts{ 202, 151, -999, -1 };
18:    setInts.insert(-1); // duplicate
19:    cout << "Contents of the set: " << endl;
20:    DisplayContents(setInts);
21:
22:    multiset<int> msetInts;
23:    msetInts.insert(setInts.begin(), setInts.end());
24:    msetInts.insert(-1); // duplicate
25:
26:    cout << "Contents of the multiset: " << endl;
27:    DisplayContents(msetInts);
28:
29:    cout << "Number of instances of '-1' in the multiset are: '";
30:    cout << msetInts.count(-1) << "'" << endl;
31:
32:    return 0;
33: }
```

▼ 输出：

```
Contents of the set:
-999 -1 151 202
Contents of the multiset:
-999 -1 -1 151 202
Number of instances of '-1' in the multiset are: '2'
```

▼ 分析：

第 4～13 行是通用的模板函数 DisplayContents( )，您在第 17 和 18 章见过，它将 STL 容器的内容显示到控制台（屏幕）上。第 17 行和第 22 行定义了一个 set 对象和一个 multiset 对象，其中，前者使用了列表初始化语法。第 18 和 24 行尝试在 set 和 multiset 中插入重复的值。第 23 行演示了如何使用 insert( )将一个 set 的内容插入一个 multiset 中，这里是将 setInts 的内容插入 msetInts 中。从输出可知，multiset 能够存储多个相同的值，而 set 不能。第 30 行演示了成员函数 multiset::count( )的用法，它返回 multiset 中有多少个元素存储了指定的值。

提示　　multiset::count( )确定 multiset 包含多少个这样的元素，即其值与通过实参传递给这个函数的值相同。

19.2.3 在 STL set 或 multiset 中查找元素

诸如 set、multiset、map 和 multimap 等关联容器都提供了成员函数 find( )，它让您能够根据给定的键来查找值：

```
auto elementFound = setInts.find(-1);

// Check if found...
if(elementFound != setInts.end())
    cout << "Element " << *elementFound << " found!" << endl;
else
    cout << "Element not found in set!" << endl;
```

程序清单 19.3 演示了 find( )的用法。由于 multiset 可包含多个值相同的元素，因此对于 multiset，这个函数查找第一个与给定键匹配的元素。

程序清单 19.3 使用成员函数 find( )

```
 0: #include<set>
 1: #include<iostream>
 2: using namespace std;
 3:
 4: int main()
 5: {
 6:     set<int> setInts{ 43, 78, -1, 124 };
 7:
 8:     // Display contents of the set to the screen
 9:     for(auto element = setInts.cbegin();
10:         element != setInts.cend();
11:         ++ element)
12:       cout << *element << endl;
13:
14:     // Try finding an element
15:     auto elementFound = setInts.find(-1);
16:
17:     // Check if found...
18:     if(elementFound != setInts.end())
19:       cout << "Element " << *elementFound << " found!" << endl;
20:     else
21:       cout << "Element not found in set!" << endl;
22:
23:     // finding another
24:     auto anotherFind = setInts.find(12345);
25:
26:     // Check if found...
27:     if(anotherFind != setInts.end())
28:       cout << "Element " << *anotherFind << " found!" << endl;
29:     else
30:       cout << "Element 12345 not found in set!" << endl;
31:
32:     return 0;
33: }
```

▼ 输出：

```
-1
43
78
124
Element -1 found!
Element 12345 not found in set!
```

▼ 分析：

第 15～21 行演示了成员函数 find( ) 的用法。第 18 行将 find( ) 返回的迭代器与 end( ) 进行比较，以核实是否找到了指定的元素。如果该迭代器有效，便可使用 *elementFound 访问它指向的值。

> 注意
>
> 程序清单 19.3 所示的示例也适用于 multiset，只需将第 6 行的 set 替换为 multiset 即可，这不会影响应用程序。multiset 可能在相邻的位置存储多个值相同的元素，为访问所有这些元素，可使用 find( ) 返回的迭代器，并将迭代器前移 count( )-1 次。成员函数 count( ) 在程序清单 19.2 中演示过。

19.2.4　删除 STL set 或 multiset 中的元素

诸如 set、multiset、map 和 multimap 等关联容器都提供了成员函数 erase( )，它让您能够根据键删除值：

```
setObject.erase(key);
```

erase( ) 函数的另一个版本接收一个迭代器作为参数，并删除该迭代器指向的元素：

```
setObject.erase(element);
```

通过使用迭代器指定的边界，可将指定范围内的所有元素都从 set 或 multiset 中删除：

```
setObject.erase(iLowerBound, iUpperBound);
```

程序清单 19.4 演示了如何使用 erase( ) 来删除 set 或 multiset 中的元素。

程序清单 19.4　使用 multiset 的成员函数 erase( )

```
 0: #include<set>
 1: #include<iostream>
 2: using namespace std;
 3:
 4: template <typename T>
 5: void DisplayContents(const T& Input)
 6: {
 7:    for(auto element = Input.cbegin();
 8:        element != Input.cend();
 9:         ++ element)
10:      cout << *element << ' ';
11:
12:    cout << endl;
13: }
14:
15: typedef multiset<int> MSETINT;
```

```
16:
17: int main()
18: {
19:     MSETINT msetInts{ 43, 78, 78, -1, 124 };
20:
21:     cout << "multiset contains " << msetInts.size() << " elements: ";
22:     DisplayContents(msetInts);
23:
24:     cout << "Enter a number to erase from the multi set: ";
25:     int input = 0;
26:     cin >> input;
27:
28:     cout << "Erasing " << msetInts.count(input);
29:     cout << " instances of value " << input << endl;
30:
31:     msetInts.erase(input);
32:
33:     cout << "multiset now contains " << msetInts.size() << " elements: ";
34:     DisplayContents(msetInts);
35:
36:     return 0;
37: }
```

▼ 输出：

```
multiset contains 5 elements: -1 43 78 78 124
Enter a number to erase from the multi set: 78
Erasing 2 instances of value 78
multiset now contains 3 elements: -1 43 124
```

▼ 分析：

请注意，第 15 行使用了 typedef。第 28 行使用了 count( )来确定有多少个元素包含特定的值。实际的删除操作是在第 31 行执行的，它删除与用户输入的数字匹配的所有元素。

提示

函数 erase( )被重载了。可像程序清单 19.4 那样将一个值传递给 erase( )，这将删除所有包含该指定值的元素。还可将迭代器（如 find( )返回的迭代器）传递给 erase( )，这将删除单个元素，如下所示：

```
find(numberToErase);
if(elementFound != msetInts.end())
    msetInts.erase(elementFound);
else
    cout << "Element not found!" << endl;
```

erase( )还可用于从 multiset 中删除指定范围内的元素：

```
MSETINT::iterator elementFound =
msetInts.find(valueToErase);

if(elementFound != msetInts.end())
    msetInts.erase(msetInts.begin(), elementFound);
```

> 上述代码删除从开头到值为 valueToErase 的所有元素（不包含 valueToErase）。要清空
> set 和 multiset 的内容，可使用成员函数 clear( )。

学习 set 和 multiset 的基本函数后，来看一个使用 set 容器的实际应用程序。程序清单 19.5 是基于菜单的电话簿的最简单实现，它让用户能够插入、查找、删除和显示人名和电话号码。

程序清单 19.5　一个使用 STL set 及其成员函数 find( )和 erase( )的电话簿

```
 0: #include<set>
 1: #include<iostream>
 2: #include<string>
 3: using namespace std;
 4:
 5: template <typename T>
 6: void DisplayContents(const T& container)
 7: {
 8:    for(auto iElement = container.cbegin();
 9:          iElement != container.cend();
10:          ++ iElement)
11:       cout << *iElement << endl;
12:
13:    cout << endl;
14: }
15:
16: struct ContactItem
17: {
18:    string name;
19:    string phoneNum;
20:    string displayAs;
21:
22:    ContactItem(const string& nameInit, const string & phone)
23:    {
24:       name = nameInit;
25:       phoneNum = phone;
26:       displayAs =(name + ": " + phoneNum);
27:    }
28:
29:    // used by set::find() given contact list item
30:    bool operator ==(const ContactItem& itemToCompare) const
31:    {
32:       return(itemToCompare.name == this->name);
33:    }
34:
35:    // used to sort
36:    bool operator <(const ContactItem& itemToCompare) const
37:    {
38:       return(this->name < itemToCompare.name);
39:    }
40:
41:    // Used in DisplayContents via cout
42:    operator const char*() const
43:    {
```

```
44:        return displayAs.c_str();
45:    }
46: };
47:
48: int main()
49: {
50:     set<ContactItem> setContacts;
51:     setContacts.insert(ContactItem("Oprah Winfrey", "+1 7889 879 879"));
52:     setContacts.insert(ContactItem("Bill Gates", "+1 97 7897 8799 8"));
53:     setContacts.insert(ContactItem("Angi Merkel", "+49 23456 5466"));
54:     setContacts.insert(ContactItem("Vlad Putin", "+7 6645 4564 797"));
55:     setContacts.insert(ContactItem("John Travolta", "91 234 4564 789"));
56:     setContacts.insert(ContactItem("Angelina Jolie", "+1 745 641 314"));
57:     DisplayContents(setContacts);
58:
59:     cout << "Enter a name you wish to delete: ";
60:     string inputName;
61:     getline(cin, inputName);
62:
63:     auto contactFound = setContacts.find(ContactItem(inputName, ""));
64:     if(contactFound != setContacts.end())
65:     {
66:         setContacts.erase(contactFound);
67:         cout << "Displaying contents after erasing " << inputName << endl;
68:         DisplayContents(setContacts);
69:     }
70:     else
71:         cout << "Contact not found" << endl;
72:
73:     return 0;
74: }
```

▼ 输出:

```
Angelina Jolie: +1 745 641 314
Angi Merkel: +49 23456 5466
Bill Gates: +1 97 7897 8799 8
John Travolta: 91 234 4564 789
Oprah Winfrey: +1 7889 879 879
Vlad Putin: +7 6645 4564 797

Enter a name you wish to delete: John Travolta
Displaying contents after erasing John Travolta
Angelina Jolie: +1 745 641 314
Angi Merkel: +49 23456 5466
Bill Gates: +1 97 7897 8799 8
Oprah Winfrey: +1 7889 879 879
Vlad Putin: +7 6645 4564 797
```

▼ 分析:

这个示例与按姓名的字母顺序对 std::list 进行排序的程序清单 18.7 类似，差别在于 std::set 排序是在插入元素时进行的。输出表明，不需要调用任何函数来对 set 中的元素进行排序，因为已经在插入元素时使用第 36～39 行实现的 operator <进行了排序。您让用户指定要删除的条目，然后第 63 行调用 find( ) 找到该条目，而第 66 行使用 erase( ) 删除该条目。

> **提示**
> 这个电话簿实现是基于 STL set 的，因此不允许多个元素包含相同的值。如果要让电话簿能够存储两个相同的人名，则应使用 STL multiset。如果 setContacts 为 multiset，程序清单 19.5 中的代码仍可正确运行。要使用 multiset 存储多个值相同的元素，应使用 count( )成员函数来确定有多少个元素包含特定的值。

19.3　使用 STL set 和 multiset 的优缺点

对需要频繁查找的应用程序来说，STL set 和 multiset 很有优势，由于其内容是经过排序的，因此查找速度更快。然而，为提供这种优势，容器在插入元素时就会进行排序。所以，插入元素时有额外开销，因为需要对元素进行排序，但如果应用程序将频繁使用 find( )等函数，则这种开销是值得的。

find( )利用了内部的二叉树结构。这种有序的二叉树结构使得 set 和 multiset 与顺序容器（如 vector）相比有一个缺点：在 vector 中，可以使用新值替换迭代器（如 std::find( )返回的迭代器）指向的元素；但 set 根据元素的值对其进行了排序，因此不能使用迭代器覆盖元素的值，虽然通过编程可实现这种功能。

STL 散列集合实现 std::unordered_set 和 std::unordered_multiset

STL std::set 和 std::multiset 使用 std::less<T>或提供的谓词对元素（同时也是键）进行排序。相较于 vector 等未经排序的容器，在经过排序的容器中查找的速度更快，其 sort( )的复杂度为对数。这意味着在 set 中查找元素时，所需的时间不是与元素数呈正比，而是与元素数的对数呈正比。因此，相比于包含 100 个元素的 set，在包含 10000 个元素的 set 中查找时，需要的平均时间将翻一倍（因为 $100^2 = 10000$，则 $\log_{10}(10000) = 2 \times \log_{10}(100)$ ）。

相比于未经排序的容器（查找时间与元素数成正比），容器经过排序极大地改善了性能，但有时候这还不够。程序员和数学家们都喜欢探索插入和排序时间固定的方式，其中一种方式是使用基于散列的实现，即使用散列函数来计算排序索引。将元素插入散列集合时，首先使用散列函数计算出一个唯一的索引，再根据该索引决定将元素放到哪个桶（bucket）中。

STL 提供的容器类 std::unordered_set 就是基于散列的集合。

> **提示**
> 要使用 STL 容器 std::unordered_set 或 std::unordered_multiset，需要包含头文件 unordered_set：
>
>   #include<unordered_set>

这个类的用法与 std::set 的差别不大：

```
// instantiation:
unordered_set<int> usetInt;

// insertion of an element
usetInt.insert(1000);

// find():
auto elementFound = usetInt.find(1000);
```

```
if(elementFound != usetInt.end())
  cout << *elementFound << endl;
```

但是，unordered_set 的一个重要特征是，它具有一个负责确定排列顺序的散列函数：

```
unordered_set<int>::hasher HFn = usetInt.hash_function();
```

要决定选择使用 std::unordered_set 还是 std::set，最好在模拟环境中测试这两种容器的性能，而该模拟环境涉及的操作和数据量必须与实际情况接近。程序清单 19.6 演示了 std::unordered_set 的一些常用方法的用法。

程序清单 19.6 使用 std::unordered_set 及其方法 insert( )、find( )、size( )、bucket_count( )、load_factor( )和 max_load_factor( )

```
 0: #include<unordered_set>
 1: #include<iostream>
 2: using namespace std;
 3:
 4: template <typename T>
 5: void DisplayContents(const T& cont)
 6: {
 7:     cout << "Unordered set contains: ";
 8:     for(auto element = cont.cbegin();
 9:          element != cont.cend();
10:          ++ element)
11:       cout<< *element << ' ';
12:
13:     cout << endl;
14:
15:     cout << "Number of elements, size() = " << cont.size() << endl;
16:     cout << "Bucket count = " << cont.bucket_count() << endl;
17:     cout << "Max load factor = " << cont.max_load_factor() << endl;
18:     cout << "Load factor: " << cont.load_factor() << endl << endl;
19: }
20:
21: int main()
22: {
23:     unordered_set<int> usetInt{ 1, -3, 2017, 300, -1, 989, -300, 9 };
24:     DisplayContents(usetInt);
25:     usetInt.insert(999);
26:     DisplayContents(usetInt);
27:
28:     cout << "Enter int you want to check for existence in set: ";
29:     int input = 0;
30:     cin >> input;
31:     auto elementFound = usetInt.find(input);
32:
33:     if(elementFound != usetInt.end())
34:        cout << *elementFound << " found in set" << endl;
35:     else
36:        cout << input << " not available in set" << endl;
```

```
37:
38:    return 0;
39: }
```

▼ 输出：

```
Unordered set contains: 9 1 -3 989 -1 2017 300 -300
Number of elements, size() = 8
Bucket count = 8
Max load factor = 1
Load factor: 1

Unordered set contains: 9 1 -3 989 -1 2017 300 -300 999
Number of elements, size() = 9
Bucket count = 64
Max load factor = 1
Load factor: 0.140625

Enter int you want to check for existence in set: -300
-300 found in set
```

▼ 分析：

　　输出可能随编译器或 STL 版本的不同而稍有差异。程序清单 19.6 中的代码创建了一个整型 unordered_set，并使用列表初始化语法在其中插入一些值（如第 23 行所示），再显示其内容，包括 bucket_count( )、load_factor( )和 max_load_factor( )提供的统计信息，如第 16～18 行所示。输出表明，最初的桶数为 8 个，而由于该容器包含 8 个元素，因此负载系数为 1，与最大负载系数相同。在插入第 9 个元素时，unordered_set 重新组织，创建 64 个桶并重新创建散列表，而负载系数降低了。main( ) 中的其他代码表明，在 unordered_set 中查找元素的语法与 set 类似。find( )返回一个迭代器，在使用该迭代器之前，需要核实 find( )是否查找成功，如第 33 行所示。

| 注意 | 散列函数通常用于根据键在散列表中查找值，详情请参阅第 20 章中介绍 std::unordered_map 的一节。std::unordered_map 是 STL 提供的散列表实现。 |

白名单	黑名单
请牢记，STL set 和 multiset 容器针对频繁查找的情形进行了优化。 　　请牢记，std::multiset 可存储多个值相同的元素（键），而 std::set 只能存储不同的值。 　　务必使用 multiset::count( )确定有多少个元素包含特定的值。 　　请牢记，set::size( )和 multiset::size( )指出容器包含多少个元素。	对于对象将存储在 set 或 multiset 等容器中的类，别忘了在其中实现小于运算符和相等运算符。前者将成为排序谓词，而后者将用于 set::find( )等函数。 　　在需要频繁插入而很少查找的情形下，不要使用 std::set 或 std::multiset，在这种情形下，std::vector 和 std::list 通常更适合。

19.4　总结

　　本章介绍了 STL set 和 multiset 类及其重要的成员函数和特征，还通过一个基于菜单的简单电话簿演示了如何使用 set 和 multiset，且该电话簿提供了搜索和删除功能。

19.5 问与答

问：如何声明一个其元素按降序排列的整型 set?

答：可以使用 set<int>定义一个整型 set，这种 set 使用默认排序谓词 std::less<T>将元素按升序排列，也可将其定义为 set<int, less <int>>。要按降序排列，应将 set 定义为 set<int, greater <int>>。

问：如果在一个字符串 set 中插入字符串 Jack 两次，将发生什么情况?

答：由于 set 不能存储多个相同的值，因此这个字符串 set 将只包含一个 Jack。

问：在前一个问题中，如果需要两个 Jack，那么该怎么办?

答：由于 set 只能存储唯一的值，因此应选择使用 multiset。

问：multiset 的哪个成员函数能够指出容器有多少个元素包含特定的值?

答：函数 count (value)。

问：我使用函数 find( )在 set 中找到了一个元素，并有一个指向该元素的迭代器。能否使用这个迭代器来修改它指向的元素的值?

答：有些 STL 实现可能允许用户通过迭代器（如 find( )函数返回的迭代器）修改元素的值，但不应这样做。应将指向 set 中元素的迭代器视为 const 迭代器，即使 STL 实现没有强制这样做。

19.6 作业

作业包括测验和练习，前者帮助读者加深对所学知识的理解，后者为读者提供了使用新学知识的机会。请尽量先完成测验和练习题，然后对照附录 E 的答案，继续学习第 20 章前，请务必弄懂这些题目。

19.6.1 测验

1. 使用 set <int>声明整型 set 时，排序标准将由哪个函数提供?
2. 在 multiset 中，值相同的元素以什么方式出现?
3. set 和 multiset 的哪个成员函数能够指出容器包含多少个元素?

19.6.2 练习

1. 在不修改 ContactItem 的情况下，扩展本章的电话簿应用程序，使其能够根据电话号码查找人名（提示：调整小于运算符和相等运算符，确保根据电话号码对元素进行比较和排序）。
2. 定义一个 multiset 来存储单词及其含义，即将 multiset 用作词典（提示：multiset 存储的对象应是一个包含两个字符串的结构，其中一个字符串为单词，另一个字符串是单词的含义）。
3. 通过一个简单程序演示 set 不接受重复的元素，而 multiset 接受。

第 20 章
STL map 和 multimap

STL 提供了一些容器类，以供需要进行频繁而快速搜索的应用程序使用。
在本章中，您将学习：

- 如何使用 STL map、multimap、unordered_map 和 unordered_multimap；
- 插入、查找和删除元素；
- 提供自定义的排序谓词；
- 散列表工作原理。

20.1 STL 映射类简介

map 和 multimap 是键值对容器，支持根据键进行查找，如图 20.1 所示。

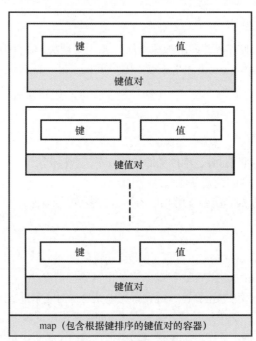

图 20.1 包含键值对的容器

map 和 multimap 之间的区别在于，后者可存储重复的键，而前者只能存储不同的键。

为实现快速查找，STL map 和 multimap 的内部结构看起来像棵二叉树。这意味着在 map 或 multimap 中插入元素时将进行排序；还意味着不像 vector 那样可以使用其他元素替换给定位置的元素，位于 map 中特定位置的元素不能替换为值不同的新元素，这是因为 map 将把新元素同二叉树中的其他元素进行比较，进而将它放在其他位置。

> 提示
>
> 要使用 STL map 或 multimap 类，需要包含头文件 map：
>
> ```
> #include<map>
> ```

20.2 STL map 和 multimap 的基本操作

STL map 和 multimap 都是模板类，要使用其成员函数，必须先将其实例化。

20.2.1 实例化 std::map 和 std::multimap

要实例化将整数用作键、将字符串用作值的 map 或 multimap，必须具体化模板类 std::map 或 std::multimap。在实例化模板类 map 时，需要指定键和值的类型以及可选的谓词（它帮助 map 类对插入的元素进行排序）。因此，典型的 map 实例化语法如下：

```
#include<map>
using namespace std;
...
map <keyType, valueType, Predicate=std::less <keyType>> mapObj;
multimap <keyType, valueType, Predicate=std::less <keyType>> mmapObj;
```

第 3 个模板参数是可选的。如果您只指定了键和值的类型，而省略了第 3 个模板参数，std::map 和 std::multimap 将把 std::less<>用作排序标准。因此，将整数映射到字符串的 map 或 multimap 类似于下面这样：

```
std::map<int, string> mapIntToStr;
std::multimap<int, string> mmapIntToStr;
```

程序清单 20.1 更详细地说明了实例化方式。

程序清单 20.1　实例化 STL map 和 multimap（键类型为 int，值类型为 string）

```
 0: #include<map>
 1: #include<string>
 2:
 3: template<typename keyType>
 4: struct ReverseSort
 5: {
 6:   bool operator()(const keyType& key1, const keyType& key2) const
 7:    {
 8:       return(key1 > key2);
 9:    }
10: };
11:
12: int main()
13: {
14:    using namespace std;
15:
16:    // map and multimap key of type int to value of type string
```

```
17:    map<int, string> mapIntToStr1;
18:    multimap<int, string> mmapIntToStr1;
19:
20:    // map and multimap constructed as a copy of another
21:    map<int, string> mapIntToStr2(mapIntToStr1);
22:    multimap<int, string> mmapIntToStr2(mmapIntToStr1);
23:
24:    // map and multimap constructed given a part of another map or multimap
25:    map<int, string> mapIntToStr3(mapIntToStr1.cbegin(),
26:                                        mapIntToStr1.cend());
27:
28:    multimap<int, string> mmapIntToStr3(mmapIntToStr1.cbegin(),
29:                                           mmapIntToStr1.cend());
30:
31:    // map and multimap with a predicate that inverses sort order
32:     map<int, string, ReverseSort<int> > mapIntToStr4
33:        (mapIntToStr1.cbegin(), mapIntToStr1.cend());
34:
35:    multimap<int, string, ReverseSort<int> > mmapIntToStr4
36:      (mapIntToStr1.cbegin(), mapIntToStr1.cend());
37:
38:    return 0;
39: }
```

▼ 输出:

这个代码片段没有输出。

▼ 分析:

这个代码示例演示了实例化，没有输出。我们应该将重点放在第 12～39 行的 main( )函数上。第 17 行和 18 行演示了实例化键类型为 int、值类型为 string 的 map 和 multimap 的最简单方式；第 25～29 行演示了如何创建一个 map 或 multimap，并使用另一个 map 或 multimap 中指定范围内的值对其进行初始化；第 31～36 行演示了在实例化 map 或 multimap 时如何自定义排序标准。请注意，默认使用排序标准 std::less<T>，它将元素按升序排列。如果要改变这种行为，可提供一个谓词———一个实现了 operator( )的类或结构。第 3～10 行定义了一个这样的谓词——结构 ReverseSort，第 32 和 35 行在实例化 map 和 multimap 时使用了该谓词。

20.2.2 在 STL map 或 multimap 中插入元素

map 和 multimap 的大多数函数的用法类似，它们接收类似的参数，返回类型也类似。例如，要在这两种容器中插入元素，都可使用成员函数 insert( )：

```
std::map<int, std::string> mapIntToStr1;
// insert pair of key and value using make_pair function
mapIntToStr.insert(make_pair(-1, "Minus One"));
```

由于这两种容器包含的元素都是键值对，因此也可直接使用 std::pair 来指定要插入的键和值：

```
mapIntToStr.insert(pair<int, string>(1000, "One Thousand"));
```

另外，还可使用类似于数组的语法进行插入。但是，这种方式对用户不太友好，它是由索引运算符支持的：

```
mapIntToStr[1000000] = "One Million";
```

还可使用 map 来实例化 multimap：

```
std::multimap<int, std::string> mmapIntToStr(mapIntToStr.cbegin(),
                                                    mapIntToStr.cend());
```

程序清单 20.2 演示了各种在 map 和 multimap 中插入元素的方式。

程序清单 20.2 使用 insert( )以及类似于数组的语法（运算符[] ）在 STL map 或 multimap 中插入元素

```
 0: #include<map>
 1: #include<iostream>
 2: #include<string>
 3:
 4: using namespace std;
 5:
 6: // Type-define the map and multimap definition for easy readability
 7: typedef map <int, string> MAP_INT_STRING;
 8: typedef multimap <int, string> MMAP_INT_STRING;
 9:
10: template <typename T>
11: void DisplayContents(const T& cont)
12: {
13:    for(auto element = cont.cbegin();
14:          element != cont.cend();
15:          ++element)
16:       cout << element->first << " -> " << element->second << endl;
17:
18:    cout << endl;
19: }
20:
21: int main()
22: {
23:    MAP_INT_STRING mapIntToStr;
24:
25:    // Insert key-value pairs into the map using value_type
26:    mapIntToStr.insert(MAP_INT_STRING::value_type(3, "Three"));
27:
28:    // Insert a pair using function make_pair
29:    mapIntToStr.insert(make_pair(-1, "Minus One"));
30:
31:    // Insert a pair object directly
32:    mapIntToStr.insert(pair<int, string>(1000, "One Thousand"));
33:
34:    // Use an array-like syntax for inserting key-value pairs
35:    mapIntToStr [1000000] = "One Million";
36:
37:    cout << "The map contains " << mapIntToStr.size();
38:    cout << " key-value pairs. They are: " << endl;
39:    DisplayContents(mapIntToStr);
40:
41:    // instantiate a multimap that is a copy of a map
```

```
42:     MMAP_INT_STRING mmapIntToStr(mapIntToStr.cbegin(),
43:                          mapIntToStr.cend());
44:
45:     // The insert function works the same way for multimap too
46:     // A multimap can store duplicates - insert a duplicate
47:     mmapIntToStr.insert(make_pair(1000, "Thousand"));
48:
49:     cout << endl << "The multimap contains " << mmapIntToStr.size();
50:     cout << " key-value pairs. They are: " << endl;
51:     DisplayContents(mmapIntToStr);
52:
53:     // The multimap can return number of pairs with same key
54:     cout << "The number of pairs in the multimap with 1000 as their key: "
55:          << mmapIntToStr.count(1000) << endl;
56:
57:     return 0;
58: }
```

▼ 输出：

```
The map contains 4 key-value pairs. They are:
-1 -> Minus One
3 -> Three
1000 -> One Thousand
1000000 -> One Million


The multimap contains 5 key-value pairs. They are:
-1 -> Minus One
3 -> Three
1000 -> One Thousand
1000 -> Thousand
1000000 -> One Million

The number of pairs in the multimap with 1000 as their key: 2
```

▼ 分析：

第 7 行和 8 行使用 typedef 给模板类 map 和 multimap 的实例指定了别名，这样可让代码看起来更简单（避免模板语法带来的混乱）。第 10～19 行针对的是 map 和 multimap 改写后的 DisplayContents( )，它使用迭代器来访问表示键的 first 以及表示值的 second。第 26～32 行演示了使用重载方法 insert( )将键值对插入 map 中的各种方式。第 35 行表明，可使用类似于数组的语法（运算符[]）在 map 中插入元素。请注意，这些插入方式也适用于 multimap，如第 47 行所示，这行代码在 multimap 中插入了一个重复的元素。有趣的是，第 42 行和第 43 行使用 map 的内容初始化 multimap。输出表明，这两种容器都自动根据键升序排列输入的键值对；输出还表明，multimap 可存储两个键相同（这里是 1000）的键值对。第 55 行使用了 multimap::count( )，这个函数确定有多少个元素包含指定的键。

20.2.3　在 STL map 中查找元素

诸如 map 和 multimap 等关联容器都提供了成员函数 find( )，让您能够根据给定的键查找值。find( )

总是返回一个迭代器：

```
multimap<int, string>::const_iterator pairFound = mapIntToStr.find(key);
```

应先检查该迭代器，确保 find( )已成功，再使用它来访问找到的值：

```
if(pairFound != mapIntToStr.end())
{
   cout << "Key " << pairFound->first << " points to Value: ";
   cout << pairFound->second << endl;
}
else
   cout << "Sorry, pair with key " << key << " not in map" << endl;
```

提示

> 可使用关键字 auto 来简化前述迭代器声明：
>
> ```
> auto pairFound = mapIntToStr.find(key);
> ```
>
> 编译器将根据 map::find( )的返回类型自动推断出迭代器的类型。

程序清单 20.3 演示了 map::find( )的用法。

程序清单 20.3　使用成员函数 find( )在 map 中查找键值对

```
0: #include<map>
1: #include<iostream>
2: #include<string>
3: using namespace std;
4:
5: template <typename T>
6: void DisplayContents(const T& cont)
7: {
8:     for(auto element = cont.cbegin();
9:          element != cont.cend();
10:          ++ element)
11:       cout << element->first << " -> " << element->second << endl;
12:
13:    cout << endl;
14: }
15:
16: int main()
17: {
18:     map<int, string> mapIntToStr;
19:
20:     mapIntToStr.insert(make_pair(3, "Three"));
21:     mapIntToStr.insert(make_pair(45, "Forty Five"));
22:     mapIntToStr.insert(make_pair(-1, "Minus One"));
23:     mapIntToStr.insert(make_pair(1000, "Thousand"));
24:
25:     cout << "The multimap contains " << mapIntToStr.size();
26:     cout << " key-value pairs. They are: " << endl;
27:
28:     // Print the contents of the map to the screen
29:     DisplayContents(mapIntToStr);
30:
```

```
31:     cout << "Enter the key you wish to find: ";
32:     int key = 0;
33:     cin >> key;
34:
35:     auto pairFound = mapIntToStr.find(key);
36:     if(pairFound != mapIntToStr.end())
37:     {
38:        cout << "Key " << pairFound->first << " points to Value: ";
39:        cout << pairFound->second << endl;
40:     }
41:     else
42:        cout << "Sorry, pair with key " << key << " not in map\n";
43:
44:     return 0;
45: }
```

▼ 输出：

第一次运行的输出：

```
The multimap contains 4 key-value pairs. They are:
-1 -> Minus One
3 -> Three
45 -> Forty Five
1000 -> Thousand

Enter the key you wish to find: 45
Key 45 points to Value: Forty Five
```

第二次运行的输出（find( )没有找到匹配的键）：

```
The multimap contains 4 key-value pairs. They are:
-1 -> Minus One
3 -> Three
45 -> Forty Five
1000 -> Thousand

Enter the key you wish to find: 2011
Sorry, pair with key 2011 not in map
```

▼ 分析：

　　在 main( )函数中，第 20～23 行使用几个键值对填充一个 map，每个键值对都将整型键映射到字符串值中。用户指定要用于在 map 中查找元素的键后，第 35 行使用函数 find( )根据指定的键在 map 中进行查找。map::find( )总是返回一个迭代器，核实 find( )操作成功总是明智的，为此可将返回的迭代器与end( )进行比较，如第 36 行所示。如果该迭代器有效，则通过成员 second 访问值，如第 39 行所示。第二次运行时，由于指定的键 2011 不包含在 map 中，因此显示了一条错误消息。

警告 ─────　使用 find( )返回迭代器之前，务必通过检查迭代器核实 find( )操作成功了。

20.2.4　在 STL multimap 中查找元素

　　如果程序清单 20.3 使用的是 multimap，那么容器可能包含多个键相同的键值对，所以需要找到与指定键对应的所有值。为此，可使用 multimap::count( )确定有多少个值与指定的键对应，再对迭代器递增，以访问这些相邻的值：

```
auto pairFound = mmapIntToStr.find(key);

// Check if find() succeeded
if(pairFound != mmapIntToStr.end())
{
    // Find the number of pairs that have the same supplied key
    size_t numPairsInMap = mmapIntToStr.count(1000);

    for(size_t counter = 0;
        counter < numPairsInMap;  // stay within bounds
        ++ counter)
    {
        cout << "Key: " << pairFound->first;  // key
        cout << ", Value [" << counter << "] = ";
        cout << pairFound->second << endl;  // value
        ++ pairFound;
    }
}
else
    cout << "Element not found in the multimap";
```

20.2.5 删除 STL map 或 multimap 中的元素

map 和 multimap 都提供了成员函数 erase( )，它可以删除容器中的元素。在调用 erase( )函数时将键作为参数，可以删除包含指定键的所有键值对：

```
mapObject.erase(key);
```

函数 erase( )的另一种版本接收迭代器作为参数，并删除迭代器指向的元素：

```
mapObject.erase(element);
```

还可使用迭代器指定边界，从而将指定范围内的所有元素都从 map 或 multimap 中删除：

```
mapObject.erase(lowerBound, upperBound);
```

程序清单 20.4 演示了函数 erase( )的用法。

程序清单 20.4 删除 multimap 中的元素

```
0: #include<map>
1: #include<iostream>
2: #include<string>
3: using namespace std;
4:
5: template<typename T>
6: void DisplayContents(const T& cont)
7: {
8:     for(auto element = cont.cbegin();
```

```
 9:          element != cont.cend();
10:             ++ element)
11:        cout << element->first<< " -> " << element->second << endl;
12:
13:     cout << endl;
14: }
15:
16: int main()
17: {
18:     multimap<int, string> mmapIntToStr;
19:
20:     // Insert key-value pairs into the multimap
21:     mmapIntToStr.insert(make_pair(3, "Three"));
22:     mmapIntToStr.insert(make_pair(45, "Forty Five"));
23:     mmapIntToStr.insert(make_pair(-1, "Minus One"));
24:     mmapIntToStr.insert(make_pair(1000, "Thousand"));
25:
26:     // Insert duplicates into the multimap
27:     mmapIntToStr.insert(make_pair(-1, "Minus One"));
28:     mmapIntToStr.insert(make_pair(1000, "Thousand"));
29:
30:     cout << "The multimap contains " << mmapIntToStr.size();
31:     cout << " key-value pairs. " << "They are: \n";
32:     DisplayContents(mmapIntToStr);
33:
34:     // Erasing an element with key as -1 from the multimap
35:     auto numPairsErased = mmapIntToStr.erase(-1);
36:     cout << "Erased " << numPairsErased << " pairs with -1 as key.\n";
37:
38:     // Erase an element given an iterator from the multimap
39:     auto pair = mmapIntToStr.find(45);
40:     if(pair != mmapIntToStr.end())
41:     {
42:        mmapIntToStr.erase(pair);
43:        cout << "Erased a pair with 45 as key using an iterator\n";
44:     }
45:
46:     // Erase a range from the multimap...
47:     cout << "Erasing the range of pairs with 1000 as key." << endl;
48:     mmapIntToStr.erase(mmapIntToStr.lower_bound(1000),
49:                          mmapIntToStr.upper_bound(1000));
50:
51:     cout << "The multimap now contains "<< mmapIntToStr.size();
52:     cout << " key-value pair(s)." << "They are: \n";
53:     DisplayContents(mmapIntToStr);
54:
55:     return 0;
56: }
```

▼ 输出：

```
The multimap contains 6 key-value pairs. They are:
-1 -> Minus One
```

```
-1 -> Minus One
3 -> Three
45 -> Forty Five
1000 -> Thousand
1000 -> Thousand

Erased 2 pairs with -1 as key.
Erased a pair with 45 as key using an iterator
Erasing the range of pairs with 1000 as key.
The multimap now contains 1 key-value pair(s).They are:
3 -> Three
```

▼ 分析：

第 21~28 行将一些元素插入 multimap 中，并且有些元素是重复的（因为 multimap 不同于 map，它允许插入重复的元素）。将键值对插入 multimap 后，第 35 行调用接收一个键作为参数的 erase( ) 函数，将所有包含该键（-1）的键值对都删除。multimap::erase(key) 的返回值为删除的元素数，这会显示到屏幕上。第 39 行使用 find(45) 返回的迭代器，将键为 45 的键值对从 multimap 中删除。第 48 和 49 行表明，可使用 lower_bound( ) 和 upper_bound( ) 来指定范围，从而将包含特定键的所有键值对都删除。

20.3　提供自定义的排序谓词

map 和 multimap 的模板定义包含第 3 个参数，该参数是确保 map 能够正常工作的排序谓词。如果没有指定这个参数（如 20.2.1 小节的示例所示），将使用 std::less <>提供的默认排序标准，该谓词使用小于运算符来比较两个对象。

要提供不同的排序标准，可编写一个二元谓词，它实现了 operator( ) 的类或结构：

```
template<typename keyType>
struct Predicate
{
    bool operator()(const keyType& key1, const keyType& key2) const
    {
        // your sort priority logic here
    }
};
```

对于键类型为 std::string 的 map，默认排序谓词 std::less<T>导致根据 std::string 类定义的小于运算符进行排序，因此区分大小写。很多应用程序（如电话簿）要求执行插入和搜索操作时不区分大小写，为满足这种需求，有一种解决方案是在实例化 map 时提供一个排序谓词，它根据不区分大小写的比较结果返回 true 或 false，如下所示：

```
map <keyType, valueType, Predicate> mapObject;
```

程序清单 20.5 演示了这一点。

程序清单 20.5　提供自定义的排序谓词——电话簿应用程序

```
0: #include<map>
1: #include<algorithm>
2: #include<string>
3: #include<iostream>
```

```
 4: using namespace std;
 5:
 6: template <typename T>
 7: void DisplayContents(const T& cont)
 8: {
 9:     for(auto element = cont.cbegin();
10:          element != cont.cend();
11:          ++ element)
12:       cout << element->first << " -> " << element->second << endl;
13:
14:     cout << endl;
15: }
16:
17: struct PredIgnoreCase
18: {
19:     bool operator()(const string& str1, const string& str2) const
20:     {
21:         string str1NoCase(str1), str2NoCase(str2);
22:         transform(str1.begin(), str1.end(), str1NoCase.begin(), ::tolower);
23:         transform(str2.begin(), str2.end(), str2NoCase.begin(), ::tolower);
24:
25:         return(str1NoCase< str2NoCase);
26:     };
27: };
28:
29: typedef map<string, string> DIR_WITH_CASE;
30: typedef map<string, string, PredIgnoreCase> DIR_NOCASE;
31:
32: int main()
33: {
34:     // Case-sensitive directorycase of string-key plays no role
35:     DIR_WITH_CASE dirWithCase;
36:
37:     dirWithCase.insert(make_pair("John", "2345764"));
38:     dirWithCase.insert(make_pair("JOHN", "2345764"));
39:     dirWithCase.insert(make_pair("Sara", "42367236"));
40:     dirWithCase.insert(make_pair("Jack", "32435348"));
41:
42:     cout << "Displaying contents of the case-sensitive map:\n";
43:     DisplayContents(dirWithCase);
44:
45:     // Case-insensitive mapcase of string-key affects insertion & search
46:     DIR_NOCASE dirNoCase(dirWithCase.begin(), dirWithCase.end());
47:
48:     cout << "Displaying contents of the case-insensitive map:\n";
49:     DisplayContents(dirNoCase);
50:
51:     // Search for a name in the two maps and display result
52:     cout << "Please enter a name to search\n> ";
53:     string name;
54:     cin >> name;
55:
56:     auto pairWithCase = dirWithCase.find(name);
```

```
57:    if(pairWithCase != dirWithCase.end())
58:        cout << "Num in case-sens. dir: " << pairWithCase->second << endl;
59:    else
60:        cout << "Num not found in case-sensitive dir\n";
61:
62:    auto pairNoCase = dirNoCase.find(name);
63:    if(pairNoCase != dirNoCase.end())
64:        cout << "Num found in CI dir: " << pairNoCase->second << endl;
65:    else
66:        cout << "Num not found in the case-insensitive directory\n";
67:
68:    return 0;
69: }
```

▼ 输出：

```
Displaying contents of the case-sensitive map:
JOHN -> 2345764
Jack -> 32435348
John -> 2345764
Sara -> 42367236

Displaying contents of the case-insensitive map:
Jack -> 32435348
JOHN -> 2345764
Sara -> 42367236

Please enter a name to search
> jack
Num not found in case-sensitive dir
Num found in CI dir: 32435348
```

▼ 分析：

这个代码示例实现了两个内容相同的电话簿。其中一个由于在实例化时没有提供谓词，因此使用默认谓词 std::less <T>，导致程序根据区分大小写的 std::string::operator<进行排序和查找。在实例化另一个电话簿时指定了谓词 PredIgnoreCase，该谓词是在第 17～27 行定义的，它将两个字符串转换为小写后再进行比较，从而确保比较不区分大小写，即认为 John 和 JOHN 相等。从输出可知，在这两个 map 中查找 jack 时，在不区分大小写的 map 中能够找到 Jack，但在区分大小写的 map 中找不到。另外，您可以注意到，区分大小写的 map 包含元素 John 和 JOHN，而由于不区分大小写的 map 将 John 和 JOHN 视为重复的元素，因此它只存储其中的一个。

注意 _____ 在程序清单 20.5 中，也可将结构 PredIgnoreCase 声明为类。在这种情况下，需要给 operator( )加上关键字 public。虽然在 C++编译器看来，结构类似于类，但结构类的成员默认为公有的，继承方式也默认为公有的。

这个示例演示了如何使用谓词来定制 map 的行为，它还表明键可以是任何类型的，而程序员可提供一个谓词以定义这种类型的 map 的行为。您可以注意到，这里使用的谓词是一个实现了运算符( )的结构。这种谓词也可作为函数对象（或 functor），这将在第 21 章更详细地介绍。

注意 _____ std::map 非常适合用于存储键值对，让您能够根据指定的键查找值。在查找方面，虽然 map 的性能可能比 STL vector 和 list 高，但它的性能会随元素的增加而稍微降低。map

> 的复杂度为对数，即所需的时间与 map 包含的元素数的对数成反比。
>
> 简单地说，对数复杂度意味着 std::map 和 std::set 等容器包含的元素数从 10000 减少到 100 时，速度将提高一倍。
>
> vector 的元素未经排序，其查找复杂度是线性的，这意味着当元素数从 10000 减少到 100 时，速度将提高 100 倍。

虽然对数复杂度已相当不错，但别忘了，由于 map、multimap、set 和 multiset 等容器在插入时对元素进行排序，因此其插入速度更慢。因此，大家一直在寻找速度更快的容器，数学家和程序员也已经找到了更优秀的容器，其插入和查找时间固定。散列表就是一种这样的容器，其插入时间是固定的，根据键查找元素的时间也几乎是固定的（大多数情况下如此），而且不受容器大小的影响。

20.4　基于键值对的 STL 散列表容器

STL 支持散列映射——std::unordered_map 类。要使用这个模板类，需要包含头文件 unordered_map：

```
#include<unordered_map>
```

unordered_map 的平均插入和删除时间是固定的，查找元素的时间也是固定的。

20.4.1　散列表的工作原理

由于详细讨论散列表不在本书的介绍范围之内，因此这里只简要地讨论其工作原理。

可将散列表视为一个键值对集合，根据给定的键，可找到相应的值。散列表与简单映射的区别在于，散列表将键值对存储在桶中，每个桶都有索引，指出了它在散列表中的相对位置（类似于数组）。这种索引是使用散列函数根据键计算得到的：

```
index = HashFunction(key, tableSize);
```

在使用 find( ) 根据键查找元素时，将使用 HashFunction( ) 计算元素的位置，并返回该位置的值，就像数组返回其存储的元素那样。如果 HashFunction( ) 效果不佳，将导致多个元素的索引相同，进而存储在同一个桶中，即桶变成了元素列表。这种情况被称为冲突（collision），将降低查找速度，使查找时间不再是固定的。

20.4.2　使用 unordered_map 和 unordered_multimap

unordered_map 和 unordered_multimap 是实现散列表的容器，与 std::map 和 std::multimap 差别不大，可以类似的方式执行实例化、插入和查找：

```
// instantiate unordered_map of int to string:
unordered_map<int, string> umapIntToStr;

// insert()
umapIntToStr.insert(make_pair(1000, "Thousand"));

// find():
auto pairFound = umapIntToStr.find(1000);
```

```
cout << pairFound->first << " - " << pairFound->second << endl;

// find value using array semantics:
cout << "umapIntToStr[1000] = " << umapIntToStr[1000] << endl;
```

然而，unordered_map 的一个重要特点是，包含用于确定排列顺序的散列函数：

```
unordered_map<int, string>::hasher hFn =
        umapIntToStr.hash_function();
```

要知道键的优先级，可调用该散列函数，并将键传递给它：

```
size_t hashingVal = hFn(1000);
```

由于 unordered_map 将键值对存储在桶中，因此在元素数达到或接近桶数时，将增加桶数以自动管理负载：

```
cout << "Load factor: " << umapIntToStr.load_factor() << endl;
cout << "Max load factor = " << umapIntToStr.max_load_factor() << endl;
cout << "Max bucket count = " << umapIntToStr.max_bucket_count() << endl;
```

load_factor( )指出了 unordered_map 桶的填充程度。因插入元素导致 load_factor( )超过 max_load_factor( )时，unordered_map 将重新组织以增加桶数并重建散列表，如程序清单 20.6 所示。

> **提示**　std::unordered_map 与 unordered_map 类似，只是可存储多个键相同的键值对。

程序清单 20.6　实例化 STL 散列表实现 unordered_map，并使用 insert( )、find( )、size( )、bucket_count( )、load_factor( )和 max_load_factor( )

```
 0: #include<iostream>
 1: #include<string>
 2: #include<unordered_map>
 3: using namespace std;
 4:
 5: template <typename T1, typename T2>
 6: void DisplayUnorderedMap(unordered_map<T1, T2>& cont)
 7: {
 8:    cout << "Unordered Map contains: " << endl;
 9:    for(auto element = cont.cbegin();
10:        element != cont.cend();
11:        ++ element)
12:      cout << element->first << " -> " << element->second << endl;
13:
14:    cout << "Number of pairs, size(): " << cont.size() << endl;
15:    cout << "Bucket count = " << cont.bucket_count() << endl;
16:    cout << "Current load factor: " << cont.load_factor() << endl;
17:    cout << "Max load factor = " << cont.max_load_factor() << endl;
18: }
19:
20: int main()
21: {
22:    unordered_map<int, string> umapIntToStr;
23:    umapIntToStr.insert(make_pair(1, "One"));
```

```
24:      umapIntToStr.insert(make_pair(45, "Forty Five"));
25:      umapIntToStr.insert(make_pair(1001, "Thousand One"));
26:      umapIntToStr.insert(make_pair(-2, "Minus Two"));
27:      umapIntToStr.insert(make_pair(-1000, "Minus One Thousand"));
28:      umapIntToStr.insert(make_pair(100, "One Hundred"));
29:      umapIntToStr.insert(make_pair(12, "Twelve"));
30:      umapIntToStr.insert(make_pair(-100, "Minus One Hundred"));
31:
32:      DisplayUnorderedMap<int, string>(umapIntToStr);
33:
34:      cout << "Inserting one more element" << endl;
35:      umapIntToStr.insert(make_pair(300, "Three Hundred"));
36:      DisplayUnorderedMap<int, string>(umapIntToStr);
37:
38:      cout << "Enter key to find for: ";
39:      int Key = 0;
40:      cin >> Key;
41:
42:      auto element = umapIntToStr.find(Key);
43:      if(element != umapIntToStr.end())
44:         cout << "Found! Key pairs with value " << element->second << endl;
45:      else
46:         cout << "Key has no corresponding pair value!" << endl;
47:
48:      return 0;
49: }
```

▼ 输出：

```
Unordered Map contains:
1 -> One
-2 -> Minus Two
45 -> Forty Five
1001 -> Thousand One
-1000 -> Minus One Thousand
12 -> Twelve
100 -> One Hundred
-100 -> Minus One Hundred
Number of pairs, size(): 8
Bucket count = 8
Current load factor: 1
Max load factor = 1
Inserting one more element
Unordered Map contains:
1 -> One
-2 -> Minus Two
45 -> Forty Five
1001 -> Thousand One
-1000 -> Minus One Thousand
12 -> Twelve
100 -> One Hundred
-100 -> Minus One Hundred
```

```
300 -> Three Hundred
Number of pairs, size(): 9
Bucket count = 64
Current load factor: 0.140625
Max load factor = 1
Enter key to find for: 300
Found! Key pairs with value Three Hundred
```

▼ 分析：

输出可能随编译器或 STL 版本的不同而稍有差异。从输出可知，unordered_map 最初包含 8 个键值对和 8 个桶，但在插入第 9 个元素时自动调整了大小，桶数增加到了 64 个。您可以注意到，第 15～17 行使用了方法 bucket_count( )、load_factor( )和 max_load_factor( )。除此之外，其他代码与使用 std::map 时类似，这包括使用 find( )的第 42 行。这个函数返回一个迭代器，需要将其与 end( )进行比较，以确定操作成功。

警告	无论使用的键是什么，都不要编写依赖于 unordered_map 中元素排列顺序的代码。在 unordered_map 中，元素的相对顺序取决于众多因素，包括键、插入顺序、桶数等。 这些容器为提高查找性能进行了优化，在遍历其中的元素时，不要依赖于元素的排列顺序。

注意	在不发生冲突的情况下，std::unordered_map 的插入和查找时间几乎是固定的，不受包含的元素数的影响。然而，这并不意味着它优于在各种情况下复杂度都为对数的 std::map。在包含的元素不太多的情况下，固定时间可能长得多，导致 std::unordered_map 的速度比 std::map 慢。 在选择容器类型时，务必执行模拟实际情况的基准测试。

白名单	黑名单
在需要存储键值对且键是唯一的时，务必使用 map。 在需要存储键值对且键可能重复时（如电话簿），务必使用 multimap。 请牢记，与其他 STL 容器一样，map 和 multimap 都有成员方法 size( )，它指出容器包含多少个键值对。 在必须确保插入和查找时间固定时（通常是包含的元素非常多时），务必使用 unordered_map 或 unordered_multimap。	别忘了，multimap::count(key)指出容器中有多少个元素的键为 key。 别忘了检查 find( )的返回值——将其与容器的 end( )进行比较。

20.5 总结

本章介绍了 STL map 和 multimap 的用法及其重要的成员函数和特征，这些容器的复杂度为对数。STL 还提供了散列表容器 unordered_map 和 unordered_multimap，这些容器的 insert( )和 find( )性能不受容器包含的元素数的影响。您学习了使用谓词定制排序标准的重要性，程序清单 20.5 的电话簿应用程序演示了这一点。

20.6 问与答

问：如何声明一个其元素按降序排列的整型 set？

答： map `<int>`定义一个整型 map，这种 map 使用默认排序谓词 std::less `<T>`将元素按升序排列，也可将其定义为 map `<int, less <int> >`。要按降序排列，应将 map 定义为 map `<int, greater <int> >`。

问：如果在一个字符串 map 中插入字符串 Jack 两次，将发生什么情况？

答： map 不能存储重复的值，因此 map 依然只包含一个键为 Jack 的键值对。

问：在前一个问题中，如果需要两个 Jack，那么该怎么办？

答： 由于 map 不能存储重复的值，因此应选择使用 multimap。

问：multimap 的哪一个成员函数可以返回容器中有多少个元素包含特定的值？

答： count (value)函数。

问：我使用函数 find( )在 map 中找到了一个元素，并有一个指向该元素的迭代器。能否使用这个迭代器来修改它指向的元素的值？

答： 不能。虽然有些 STL 实现可能允许用户通过迭代器（如函数 find( )返回的迭代器）修改元素的值，但不应这样做。应将指向 map 中元素的迭代器视为 const 迭代器，即使 STL 实现没有强制这样做。

问：我使用的编译器版本较老，不支持关键字 auto。该如何声明一个变量，用于存储 map::find( ) 的返回值？

答： 迭代器总是使用下述语法定义的：

container<Type>::iterator *variableName;*

对于指向整型 map 中元素的迭代器，其声明如下：

```
std::map<int>::iterator pairFound = mapIntegers.find(1000);
if(pairFound != mapIntegers.end())
{ // Do Something }
```

20.7 作业

作业包括测验和练习，前者帮助读者加深对所学知识的理解，后者为读者提供了使用新学知识的机会。请尽量先完成测验和练习题，然后对照附录 E 的答案，继续学习第 21 章前，请务必弄懂这些题目。

20.7.1 测验

1. 在使用 map `<int>`声明整型 map 时，排序标准将由谁指定？
2. 在 multimap 中，值相同的元素以什么方式出现？
3. map 和 multimap 的哪个成员函数可以指出容器包含多少个元素？
4. 在 map 中的什么地方可以找到值相同的元素？

20.7.2 练习

1. 编写一个应用程序来实现电话簿，它不要求人名是唯一的。应选择哪种容器？写出容器的定义。

2. 下面是电话簿应用程序中一个 map 的定义：

```
map<WordProperty, string, fPredicate> mapWordDefinition;
```

其中 WordProperty 是一个结构：

```
struct WordProperty
{
    string word;
    bool isLatinBase;
};
```

请定义二元谓词 fPredicate，用于帮助该 map 根据 WordProperty 键包含的 string 属性对元素进行排序。

3. map 不接受重复元素，而 multimap 接受。请编写一个简单程序来演示这一点。

第四部分
lambda 表达式和 STL 算法

第 21 章

理解函数对象

虽然函数对象可能听起来比较陌生或难以理解，但它们是 C++实体，即使您没有用过，也很可能见过，只是没有意识到而已。

在本章中，您将学习：

- 何谓函数对象；
- 如何将函数对象用作谓词；
- 如何使用函数对象实现一元和二元谓词。

21.1　函数对象与谓词的概念

虽然从概念上说，函数对象是用作函数的对象，但从实现上说，函数对象是实现了 operator( )的类的对象。虽然函数和函数指针也可归为函数对象，但实现了 operator( )的类的对象才能保存状态（即类的成员属性的值），才能用于 STL 算法。

函数对象可分为下列两类。

- 一元函数：接收一个参数的函数，如 f(x)。如果一元函数返回一个布尔值，则该函数称为一元谓词。
- 二元函数：接收两个参数的函数，如 f(x, y)。如果二元函数返回一个布尔值，则该函数称为二元谓词。

返回布尔值的函数对象通常用于帮助做决策的算法，如前面介绍的 find( )和 sort( )。组合两个函数对象的函数对象称为自适应函数对象。

提示	函数对象也被称为 functor。

21.2　函数对象的典型用途

可以通过很长篇幅的理论来解释函数对象，也可通过小型应用程序了解函数对象及其工作原理。下面采取后一种实用方法，直接看看如何在 C++编程中使用函数对象。

21.2.1　一元函数

只对一个参数进行操作的函数称为一元函数。一元函数的功能可能很简单，如在屏幕上显示元素，代码如下所示：

```
// A unary function
```

```
template <typename elementType>
void FuncDisplayElement(const elementType& element)
{
    cout << element << ' ';
};
```

函数 FuncDisplayElement 接收一个类型为模板化类型 elementType 的参数，并使用控制台输出语句 std::cout 将该参数显示出来。下面是这个函数的另一种表现形式——作为类或结构的 operator( )：

```
// Struct that can behave as a unary function
template <typename elementType>
struct DisplayElement
{
    void operator()(const elementType& element) const
    {
        cout << element << ' ';
    }
};
```

提示

> DisplayElement 是一个结构，如果它是类，则必须给 operator( )指定访问限定符 public。结构相当于成员默认为公有的类。

这两种实现都可用于 STL 算法 for_each( )，它将集合中的内容显示在屏幕上，每次显示一个元素，如程序清单 21.1 所示。

程序清单 21.1　使用一元函数将集合中的内容显示在屏幕上

```
0: #include<algorithm>
1: #include<iostream>
2: #include<vector>
3: #include<list>
4: using namespace std;
5:
6: // struct that behaves as a unary function
7: template <typename elementType>
8: struct DisplayElement
9: {
10:     void operator()(const elementType& element) const
11:     {
12:         cout << element << ' ';
13:     }
14: };
15:
16: int main()
17: {
18:     vector<int> numsInVec{ 0, 1, 2, 3, -1, -9, 0, -999 };
19:     cout << "Vector of integers contains: " << endl;
20:
21:     for_each(numsInVec.begin(),      // Start of range
22:             numsInVec.end(),          // End of range
23:             DisplayElement<int>()); // Unary function object
24:
25:     // Display the list of characters
```

```
26:     list <char> charsInList{ 'a', 'z', 'k', 'd' };
27:     cout << endl << "List of characters contains: " << endl;
28:
29:     for_each(charsInList.begin(),
30:             charsInList.end(),
31:             DisplayElement<char>());
32:
33:     return 0;
34: }
```

▼ 输出：

```
Vector of integers contains:
0 1 2 3 -1 -9 0 -999
List of characters contains:
a z k d
```

▼ 分析：

第 8～14 行包含函数对象 DisplayElement，它实现了 operator( )。第 21～23 行将这个函数对象用于 STL 算法 std::for_each( )。for_each( )接收 3 个参数：第 1 个参数指定范围的起点，第 2 个参数指定范围的终点，第 3 个参数是要对指定范围内的每个元素调用的函数。换句话说，这些代码将对 vector numsInVec 中的每个元素调用 DisplayElement::operator( )。第 29～31 行显示了字符 list 的内容。

<table>
<tr><td>注意</td><td>在程序清单 21.1 中，可不使用结构 DisplayElement，而使用 FuncDisplayElement，效果相同：

<pre>for_each(charsInList.begin(),
        charsInList.end(),
        FuncDisplayElement<char>);</pre></td></tr>
<tr><td>提示</td><td>C++11 引入了 lambda 表达式，即匿名函数对象。
在程序清单 21.1 中，如果不使用结构 struct DisplayElement<T>，而使用 lambda 表达式，可极大地简化代码。为此，可删除定义该结构的代码，并使用如下代码替换 main( )函数中使用该结构的 3 行代码（第 21～23 行）：

<pre>// Display elements using lambda expression
for_each(numsInVec.begin(), // Start of range
        numsInVec.end(), // End of range
    [](int& Element) {cout << element << ' '; }); // lambda</pre>
引入 lambda 表达式是 C++的一项重大改进，请务必阅读第 22 章，更深入地学习 lambda 表达式。在程序清单 22.1 中，在 for_each( )中使用了 lambda 表达式来显示容器的内容，而不像程序清单 21.1 那样使用函数对象。</td></tr>
</table>

如果能够使用结构的对象来存储信息，则使用在结构中实现的函数对象的优点将显现出来。这是 FuncDisplayElement 没有结构强大的地方，因为结构除 operator( )外还可以有成员属性。下面是一个稍做修改的版本，它使用了成员属性：

```
template <typename elementType>
struct DisplayElementKeepCount
```

```
{
    int count = 0;

    void operator()(const elementType& element)
    {
        ++ count;
        cout << element << ' ';
    }
};
```

在上述代码中，DisplayElementKeepCount 对程序清单 21.1 中的版本稍做了修改。operator( )不再是 const 成员函数，因为它对成员 count 进行递增（修改），以记录自己被调用并用于显示数据的次数。该计数是通过公有成员属性 count 提供的。程序清单 21.2 演示了使用可保存状态的函数对象的优点。

程序清单 21.2　可保存状态的函数对象

```
 0: #include<algorithm>
 1: #include<iostream>
 2: #include<vector>
 3: using namespace std;
 4:
 5: template<typename elementType>
 6: struct DisplayElementKeepCount
 7: {
 8:     int count;
 9:
10:     DisplayElementKeepCount() : count(0) {} // constructor
11:
12:     void operator()(const elementType& element)
13:     {
14:         ++ count;
15:         cout << element<< ' ';
16:     }
17: };
18:
19: int main()
20: {
21:     vector<int> numsInVec{ 22, 2017, -1, 999, 43, 901 };
22:     cout << "Displaying the vector of integers: "<< endl;
23:
24:     DisplayElementKeepCount<int> result;
25:     result = for_each(numsInVec.begin(),
26:                       numsInVec.end(),
27:                       DisplayElementKeepCount<int>());
28:
29:     cout << endl << "Functor invoked " << result.count << " times";
30:
31:     return 0;
32: }
```

▼ 输出：

```
Displaying the vector of integers:
22 2017 -1 999 43 901
Functor invoked 6 times
```

▼ 分析：

这个代码示例与程序清单 21.1 最大的不同在于，它将 DisplayElementKeepCount( )用作了 for_each( )的返回值。在算法 for_each( )对容器中的每个元素调用结构 DisplayElementKeepCount 实现的 operator( )时，operator( )显示该元素，并递增存储在成员属性 count 中的内部计数。在 for_each( )执行完毕后，第 29 行使用这个对象指出显示了多少个元素。注意，在这种情况下，如果是使用简单函数而不是在结构中实现的函数，则将无法以如此直接的方式提供这种功能。

21.2.2　一元谓词

返回布尔值的一元函数是一元谓词。这种函数可供 STL 算法用于判断。程序清单 21.3 所示的一元谓词判断输入元素是否为初始值的整数倍。

程序清单 21.3　一个一元谓词，它判断一个数字是否为另一个数字的整数倍

```
 0: // A struct as a unary predicate
 1: template <typename numberType>
 2: struct IsMultiple
 3: {
 4:    numberType Divisor;
 5:
 6:    IsMultiple(const numberType& divisor)
 7:    {
 8:       Divisor = divisor;
 9:    }
10:
11:    bool operator()(const numberType& element) const
12:    {
13:       // Check if the divisor is a multiple of the divisor
14:       return((element % Divisor) == 0);
15:    }
16: };
```

▼ 输出：

这个代码片段没有输出。

▼ 分析：

这里的 operator( )返回布尔值，可用作一元谓词。该结构有一个构造函数，它初始化除数的值，如第 8 行所示。然后用保存在对象中的这个值来判断要比较的元素是否可以被它整除，如 operator( )的实现所示，它使用求模运算符%来返回除法运算的余数（第 14 行）。然后将余数与 0 进行比较，以判断被除数是否为除数的整数倍。

在程序清单 21.4 中，使用了程序清单 21.3 所示的谓词，来判断集合中的数是否为用户输入的除数的整数倍。

程序清单 21.4　在 std::find_if( )中使用一元谓词 IsMultiple，在 vector 中查找一个能被用户提供的除数整除的元素

```
 0: #include<algorithm>
 1: #include<vector>
 2: #include<iostream>
```

```
 3: using namespace std;
 4: // insert code from Listing 21.3 here
 5:
 6: int main()
 7: {
 8:     vector<int> numsInVec{ 25, 26, 27, 28, 29, 30, 31 };
 9:     cout << "The vector contains: 25, 26, 27, 28, 29, 30, 31" << endl;
10:
11:     cout << "Enter divisor (> 0): ";
12:     int divisor = 2;
13:     cin >> divisor;
14:
15:     // Find the first element that is a multiple of divisor
16:     auto element = find_if(numsInVec.begin(),
17:                            numsInVec.end(),
18:                            IsMultiple<int>(divisor));
19:
20:     if(element != numsInVec.end())
21:     {
22:         cout << "First element in vector divisible by " << divisor;
23:         cout << ": " << *element << endl;
24:     }
25:
26:     return 0;
27: }
```

▼ 输出:

```
The vector contains: 25, 26, 27, 28, 29, 30, 31
Enter divisor (> 0): 4
First element in vector divisible by 4: 28
```

▼ 分析:

这个代码示例首先声明了一个整型 vector。find_if( )使用了一元谓词,如第 16 行所示。这里将函数对象 IsMultiple 初始化为用户提供的除数,find_if( )对指定范围内的每个元素调用一元谓词 IsMultiple::operator( )。当 operator( )返回 true(即元素可被用户提供的除数整除)时,find_if( )返回一个指向该元素的迭代器。然后,将 find_if( )操作的结果与容器的 end( )的内容进行比较,以核实是否找到了满足条件的元素,如第 20 行所示。接下来,使用迭代器 element 显示该元素的值,如第 23 行所示。

提示————— 要了解如何使用 lambda 表达式简化程序清单 21.4 所示的程序,请参阅程序清单 22.3。

一元谓词被大量用于 STL 算法中。例如,算法 std::partition( )使用一元谓词来划分范围,算法 stable_partition( )也使用一元谓词来划分范围,同时保持元素的相对顺序不变。

诸如 std::find_if( )等查找元素的函数以及 std::remove_if( )等删除元素的函数也使用一元谓词,其中 std::remove_if( )删除指定范围内满足一元谓词条件的元素。

21.2.3 二元函数

如果函数 f(x, y)能够根据输入参数返回一个值,那么它将很有用。这种二元函数可用于对两个操作数执行运算,如加、减、乘、除等。下面的二元函数返回输入参数的积:

```
template <typename elementType>
class Multiply
{
public:
    elementType operator()(const elementType& elem1,
                           const elementType& elem2)
    {
        return (elem1 * elem2);
    }
};
```

同样，在上述实现中最重要的是 operator( )，它接收两个参数并返回它们的积。在 std::transform( ) 等算法中，可使用该二元函数计算两个容器内容的乘积。程序清单 21.5 演示了如何在 std::transform( ) 中使用该二元函数。

程序清单 21.5 使用二元函数将两个范围相乘

```
0: #include<vector>
1: #include<iostream>
2: #include<algorithm>
3:
4: template <typename elementType>
5: class Multiply
6: {
7: public:
8:     elementType operator()(const elementType& elem1,
9:                            const elementType& elem2)
10:    {
11:        return (elem1 * elem2);
12:    }
13: };
14:
15: int main()
16: {
17:    using namespace std;
18:
19:    vector<int> multiplicands{ 0, 1, 2, 3, 4 };
20:    vector<int> multipliers{ 100, 101, 102, 103, 104 };
21:
22:    // A third container that holds the result of multiplication
23:    vector<int> vecResult;
24:
25:    // Make space for the result of the multiplication
26:    vecResult.resize(multipliers.size());
27:    transform(multiplicands.begin(), // range of multiplicands
28:              multiplicands.end(), // end of range
29:              multipliers.begin(),  // multiplier values
30:              vecResult.begin(), // holds result
31:              Multiply<int>());    // multiplies
32:
33:    cout << "The contents of the first vector are: " << endl;
34:    for(size_t index = 0; index < multiplicands.size(); ++ index)
```

```
35:         cout << multiplicands [index] << ' ';
36:     cout << endl;
37:
38:     cout << "The contents of the second vector are: " << endl;
39:     for(size_t index = 0; index < multipliers.size(); ++index)
40:         cout << multipliers [index] << ' ';
41:     cout << endl;
42:
43:     cout << "The result of the multiplication is: " << endl;
44:     for(size_t index = 0; index < vecResult.size(); ++ index)
45:         cout << vecResult [index] << ' ';
46:
47:     return 0;
48: }
```

▼ **输出：**

```
The contents of the first vector are:
0 1 2 3 4
The contents of the second vector are:
100 101 102 103 104
The result of the multiplication is:
0 101 204 309 416
```

▼ **分析：**

第 4～13 行包含类 Multiply。在这个代码示例中，使用算法 std::transform( )将两个范围的内容相乘，并将结果存储在第 3 个范围中。在这里，这 3 个范围分别存储在类型为 std::vector 的 multiplicands、multipliers 和 vecResult 中。第 27～31 行使用 std::transform( )将 multiplicands 中的每个元素与 multipliers 中对应的元素相乘，并将结果存储在 vecResult 中。乘法运算是通过调用二元函数 Multiply::operator( )执行的，对源范围和目标范围内的每个元素都调用了该函数。operator( )的返回值保存在 vecResult 中。

这个示例演示了如何使用二元函数对 STL 容器中的元素执行乘法运算。程序清单 21.6 也将使用 std::transform( )，但它旨在使用函数 tolower( )将字符串转换为小写的。

21.2.4　二元谓词

接收两个参数并返回一个布尔值的函数是二元谓词，这种函数用于诸如 std::sort( )等 STL 函数中。程序清单 21.6 使用了一个二元谓词，它将两个字符串都转换为小写，再对其进行比较。这个二元谓词可用于对字符串 vector 进行不区分大小写的排序。

程序清单 21.6　对字符串 vector 进行不区分大小写的排序的二元谓词

```
0: #include<algorithm>
1: #include<string>
2: using namespace std;
3:
4: class CompareStringNoCase
5: {
6: public:
7:   bool operator()(const string& str1, const string& str2) const
8:     {
```

```
 9:        string str1LowerCase;
10:
11:        // Assign space
12:        str1LowerCase.resize(str1.size());
13:
14:        // Convert every character to the lower case
15:        transform(str1.begin(), str1.end(), str1LowerCase.begin(),
16:                    ::tolower);
17:
18:        string str2LowerCase;
19:        str2LowerCase.resize(str2.size());
20:        transform(str2.begin(), str2.end(), str2LowerCase.begin(),
21:                    ::tolower);
22:
23:        return (str1LowerCase < str2LowerCase);
24:    }
25: };
```

▼ 输出：

这个代码片段没有输出。

▼ 分析：

在 operator( )中实现的二元谓词中，首先使用 std::transform( )将输入字符串转换为小写，如第 15 行和第 20 行所示；然后使用字符串的小于运算符进行比较，并返回结果。该二元谓词可用于算法 std::sort( )中，对包含在 vector 中的动态字符串数组进行排序，如程序清单 21.7 所示。

程序清单 21.7　使用函数对象 CompareStringNoCase 对包含在 vector 中的动态字符串数组进行不区分大小写的排序

```
 0: // Insert class CompareStringNoCase from Listing 21.6 here
 1: #include<vector>
 2: #include<iostream>
 3:
 4: template <typename T>
 5: void DisplayContents(const T& container)
 6: {
 7:    for(auto element = container.cbegin();
 8:        element != container.cend();
 9:        ++ element)
10:        cout << *element << endl;
11: }
12:
13: int main()
14: {
15:    // Define a vector of string to hold names
16:    vector <string> names;
17:
18:    // Insert some sample names in to the vector
19:    names.push_back("jim");
20:    names.push_back("Jack");
21:    names.push_back("Sam");
```

```
22:     names.push_back("Anna");
23:
24:     cout << "The names in vector in order of insertion: " << endl;
25:     DisplayContents(names);
26:
27:     cout << "Names after sorting using default std::less<>: " << endl;
28:     sort(names.begin(), names.end());
29:     DisplayContents(names);
30:
31:     cout << "Sorting using predicate that ignores case:" << endl;
32:     sort(names.begin(), names.end(), CompareStringNoCase());
33:     DisplayContents(names);
34:
35:     return 0;
36: }
```

▼ 输出:

```
The names in vector in order of insertion:
jim
Jack
Sam
Anna
Names after sorting using default std::less<>:
Anna
Jack
Sam
jim
Sorting using predicate that ignores case:
Anna
Jack
jim
Sam
```

▼ 分析:

输出显示了 vector 在 3 个阶段的内容。第一个阶段按插入顺序显示内容。第二个阶段是在使用默认排序谓词 less<T> 重新排序（如第 28 行所示）后进行的；输出表明，jim 没有紧跟在 Jack 后面，这是因为使用 string::operator< 排序时区分大小写。为确保 jim 紧跟在 Jack 后面（虽然大小写不同），在第三个阶段显示内容前，使用了程序清单 21.6 实现的排序谓词 CompareStringNoCase<>，如第 32 行所示。

很多 STL 算法都需要使用二元谓词。例如，删除相邻重复元素的 std::unique( )、排序算法 std::sort( )、排序并保持相对顺序的 std::stable_sort( )以及对两个范围进行操作的 std::transform( )，这些 STL 算法都需要使用二元谓词。

21.3　总结

本章介绍了函数对象（也叫 functor）。在结构或类中实现函数对象时，它将比简单函数有用得多，因为它也可用于存储与状态相关的信息。本章还介绍了谓词，它是一类特殊的函数对象。另外，还通过一些实际的示例说明了谓词的用途。

21.4　问与答

问：谓词是一种特殊的函数对象，其特殊之处何在？
答： 谓词返回布尔值，适合用于需要做决策的算法。

问：调用诸如 remove_if( )等函数时，应使用哪种函数对象？
答： 应使用通过构造函数将值作为初始状态的一元谓词。

问：对于 map 应使用哪种函数对象？
答： 应使用可帮助 map 根据键对元素进行排序的二元谓词。

21.5　作业

作业包括测验和练习，前者帮助读者加深对所学知识的理解，后者为读者提供了使用新学知识的机会。请尽量先完成测验和练习题，再对照附录 E 的答案，继续学习第 22 章前，请务必弄懂这些题目。

21.5.1　测验

1. 返回布尔值的一元函数称为什么？
2. 不修改数据也不返回布尔值的函数对象有什么作用？请通过示例阐述您的观点。
3. 说说函数对象是什么。

21.5.2　练习

1. 编写一个一元函数，它可使 std::for_each( )用来显示输入参数的两倍。
2. 扩展练习题 1 中的谓词，使其能够记录它被调用的次数。
3. 编写一个用于降序排列的二元谓词。

第 22 章
lambda 表达式

lambda 表达式由 C++11 引入，并在较新的 C++版本中得到了改进，用于在不需要具名类或结构的情况下定义函数对象。在 C++20 中，lambda 表达式支持模板参数。

在本章中，您将学习：
- 如何编写 lambda 表达式；
- 如何将 lambda 表达式用作谓词；
- 何谓泛型 lambda 表达式；
- 如何编写可存储和操作状态的 lambda 表达式。

22.1 lambda 表达式是什么

可将 lambda 表达式视为包含公有 operator( )的匿名结构（或类），从这种意义上说，lambda 表达式属于函数对象。在深入分析如何编写 lambda 表达式之前，先来看看程序清单 21.1 中的函数对象：

```
// struct that behaves as a unary function
template <typename elementType>
struct DisplayElement
{
    void operator()(const elementType& element) const
    {
        cout << element << ' ';
    }
};
```

这个函数对象使用 cout 将 element 显示到屏幕上，它通常用于 std::for_each( )等算法中，如下面的示例所示：

```
// Display every integer contained in a vector
for_each(numsInVec.cbegin(),        // Start of range
         numsInVec.cend(),          // End of range
         DisplayElement<int>());    // Unary function object
```

要定义与上述 DisplayElement 结构等效的 lambda 表达式，只需如下的一行代码：

```
auto lambda = [](const int& element) {cout << element << ' '; };
```

在 for_each( )中使用这个 lambda 表达式的代码类似于下面这样：

```
// Display elements in vector using a lambda expression
for_each(numsInVec.cbegin(),     // Start of range
         numsInVec.cend(),       // End of range
         lambda); // display elements
```

提示 ———————— lambda 表达式也被称为 lambda 函数。

22.2 如何定义 lambda 表达式

lambda 表达式的定义必须以方括号（[]）开头。C++20 给 lambda 表达式添加了新功能，如支持模板参数，这让 lambda 表达式更通用，因此它的功能也更强大。

通用的 lambda 表达式定义语法如下：

```
[optional captured variables]<optional template arguments> optional-lambdaspecifiers
(arguments)
{ // lambda expression code; }
```

22.2.1 捕获变量

如果要使用在 lambda 表达式外面声明的变量，则需要捕获它们。在捕获列表中，可包含多个由逗号分隔的变量：

```
[var1, var2] <class Type> (Type& param) { // lambda code here; }
```

如果要在 lambda 表达式中修改这些变量，则需要添加限定符 mutable：

```
[var1, var2] <class Type> (Type& param) mutable
{ // lambda code here; }
```

警告 ———————— 虽然在可变的（mutable）lambda 表达式中，可修改捕获的变量（[...]），但所做的修改不会在该 lambda 表达式外面反映出来。

如果要让 lambda 表达式对捕获的变量所做的修改在表达式外面反映出来，可使用引用：

```
[&var1, &var2] <class Type> (Type& param) { // lambda code here; }
```

提示 ———————— 除 mutable 外，还有另外两个可改进 lambda 表达式的可选限定符——constexpr 和 consteval，其中，constexpr 指出要将 lambda 表达式尽可能作为常量表达式，而 consteval 将 lambda 表达式定义为由编译器执行的立即函数。

22.2.2 参数

C++20 让 lambda 表达式非常通用——类似于使用模板类编写的函数对象。在定义 lambda 表达式时，可指定一个模板参数列表，如下所示：

```
[var1, var2] <typename Type1, typename Type2> (Type1 param1, Type2 param2)
{ // lambda code here; }
```

另外，还可指定多个由逗号分隔的输入参数：

```
[var1, var2] <class Type> (Type param1, Type param2)
{ // lambda code here; }
```

通过使用关键字 auto 来自动推断类型，可像下面这样编写泛型 lambda 表达式：

```
[var1, var2] (auto param1, auto param2)
{ // lambda code here; }
```

22.2.3　返回类型

如果 lambda 表达式只包含一条 return 语句，就无须显式地指定返回类型，因为编译器将自动推断返回类型。要显式地声明返回类型，可使用->，如下所示：

```
[var1, var2] <class Type> (Type param1, Type param2) -> ReturnType
{ return (value or expression ); }
```

最后，在花括号（{}）内，可包含多条由分号分隔的语句，如下所示：

```
[stateVar1, stateVar2](Type1 var1, Type2 var2) -> ReturnType
{
    Statement 1;
    Statement 2;
    return (value or expression);
}
```

22.3　一元函数对应的 lambda 表达式

与一元 operator(Type)对应的简单 lambda 表达式接收一个参数，其定义如下：

```
[](Type paramName) { // lambda expression code; }
```

请注意，如果愿意，也可按引用传递参数：

```
[](Type& paramName) { // lambda expression code here; }
```

程序清单 22.1 演示了如何在算法 for_each( )中使用 lambda 表达式来显示 STL 容器的内容。

程序清单 22.1　在算法 for_each( )中使用 lambda 表达式而不是函数对象来显示 STL 容器中的内容

```
 0: #include<algorithm>
 1: #include<iostream>
 2: #include<vector>
 3: #include<list>
 4: using namespace std;
 5:
 6: int main()
 7: {
 8:    vector<int> numsInVec{ 101, -4, 500, 21, 42, -1 };
 9:    cout << "Display elements in a vector using a lambda: " << endl;
10:
11:    // Display the array of integers
12:    for_each(numsInVec.cbegin(),    // Start of range
```

```
13:                numsInVec.cend(),            // End of range
14:                [](const int& element) {cout << element << ' '; }); // lambda
15:
16:     cout << endl;
17:
18:     list<char> charsInList{ 'a', 'h', 'z', 'k', 'l' };
19:     cout << "Display elements in a list using a lambda: " << endl;
20:
21:     // Display the list of characters
22:     for_each(charsInList.cbegin(),     // Start of range
23:                charsInList.cend(),            // End of range
24:                [](auto& element) {cout << element << ' '; }); // lambda
25:
26:     return 0;
27: }
```

▼ 输出：

```
Display elements in a vector using a lambda:
101 -4 500 21 42 -1
Display elements in a list using a lambda:
a h z k l
```

▼ 分析：

这里使用了两个 lambda 表达式，如第 14 和 24 行所示。这两个 lambda 表达式很像，只是输入参数不同，因为根据两个容器包含的元素类型对它们进行了定制。第一个 lambda 表达式接收一个 int 类型的参数，并使用它来显示 int 类型的 vector 中的元素（每次一个）；第二个 lambda 表达式接收一个 char 类型的参数（这是编译器自动推断出来的），并使用它来显示 std::list 中的 char 类型的元素。

提示

您可能注意到了，在程序清单 22.1 中，第二个 lambda 表达式稍有不同：

```
for_each(charsInList.cbegin(),     // Start of range
           charsInList.cend(),            // End of range
 [](auto& element) {cout << element << ' '; } );
 // lambda
```

这个 lambda 表达式通过关键字 auto 利用了编译器的类型自动推断功能。编译器将把这个 lambda 表达式解读为下面这样：

```
for_each(charsInList.cbegin(),     // Start of range
           charsInList.cend(),            // End of range
 [](const char& element) {cout << element << ' '; } );
```

注意

程序清单 22.1 的代码与程序清单 21.1 的类似，只是后者使用的是函数对象。事实上，程序清单 22.1 是函数对象 DisplayElement<T> 的 lambda 表达式版。

如果将这两个程序清单进行比较，您将发现，使用 lambda 表达式，可让 C++ 代码更简单、更紧凑。

22.4 一元谓词对应的 lambda 表达式

谓词可帮助您做出决策。一元谓词是返回 bool 类型（true 或 false）的一元表达式。lambda 表达式也可返回值，例如，下面的 lambda 表达式在 num 为偶数时返回 true：

```
[](int& num) {return ((num % 2) == 0); }
```

在这里，返回值的性质让编译器知道该 lambda 表达式的返回类型为 bool。

在算法中，可将 lambda 表达式用作一元谓词。例如，可在 std::find_if( )中使用上述 lambda 表达式找出集合中的偶数，如程序清单 22.2 所示。

程序清单 22.2　在算法 std::find_if( )中，将 lambda 表达式用作一元谓词，以查找集合中的偶数

```
0: #include<algorithm>
1: #include<vector>
2: #include<iostream>
3: using namespace std;
4:
5: int main()
6: {
7:     vector<int> numsInVec{ 25, 101, 2017, -50 };
8:
9:     auto evenNum = find_if(numsInVec.cbegin(),
10:                     numsInVec.cend(),    // range to find in
11:                 [](const int& num){return ((num % 2) == 0); } );
12:
13:     if (evenNum != numsInVec.cend())
14:       cout << "Even number in collection is: " << *evenNum << endl;
15:
16:     return 0;
17: }
```

▼ 输出：

```
Even number in collection is: -50
```

▼ 分析：

用作一元谓词的 lambda 表达式如第 11 行所示。算法 find_if( )对指定范围内的每个元素调用该一元谓词；如果该谓词返回 true，find_if( )将返回一个指向相应元素的迭代器 evenNum，指出找到了一个满足条件的元素。这里的谓词是一个 lambda 表达式，当 find_if( )使用一个偶数调用它（即对 2 求模的结果为 0）时，它将返回 true。

注意	程序清单 22.2 和 22.1 不但演示了如何将 lambda 表达式用作一元谓词，还在该 lambda 表达式中使用了 const。 务必使用 const 来限定输入参数，在输入参数为引用时尤其如此。这样可避免无意间修改容器中元素的值。

22.5　通过捕获列表接收状态的 lambda 表达式

在程序清单 22.2 中，您创建了一个一元谓词，它在整数能被 2 整除（即为偶数）时返回 true。如果要让它更通用，在数字能被用户指定的除数整除时返回 true，该怎么办呢？为此，需要让 lambda 表达式接收该"状态"——除数：

```
int divisor = 2; // initial value
```

```
...
auto element = find_if(begin of a range,
                       end of a range,
        [divisor](int dividend){return (dividend % divisor) == 0; } );
```

一系列以状态变量的方式传递的参数（[…]）也被称为 lambda 表达式的捕获列表（capture list）。

注意
> 虽然上述 lambda 表达式只有一行代码，但与程序清单 21.3 所示的 16 行代码（以结构 IsMultiple<>的方式定义一个一元谓词）等价。

程序清单 22.3 演示了如何使用 lambda 表达式来根据状态变量在集合中查找可被用户提供的除数整除的元素。

程序清单 22.3 使用存储状态的 lambda 表达式来判断一个数字能否被另一个数字整除

```
 0: #include<algorithm>
 1: #include<vector>
 2: #include<iostream>
 3: using namespace std;
 4:
 5: int main()
 6: {
 7:    vector<int> numsInVec{25, 26, 27, 28, 29, 30, 31};
 8:    cout << "The vector contains: {25, 26, 27, 28, 29, 30, 31}";
 9:
10:    cout << endl << "Enter divisor (> 0): ";
11:    int divisor = 2;
12:    cin >> divisor;
13:
14:    // Find the first element that is a multiple of divisor
15:    vector<int>::iterator element;
16:    element = find_if(numsInVec.begin(),
17:                      numsInVec.end(),
18:           [divisor](int dividend){return (dividend % divisor) == 0; } );
19:
20:    if(element != numsInVec.end())
21:    {
22:       cout << "First element in vector divisible by " << divisor;
23:       cout << ": " << *element << endl;
24:    }
25:
26:    return 0;
27: }
```

▼ 输出：

```
The vector contains: {25, 26, 27, 28, 29, 30, 31}
Enter divisor (> 0): 4
First element in vector divisible by 4: 28
```

▼ 分析：

包含状态并用作谓词的 lambda 表达式如第 18 行所示。divisor 是一个状态变量，相当于程序清单 21.3 中的 IsMultiple::Divisor，从中可以看出，状态变量类似于函数对象类中的成员。可将状态传递给

lambda 表达式，并根据状态的性质相应地使用它。

注意   程序清单 22.3 与程序清单 21.4 等价，但它使用的是 lambda 表达式，而不是函数对象（IsMultiple）。使用这个 lambda 表达式减少了 16 行代码。

22.6 二元函数对应的 lambda 表达式

二元函数接收两个参数，还可返回一个值。与之等价的 lambda 表达式如下：

```
[...](Type1& param1Name, Type2& param2Name)
{  // lambda code here;  }
```

程序清单 22.4 演示了一个 lambda 表达式，并在 std::transform( )中使用它将两个等长的 vector 中对应的元素相乘，再将结果存储到第三个 vector 中。

程序清单 22.4 将 lambda 表达式用作二元函数，以便将两个 vector 中的对应的元素相乘，并将结果存储到第三个 vector 中

```
 0: #include<vector>
 1: #include<iostream>
 2: #include<algorithm>
 3:
 4: int main()
 5: {
 6:    using namespace std;
 7:
 8:    vector<int> vecMultiplicand{ 0, 1, 2, 3, 4 };
 9:    vector<int> vecMultiplier{ 100, 101, 102, 103, 104 };
10:
11:    // Holds the result of multiplication
12:    vector<int> vecResult;
13:
14:    // Make space for the result of the multiplication
15:    vecResult.resize(vecMultiplier.size());
16:
17:    transform(vecMultiplicand.begin(), // range of multiplicands
18:              vecMultiplicand.end(), // end of range
19:              vecMultiplier.begin(),  // multiplier values
20:               vecResult.begin(), // range that holds result
21:               [](int a, int b) {return a * b; } ); // lambda
22:
23:    cout << "The contents of the first vector are: " << endl;
24:    for(size_t index = 0; index < vecMultiplicand.size(); ++index)
25:    cout << vecMultiplicand[index] << ' ';
26:    cout << endl;
27:
28:    cout << "The contents of the second vector are: " << endl;
29:    for(size_t index = 0; index < vecMultiplier.size(); ++index)
30:    cout << vecMultiplier[index] << ' ';
31:    cout << endl;
32:
```

```
33:      cout << "The result of the multiplication is: " << endl;
34:      for(size_t index = 0; index < vecResult.size(); ++index)
35:      cout << vecResult[index] << ' ';
36:
37:      return 0;
38: }
```

▼ 输出：

```
The contents of the first vector are:
0 1 2 3 4
The contents of the second vector are:
100 101 102 103 104
The result of the multiplication is:
0 101 204 309 416
```

▼ 分析：

在这个示例中，lambda 表达式如第 21 行所示，它被用作 std::transform( )的一个参数。算法 std::transform( )接收两个范围作为输入，执行二元函数指定的变换算法，并将结果存储在目标容器中。这里的二元函数是一个 lambda 表达式，它接收两个整数作为输入，并返回相乘得到的结果。返回值被 std::transform( )存储到 vecResult 中。输出指出了两个容器的内容以及将对应的元素相乘得到的结果。

注意   程序清单 22.4 演示了与程序清单 21.5 中的函数对象类 Multiply<>等价的 lambda 表达式。

22.7　二元谓词对应的 lambda 表达式

接收两个参数、返回 true 或 false 并可帮助做出决策的函数被称为二元谓词。二元谓词可用于 std::sort( )等排序算法中，这些算法对容器中的两个值调用二元谓词，以确定将哪个放在前面。与二元谓词等价的 lambda 表达式的通用语法如下：

```
[...](Type1& param1Name, Type2& param2Name) { // return bool expression; }
```

程序清单 22.5 演示了两个 lambda 表达式，其中一个包含模板参数，而另一个被用作二元谓词，并显式地声明了返回类型。

程序清单 22.5　在 std::sort( )中，将 lambda 表达式用作二元谓词，以便进行区分大小写的排序

```
0: #include<algorithm>
1: #include<string>
2: #include<vector>
3: #include<iostream>
4: using namespace std;
5:
6: int main()
7: {
8:      vector <string> namesInVe"{ ""im", "J"ck", ""am", "A"na" };
9:
10:     // template lambda that displays object on screen
11:     auto displayElement = []<typename T>(const T& element)
```

```
12:                              { cout << element '<'' ';};
13:
14:    cout << "The names in vector in order of insertion: " << endl;
15:    for_each(namesInVec.cbegin(), namesInVec.cend(), displayElement);
16:
17:    cout "< \nOrder after case sensitive sort:"\n";
18:    sort(namesInVec.begin(), namesInVec.end());
19:    for_each(namesInVec.cbegin(), namesInVec.cend(), displayElement);
20:
21:    cout "< \nOrder after sort ignoring case:"\n";
22:    sort(namesInVec.begin(), namesInVec.end(),
23:        [](const string& str1, const string& str2) -> bool // lambda
24:        {
25:            string str1LC, str2LC; // LC = lowercase
26:            str1LC.resize(str1.size()); // create space to store result
27:            str2LC.resize(str2.size());
28:
29:            // Convert strings (each character) to the lower case
30:            transform(str1.begin(), str1.end(), str1LC.begin(),::tolower);
31:            transform(str2.begin(), str2.end(), str2LC.begin(), ::tolower);
32:
33:            return(str1LC < str2LC);
34:        } // end of lambda
35:    ); // end of sort
36:
37:    for_each(namesInVec.cbegin(), namesInVec.cend(), displayElement);
38:
39:    return 0;
40: }
```

▼ 输出：

```
The names in vector in order of insertion:
jim Jack Sam Anna
Order after case sensitive sort:
Anna Jack Sam jim
Order after sort ignoring case:
Anna Jack jim Sam
```

▼ 分析：

程序清单 22.5 较为新奇，它使用了模板型 lambda 表达式 displayElement。这个 lambda 表达式是在第 11、12 行定义的，而在第 15、19 和 37 行使用它来调用了算法 for_each()。lambda 表达式 displayElement 与结构 DisplayContents<>等价，这个结构您使用了多次，例如，在程序清单 18.2 和 19.2 中，分别使用了它来显示 std::list 和 std::set 中的元素。这个单行的 lambda 表达式是通用的，且功能强大。

在第 23～34 行，定义了一个非常庞大的 lambda 表达式，它被用作 std::sort() 的第三个参数。包含多条语句的 lambda 表达式需要显式地声明返回类型（这里是 bool），如第 23 行所示。这个 lambda 表达式实现了一个二元谓词，用于帮助执行不区分大小写的排序，现将要比较的两个字符串转换为相同的大小写（这里是小写，如第 30、31 行所示），再对转换后的字符串进行比较。从输出可知，经过不区分大小写的排序后，jim 位于 Jack 后面。

注意	程序清单 22.5 中的超大型 lambda 表达式与程序清单 21.6 所示的 CompareStringNoCase 类等效,程序清单 21.7 也使用了 CompareStringNoCase 类。

白名单	黑名单
请牢记,除非使用限定符 mutable 进行指定,否则在 lambda 表达式中不能修改捕获列表([])中指定的状态变量。 务必尽可能使用 const 来声明参数类型,以提高数据完整性。	别忘了,lambda 表达式是实现了 operator( ) 的匿名类(或结构)。 当 lambda 表达式的语句块({})包含多条语句时,别忘了显式地指定返回类型。

22.8 总结

本章介绍了一项对现代 C++ 编程来说非常重要的功能——lambda 表达式。lambda 是匿名的函数对象,可接收参数、存储状态、返回值以及包含多条语句。您学习了如何在 find( )、sort( )、transform( ) 等 STL 算法中使用 lambda 表达式,而不是函数对象。lambda 表达式可提高 C++ 编程的速度和效率,应尽可能使用它们。

22.9 问与答

问:lambda 表达式的状态参数是如何传递的?按值传递还是按引用传递?
答: 编写下面这样包含捕获列表的 lambda 表达式时:

```
[var1, var2, ... varN](Type& param1, ... ) { ...expression ;}
```

将复制状态参数 Var1 和 Var2,而不是按引用传递它们。如果要按引用传递它们,应使用下面的语法:

```
[&Var1, &Var2, ... &varN](Type& param1, ... ) { ...expression ;}
```

由于在这种情况下,对状态变量所做的修改在 lambda 表达式的外部仍将有效,因此请务必小心。

问:在 lambda 表达式中,可使用函数中的局部变量吗?
答: 可使用捕获列表来传递局部变量:

```
[var1, var2, ... varN](Type& param1, ... ) { ...expression ;}
```

要传递所有的局部变量,可使用如下语法:

```
[=](Type& Param1, ... ) { ...expression ;}
```

22.10 作业

作业包括测验和练习,前者帮助读者加深对所学知识的理解,后者为读者提供了使用新学知识的机会。请尽量先完成测验和练习题,然后对照附录 E 的答案,继续学习第 23 章前,请务必弄懂这些题目。

22.10.1 测验

1. 编译器如何确定 lambda 表达式的起始位置?
2. 如何将状态变量传递给 lambda 表达式?
3. 如何指定 lambda 表达式的返回类型?

22.10.2 练习

1. 编写一个可用作二元谓词的 lambda 表达式, 帮助将元素按降序排列。
2. 编写一个这样的 lambda 表达式, 即在用于 for_each( )时, 给 vector 等容器中的元素加上用户指定的值。

第 23 章
STL 算法

STL 中很重要的一部分是通用函数，这些函数位于头文件 algorithm 中，可帮助操作容器的内容。本章介绍如何使用这些可简化代码的 STL 算法来帮助完成如下任务：

- 对容器中元素进行计数、搜索、查找、复制和删除的算法；
- 将指定范围内元素的值设置为生成器函数的返回值或预定义常量；
- 对指定范围内的元素进行排序或分区；
- 将元素插入已排序范围内的正确位置；
- C++20 约束算法（constrained algorithm）。

23.1 什么是 STL 算法

查找、搜索、删除和计数是一些通用算法，其应用范围很广。STL 通过通用的模板函数提供了这些算法以及其他的很多算法，可通过迭代器对容器进行操作。要使用 STL 算法，程序必须包含头文件 algorithm。

注意　虽然大多数算法都通过迭代器对容器进行操作，但并非所有算法都对容器进行操作，因此并非所有算法都需要迭代器。例如，swap( ) 接收两个值并交换它们。同样，min( ) 和 max( ) 也直接对值进行操作。

23.2 STL 算法的分类

STL 算法分两大类：非变序算法与变序算法。

23.2.1 非变序算法

不改变容器中元素的顺序和内容的算法称为非变序算法。表 23.1 列出了一些主要的非变序算法。

表 23.1 　　　　　　　　　　　　　　　　主要的非变序算法

算法	描述
计数算法	
count( )	在指定范围内查找值与指定值匹配的所有元素
count_if( )	在指定范围内查找值满足指定条件的所有元素
搜索算法	
search( )	在目标范围内，根据元素相等性（即相等运算符）或指定二元谓词搜索第一个满足条件的元素
search_n( )	在目标范围内搜索与指定值相等或满足指定谓词的 n 个元素

算法	描述
find( )	在给定范围内搜索与指定值匹配的第一个元素
find_if( )	在给定范围内搜索满足指定条件的第一个元素
find_end( )	在指定范围内搜索最后一个满足指定条件的元素
find_first_of( )	在目标范围内搜索指定序列中的任何一个元素第一次出现的位置；在另一个重载版本中，它搜索满足指定条件的第一个元素
adjacent_find( )	在集合中搜索两个相等或满足指定条件的元素
比较算法	
equal( )	比较两个元素是否相等或使用指定的二元谓词判断两者是否相等
mismatch( )	使用指定的二元谓词找出两个元素范围的第一个不同的地方
lexicographical_compare( )	比较两个序列中的元素，以判断哪个序列更小

23.2.2 变序算法

变序算法改变其操作的序列的元素顺序或内容，表 23.2 列出了 STL 提供的一些非常有用的变序算法。

表 23.2   变序算法

算法	描述
初始化算法	
fill( )	将指定值分配给指定范围中的每个元素
fill_n( )	将指定值分配给指定范围中的前 n 个元素
generate( )	将指定函数对象的返回值分配给指定范围中的每个元素
generate_n( )	将指定函数对象的返回值分配给指定范围中的前 n 个元素
修改算法	
for_each( )	对指定范围内的每个元素执行指定的操作。当指定的参数修改了范围时，for_each( ) 将是变序算法
transform( )	对指定范围中的每个元素执行指定的一元函数
复制算法	
copy( )	将一个范围复制到另一个范围
copy_backward( )	将一个范围复制到另一个范围，但在目标范围中将元素的排列顺序反转
删除算法	
remove( )	将指定范围中包含指定值的元素删除
remove_if( )	将指定范围中满足指定一元谓词的元素删除
remove_copy( )	将源范围中除包含指定值外的所有元素复制到目标范围
remove_copy_if( )	将源范围中除满足指定一元谓词外的所有元素复制到目标范围
unique( )	比较指定范围内的相邻元素，并删除重复的元素。该算法还有一个重载版本，它使用二元谓词来判断要删除哪些元素
unique_copy( )	将源范围内的所有元素复制到目标范围，但相邻的重复元素除外
替换算法	
replace( )	用一个值来替换指定范围中与指定值匹配的所有元素
replace_if( )	用一个值来替换指定范围中满足指定条件（由谓词指定）的所有元素

续表

算法	描述
	排序算法
sort( )	使用指定的排序标准对指定范围内的元素进行排序，排序标准由二元谓词提供。排序可能改变相等元素的相对顺序
stable_sort( )	类似于 sort，但在排序时保持相对顺序不变
partial_sort( )	将源范围内指定数量的元素排序
partial_sort_copy( )	将源范围内的元素复制到目标范围，同时对它们排序
	分区算法
partition( )	在指定范围中，将元素分为两组：满足指定一元谓词的元素放在第一个组中，其他元素放在第二组中。不一定会保持集合中元素的相对顺序
stable_partition( )	与 partition 一样将指定范围分为两组，但保持元素的相对顺序不变
	可用于有序容器的算法
binary_search( )	用于判断一个元素是否存在于一个有序集合中
lower_bound( )	根据元素的值或二元谓词判断元素可能插入排序集合中的第一个位置，并返回一个指向该位置的迭代器
upper_bound( )	根据元素的值或二元谓词判断元素可能插入排序集合中的最后一个位置，并返回一个指向该位置的迭代器

23.3　使用 STL 算法

要学习表 23.1 和表 23.2 所示 STL 算法的用法，最佳的方法是亲自动手实践。接下来的代码示例给您提供了练习使用这些算法的机会，进而使得您能够在自己的应用程序中使用它们。

23.3.1　根据值或条件查找元素

STL 算法 find( ) 和 find_if( ) 用于在 vector 等容器中查找与值匹配或满足条件的元素。find( ) 的用法如下：

```
auto element = find(numsInVec.cbegin(),   // Start of range
                    numsInVec.cend(),     // End of range
                    numToFind);           // Element to find

// Check if find() succeeded
if(element != numsInVec.cend())
    cout << "Result: Value found!" << endl;
```

find_if( ) 的用法与此类似，但需要通过第三个参数提供一个一元谓词（返回 true 或 false 的一元函数）：

```
auto evenNum = find_if(numsInVec.cbegin(), // Start of range
                       numsInVec.cend(),    // End of range
                  [](int element) { return (element % 2) == 0; } );
if(evenNum != numsInVec.cend())
    cout << "Result: Value found!" << endl;
```

这两个函数都返回一个迭代器，您需要将迭代器同容器的 end( ) 或 cend( ) 进行比较，以检查查找操作是否成功。如果成功，便可进一步使用该迭代器。程序清单 23.1 使用 find( )在 vector 中查找一个整数，并使用 find_if( )查找第一个偶数。

程序清单 23.1 使用 find( )在 vector 中查找一个整数，并使用 find_if( )以及一个用 lambda 表达式表示的一元谓词查找第一个偶数

```
 0: #include<iostream>
 1: #include<algorithm>
 2: #include<vector>
 3:
 4: int main()
 5: {
 6:    using namespace std;
 7:    vector<int> numsInVec{ 2017, 0, -1, 42, 10101, 25 };
 8:
 9:    cout << "Enter number to find in collection: ";
10:    int numToFind = 0;
11:    cin >> numToFind;
12:
13:    auto element = find(numsInVec.cbegin(),  // Start of range
14:                        numsInVec.cend(),    // End of range
15:                        numToFind);          // Element to find
16:
17:    // Check if find succeeded
18:    if(element != numsInVec.cend())
19:      cout << "Value " << *element << " found!" << endl;
20:    else
21:      cout << "No element contains value " << numToFind << endl;
22:
23:    cout << "Finding the first even number using find_if: " << endl;
24:
25:    auto evenNum = find_if(numsInVec.cbegin(), // Start range
26:                           numsInVec.cend(), // End range
27:              [](int element) { return (element % 2) == 0; } );
28:
29:    if(evenNum != numsInVec.cend())
30:    {
31:      cout << "Number '" << *evenNum << "' found at position [";
32:      cout << distance(numsInVec.cbegin(), evenNum) << "]" << endl;
33:    }
34:
35:    return 0;
36: }
```

▼ 输出：

第一次运行的输出：

```
Enter number to find in collection: 42
Value 42 found!
Finding the first even number using find_if:
Number '0' found at position [1]
```

第二次运行的输出：

```
Enter number to find in collection: 2016
No element contains value 2016
Finding the first even number using find_if:
Number '0' found at position [1]
```

▼ 分析：

在 main( ) 函数中，首先初始化了一个整型 vector，如第 7 行所示。第 13～15 行使用 find( ) 查找用户输入的数字；第 25～27 行使用 find_if( ) 在指定范围内查找第一个偶数。第 27 行的一元谓词是以 lambda 表达式的方式提供的，该 lambda 表达式在 element 能被 2 整除时返回 true，从而指出元素满足条件。您可以注意到，第 32 行使用了算法 std::distance( ) 来确定找到的元素相对于容器起点的位置。

警告	在程序清单 23.1 中，您可以注意到，总是将 find( ) 或 find_if( ) 返回的迭代器同 cend( ) 进行比较，以核实其有效性。这种检查绝不能省略，因为它表明 find( ) 操作成功。不能想当然地认为 find( ) 操作一定会成功。

23.3.2　计算包含给定值或满足给定条件的元素数

算法 std::count( ) 和 count_if( ) 计算给定范围内的元素数。std:: count( ) 计算包含给定值（使用相等运算符进行测试）的元素数：

```
size_t numZeroes = count(numsInVec.cbegin(), numsInVec.cend(), 0);
cout << "Number of instances of '0': " << numZeroes << endl;
```

std::count_if( ) 计算满足通过参数传递的一元谓词（可以是函数对象，也可以是 lambda 表达式）的元素数：

```
// Unary predicate:
template <typename elementType>
bool IsEven(const elementType& number)
{
   return((number % 2) == 0); // true, if even
}
...
// Use the count_if algorithm with the unary predicate IsEven:
size_t numEvenNums = count_if(numsInVec.cbegin(),
                              numsInVec.cend(), IsEven<int>);
cout << "Number of even elements: " << numEvenNums << endl;
```

程序清单 23.2 演示了这些函数的用法。

程序清单 23.2　使用 std::count( ) 和 count_if( ) 分别计算有多少个元素包含指定值和满足指定条件

```
0: #include<algorithm>
1: #include<vector>
2: #include<iostream>
3:
4: // unary predicate for *_if functions
5: auto IsEven = [](const auto& number) {return((number % 2) == 0); };
6:
7: int main()
```

```
 8: {
 9:    using namespace std;
10:    vector<int> numsInVec{ 2017, 0, -1, 42, 10101, 25 };
11:
12:    size_t numZeroes = count(numsInVec.cbegin(), numsInVec.cend(), 0);
13:    cout << "Number of instances of '0': " << numZeroes << endl;
14:
15:    size_t numEvenNums = count_if(numsInVec.cbegin(),
16:                          numsInVec.cend(), IsEven);
17:
18:    cout << "Number of even elements: " << numEvenNums << endl;
19:    cout << "Number of odd elements: ";
20:    cout << numsInVec.size() - numEvenNums << endl;
21:
22:    return 0;
23: }
```

▼ **输出:**

```
Number of instances of '0': 1
Number of even elements: 2
Number of odd elements: 4
```

▼ **分析:**

第 12 行使用了 count( )来计算 vector 包含多少个值为 0 的元素；类似地，第 15 行使用了 count_if( )来计算 vector 包含多少个偶数元素。程序清单 23.2 使用了谓词 IsEven，这个谓词是在第 5 行以 lambda 表达式的方式实现的。为计算 vector 包含多少个奇数元素，可以将 vector 包含的元素总数（由 size( )返回）减去 count_if( )返回的值。

> **注意**　程序清单 23.2 在 count_if( )中使用了谓词 IsEven( )，而在程序清单 23.1 中，在 find_if( )中使用了一个 lambda 表达式来完成 IsEven( )的工作。
>
> 虽然使用 lambda 表达式可节省多行代码，但别忘了，如果将这两个示例合并成一个，则可将 IsEven( )用于 find_if( )和 count_if( )中，从而提高代码的可重用性。

23.3.3　在集合中搜索元素或序列

程序清单 23.1 演示了如何在容器中查找元素，但有时需要查找序列或模式。在这种情况下，应使用 search( )或 search_n( )。search( )用于在一个序列中查找另一个序列：

```
auto range = search(numsInVec.cbegin(), // Start range to search in
                 numsInVec.cend(),   // End range to search in
                 numsInList.cbegin(),// start range to search for
                 numsInList.cend()); // End range to search for
```

search_n( )用于在容器中查找 *n* 个相邻指定值中的第一个值：

```
auto partialRange = search_n(numsInVec.cbegin(), // Start range
                     numsInVec.cend(),  // End range
                     3,  // num items to be searched for
                     9); // value to search for
```

这两个函数都返回一个迭代器，它们指向找到的第一个模式；使用该迭代器之前，务必将其与 end( ) 进行比较。程序清单 23.3 演示了 search( )和 search_n( )的用法。

程序清单 23.3　使用 search( )和 search_n( )在集合中查找序列

```
0: #include<algorithm>
1: #include<vector>
2: #include<list>
3: #include<iostream>
4: using namespace std;
5:
6: template <typename T>
7: void DisplayContents(const T& container)
8: {
9:     for(auto element = container.cbegin();
10:         element != container.cend();
11:         ++ element)
12:      cout << *element << ' ';
13:
14:     cout << endl;
15: }
16:
17: int main()
18: {
19:     vector<int> numsInVec{ 2017, 0, -1, 42, 10101, 25, 9, 9, 9 };
20:     list<int> numsInList{ -1, 42, 10101 };
21:
22:     cout << "The contents of the sample vector are:\n";
23:     DisplayContents(numsInVec);
24:
25:     cout << "The contents of the sample list are:\n";
26:     DisplayContents(numsInList);
27:
28:     cout << "search() for the contents of list in vector:\n";
29:     auto range = search(numsInVec.cbegin(), // Start range to search in
30:                         numsInVec.cend(), // End range to search in
31:                         numsInList.cbegin(), // Start range to search for
32:                         numsInList.cend()); // End range to search for
33:
34:     // Check if search found a match
35:     if(range != numsInVec.end())
36:     {
37:        cout << "Sequence in list found in vector at position: ";
38:        cout << distance(numsInVec.cbegin(), range) << endl;
39:     }
40:
41:     cout << "Searching {9, 9, 9} in vector using search_n():\n";
42:     auto partialRange = search_n(numsInVec.cbegin(), // Start range
43:                                  numsInVec.cend(), // End range
44:                                  3, // Count of item to be searched for
45:                                  9); // Item to search for
46:
```

```
47:     if(partialRange != numsInVec.end())
48:     {
49:        cout << "Sequence {9, 9, 9} found in vector at position: ";
50:        cout << distance(numsInVec.cbegin(), partialRange) << endl;
51:     }
52:
53:     return 0;
54: }
```

▼ 输出：

```
The contents of the sample vector are:
2017 0 -1 42 10101 25 9 9 9
The contents of the sample list are:
-1 42 10101
search() for the contents of list in vector:
Sequence in list found in vector at position: 2
Searching {9, 9, 9} in vector using search_n():
Sequence {9, 9, 9} found in vector at position: 6
```

▼ 分析：

在这个示例的开头就定义了两个容器（一个 vector 和一个 list），并使用一些整型值填充它们。第 29 行使用 search( )在 vector 中查找 list。由于要在整个 vector 中查找 list 的全部内容，因此使用了这两个容器类的成员方法 cbegin( )和 cend( )返回的迭代器来指定范围。这表明迭代器在算法和容器之间搭建了桥梁。由于在算法看来，提供迭代器的容器的特征无关紧要，因为它只使用迭代器，因此能够在 vector 中无缝地查找 list 的全部内容。第 42 行使用 search_n( )搜索序列{9,9,9}在 vector 中首次出现的位置。

23.3.4　将容器中的元素初始化为指定值

STL 算法 fill( )和 fill_n( )用于将指定范围的内容设置为指定值。fill( )能将指定范围内的元素设置为指定值：

```
vector<int> numsInVec(3);

// fill all elements in the container with value 9
fill(numsInVec.begin(), numsInVec.end(), 9);
```

顾名思义，fill_n( )将 *n* 个元素设置为指定的值，接收的参数包括起始位置、元素数以及要设置的值：

```
fill_n(numsInVec.begin() + 3, /*count*/ 3, /*fill value*/ -9);
```

程序清单 23.4 表明，使用这些算法可轻松地初始化 vector<int>中元素的值。

程序清单 23.4　使用 fill( )和 fill_n( )设置容器中元素的初始值

```
0: #include<algorithm>
1: #include<vector>
2: #include<iostream>
3:
4: int main()
```

```
 5: {
 6:     using namespace std;
 7:
 8:     // Initialize a sample vector with 3 elements
 9:     vector<int> numsInVec(3);
10:
11:     // fill all elements in the container with value 9
12:     fill(numsInVec.begin(), numsInVec.end(), 9);
13:
14:     // Increase the size of the vector to hold 6 elements
15:     numsInVec.resize(6);
16:
17:     // Fill the three elements starting at offset position 3 with value -9
18:     fill_n(numsInVec.begin() + 3, 3, -9);
19:
20:     cout << "Contents of the vector are: " << endl;
21:     for(size_t index = 0; index < numsInVec.size(); ++ index)
22:     {
23:         cout << "Element [" << index << "] = ";
24:         cout << numsInVec [index] << endl;
25:     }
26:
27:     return 0;
28: }
```

▼ 输出：

```
Contents of the vector are:
Element [0] = 9
Element [1] = 9
Element [2] = 9
Element [3] = -9
Element [4] = -9
Element [5] = -9
```

▼ 分析：

　　程序清单 23.4 使用函数 fill( )和 fill_n( )将容器的内容初始化为两组不同的值，如第 12 行和第 18 行所示。请注意，第 15 行调用了函数 resize( )，让 vector 总共能够存储 6 个元素。接下来，第 18 行使用 fill_n( )将新增的 3 个元素的值都设置为-9。fill( )算法对整个 vector 进行操作，而 fill_n( )可对 vector 的一部分进行操作。

> **提示**
>
> 您可能注意到了，在程序清单 23.1、23.2 和 23.3 中，使用的都是常量迭代器，即使用 cbegin( ) 和 cend( )来指定要访问容器中的哪些元素。但程序清单 23.4 不同，它使用的是 begin( ) 和 end( )。这是因为算法 fill( )要修改容器中的元素，而常量迭代器禁止修改它们指向的元素，所以使用常量迭代器无法实现目标。
>
> 虽然使用常量迭代器是一种很好的做法，但需要修改迭代器指向的元素时，就不能使用常量迭代器了。

23.3.5　使用 std::generate( )将元素设置为运行阶段生成的值

函数 fill( )和 fill_n( )将集合的元素设置为指定的值，而 generate( )和 generate_n( )等 STL 算法用于

将集合的内容设置为一元函数返回的值。

可使用 generate( )将指定范围内的元素设置为生成器函数返回的值：

```
generate(numsInVec.begin(), numsInVec.end(),    // range
         rand);    // generator function, returns random values
```

generate_n( )与 generate( )类似，但您指定的是要设置的元素数，而不是闭区间：

```
generate_n(numsInList.begin(), 5, rand);
```

因此，可使用这两种算法将集合设置为文件的内容或随机值，如程序清单 23.5 所示。

程序清单 23.5　使用 generate( )和 generate_n( )将集合设置为随机值

```
 0: #include<algorithm>
 1: #include<vector>
 2: #include<list>
 3: #include<iostream>
 4: #include<ctime>
 5:
 6: int main()
 7: {
 8:     using namespace std;
 9:     srand(static_cast<int>(time(NULL))); // seed random generator
10:
11:     vector<int> numsInVec(5);
12:     generate(numsInVec.begin(), numsInVec.end(),    // range
13:              rand);        // generator function
14:
15:     cout << "Elements in the vector are: ";
16:     for(size_t index = 0; index < numsInVec.size(); ++ index)
17:         cout << numsInVec [index] << " ";
18:     cout << endl;
19:
20:     list<int> numsInList(5);
21:     generate_n(numsInList.begin(), 3, rand);
22:
23:     cout << "Elements in the list are: ";
24:     for(auto element = numsInList.begin();
25:         element != numsInList.end();
26:         ++ element)
27:         cout << *element << ' ';
28:
29:     return 0;
30: }
```

▼ **输出：**

```
Elements in the vector are: 41 18467 6334 26500 19169
Elements in the list are: 15724 11478 29358 0 0
```

▼ **分析：**

第 9 行使用了随机数生成器并将当前时间作为种子，这意味着每次运行这个应用程序时，输出都可能不同。第 12 行使用函数 generate( )将 vector 的所有元素都设置为随机值，而第 21 行将 list 的前 3

个元素设置为生成器函数 rand( )提供的随机值。您可以注意到，函数 generate( )接收一个范围作为输入，并为该范围内的每个元素调用指定的函数对象 rand( )；而 generate_n( )接收起始位置，调用指定的函数对象 rand( ) count 次，以设置容器中 count 个元素的值。容器中不在指定范围内的元素不受影响。

23.3.6　使用 for_each( )处理指定范围内的元素

算法 for_each( )对指定范围内的每个元素执行指定的一元函数对象，其用法如下：

```
fnObjType retValue = for_each(start_of_range,
                              end_of_range,
                              unaryFunctionObject);
```

也可使用接收一个参数的 lambda 表达式代替一元函数对象。

返回值表明，for_each( )返回用于对指定范围内的每个元素进行处理的函数对象。这意味着使用结构或类作为函数对象可存储状态信息，并可在 for_each( )执行完毕后查询这些信息，如程序清单 23.6 所示。该程序清单使用函数对象显示指定范围内的元素，并使用它来确定显示了多少个元素。

程序清单 23.6　使用 for_each( )显示集合的内容

```
 0: #include<algorithm>
 1: #include<iostream>
 2: #include<vector>
 3: #include<string>
 4: using namespace std;
 5:
 6: template <typename elementType>
 7: struct DisplayElementKeepcount
 8: {
 9:    int count;
10:    DisplayElementKeepcount(): count(0) {}
11:
12:    void operator()(const elementType& element)
13:    {
14:       ++ count;
15:       cout << element << ' ';
16:    }
17: };
18:
19: int main()
20: {
21:    vector<int> numsInVec{ 2017, 0, -1, 42, 10101, 25 };
22:
23:    cout << "Elements in vector are: " << endl;
24:    DisplayElementKeepcount<int> functor =
25:       for_each(numsInVec.cbegin(),    // Start of range
26:               numsInVec.cend(),       // End of range
27:               DisplayElementKeepcount<int>());// functor
28:    cout << endl;
29:
30:    // Use the state stored in the return value of for_each!
```

```
31:        cout << "'" << functor.count << "' elements displayed" << endl;
32:
33:        string str("for_each and strings!");
34:        cout << "Sample string: " << str << endl;
35:
36:        cout << "Characters displayed using lambda:" << endl;
37:        int numElements = 0;
38:        for_each(str.cbegin(),
39:                    str.cend(),
40:                    [&numElements](auto c) { cout << c << ' '; ++numElements; });
41:
42:        cout << endl;
43:        cout << "'" << numElements << "' characters displayed" << endl;
44:
45:        return 0;
46: }
```

▼ 输出:

```
Elements in vector are:
2017 0 -1 42 10101 25
'6' elements displayed
Sample string: for_each and strings!
Characters displayed using lambda:
f o r _ e a c h   a n d   s t r i n g s !
'21' characters displayed
```

▼ 分析:

这个示例不仅演示了如何使用 for_each( )，还指出通过它返回的函数对象的成员 count，可获得它被调用了多少次，如第 25 和 38 行所示。上述代码定义了两个范围，一个包含在整型 vector numsInVec 中，另一个是 std::string 对象 str。第一次调用 for_each( )时，将 DisplayElementKeepcount 用作一元谓词，而第二次调用时使用的是一个 lambda 表达式。for_each( )对指定范围内的每个元素调用 operator( )，而 operator( )将元素显示在屏幕上，并将内部计数器加 1。for_each( )执行完毕后返回该函数对象，其成员 count 指出了函数对象被调用的次数。在实际编程中，将信息（或状态）存储在算法返回的对象中很有用。第 38 行的 for_each( )执行的操作与第 25 行的 for_each( )执行的相同，但它操作的是一个 std::string，且使用的是 lambda 表达式，而不是函数对象。请注意，在第 38 行，用于处理字符串的 lambda 表达式是通用的，因此也可在第 25 行使用它来处理 int 类型（需要对周边的代码做细微的修改）。

23.3.7　使用 std::transform( )对范围进行变换

std::for_each( )和 std::transform( )很像，都对源范围内的每个元素调用指定的函数对象。然而，std::transform( )有两个版本，第一个版本接收一个一元函数，常用于将字符串转换为大写或小写（使用的一元函数分别是 toupper( )和 tolower( )）：

```
string str("THIS is a TEst string!");
transform(str.cbegin(), // start source range
          str.cend(), // end source range
          strLowerCaseCopy.begin(), // start destination range
          ::tolower); // unary function
```

第二个版本接收一个二元函数，让 transform( )能够处理一对来自两个不同范围的元素：

```
// sum elements from two vectors and store result in a deque
transform(numsInVec1.cbegin(), // start of source range 1
          numsInVec1.cend(),   // end of source range 1
          numsInVec2.cbegin(), // start of source range 2
          sumInDeque.begin(),  // store result in a deque
          plus<int>());        // binary function plus
```

不像 for_each( )那样只处理一个范围，这两个版本的 transform( )都将指定变换函数的结果赋给指定的目标范围。程序清单 23.7 演示了 std::transform( )的用法。

程序清单 23.7　使用一元函数和二元函数的 std::transform( )

```
0: #include<algorithm>
1: #include<string>
2: #include<vector>
3: #include<deque>
4: #include<iostream>
5: #include<functional>
6:
7: int main()
8: {
9:     using namespace std;
10:
11:     string str("THIS is a TEst string!");
12:     cout << "The sample string is: " << str << endl;
13:
14:     string strLowerCaseCopy;
15:     strLowerCaseCopy.resize(str.size());
16:
17:     transform(str.cbegin(), // start source range
18:               str.cend(),   // end source range
19:               strLowerCaseCopy.begin(), // start destination range
20:               ::tolower);   // unary function
21:
22:     cout << "Result of 'transform' on the string with 'tolower':\n";
23:     cout << "\"" << strLowerCaseCopy << "\"" << endl << endl;
24:
25:     // Two sample vectors of integers...
26:     vector<int> numsInVec1{ 2017, 0, -1, 42, 10101, 25 };
27:     vector<int> numsInVec2(numsInVec1.size(), -1);
28:
29:     // A destination range for holding the result of addition
30:     deque<int> sumInDeque(numsInVec1.size());
31:
32:     transform(numsInVec1.cbegin(), // start of source range 1
33:               numsInVec1.cend(),   // end of source range 1
34:               numsInVec2.cbegin(), // start of source range 2
35:               sumInDeque.begin(),  // start of destination range
36:               plus<int>());        // binary function
37:
38:     cout << "Result of 'transform' using binary function 'plus': \n";
```

```
39:       cout << "Index Vector1 + Vector2 = Result(in Deque)\n";
40:       for(size_t index = 0; index < numsInVec1.size(); ++ index)
41:       {
42:          cout << index << "      \t " << numsInVec1 [index] << "\t+ ";
43:          cout << numsInVec2 [index] << " \t =        ";
44:          cout << sumInDeque [index] << endl;
45:       }
46:
47:       return 0;
48: }
```

▼ 输出：

```
The sample string is: THIS is a TEst string!
Result of 'transform' on the string with 'tolower':
"this is a test string!"

Result of 'transform' using binary function 'plus':
Index Vector1 + Vector2 = Result (in Deque)
0      2017    +    -1    =      2016
1      0       +    -1    =      -1
2      -1      +    -1    =      -2
3      42      +    -1    =      41
4      10101   +    -1    =      10100
5      25      +    -1    =      24
```

▼ 分析：

　　该示例演示了 std::transform( )的两个版本的用法：一个版本使用一元函数 tolower( )处理一个范围，如第 20 行所示；另一个版本使用二元函数 plus 处理两个范围，如第 36 行所示。第一个版本修改字符串的大小写，将每个大写字符都改为小写。如果使用 toupper 而不是 tolower，将把每个小写字符变为大写。std:: transform( )的另一个版本如第 32～36 行所示，它对来自两个输入范围（这里是两个 vector）的元素进行操作：使用一个二元谓词——STL 函数 plus( )（由头文件 functional 提供）将两个元素相加。std::transform( )每次处理一对元素，它将这对元素提供给二元函数 plus，然后将结果赋给目标范围中的元素——这里是 std::deque 中的元素。注意，这里使用另一种容器来存储结果只是出于演示目的。这个示例表明，通过使用迭代器，可将容器及其实现同 STL 算法分离——transform( )是一种处理范围的算法，它无须知道实现这些范围的容器的细节。因此，虽然这里的输入范围为 vector，而输出范围为 deque，但该算法仍管用——只要指定范围的边界（提供给 transform 的输入参数）有效。

23.3.8　复制和删除操作

　　STL 提供了 3 个重要的复制函数：copy( )、copy_if( )和 copy_backward( )。Copy( )沿向前的方向将源范围的内容赋给目标范围：

```
auto lastElement = copy(numsInList.cbegin(),    // start source range
                        numsInList.cend(),      // end source range
                        numsInVec.begin());     // start dest range
```

copy_if( )仅在指定的一元谓词返回 true 时才复制元素：

```
// copy odd numbers from list into vector
```

```
copy_if(numsInList.cbegin(), numsInList.cend(),
        lastElement, // copy position in dest range
        [](int element){return((element % 2) == 1);});
```

copy_backward( )沿向后的方向将源范围的内容赋给目标范围：

```
copy_backward(numsInList.cbegin(),
              numsInList.cend(),
              numsInVec.end());
```

remove( )将容器中与指定值匹配的元素删除：

```
// Remove all instances of '0', resize vector using erase()
auto newEnd = remove(numsInVec.begin(), numsInVec.end(), 0);
numsInVec.erase(newEnd, numsInVec.end());
```

remove_if( )使用一个一元谓词，并将容器中满足该谓词的元素删除：

```
// Remove all odd numbers from the vector using remove_if
newEnd = remove_if(numsInVec.begin(), numsInVec.end(),
        [](int num) {return ((num % 2) == 1);} ); //predicate

numsInVec.erase(newEnd, numsInVec.end()); // resizing
```

程序清单 23.8 演示了这些复制和删除函数的用法。

程序清单 23.8　一个演示 copy( )、copy_if( )、copy_backward( )、remove( )和 remove_if( )的示例，它将 list 的内容复制到 vector 中，并删除包含 0 或偶数的元素

```
 0: #include<algorithm>
 1: #include<vector>
 2: #include<list>
 3: #include<iostream>
 4: using namespace std;
 5:
 6: template <typename T>
 7: void DisplayContents(const T& container)
 8: {
 9:     for_each(container.begin(), container.end(),
10:         [](const auto& element) {cout << element << ' '; });
11:
12:     cout << "| Number of elements: " << container.size() << endl;
13: }
14:
15: int main()
16: {
17:     list<int> numsInList{ 2017, 0, -1, 42, 10101, 25 };
18:
19:     cout << "Source(list) contains:" << endl;
20:     DisplayContents(numsInList);
21:
22:     // Initialize vector to hold 2x elements as the list
23:     vector<int> numsInVec(numsInList.size() * 2);
24:
```

```
25:     auto lastElement = copy(numsInList.cbegin(),   // start source range
26:                             numsInList.cend(),    // end source range
27:                             numsInVec.begin());  // start dest range
28:
29:     // copy odd numbers from list into vector
30:     copy_if(numsInList.cbegin(), numsInList.cend(),
31:             lastElement,
32:             [](int element){return((element % 2) != 0);});
33:
34:     cout << "Destination(vector) after copy and copy_if:\n";
35:     DisplayContents(numsInVec);
36:
37:     // Remove all instances of '0', resize vector using erase()
38:     auto newEnd = remove(numsInVec.begin(), numsInVec.end(), 0);
39:     numsInVec.erase(newEnd, numsInVec.end());
40:
41:     // Remove all odd numbers from the vector using remove_if
42:     newEnd = remove_if(numsInVec.begin(), numsInVec.end(),
43:               [](int element) {return((element % 2) != 0);});
44:     numsInVec.erase(newEnd , numsInVec.end());  // resizing
45:
46:     cout << "Destination(vector) after remove, remove_if, erase:\n";
47:     DisplayContents(numsInVec);
48:
49:     return 0;
50: }
```

▼ **输出:**

```
Source(list) contains:
2017 0 -1 42 10101 25 | Number of elements: 6
Destination(vector) after copy and copy_if:
2017 0 -1 42 10101 25 2017 -1 10101 25 0 0 | Number of elements: 12
Destination(vector) after remove, remove_if, erase:
42 | Number of elements: 1
```

▼ **分析:**

第 25 行使用了 copy( )，它将 list 的内容复制到 vector 中。第 30 行使用了 copy_if( )，它将 numsInList 中的所有奇数都复制到 numsInVec 中，并以 copy( )返回的迭代器 lastElement 为起点位置进行存储。第 38 行使用 remove( )删除了 numsInVec 中所有值为 0 的元素。第 42 行使用 remove_if( )删除了所有奇数。

注意	在程序清单 23.8 中，DisplayContainer<>使用的是 for_each( )和 lambda 表达式，因此与程序清单 23.3 中的 DisplayContainer<>不同。

| 警告 | 程序清单 23.8 表明，remove( )和 remove_if( )都返回一个指向容器末尾的迭代器，但容器 numsInVec 一直未调整大小。在删除算法删除元素时，其他元素将向前移，但 size( )返回的值没变，这意味着 vector 末尾还有其他值。要调整容器的大小（这很重要，否则末尾将包含不需要的值），需要调用 erase( )，并将 remove( )或 remove_if( )返回的迭代器传递给它，如第 39 和 44 行所示。 |

23.3.9 替换值以及替换满足给定条件的元素

STL 算法 replace( ) 与 replace_if( ) 分别用于替换集合中等于指定值和满足给定条件的元素。replace( ) 根据相等运算符的返回值来替换元素：

```
cout << "Using 'std::replace' to replace value 5 by 8" << endl;
replace(numsInVec.begin(), numsInVec.end(), 5, 8);
```

replace_if( ) 需要一个用户指定的一元谓词，且对于要替换的每个元素，该谓词都返回 true：

```
cout << "Using 'std::replace_if' to replace even values by -1" << endl;
replace_if(numsInVec.begin(), numsInVec.end(),
    [](int element) {return ((element % 2) == 0); }, -1);
```

程序清单 23.9 演示了这两个函数的用法。

程序清单 23.9 使用 replace( ) 和 replace_if( ) 在指定范围内替换值和满足给定条件的元素

```
0: #include<iostream>
1: #include<algorithm>
2: #include<vector>
3: using namespace std;
4:
5: template <typename T>
6: void DisplayContents(const T& container)
7: {
8:     for_each(container.begin(), container.end(),
9:         [](const auto& element) {cout << element << ' '; });
10:
11:     cout << endl;
12: }
13:
14: int main()
15: {
16:     vector<int> numsInVec{232, 5, -98, -3, 5, 0, 987};
17:
18:     cout << "The initial contents of vector:\n";
19:     DisplayContents(numsInVec);
20:
21:     replace(numsInVec.begin(), numsInVec.end(), 5, 8);
22:     cout << "After replacing value 5 by 8\n";
23:     DisplayContents(numsInVec);
24:
25:     replace_if(numsInVec.begin(), numsInVec.end(),
26:         [](int element) {return((element % 2) == 0); }, -1);
27:     cout << "After replacing even values by -1:\n";
28:     DisplayContents(numsInVec);
29:
30:     return 0;
31: }
```

▼ 输出：

```
The initial contents of vector:
232 5 -98 -3 5 0 987
After replacing value 5 by 8
232 8 -98 -3 8 0 987
After replacing even values by -1:
-1 -1 -1 -3 -1 -1 987
```

▼ 分析：

该示例创建了一个 vector<int>并给其元素指定初始值。第 21 行使用 replace( )将所有的 5 都替换为 8。第 25 行使用 replace_if( )找出所有的偶数（这是通过以参数传入的谓词实现的），并将它们都替换为–1，如输出所示。

23.3.10 对集合进行排序以及在有序集合中搜索和删除重复元素

在实际的应用程序中，经常需要排序以及在有序集合内进行搜索。而且，经常需要对一组信息进行排序（以便按顺序显示它们），为此可使用 STL 算法 sort( )：

```
sort(numsInVec.begin(), numsInVec.end()); // ascending order
```

这个版本的 sort( )将 std::less<>用作二元谓词，而该谓词使用 vector 存储的数据类型实现的小于运算符。您可使用另一个重载版本，以指定谓词，从而修改排列顺序：

```
sort(numsInVec.begin(), numsInVec.end(),
    [](int lhs, int rhs) {return (lhs > rhs);} ); // descending order
```

同样，在显示集合的内容前，需要删除重复的元素。而要删除相邻的重复值，可使用 unique( )：

```
auto newEnd = unique(numsInVec.begin(), numsInVec.end());
numsInVec.erase(newEnd, numsInVec.end());  // to resize
```

要在有序容器中搜索，可使用 binary_search( )：

```
bool elementFound = binary_search(numsInVec.begin(), numsInVec.end(), 2021);

if(elementFound)
   cout << "Element found in the vector!" << endl;
```

程序清单 23.10 演示了 STL 算法 std::sort( )（对范围排序）、std::binary_search( )（在有序的范围内搜索）和 std::unique( )（删除相邻的重复元素；执行 sort( )后，重复的元素将彼此相邻）。

程序清单 23.10 使用 sort( )、binary_search( )和 unique( )

```
0: #include<algorithm>
1: #include<vector>
2: #include<string>
3: #include<iostream>
4: using namespace std;
5:
6: template <typename T>
7: void DisplayContents(const T& container)
8: {
```

```
 9:     for_each(container.begin(), container.end(),
10:        [](const auto& element) {cout << element << ' '; });
11: }
12:
13: int main()
14: {
15:     vector<string> names{"John", "jack", "sean", "Anna"};
16:
17:     // insert a duplicate
18:     names.push_back("jack");
19:
20:     cout << "The initial contents of the vector are:\n";
21:     DisplayContents(names);
22:
23:     cout << "\nThe sorted vector contains names in the order:\n";
24:     sort(names.begin(), names.end());
25:     DisplayContents(names);
26:
27:     cout << "\nSearching for \"John\" using 'binary_search':\n";
28:     bool found = binary_search(names.begin(), names.end(), "John");
29:
30:     if(found)
31:        cout << "Result: \"John\" was found in the vector!\n";
32:     else
33:        cout << "Element not found " << endl;
34:
35:     // Erase adjacent duplicates
36:     auto newEnd = unique(names.begin(), names.end());
37:     names.erase(newEnd, names.end());
38:
39:     cout << "The contents of the vector after using 'unique':\n";
40:     DisplayContents(names);
41:
42:     return 0;
43: }
```

▼ 输出：

```
The initial contents of the vector are:
John jack sean Anna jack
The sorted vector contains names in the order:
Anna John jack jack sean
Searching for "John" using 'binary_search':
Result: "John" was found in the vector!
The contents of the vector after using 'unique':
Anna John jack sean
```

▼ 分析：

这个程序清单首先对 names 进行排序，如第 24 行所示，再使用 binary_search 在其中查找 John，如第 28 行所示。同样，第 36 行使用 std::unique( )删除第二个相邻的重复元素。请注意，与 remove( )一样，unique( )也不调整容器的大小。它将元素前移，但不会减少元素总数。为避免容器末尾包含不想要或未知的值，务必在调用 unique( )后调用 vector::erase( )，并将 unique( )返回的迭代器传递给它，如第 37 行所示。

警告　　　　binary_search( )算法只能用于经过排序的容器，如果将其用于未经排序的 vector，结果可能出乎意料。

注意　　　　stable_sort( )的用法与 sort( )类似，这在表 23.2 中介绍过。stable_sort( )确保排序后元素的相对顺序保持不变。但是为确保相对顺序保持不变，将降低性能，这是一个需要考虑的因素，尤其是在元素的相对顺序不重要时。

23.3.11　将范围分区

std::partition( )将输入范围分为两部分：一部分满足一元谓词指定的条件，另一部分不满足。

```cpp
bool IsEven(const int& num)  // unary predicate
{
   return ((num % 2) == 0);
}
...
partition(numsInVec.begin(), numsInVec.end(), IsEven);
```

然而，std::partition( )不保证每个分区中元素的相对顺序不变。在元素的相对顺序很重要，需要保持不变时，应使用 std::stable_partition( )：

```cpp
stable_partition(numsInVec.begin(), numsInVec.end(), IsEven);
```

程序清单 23.11 演示了这些算法的用法。

程序清单 23.11　使用 partition( )和 stable_partition( )将整型数分为偶数和奇数

```cpp
 0: #include<algorithm>
 1: #include<vector>
 2: #include<iostream>
 3: using namespace std;
 4:
 5: auto IsEven = [](const int& num) { return((num % 2) == 0); };
 6:
 7: template <typename T>
 8: void DisplayContents(const T& container)
 9: {
10:    for_each(container.begin(), container.end(),
11:       [](const auto& element) {cout << element << ' '; });
12:
13:    cout << "| Number of elements: " << container.size() << endl;
14: }
15:
16: int main()
17: {
18:    vector<int> numsInVec{ 2017, 0, -1, 42, 10101, 25 };
19:
20:    cout << "The initial contents: " << endl;
21:    DisplayContents(numsInVec);
22:
23:    vector<int> vecCopy(numsInVec);
```

```
24:
25:    cout << "The effect of using partition():" << endl;
26:    partition(numsInVec.begin(), numsInVec.end(), IsEven);
27:    DisplayContents(numsInVec);
28:
29:    cout << "The effect of using stable_partition():" << endl;
30:    stable_partition(vecCopy.begin(), vecCopy.end(), IsEven);
31:    DisplayContents(vecCopy);
32:
33:    return 0;
34: }
```

▼ 输出：

```
The initial contents:
2017 0 -1 42 10101 25 | Number of elements: 6
The effect of using partition():
42 0 -1 2017 10101 25 | Number of elements: 6
The effect of using stable_partition():
0 42 2017 -1 10101 25 | Number of elements: 6
```

▼ 分析：

上述代码将包含在 vector numsInVec 中的整型数分为偶数和奇数。第一次分区是在第 26 行使用 std::partition( ) 完成的，第二次是在第 30 行使用 stable_partition( ) 完成的。为便于比较，这里将范围 numsInVec 复制到 vecCopy 中，并对前者使用 std::partition( )，对后者使用 std::stable_partition( )。与使用 partition( ) 相比，使用 stable_partition( ) 的效果很明显，如输出所示。stable_partition( ) 保持每个分区中元素的相对顺序不变。注意，保持相对顺序不变是以降低性能为代价的，这种代价可能很小（比如在这个例子中），也可能很大，具体取决于包含在范围中的对象的类型。

> **注意** stable_partition( ) 的分区速度比 partition( ) 慢，因此应只在容器中元素的相对顺序很重要时使用它。

23.3.12 在有序集合中插入元素

将元素插入有序集合中时，将其插入正确的位置很重要。为满足这种需求，STL 提供了 lower_bound( ) 和 upper_bound( ) 等函数：

```
auto minInsertPos = lower_bound(names.begin(), names.end(),
                                "Brad Pitt");
// alternatively:
auto maxInsertPos = upper_bound(names.begin(), names.end(),
                                "Brad Pitt");
```

lower_bound( ) 和 upper_bound( ) 都返回一个迭代器，分别指向在不破坏现有顺序的情况下，元素可插入有序范围内的最前面的位置和最后面的位置。

程序清单 23.12 演示了如何使用 lower_bound( ) 和 upper_bound( ) 将元素插入在有序的人名 list 中的最前面的位置。

程序清单 23.12 使用 lower_bound( ) 和 upper_bound( ) 在有序范围中插入元素

```
0: #include<algorithm>
```

```
 1: #include<list>
 2: #include<string>
 3: #include<iostream>
 4: using namespace std;
 5:
 6: template <typename T>
 7: void DisplayContents(const T& container)
 8: {
 9:    for_each(container.begin(), container.end(),
10:       [](const auto& element) {cout << element << ' '; });
11: }
12:
13: int main()
14: {
15:    list<string> names{ "John", "Brad", "jack", "sean", "Anna" };
16:
17:    cout << "Sorted contents of the list are: " << endl;
18:    names.sort();
19:    DisplayContents(names);
20:
21:    cout << "\nLowest index where \"Brad\" can be inserted is: ";
22:    auto minPos = lower_bound(names.begin(), names.end(), "Brad");
23:    cout << distance(names.begin(), minPos) << endl;
24:
25:    cout << "The highest index where \"Brad\" can be inserted is: ";
26:    auto maxPos = upper_bound(names.begin(), names.end(), "Brad");
27:    cout << distance(names.begin(), maxPos) << endl;
28:
29:    cout << "List after inserting Brad in sorted order: " << endl;
30:    names.insert(minPos, "Brad");
31:    DisplayContents(names);
32:
33:    return 0;
34: }
```

▼ **输出**：

```
Sorted contents of the list are:
Anna Brad John jack sean
Lowest index where "Brad" can be inserted is: 1
The highest index where "Brad" can be inserted is: 2
List after inserting Brad in sorted order:
Anna Brad Brad John jack sean
```

▼ **分析**：

可将元素插入有序集合中的两个位置：一个是 lower_bound( )返回的迭代器，它是最前面的位置（离集合开头最近），另一个是 upper_bound( )返回的迭代器，它是最后面的位置（离集合开头最远）。在程序清单 23.12 中，由于要插入有序集合的字符串 Brad 已包含在集合中，因此最前面的位置和最后面的位置不同（否则，两者将相同）。在第 22 行和第 26 行分别调用了这两个函数。如输出所示，第 30 行使用 lower_bound( )返回的迭代器将字符串插入 list 后，list 仍处于有序状态。因此，这些算法可帮助确定不破坏集合有序状态的元素插入集合中的位置。使用 upper_bound( )返回的迭代器也如此。

23.3.13 使用 C++20 引入的 std::accumulate( )执行累积操作

C++20 引入的 std::accumulate( )让您能够对容器中的元素执行累积（accumulatory）操作。最简单的累积操作是将元素相加或相乘，如下面的示例所示：

```
accumulate(container.cbegin(), // start source range
          container.cend(), // end source range
          0, // initial value of the sum
          binaryfunc); // optional, binary function to apply
```

提示

> 要使用算法 std::accumulate( )，需要包含头文件 numeric：
>
> ```
> #include<numeric>
> ```

程序清单 23.13 表明，这个算法用途广泛，可用于计算容器中所有元素的和，还可用于计算它们的积。

程序清单 23.13　使用 std::accumulate( )计算容器中所有元素的和与积

```
 0: #include<numeric>
 1: #include<vector>
 2: #include<iostream>
 3: using namespace std;
 4:
 5: int main()
 6: {
 7:    vector<int> integers{ 1, 2, 3, 4 };
 8:    int sum = std::accumulate(integers.cbegin(), integers.cend(), 0);
 9:    cout << "Sum of elements: " << sum << endl;
10:
11:    int product = std::accumulate(integers.cbegin(), integers.cend(), 1,
12:       [](auto mul1, auto mul2) {return mul1 * mul2; });
13:
14:    cout << "The product is: " << product << endl;
15:
16:    return 0;
17: }
```

▼ 输出：

```
Sum of elements: 10
The product is: 24
```

▼ 分析：

第 8 行演示了最简单的变种：std::accumulate( )执行默认函数——将容器中的元素相加。且第 8 行将初始值设置成了 0，如果将其指定为其他值，将影响最终的相加结果。第 11 和 12 行演示了另一种变种：以 lambda 表达式的方式指定了一个二元函数，它返回两个参数的乘积。std::accumulate( )是一种泛型实现，可用于所有 STL 容器，还可用于各种基本数据类型。

23.4　C++20 约束算法

您可能注意到了，前面介绍的所有算法都要求显式地指定范围。例如，在程序清单 23.1 中使用

std::find( )时:

```
auto element = find(numsInVec.cbegin(),  // Start of range
                    numsInVec.cend(),    // End of range
                    numToFind);          // Element to find

if(element != numsInVec.cend())
   cout << "Value " << *element << " found!" << endl;
```

在这个示例中，将要操作的范围的起点指定为 numsInVec.begin( )，终点为 numsInVec.end( )的前一个元素。

从 C++20 起，可使用算法的约束版本，它们位于命名空间 std::ranges 中。对于对每个元素进行处理的算法，在使用其约束版本时，只需指定容器对象，而不用指定范围的起点和终点，如下所示:

```
auto element = std::ranges::find(numsInVec, numToFind);
if (element != numsInVec.end())
    cout << "Value " << *element << " found!" << endl;
```

好消息是，很多（准确地说是大部分）算法都有约束版本，如程序清单 23.14 所示。

程序清单 23.14　使用 C++20 约束算法在范围内执行元素查找、排序、填充和修改操作

```
 0: #include<algorithm>
 1: #include<vector>
 2: #include<string>
 3: #include<iostream>
 4: using namespace std;
 5:
 6: template <typename T>
 7: void DisplayContents(const T& container)
 8: {
 9:     for (const auto& element : container)
10:         cout << element << ' ';
11:
12:     cout << endl;
13: }
14:
15: int main()
16: {
17:     vector<int> numsInVec{ 2021, -1, 42, 404949, -981 };
18:     cout << "Initial contents of vector: ";
19:     DisplayContents(numsInVec);
20:
21:     cout << "Enter integer to search for: ";
22:     int numToFind = 0;
23:     cin >> numToFind;
24:
25:     auto element = std::ranges::find(numsInVec, numToFind);
26:     if (element != numsInVec.end())
27:         cout << "Value " << *element << " found!" << endl;
28:     else
29:         cout << "The number isn't in the range\n";
30:
31:     std::ranges::sort(numsInVec);
32:     cout << "Sorting the range now\n";
33:     DisplayContents(numsInVec);
```

```
34:
35:         std::ranges::fill(numsInVec, 0);
36:         cout << "Reset vector contains: ";
37:         DisplayContents(numsInVec);
38:
39:         string strHello("Hello C++20 constrained algorithms");
40:         cout << "Original string: " << strHello << endl;
41:         std::ranges::for_each(strHello, [](auto& c) {c = ::tolower(c); });
42:         cout << "In lower case: " << strHello << endl;
43:
44:         return 0;
45: }
```

▼ 输出：

```
Initial contents of vector: 2021 -1 42 404949 -981
Enter integer to search for: 42
Value 42 found!
Sorting the range now
-981 -1 42 2021 404949
Reset vector contains: 0 0 0 0 0
Original string: Hello to C++20 constrained algorithms
In lower case: hello to c++20 constrained algorithms
```

▼ 分析：

在这个示例中，第 25 行使用了 ranges::find( )在范围内查找指定的整数；第 31 行使用了 ranges::sort( )将 vector 中的元素按升序排列；第 35 行使用了 ranges::fill( )来重置所有元素；第 41 行还使用了 ranges::for_each( )来将字符串中的每个字符转换为小写。这些约束算法的特殊之处在于，不要求您指定范围的起点和终点，但如果要使用算法来处理输入集合的一部分，就必须指定范围的起点和终点。

白名单	黑名单
使用算法 remove( )、remove_if( )或 unique( )后，务必使用容器的成员方法 erase( )调整容器的大小。 使用 find( )、find_if( )、search( )或 search_n( )返回的迭代器之前，务必将其与容器的 end( )进行比较，以确定它有效。 仅当元素的相对顺序很重要时，才应使用 stable_partition( )（而不是 partition( )）和 stable_sort( )（而不是 sort( )）。	调用 unique( )删除重复的相邻值之前，别忘了使用 sort( )对容器进行排序。sort( )确保包含相同值的元素彼此相邻，这样 unique( )才能发挥作用。 对于已排序的容器，不要在随机选择的位置插入元素，而应将其插入 lower_bound( )或 upper_bound( )返回的位置，以确保插入元素后容器依然是有序的。 别忘了，binary_search( )只能用于已排序的容器。

23.5　总结

本章介绍了 STL 中最重要、功能最强大的方面之一——算法。在本章中，您了解了各种类型的算法，并通过示例对其用途有更清晰的认识。

23.6　问与答

问：诸如 std::transform( )等变序算法能否用于关联容器（如 std::set）？

答：即使能，也不应这样做。关联容器在插入元素时进行排序，但元素的相对位置不仅对 find( )等函数来说很重要，对容器的效率来说也很重要。因此，不应将诸如 std::transform( )等变序算法用于 STL set。

问：要将顺序容器的每个元素都设置为特定的值，可使用 std::transform( )吗？

答：虽然可以使用 std::transform( )，但使用 fill( )或 fill_n( )更合适。

问：copy_backward( )是否会反转目标容器中元素的排列顺序？

答：不会。STL 算法 copy_backward( )按相反的顺序复制元素，但不改变元素的排列顺序，即它从范围末尾复制到开头。如果要反转集合中元素的排列顺序，应使用 std::reverse( )。

问：是否应对 list 使用 std::sort( )？

答：std::sort( )可用于 list，用法与用于其他顺序容器一样。然而，list 需要保持一个特殊特征，即对 list 的操作不会导致现有迭代器失效，而 std::sort( )不能保证该特征得以保持。因此，STL list 通过成员函数 list::sort( )提供了 sort 算法。应使用这个函数，因为它确保指向 list 中元素的迭代器不会失效，即使元素的相对位置发生了变化。

问：为什么在将元素插入有序范围中时，使用 lower_bound( )或 upper_bound( )等函数很重要？

答：因为这两个函数分别提供有序集合中最前面的和最后面的位置，即将元素插入这些位置时不会破坏集合的有序状态。

23.7　作业

作业包括测验和练习，前者帮助读者加深对所学知识的理解，后者为读者提供了使用新学知识的机会。请尽量先完成测验和练习题，然后对照附录 E 的答案，继续学习第 24 章前，请务必弄懂这些题目。

23.7.1　测验

1. 要将 list 中满足特定条件的元素删除，应使用 std::remove_if( )还是 list::remove_if( )？
2. 假设有一个包含 ContactItem 对象的 list，在没有显式地指定二元谓词时，函数 list::sort( )将如何对这些元素进行排序？
3. STL 算法 generate( )将调用生成器函数多少次？
4. std::transform( )与 std::for_each( )之间的区别何在？

23.7.2　练习

1. 编写一个二元谓词，它接收字符串作为输入参数，并根据不区分大小写的比较结果返回一个值。
2. 演示 STL 算法（如 copy( )）如何使用迭代器实现其功能——复制两个类型不同的容器存储的序列，而无须知道目标集合的特征。
3. 您正在编写一个应用程序，它按星球在地平线上升起的顺序记录它们的特点。在天文学中，星球的大小很重要，其相对于地平线升起和落下的相对顺序亦如此。如果要根据星球的大小对这个集合进行排序，应使用 std::sort( )还是 std::stable_sort( )？

第 24 章

自适应容器：栈和队列

STL 提供了使用其他容器模拟栈和队列的容器。这种在内部使用一种容器但呈现另一种容器的行为特征的容器称为自适应容器（adaptive container）。

在本章中，您将学习：

- 栈和队列的行为特征；
- 使用 STL stack；
- 使用 STL queue；
- 使用 STL priority_queue。

24.1　栈和队列的行为特征

栈和队列与数组或 list 极其相似，但对插入、访问和删除元素的方式有一定的限制。可将元素插入什么位置以及可从什么位置删除元素决定了容器的行为特征。

24.1.1　栈

栈是 LIFO 系统，只能从栈顶插入或删除元素。可将栈视为一叠盘子，最后叠上去的盘子先被取下来，而不能先取下中间或底部的盘子。图 24.1 说明了这种"在顶部添加和删除"的元素组织方式。

泛型 STL 容器 std::stack 模拟了栈的这种行为。

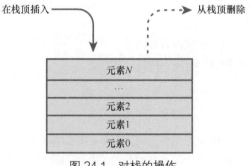

图 24.1　对栈的操作

提示 _____
要使用 std::stack，必须包含头文件 stack：

```
#include<stack>
```

24.1.2 队列

队列是 FIFO 系统，元素被插入队尾，最先插入的元素最先删除。可将队列视为一系列在邮局排队购买邮票的人：先加入队列的人先离开。图 24.2 说明了这种"在末尾插入、从开头删除"的元素组织方式。

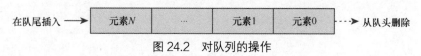

图 24.2 对队列的操作

泛型 STL 容器 std::queue 模拟了队列的这种行为。

提示　　　　要使用 std::queue，必须包含头文件 queue：

```
#include<queue>
```

24.2 使用 STL stack 类

要使用 STL stack 类，必须包含头文件 stack。它是一个泛型类，允许在顶部插入和删除元素，而不允许访问中间的元素。从这种角度看，std::stack 的行为很像从一叠盘子中拿取盘子的行为。

24.2.1 实例化 stack

在有些 STL 实现中，std::stack 的定义如下：

```
template <
  class elementType,
  class Container=deque<Type>
> class stack;
```

参数 elementType 是 stack 存储的对象类型。第二个模板参数 Container 是 stack 使用的默认底层容器实现类。stack 默认在内部使用 std::deque 来存储数据，但可指定使用 vector 或 list 来存储数据。因此，实例化整型栈的代码类似于下面这样：

```
std::stack<int> numsInStack;
```

要创建存储类（如 Tuna）对象的栈，可使用如下代码：

```
std::stack <Tuna> tunasInStack;
```

要创建使用不同底层容器的栈，可使用如下代码：

```
std::stack<double, vector <double> > doublesStackedInVec;
```

程序清单 24.1 演示了各种实例化方式。

程序清单 24.1　实例化 STL stack

```
0: #include<stack>
1: #include<vector>
2:
```

```
 3: int main()
 4: {
 5:     using namespace std;
 6:
 7:     // A stack of integers
 8:     stack<int> numsInStack;
 9:
10:     // A stack of doubles
11:     stack <double> dblsInStack;
12:
13:     // A stack of doubles contained in a vector
14:     stack<double, vector<double>> doublesStackedInVec;
15:
16:     // initializing one stack to be a copy of another
17:     stack<int> numsInStackCopy(numsInStack);
18:
19:     return 0;
20: }
```

▼ 输出：

这个代码片段没有输出结果。

▼ 分析：

该示例虽然没有输出结果，但演示了如何实例化 STL 模板 stack。第 8 行和第 11 行实例化了两个 stack 对象，分别用于存储类型为 int 和 double 的元素。第 14 行也实例化了一个用于存储 double 类型的元素的 stack，但将第二个模板参数（stack 在内部使用的集合类）指定为 vector。如果没有指定第二个模板参数，stack 将自动使用默认的 std::deque。最后，第 17 行表明，可使用一个 stack 对象的副本来创建另一个 stack 对象。

24.2.2　stack 的成员函数

stack 改变了其他容器（如 deque、list 或 vector）的行为，通过限制元素插入或删除的方式实现其功能，从而提供严格遵守栈机制的行为特征。表 24.1 描述了 stack 类的公有成员函数并演示了如何将这些函数用于整型栈。

表 24.1　　　　　　　　　　　　　std::stack 的公有成员函数

函数	描述	示例
push( )	在栈顶插入元素	numsInStack.push (25) ;
pop( )	删除栈顶的元素	numsInStack.pop ( );
empty( )	检查栈是否为空并返回一个布尔值	if (numsInStack.empty ( )) DoSomething ( );
size( )	返回栈中的元素数	size_t numElements = numsInStack.size ( );
top( )	获得指向栈顶元素的引用	cout << "Element at the top = " << numsInStack.top ( );

如表 24.1 所示，stack 的公有成员函数只提供了这样的方法，即插入或删除元素的位置符合栈的行为特征。也就是说，虽然底层容器可能是 deque、vector 或 list，但 stack 禁用了这些容器的部分功能，以实现栈的行为特征。

24.2.3 使用 push( )和 pop( )在栈顶插入和删除元素

要插入元素，可使用成员方法 stack<T>::push( )：

```
numsInStack.push(25); // 25 is atop the stack
```

根据定义，通常只能访问栈顶元素，为此可使用成员方法 top( )：

```
cout << numsInStack.top() << endl;
```

要删除栈顶元素，可使用成员方法 pop( )：

```
numsInStack.pop(); // pop: removes topmost element
```

程序清单 24.2 演示了如何使用 push( )和 pop( )在栈中插入和删除元素。

程序清单 24.2　使用整型 stack

```
0: #include<stack>
1: #include<iostream>
2:
3: int main()
4: {
5:    using namespace std;
6:    stack<int> numsInStack;
7:
8:    // push: insert values at top of the stack
9:    cout << "Pushing {25, 10, -1, 5} on stack in that order:\n";
10:    numsInStack.push(25);
11:    numsInStack.push(10);
12:    numsInStack.push(-1);
13:    numsInStack.push(5);
14:
15:    cout << "Stack contains " << numsInStack.size() << " elements\n";
16:    while(numsInStack.size() != 0)
17:    {
18:       cout << "Popping topmost element: " << numsInStack.top() << endl;
19:       numsInStack.pop(); // pop: removes topmost element
20:    }
21:
22:    if(numsInStack.empty()) // true: due to previous pop()s
23:       cout << "Popping all elements empties stack!\n";
24:
25:    return 0;
26: }
```

▼ 输出：

```
Pushing {25, 10, -1, 5} on stack in that order:
Stack contains 4 elements
Popping topmost element: 5
Popping topmost element: -1
Popping topmost element: 10
```

```
Popping topmost element: 25
Popping all elements empties stack!
```

▼ 分析：

该示例首先使用 stack::push( ) 将一些值插入整型 stack numsInStack 中，如第 10～13 行所示；然后使用 stack::pop( ) 从 stack 中删除元素。由于 stack 只允许访问栈顶元素，因此可使用成员方法 stack::top( ) 访问栈顶元素，如第 18 行所示。使用 stack::pop( ) 可每次从 stack 中删除一个元素，如第 19 行所示。第 19 行所属的 while 循环确保不断执行 pop( ) 操作，直到 stack 为空。从元素弹出的顺序可知，最后插入的元素最先弹出，这说明了 stack 的典型 LIFO 特征。

程序清单 24.2 演示了 stack 类的所有 5 个成员函数。请注意，被 stack 类用作底层容器的所有 STL 顺序容器都提供了 push_back( ) 和 insert( )，但它们不是 stack 的公有成员函数；用于访问非容器顶部元素的迭代器也是如此。stack 只暴露了栈顶元素，而没有暴露其他任何元素。

24.3　使用 STL queue 类

在 STL 中，queue 是一个模板类，要使用它，必须包含头文件 queue。queue 是一个泛型类，只允许在末尾插入元素以及从开头删除元素。queue 不允许访问中间的元素，但可以访问开头和末尾的元素。从这种意义上说，std::queue 的行为与超市收银台前排队的人的行为极其相似。

24.3.1　实例化 queue

std::queue 的定义如下：

```
template <
    class elementType,
    class Container = deque<Type>
> class queue;
```

其中 elementType 是 queue 对象包含的元素的类型。Container 是 std::queue 用于存储其数据的集合类型，可将该模板参数设置为 std::list、vector 或 deque，默认为 deque。

实例化整型 queue 的最简单方式如下：

```
std::queue<int> numsInQ;
```

如果要创建这样的 queue，即其元素类型为 double，并使用 std::list（而不是默认的 deque）存储这些元素，则可以像下面这样做：

```
std::queue<double, list <double>> dblsInQInList;
```

与 stack 一样，也可使用一个 queue 来实例化另一个 queue：

```
std::queue<int> copyQ(numsInQ);
```

程序清单 24.3 演示了各种实例化 std::queue 的方式。

程序清单 24.3　实例化 STL queue

```
0: #include<queue>
1: #include<list>
2:
3: int main()
```

```
 4: {
 5:     using namespace std;
 6:
 7:     // A queue of integers
 8:     queue<int> numsInQ;
 9:
10:     // A queue of doubles
11:     queue <double> dblsInQ;
12:
13:     // A queue of doubles stored internally in a list
14:     queue <double, list<double>> dblsInQInList;
15:
16:     // one queue created as a copy of another
17:     queue<int> copyQ(numsInQ);
18:
19:     return 0;
20: }
```

▼ 输出：

这个代码片段没有输出。

▼ 分析：

这个示例演示了如何实例化 STL 泛型类 queue，第 8 行创建了一个整型 queue，而第 11 行创建了一个双精度型 queue。第 14 行实例化 queue dblsInQInList 时，显式地指定 queue 使用底层容器 std::list，这是通过第二个模板参数指定的。如果没有指定第二个模板参数（就像实例化前两个 queue 那样），默认将使用底层容器 std::deque 来管理 queue 的内容。

24.3.2　queue 的成员函数

与 std::stack 一样，std::queue 的实现也基于 STL 容器 vector、list 或 deque。queue 提供了几个成员函数来实现队列的行为特征。表 24.2 通过程序清单 24.3 所示的整型 queue numsInQ 描述了 queue 的常用成员函数。

表 24.2　　　　　　　　　　　　　　std::queue 的常用成员函数

函数	描述	示例
push( )	在队尾（即最后一个位置）插入一个元素	numsInQ.push (25);
pop( )	将队首（即最开始位置）的元素删除	numsInQ.pop ( );
front( )	返回指向队首元素的引用	cout << "Element at front: " << numsInQ.front ( );
back( )	返回指向队尾元素（即最后插入的元素）的引用	cout << "Element at back: " << numsInQ.back ( );
empty( )	检查队列是否为空并返回一个布尔值	if (numsInQ.empty ( )) cout << "The queue is empty!";
size( )	返回队列中的元素数	size_t nNumElements = numsInQ.size ( );

STL queue 类没有提供 begin( ) 和 end( ) 等函数，而大多数 STL 容器都提供了这些函数，包括 queue 类在底层使用的 deque、vector 或 list。这是有意为之的，旨在只允许对 queue 执行符合队列行为特征的操作。

24.3.3　使用 push( )在队尾插入以及使用 pop( )从队首删除

queue 允许元素在末尾插入，这是使用成员方法 push( )完成的：

```
numsInQ.push(5);  // elements pushed are inserted at the end
```

删除是在开头进行的，这是使用成员方法 pop( )完成的：

```
numsInQ.pop();  // removes element at front
```

与 stack 不同，queue 允许查看其两端的元素，即容器的开头和末尾：

```
cout << "Element at front: " << numsInQ.front() << endl;
cout << "Element at back: " << numsInQ.back() << endl;
```

程序清单 24.4 演示了如何在整型 queue 中插入、删除和查看元素。

程序清单 24.4　在整型 queue 中插入、删除和查看元素

```
 0: #include<queue>
 1: #include<iostream>
 2:
 3: int main()
 4: {
 5:    using namespace std;
 6:    queue<int> numsInQ;
 7:
 8:    cout << "Inserting {10, 5, -1, 20} into queue\n";
 9:    numsInQ.push(10);
10:    numsInQ.push(5); // elements are inserted at the end
11:    numsInQ.push(-1);
12:    numsInQ.push(20);
13:
14:    cout << "Queue contains " << numsInQ.size() << " elements\n";
15:    cout << "Element at front: " << numsInQ.front() << endl;
16:    cout << "Element at back: " << numsInQ.back() << endl;
17:
18:    while(numsInQ.size() != 0)
19:    {
20:       cout << "Deleting element: " << numsInQ.front() << endl;
21:       numsInQ.pop(); // removes element at front
22:    }
23:
24:    if(numsInQ.empty())
25:       cout << "The queue is now empty!" << endl;
26:
27:    return 0;
28: }
```

▼ **输出：**

```
Inserting {10, 5, -1, 20} into queue
Queue contains 4 elements
```

```
Element at front: 10
Element at back: 20
Deleting element: 10
Deleting element: 5
Deleting element: -1
Deleting element: 20
The queue is now empty!
```

▼ **分析：**

在这个示例中，第 9~12 行使用 push( )在队列 numsInQ 的末尾插入元素。第 15 行和第 16 行分别使用方法 front( )和 back( )引用了队首和队尾的元素。第 18~22 行的 while 循环显示队首的元素，然后在第 21 行使用 pop( )删除它，直到队列为空。从输出可知，元素被删除的顺序与插入顺序相同，这是因为元素在队尾插入，从队首删除。

24.4　使用 STL 优先级队列

在 STL 中，priority_queue 是一个模板类，要使用它，也必须包含头文件 queue。priority_queue 与 queue 的不同之处在于，在 priority_queue 中，包含最大值（或二元谓词认为是最大值）的元素位于队首，且只能在队首执行操作。

24.4.1　实例化 priority_queue 类

std::priority_queue 类的定义如下：

```
template <
   class elementType,
   class Container=vector<Type>,
      class Compare=less<typename Container::value_type>
>
class priority_queue
```

其中 elementType 是一个模板参数，它指定了优先级队列将包含的元素的类型。第二个模板参数指定 priority_queue 在内部将使用哪个集合类来存储数据，第三个参数让程序员能够指定一个二元谓词，以帮助队列判断哪个元素应位于队首。如果没有指定二元谓词，priority_queue 类将默认使用 std::less，它使用小于运算符比较对象。

要实例化整型 priority_queue，最简单的方式如下：

```
std::priority_queue<int> numsInPrioQ;
```

要创建一个这样的 priority_queue，即其元素类型为 double 且存储在 std::deque 中，可像下面这样做：

```
priority_queue<int, deque<int>, greater<int>> numsInDescendingQ;
```

与 stack 一样，也可使用一个 priority_queue 来实例化另一个 priority_queue：

```
std::priority_queue<int> copyQ(numsInPrioQ);
```

程序清单 24.5 演示了如何实例化 priority_queue 类。

程序清单 24.5 实例化 STL priority_queue

```
0: #include<queue>
1: #include<functional>
2:
3: int main()
4: {
5:     using namespace std;
6:
7:     // Priority queue of int sorted using std::less <>(default)
8:     priority_queue<int> numsInPrioQ;
9:
10:     // A priority queue of doubles
11:     priority_queue<double> dblsInPrioQ;
12:
13:     // A priority queue of integers sorted using std::greater <>
14:     priority_queue<int, deque<int>, greater<int>> numsInDescendingQ;
15:
16:     // a priority queue created as a copy of another
17:     priority_queue<int> copyQ(numsInPrioQ);
18:
19:     return 0;
20: }
```

▼ **输出：**

这个代码片段没有输出。

▼ **分析：**

第 8 和 11 行实例化了两个 priority_queue 对象，其元素类型分别为 int 和 double。由于没有指定其他模板参数，因此将默认使用 std::vector 作为内部数据的容器，并默认使用 std::less 提供的比较标准。因此，这两个队列将包含的值最大的元素放在队首。然而，在实例化 numsInDescendingQ 时，通过第二个参数指定使用 deque 作为内部容器，并将谓词指定为 std::greater，该谓词导致最小的元素位于队首。

24.4.3 小节的程序清单 24.7 说明了使用谓词 std::greater<T> 带来的影响。

注意 ──── 为使用 std::greater<>，程序清单 24.5 包含标准头文件 functional。

24.4.2 priority_queue 的成员函数

queue 提供了成员函数 front( )和 back( )，但 priority_queue 没有。表 24.3 简要地介绍了 std::priority_queue 的常用成员函数。

表 24.3 std::priority_queue 的常用成员函数

函数	描述	示例
push( )	在优先级队列中插入一个元素	numsInPrioQ.push (10);
pop( )	删除队首元素，即最大的元素	numsInPrioQ.pop ( );
top( )	返回指向队列中最大的元素（即队首元素）的引用	cout << "The largest element in the priority queue is: " << numsInPrioQ. top ( );

函数	描述	示例
empty( )	检查优先级队列是否为空并返回一个布尔值	if (numsInPrioQ.empty ( )) cout << "The queue is empty!";
size( )	返回优先级队列中的元素数	size_t numElements = numsInPrioQ.size ( );

从表 24.3 可知，只能使用 top( )来访问队列的成员，该函数返回值最大的元素，而值最大的元素是根据用户指定的谓词或默认的 std::less（如果没有指定谓词）确定的。

24.4.3 使用 push( )在 priority_queue 末尾插入以及使用 pop( )在 priority_queue 开头删除

要在 priority_queue 中插入元素，可使用成员方法 push( )：

```
numsInPrioQ.push(5); // elements are organized in sorted order
```

要在 priority_queue 开头删除元素，可使用 pop( )：

```
numsInPrioQ.pop(); // removes element at front
```

程序清单 24.6 演示了如何使用 priority_queue 的成员函数。

程序清单 24.6 使用 priority_queue 的成员函数 push( )、top( )和 pop( )

```
 0: #include<queue>
 1: #include<iostream>
 2:
 3: int main()
 4: {
 5:    using namespace std;
 6:
 7:    priority_queue<int> numsInPrioQ;
 8:    cout << "Inserting {10, 5, -1, 20} into the priority_queue" << endl;
 9:    numsInPrioQ.push(10);
10:    numsInPrioQ.push(5);
11:    numsInPrioQ.push(-1);
12:    numsInPrioQ.push(20);
13:
14:    cout << "Deleting the " << numsInPrioQ.size() << " elements" << endl;
15:    while(!numsInPrioQ.empty())
16:    {
17:       cout << "Deleting topmost element: " << numsInPrioQ.top() << endl;
18:       numsInPrioQ.pop();
19:    }
20:
21:    return 0;
22: }
```

▼ 输出：

```
Inserting {10, 5, -1, 20} into the priority_queue
Deleting the 4 elements
Deleting topmost element: 20
Deleting topmost element: 10
```

```
Deleting topmost element: 5
Deleting topmost element: -1
```

▼ 分析：

这个示例首先将一些整数插入 priority_queue 中，如第 9～12 行所示，然后使用 pop( )删除队首元素，如第 18 行所示。从输出可知，值最大的元素位于队首，因此调用 priority_queue::pop( )将删除容器中值最大的元素，可通过方法 top( )访问该元素，如第 17 行所示。由于这里没有提供优先级谓词，因此优先级队列自动将元素按降序排列（最大的值位于队首）。

程序清单 24.7 使用谓词 std::greater <int>实例化一个 priority_queue。该谓词导致优先级队列认为包含的值最小的元素为最大的元素，并将其放在队首。

程序清单 24.7　通过使用谓词将值最小的元素放在 priority_queue 开头

```
0: #include<queue>
1: #include<iostream>
2: #include<functional>
3: int main()
4: {
5:    using namespace std;
6:
7:    // Define a priority_queue object with greater<int> as predicate
8:    priority_queue <int, vector<int>, greater<int>> numsInPrioQ;
9:
10:   cout << "Inserting {10, 5, -1, 20} into the priority queue" << endl;
11:   numsInPrioQ.push(10);
12:   numsInPrioQ.push(5);
13:   numsInPrioQ.push(-1);
14:   numsInPrioQ.push(20);
15:
16:   cout << "Deleting " << numsInPrioQ.size() << " elements" << endl;
17:   while(!numsInPrioQ.empty())
18:   {
19:      cout << "Deleting topmost element " << numsInPrioQ.top() << endl;
20:      numsInPrioQ.pop();
21:   }
22:
23:   return 0;
24: }
```

▼ 输出：

```
Inserting {10, 5, -1, 20} into the priority queue
Deleting 4 elements
Deleting topmost element -1
Deleting topmost element 5
Deleting topmost element 10
Deleting topmost element 20
```

▼ 分析：

在这个示例中，大多数代码以及提供给 priority_queue 的所有值都与程序清单 24.6 相同，但输出表明这两个队列的行为不同。这个 priority_queue 使用谓词 greater<int>比较其元素，如第 8 行所示。该谓词导致包含的值最小的元素被认为是最大的元素，因此放在队首。这样，第 19 行使用的函数 top( )总是显示 priority_queue 中最小的整数，然后第 20 行使用 pop( )将其删除。

因此，在弹出元素时，该 priority_queue 按升序弹出整数。

24.5 总结

本章阐述了 3 个重要的自适应容器——STL stack、queue 和 priority_queue，它们使用顺序容器并对其进行改造，以满足其内部数据的存储需求，再通过成员函数呈现出栈与队列独特的行为特征。

24.6 问与答

问：能否修改栈中间的元素？
答： 不能，因为这有悖于栈的初衷——作为 LIFO 容器。

问：能否对队列中的所有元素进行迭代？
答： 队列不支持迭代器，只支持使用成员方法 front( )和 back( )访问其两端的元素。

问：STL 算法能否用于自适应容器？
答： 不能。因为 STL 算法使用迭代器，由于 stack 和 queue 类都没有提供标识范围两端的迭代器，因此无法将 STL 算法用于这些容器。

24.7 作业

作业包括测验和练习，前者帮助读者加深对所学知识的理解，后者为读者提供了使用新学知识的机会。请尽量先完成测验和练习题，然后对照附录 E 的答案，继续学习第 25 章前，请务必弄懂这些题目。

24.7.1 测验

1. 能否修改 priority_queue 类的行为，使得值最大的元素最后弹出？
2. 假设有一个包含 Coin 对象的 priority_queue，要让 priority_queue 将币值最大的硬币放在队首，需要为 Coin 定义哪种成员运算符？
3. 假设有一个包含 6 个 Coin 对象的 stack，能否访问或删除最先插入的 Coin 对象？

24.7.2 练习

1. 邮局有一个包含人（Person 类）的队列。Person 包含两个成员属性，分别用于存储年龄和性别，其定义如下：

```
class Person
{
    public:
        int age;
        bool isFemale;
};
```

请改进这个类，使得包含其对象的 priority_queue 优先向老人和妇女提供服务。
2. 编写一个程序，使用 stack 类反转用户输入的字符串的排列顺序。

第 25 章
使用 STL 位标志

使用位是存储设置与标志的高效方法。STL 提供了可帮助组织与操作位信息的类。

在本章中，您将学习：

- bitset 类；
- vector<bool>类。

25.1　bitset 类

std::bitset 是一个 STL 类，用于处理以位序列和位标志表示的信息。std::bitset 不是 STL 容器类，因为它不能调整长度。它是一个实用类，针对处理长度在编译阶段已知的位序列进行优化。

> **提示**　　　要使用 std::bitset 类，必须包含头文件 bitset：
>
> ```
> #include<bitset>
> ```

实例化 std::bitset

在实例化这个模板类时，必须通过一个模板参数指定实例需要管理的位数：

```
bitset<4> fourBits; // 4 bits initialized to 0000
```

还可将 bitset 初始化为一个用字符串字面量（char*）表示的位序列：

```
bitset<5> fiveBits("10101"); // 5 bits 10101
```

使用一个 bitset 来实例化另一个 bitset 非常简单：

```
bitset<5> fiveBitsCopy(fiveBits);
```

程序清单 25.1 演示了一些实例化 bitset 类的方式。

程序清单 25.1　实例化 std::bitset

```
0: #include<bitset>
1: #include<iostream>
2: #include<string>
3:
4: int main()
5: {
6:    using namespace std;
```

```
 7:
 8:    bitset<4> fourBits; // 4 bits initialized to 0000
 9:    cout << "Initial contents of fourBits: " << fourBits << endl;
10:
11:    bitset<5> fiveBits("10101"); // 5 bits 10101
12:    cout << "Initial contents of fiveBits: " << fiveBits << endl;
13:
14:    bitset<6> sixBits(0b100001); // binary literal introduced in C++14
15:    cout << "Initial contents of sixBits: " << sixBits << endl;
16:
17:    bitset<8> eightBits(255); // 8 bits initialized to long int 255
18:    cout << "Initial contents of eightBits: " << eightBits << endl;
19:
20:    // instantiate one bitset as a copy of another
21:    bitset<8> eightBitsCopy(eightBits);
22:
23:    return 0;
24: }
```

▼ 输出：

```
Initial contents of fourBits: 0000
Initial contents of fiveBits: 10101
Initial contents of sixBits: 100001
Initial contents of eightBits: 11111111
```

▼ 分析：

这个示例演示了 4 种创建 bitset 对象的方式：使用默认构造函数将位序列初始化为 0，如第 8 行所示；使用包含位序列的字符串字面量，如第 11 行所示；使用二进制字面量或整数来初始化 bitset，如第 14 和 17 行所示；使用复制构造函数根据另一个 bitset 来初始化 bitset，如第 21 行所示。请注意，在每个实例中，都需要通过一个模板参数指定位序列包含的位数。位数在编译阶段就已固定，不是动态的。指定 bitset 的位数后，便不能插入更多的位，而不像 vector 那样可调整在编译阶段指定的长度。

提示

> 请注意，第 14 行使用了二进制字面量 0b100001。前缀 0b 或 0B 告诉编译器，接下来是一个整数的二进制表示。

25.2 使用 std::bitset 及其成员

bitset 类提供了很多成员函数，可用于在 bitset 中插入位、设置（重置）内容、读取内容（将内容写入流中）。它还提供了一些运算符，用于显示位序列、执行按位逻辑运算等。

25.2.1 std::bitset 中很有用的运算符

第 12 章介绍了部分运算符，还介绍了运算符最重要的作用是提高类的可用性。std::bitset 提供了一些很有用的运算符，如表 25.1 所示，这些运算符让 bitset 使用起来非常容易。表 25.1 通过程序清单 25.1 所示的 bitset 对象 fourBits 演示这些运算符的用法。

除这些运算符外，std::bitset 还提供了|=、&=、^=和～=等运算符，用于对 bitset 对象执行按位操作。

表 25.1   std::bitset 提供的运算符

运算符	描述	示例
运算符<<	将位序列的文本表示插入输出流中	cout << fourBits;
运算符>>	将一个字符串插入 bitset 对象中	"0101" >> fourBits;
运算符&	执行按位与操作	bitset <4> result (fourBits1 & fourBits2);
运算符|	执行按位或操作	bitwise <4> result (fourBits1 | fourBits2);
运算符^	执行按位异或操作	bitwise <4> result (fourBits1 ^ fourBits2);
运算符~	执行按位取反操作	bitwise <4> result (~fourBits1);
运算符>>=	执行按位右移操作	fourBits >>= (2); // Shift two bits to the right
运算符<<=	执行按位左移操作	fourBits <<= (2); // Shift bits two positions left

运算符[N]	返回指向位序列中第（N+1）位的引用	fourBits[2] = 0;
		// sets the third bit to 0
		bool flag = fourBits[2];
		// reads the third bit

25.2.2　std::bitset 的成员方法

位可以存储两种状态：已设置（1）和重置（0）。要对 bitset 的内容进行操作，可使用表 25.2 列出的成员函数对 bitset 中的一位或所有位进行操作。

表 25.2   std::bitset 的常用成员方法

函数	描述	示例
set( )	将序列中的所有位都设置为 1	fourBits.set( ); // sequence now contains: '1111'
set (N, val=1)	将第 N 位设置为 val 指定的值（默认为 1）	fourBits.set(2, 0); // sets third bit to 0
reset( )	将序列中的所有位都重置为 0	fourBits.reset( ); // sequence contains: '0000'
reset (N)	清除第 N 位	fourBits.reset(2); // the third bit is now 0
flip( )	将位序列中的所有位取反	fourBits.flip( ); // 0101 changes to 1010
size( )	返回序列中的位数	size_t numBits = fourBits.size( ); // returns 4
count( )	返回序列中值为 1 的位数	size_t numBitsSet = fourBits.count( ); size_t numBitsReset = fourBits. size( ) - fourBits.count( );
to_ulong( )	返回与 bitset 内容对应的 unsigned long 类型的值	unsigned long value = fourBits.to_ulong( )
to_ullong( )	返回与 bitset 内容对应的 unsigned long long 类型的值	unsigned long long value = fourBits.to_ullong( );
all( )	如果所有位都为 1，就返回 true，否则返回 false	if(fourBits.all( )) {/* do something*/}
any( )	在任何一位为 1 时返回 true，否则返回 false	if(fourBits.any( )) {/* do something*/}
none( )	在任何一位都不为 1 时返回 true，否则返回 false	if(fourBits.none( )) {/* do something*/}

程序清单 25.2 演示了这些成员方法和运算符的用法。

程序清单 25.2 使用 bitset 执行逻辑运算

```
0: #include<bitset>
1: #include<string>
2: #include<iostream>
3:
4: int main()
5: {
6:     using namespace std;
7:     bitset<8> inputBits;
8:     cout << "Enter a 8-bit sequence: ";
9:
10:     cin >> inputBits; // store user input in bitset
11:
12:     cout << "Num 1s you supplied: " << inputBits.count() << endl;
13:     cout << "Num 0s you supplied: ";
14:     cout << inputBits.size() - inputBits.count() << endl;
15:
16:     bitset<8> inputFlipped(inputBits); // copy
17:     inputFlipped.flip(); // toggle the bits
18:
19:     cout << "Flipped version is: " << inputFlipped << endl;
20:
21:     cout << "Result of AND, OR and XOR between the two:" << endl;
22:     cout << inputBits << " & " << inputFlipped << " = ";
23:     cout << (inputBits & inputFlipped) << endl; // bitwise AND
24:
25:     cout << inputBits << " | " << inputFlipped << " = ";
26:     cout << (inputBits | inputFlipped) << endl; // bitwise OR
27:
28:     cout << inputBits << " ^ " << inputFlipped << " = ";
29:     cout << (inputBits ^ inputFlipped) << endl; // bitwise XOR
30:
31:     return 0;
32: }
```

▼ **输出:**

```
Enter a 8-bit sequence: 10110101
Num 1s you supplied: 5
Num 0s you supplied: 3
Flipped version is: 01001010
Result of AND, OR and XOR between the two:
10110101 & 01001010 = 00000000
10110101 | 01001010 = 11111111
10110101 ^ 01001010 = 11111111
```

▼ **分析:**

这是一个交互式程序，它不仅演示了使用 std::bitset 在两个位序列之间执行逻辑运算是很简单的，还演示了如何使用 std::bitset 的流运算符。std::bitset 实现了移位运算符（>>和<<），让您能够轻松地将位序列输出到屏幕上以及读取用户以字符串形式输入的位序列。第 10 行将用户提供的序列填充到 inputBits 中。第 12 行使用 count() 获得序列中值为 1 的位数。为计算序列中值为 0 的位数，将返回 bitset

中位数的 size( ) 与 count( ) 相减, 如第 14 行所示。inputFlipped 最初为 inputBits 的副本, 第 17 行使用 flip( ) 将该序列的所有位取反, 现在每位的值都与原来相反 (即 0 变成 1, 1 变成 0)。其他代码演示了对两个位序列执行 AND、OR 和 XOR 等操作的结果。

> **注意**
>
> 由于 bitset<> 不能动态地调整长度, 因此仅当在编译阶段就知道序列将存储多少位时才能使用 bitset。
>
> 为克服这种缺点, STL 向程序员提供了 vector<bool> 类 (在有些 STL 实现中为 bit_vector)。

25.3　vector<bool>

vector<bool> 是对 std::vector 的部分具体化, 用于存储布尔数据。这个类可动态地调整长度, 因此程序员无须在编译阶段知道要存储的布尔标志数。

> **提示**
>
> 要使用 std::vector<bool> 类, 必须包含头文件 vector:
>
> ```
> #include<vector>
> ```

25.3.1　实例化 vector<bool>

实例化 vector<bool> 的方式与实例化 vector 的类似, 有一些方便的重载构造函数可供使用:

```
vector<bool> boolFlags1;
```

例如, 可创建一个这样的 vector, 即它最初包含 10 个布尔元素, 且每个元素都被初始化为 1 (即 true):

```
vector<bool> boolFlags2(10, true);
```

还可使用一个 vector<bool> 创建另一个 vector<bool>:

```
vector<bool> boolFlags2Copy(boolFlags2);
```

程序清单 25.3 演示了一些实例化 vector<bool> 的方式。

程序清单 25.3　实例化 vector<bool>

```
 0: #include<vector>
 1:
 2: int main()
 3: {
 4:     using namespace std;
 5:
 6:     // Instantiate an object using the default constructor
 7:     vector <bool> boolFlags1;
 8:
 9:     // Initialize a vector with 10 elements with value true
10:     vector <bool> boolFlags2(10, true);
11:
12:     // Instantiate one object as a copy of another
13:     vector <bool> boolFlags2Copy(boolFlags2);
14:
15:     return 0;
16: }
```

▼ 输出：

这个代码片段没有输出。

▼ 分析：

这个示例演示了一些创建 vector<bool> 对象的方式：第 7 行使用默认构造函数；第 10 行创建了一个包含 10 个布尔标志的对象，其中每个标志的值都为 true；第 13 行演示了如何通过复制 vector<bool> 对象来创建另一个 vector<bool> 对象。

25.3.2　vector<bool>的成员函数和运算符

vector<bool>类提供了函数 flip( )，用于将序列中的布尔值取反，与函数 bitset<>::flip( )很像。

除这个方法外，vector<bool>与 std::vector 极其相似，例如，可使用 push_back( )将标志位插入序列中。程序清单 25.4 更详细地演示了这个类的用法。

程序清单 25.4　使用 vector<bool>类

```
0: #include<vector>
1: #include<iostream>
2: #include<algorithm>
3: using namespace std;
4:
5: int main()
6: {
7:    vector<bool> boolFlags{ true, true, false }; // 3 bool flags
8:    boolFlags [0] = true;
9:    boolFlags [1] = true;
10:   boolFlags [2] = false;
11:
12:   boolFlags.push_back(true); // insert a fourth bool at the end
13:
14:   cout << "The contents of the vector are: " << endl;
15:   for (size_t index = 0; index < boolFlags.size(); ++ index)
16:     cout << boolFlags [index] << ' ';
17:
18:   cout << endl;
19:   boolFlags.flip();
20:
21:   cout << "The contents of the vector are: " << endl;
22:   for_each(boolFlags.cbegin(), boolFlags.cend(),
23:     [](const auto& b) {cout << b << ' '; });
24:
25:   cout << endl;
26:
27:   return 0;
28: }
```

▼ 输出：

```
The contents of the vector are:
1 1 0 1
```

```
The contents of the vector are:
0 0 1 0
```

▼ **分析：**

在这个示例中，通过索引运算符访问 vector 中的布尔标志（如第 8～10 行所示），这与访问常规 vector 一样。第 19 行使用函数 flip( ) 将每个位标志取反，即将所有 0 都转换为 1，将所有 1 都转换为 0。您可以注意到，第 12 行使用了 push_back( )。虽然第 7 行将 boolFlags 初始化为包含 3 个布尔标志，但可动态地添加标志，如第 12 行所示；而使用 std::bitset 时，标志数是在编译阶段指定的，不能增加。为将各位显示到屏幕上，第 22 行使用了算法 for_each( )（而没有像第 15 行那样使用 for 循环），这充分利用了 vector<bool> 对迭代器的支持。

提示

实例化程序清单 25.4 所示的 boolFlags 时，可使用列表初始化来指定初始值：

```
vector <bool> boolFlags{ true, true, false };
```

25.4　总结

本章介绍了用于处理位序列和位标志最有效的工具之一 std::bitset 类，还介绍了 vector<bool> 类，它也可以存储布尔标志——其位数不需要在编译时就确定。

25.5　问与答

问：在要存储的位数已知的情况下，该使用 std::bitset 还是 vector<bool> 来存储二进制标志？
答： 应使用 std::bitset，因为它最适合这种需求。

问：假设有一个名为 myBitSet 的 std::bitset 对象，它包含一定数量的位。如何确定它包含多少个值为 0（或 false）的位？
答： bitset::count( ) 返回值为 1 的位数，bitset::size( ) 返回总位数，使用后者减去前者将得到序列中值为 0 的位数。

问：能否使用迭代器来访问 vector<bool> 中的元素？
答： 能。vector<bool> 是 std::vector 的部分具体化，支持迭代器，如程序清单 25.4 所示。

问：能否在编译阶段指定要存储在 vector<bool> 中的元素数？
答： 能。为此，可在编译阶段在重载构造函数中指定，也可在实例化后调用函数 vector<bool>::resize( )。

25.6　作业

作业包括测验和练习，前者帮助读者加深对所学知识的理解，后者为读者提供了使用新学知识的机会。请尽量先完成测验和练习题，然后对照附录 E 的答案，继续学习第 26 章前，请务必弄懂这些题目。

25.6.1 测验

1. bitset 能否扩展其内部缓冲区以存储可变的元素数？
2. 为什么 bitset 不属于 STL 容器类？
3. 您会使用 std::vector 来存储在编译阶段就知道的固定位数吗？

25.6.2 练习

1. 创建一个长 4 位的 bitset 对象，并使用一个数字来初始化它，然后显示结果并将其与另一个 bitset 对象相加（注意：bitsets 不支持语法 bitsetA = bitsetX + bitsetY）。
2. 请演示如何将 bitset 对象中的位取反。

第五部分
C++进阶概念

第 26 章
理解智能指针

在管理堆（或自由存储区）中的内存时，C++程序员并非一定要使用常规指针，还可使用智能指针。
在本章中，您将学习：

- 什么是智能指针以及为什么需要智能指针；
- 智能指针是如何实现的；
- 各种智能指针；
- 为何不应使用 std::auto_ptr；
- C++标准库提供的智能指针类 std::unique_ptr；
- 深受欢迎的智能指针库。

26.1　什么是智能指针

简单地说，C++智能指针是包含重载运算符的类，其用法类似于常规指针，但它能够及时、妥善地销毁动态分配的数据，并实现明确的对象生命周期，因此更有价值。

26.1.1　常规（原始）指针存在的问题

与其他现代编程语言不同，C++在内存分配、释放和管理方面提供了全面的灵活性。不幸的是，这种灵活性是把双刃剑，一方面，它使 C++成为一种功能强大的语言；另一方面，它要求程序员一丝不苟地管理内存和资源，否则将出现内存泄漏等问题。由于这些问题难以诊断和修复，因此最好从根源上杜绝它们出现。
请看下面的例子：

```
SomeClass* ptrData = anObject.GetData();
/*
    Questions: Is object pointed by ptrData dynamically allocated using new?
    If so, who calls delete? Caller or the called?
    Answer: No idea!
*/
ptrData->DoSomething();
```

在上述代码中，没有显而易见的方法来获悉 ptrData 指向的内存：

- 是否是从堆中分配的，如果是，则最终需要释放；
- 是否由调用者负责释放；
- 对象的析构函数是否会自动销毁该对象。

虽然这种不明确性可通过添加注释以及遵循编码实践来缓解部分，但相关机制太松散，无法有效地避免因滥用动态分配的数据和指针而导致的错误。

26.1.2 智能指针有何帮助

正如您在 26.1.1 小节中看到的，常规指针及常规的内存管理方法存在问题。然而，当你需要管理堆（或自由存储区）中的数据时，C++程序员并非一定要使用它们，还可在程序中使用智能指针，以更智能的方式分配和管理内存：

```
smart_pointer<SomeClass> spData = anObject.GetData();

// Use a smart pointer like a conventional pointer!
spData->Display();
(*spData).Display();

// Don't have to worry about de-allocation
// (the smart pointer's destructor does it for you)
```

智能指针的行为类似常规指针（这里将其称为原始指针）的行为，但它能够通过重载的运算符和析构函数确保动态分配的数据能够及时地销毁，从而提供更多有用的功能。

26.2 智能指针是如何实现的

这个问题暂时可以简化为这样：在 26.1.2 小节的示例中，智能指针 spData 是如何做到像常规指针那样的？答案如下：智能指针类重载了解除引用运算符和成员选择运算符，让您可以像使用常规指针那样使用它们。运算符重载在第 12 章讨论过。

另外，智能指针类通常是模板类，包含其功能的泛型实现。由于它们是模板，因此是通用的，可以根据要管理的对象类型进行具体化。

程序清单 26.1 是一个简单智能指针类的实现。

程序清单 26.1　智能指针类最基本的组成部分

```
 0: template <typename T>
 1: class smart_pointer
 2: {
 3: private:
 4:     T* rawPtr;
 5: public:
 6:     smart_pointer(T* pData) : rawPtr(pData) {} // constructor
 7:     ~smart_pointer() {delete rawPtr;};          // destructor
 8:
 9:     // copy constructor
10:     smart_pointer(const smart_pointer & anotherSP);
11:     // copy assignment operator
12:     smart_pointer& operator=(const smart_pointer& anotherSP);
13:
14:     T& operator*() const  // dereferencing operator
15:     {
16:         return *(rawPtr);
17:     }
18:
```

```
19:    T* operator->() const   // member selection operator
20:    {
21:        return rawPtr;
22:    }
23: };
```

这个代码片段没有输出。

该智能指针类实现了两个运算符——*和->，如第 14～17 行及第 19～22 行所示，它们让这个类能够用作常规意义上的指针。例如，如果有一个 Tuna 类，则可像下面这样对这个类的对象使用智能指针：

```
smart_pointer<Tuna> smartTuna(new Tuna);
smartTuna->Swim();
// Alternatively:
(*smartTuna).Swim();
```

这个 smart_pointer 类没有实现使其非常智能，从而胜于常规指针的功能。构造函数（如第 7 行所示）接收一个指针，并将其保存到 smart_pointer 内部的一个指针对象中。析构函数释放该指针，从而实现自动内存释放。

注意　　　使智能指针真正"智能"的是复制构造函数、赋值运算符和析构函数的实现，它们决定了智能指针对象被传递给函数、赋值或离开作用域（即像其他类对象一样被销毁）时的行为。在了解完整的智能指针实现前，您需要了解一些智能指针类型。

26.3　智能指针类型

内存资源管理（即实现的内存所有权模型）是智能指针类与众不同的地方。智能指针决定在复制和赋值时如何处理内存资源。最简单的实现通常会导致性能问题，而最快的实现可能并非适合所有应用程序。因此，使用智能指针前，您必须理解其工作原理，这很重要。

智能指针是根据其内存资源管理策略分类的：
- 深复制；
- 写时拷贝；
- 引用计数；
- 引用链接；
- 破坏性复制。

下面先简要地介绍一下这些策略，再探索 C++标准库提供的智能指针 std::unique_ptr。

26.3.1　深复制

在实现深复制的智能指针中，每个智能指针实例都保存一个它管理的对象的完整副本。每当智能指针被复制时，将复制它指向的对象（因此称为深复制）。每当智能指针离开作用域时，将（通过析构函数）释放它指向的内存。

虽然在按值传递对象时，基于深复制的智能指针好像不是很有用，但在处理多态对象时，其优点将显现出来。如下所示，使用智能指针可避免切除问题：

```
// Example of Slicing When Passing Polymorphic Objects by Value
// Fish is a base class for Tuna and Carp, Fish::Swim() is virtual
void MakeFishSwim(Fish aFish)    // attention: parameter type
{
    aFish.Swim(); // virtual function
}

// ... Some function
Carp freshWaterFish;
MakeFishSwim(freshWaterFish);  // Carp will be 'sliced' to Fish
// Slicing: only the Fish part of Carp is copied and passed

Tuna marineFish;
MakeFishSwim(marineFish); // Slicing again
```

如果选择使用基于深复制的智能指针，便可解决切除问题，如程序清单 26.2 所示。

程序清单 26.2 使用基于深复制的智能指针将多态对象作为基类对象进行传递

```
0: template <typename T>
1: class deepcopy_smart_ptr
2: {
3: private:
4:     T* object;
5: public:
6:     //... other functions
7:
8:     // copy constructor of the deepcopy pointer
9:     deepcopy_smart_ptr(const deepcopy_smart_ptr& source)
10:    {
11:        // Clone() is virtual: ensures deep copy of Derived class object
12:        object = source->Clone();
13:    }
14:
15:    // copy assignment operator
16:    deepcopy_smart_ptr& operator=(const deepcopy_smart_ptr& source)
17:    {
18:      if(object)
19:        delete object;
20:
21:      object = source->Clone();
22:    }
23: };
```

▼ **输出：**

这个代码片段没有输出。

▼ **分析：**

可以看到，deepcopy_smart_ptr 在第 9～13 行实现了一个复制构造函数，使得能够通过函数 Clone() 对多态对象进行深复制——类必须实现函数 Clone()。另外，它还实现了复制赋值运算符，如第 16～22 行所示。为简单起见，这里假设基类 Fish 实现的虚函数为 Clone()。通常，实现深复制模型的智能指针通过模板参数或函数对象提供该函数。

下面是 **deepcopy_smart_ptr** 的一种用法：

```
deepcopy_smart_ptr<Carp> freshWaterFish(new Carp);
MakeFishSwim(freshWaterFish);  // Carp will not be 'sliced'
```

构造函数实现的深复制将发挥作用，确保传递的对象不会出现切除问题——虽然从语法上说，目标函数 MakeFishSwim( )只要求基类部分。

深复制机制的不足之处在于性能。对有些应用程序来说，这可能不是问题，但对于其他很多应用程序来说，这可能导致程序员不使用智能指针，而将指向基类的指针（常规指针 Fish*）传递给函数，如 MakeFishSwim( )。其他指针类型以各种方式试图解决这种性能问题。

26.3.2 写时拷贝机制

写时拷贝机制（Copy-On-Write，COW）试图对深复制智能指针的性能进行优化，它共享指针，直到首次写入对象。首次调用非 const 函数时，COW 指针通常为该非 const 函数操作的对象创建一个副本，而其他指针实例仍共享源对象。

COW 深受很多程序员的喜欢。实现 const 和非 const 版本的解除引用运算符和成员选择运算符，是实现 COW 指针功能的关键。非 const 版本用于创建副本。

> **提示**
>
> 当选择 COW 指针时，在使用这样的实现前，务必理解其实现细节。否则，复制时将出现复制得太少或太多的情况。

26.3.3 引用计数智能指针

引用计数是一种记录对象的使用者数量的机制。当计数降低到 0 后，便将对象释放。因此，引用计数是一种优良的机制，使得可共享对象而无须对其进行复制。

这种智能指针被复制时，需要将对象的引用计数加 1。至少有两种常用的方法来跟踪计数：

- 在对象中维护引用计数；
- 引用计数由共享对象中的指针类维护。

第一种方法称为入侵式引用计数，因为需要修改对象以维护和递增引用计数，并将其提供给管理对象的智能指针。在第二种方法中，智能指针类将计数保存在自由存储区的共享对象（如动态分配的整型对象）中，复制时复制构造函数将这个值加 1。

在使用引用计数机制时，程序员只应通过智能指针来处理对象，而不用依赖于任何原始指针的副本。由引用计数智能指针来管理指向对象的原始指针可能导致问题，因为智能指针释放对象后，原始指针将指向不再合法的内存。引用计数还有一个独特的问题：如果两个对象分别存储指向对方的指针，那么这两个对象将永远不会被释放，因为这种循环依赖导致引用计数最少为 1。

> **提示**
>
> std::shared_ptr 是一种流行的引用计数智能指针，它保留对被指向（被管理）的对象的所有权。通常，将 std::weak_ptr 和 shared_ptr 结合起来使用。weak_ptr 持有指向对象的弱引用，可用来查看对象，但不能用来执行需要有所有权的操作。因此，通过 weak_ptr 查看的对象可被任何人删除。要获得对对象的临时所有权，必须将 weak_ptr 转换为 shared_ptr。

26.3.4 引用链接智能指针

引用链接智能指针不需主动维护对象的引用计数，而只需知道计数什么时候变为 0，以便能够释放对象。

这些智能指针之所以称为引用链接，是因为其实现是基于双向链表的。通过复制智能指针来创建新智能指针时，新智能指针将被插入链表中。当智能指针离开作用域进而被销毁时，析构函数将把它从链表中删除。与引用计数智能指针一样，引用链接智能指针也存在因循环依赖导致的问题。

26.3.5 破坏性复制

破坏性复制是这样一种机制，即智能指针在被复制时，将对象的所有权转交给目标指针并重置原来的指针。

```
destructive_copy_smartptr<SampleClass> smartPtr(new SampleClass());

SomeFunc(smartPtr);    // Ownership transferred to SomeFunc
// Don't use smartPtr in the caller any more!
```

显然，这种机制使用起来并不直观，但它有一个优点，即可确保任何时刻只有一个活动指针指向对象。因此，它非常适合从函数返回指针以及需要利用其"破坏性"的情形。

破坏性复制智能指针的实现不同于其他指针的实现，如程序清单 26.3 所示。

> **警告**
>
> std::auto_ptr 是最流行（也可以说是最臭名昭著，取决于您如何看）的破坏性复制智能指针之一。被传递给函数或复制给另一个指针后，这种智能指针就没有用了。C++11 摒弃了 std:: auto_ptr，您应使用 std::unque_ptr。

程序清单 26.3　一个破坏性复制智能指针

```
0: template <typename T>
1: class destructivecopy_ptr
2: {
3: private:
4:    T* object;
5: public:
6:    destructivecopy_ptr(T* input):object(input) {}
7:    ~destructivecopy_ptr() { delete object; }
8:
9:    // copy constructor
10:    destructivecopy_ptr(destructivecopy_ptr& source)
11:    {
12:       // Take ownership on copy
13:       object = source.object;
14:
15:       // destroy source
16:       source.object = 0;
17:    }
18:
19:    // copy assignment operator
20:    destructivecopy_ptr& operator=(destructivecopy_ptr& source)
21:    {
22:       if(object != source.object)
23:       {
24:          delete object;
```

```
25:            object = source.object;
26:            source.object = 0;
27:        }
28:    }
29: };
30:
31: int main()
32: {
33:     destructivecopy_ptr<int> num(new int);
34:     destructivecopy_ptr<int> copy = num;
35:
36:     // num is now invalid
37:     return 0;
38: }
```

▼ **输出：**

这个代码片段没有输出。

▼ **分析：**

程序清单 26.3 演示了基于破坏性复制的智能指针实现。第 10～17 行和第 20～28 行分别是复制构造函数和复制赋值运算符。该函数实际上使源指针在复制后失效，即复制构造函数在复制后将源指针设置为 NULL，这就是"破坏性复制"名称的由来。复制赋值运算符亦如此。因此在第 34 行被赋给另一个指针后，num 就不再有效，这种行为不符合赋值操作的目的。

警告

> 对破坏性复制智能指针的实现来说，程序清单 26.3 所示的复制构造函数和复制赋值运算符至关重要，但也深受诟病。不同于大多数 C++类，该智能指针类的复制构造函数和复制赋值运算符不能接收 const 引用，因为它在复制源引用后使其无效。这不仅不符合传统复制构造函数和复制赋值运算符的语义，还让智能指针类的用法不直观。复制或赋值后销毁源引用不符合预期。鉴于这种智能指针销毁源引用，使得它不适合用于 STL 容器，如 std::vector 或其他任何动态集合类。这些容器需要在内部复制内容，这将导致指针失效。
> 由于种种原因，不在程序中使用破坏性复制智能指针是明智的选择。

提示

> 请使用 std::unique_ptr，而不要使用已摒弃的 std::auto_ptr。然而，需要注意的是，由于其复制构造函数和复制赋值运算符是私有的，因此 std::unique_ptr 不能按值传递，而只能按引用传递。

26.3.6　使用 std::unique_ptr

std::unique_ptr 是 C++11 引入的，与 auto_ptr 不同的是，它不允许复制和赋值。

提示

> 要使用 std:unique_ptr，必须包含头文件 memory：
>
> ```
> #include<memory>
> ```

unique_ptr 是一种简单的智能指针，类似于程序清单 26.1 所示的智能指针，但其复制构造函数和复制赋值运算符用 delete 声明（即被禁用），因此不能复制它（即不能将其按值传递给函数），也不能将其赋给其他指针。程序清单 26.4 演示了 std:unique_ptr 的用法。

程序清单 26.4 使用 std::unique_ptr

```
0: #include<iostream>
1: #include<memory> // include this to use std::unique_ptr
2: using namespace std;
3:
4: class Fish
5: {
6: public:
7:     Fish() {cout << "Fish: Constructed!" << endl;}
8:     ~Fish() {cout << "Fish: Destructed!" << endl;}
9:
10:     void Swim() const {cout << "Fish swims in water" << endl;}
11: };
12:
13: void MakeFishSwim(const unique_ptr<Fish>& inFish)
14: {
15:     inFish->Swim();
16: }
17:
18: int main()
19: {
20:     unique_ptr<Fish> smartFish(new Fish);
21:
22:     smartFish->Swim();
23:     MakeFishSwim(smartFish); // OK, as MakeFishSwim accepts reference
24:
25:     unique_ptr<Fish> copySmartFish;
26:     // copySmartFish = smartFish; // error: operator= is disabled
27:
28:     return 0;
29: }
```

▼ **输出：**

```
Fish: Constructed!
Fish swims in watersw
Fish swims in water
Fish: Destructed!
```

▼ **分析：**

从输出可知，虽然 smartFish 指向的对象是在 main( )中创建的，但它被自动销毁，您无须调用 delete 运算符。这是 unique_ptr 的行为：当指针离开作用域时，将通过析构函数释放它拥有的对象。您可以注意到，第 23 行将 smartFish 作为参数传递给了 MakeFishSwim( )，这样做不会导致复制，因为 MakeFishSwim( )的参数为引用，如第 13 行所示。如果删除第 13 行的引用符号&，将出现编译错误，因为复制构造函数是私有的。同样，不能像第 26 行那样将一个 unique_ptr 对象赋给另一个 unique_ptr 对象，因为复制赋值运算符是私有的。

总之，unique_ptr 比 auto_ptr 更安全，因为复制和赋值不会导致源智能指针对象无效。而且它在销毁时释放对象，可帮助您进行简单的内存管理。

提示

程序清单 26.4 表明，unique_ptr 不支持复制：

```
copySmartFish = smartFish; // error: operator= is private
```

然而，它确实支持移动语义，因此一种可行的选择如下：

```
unique_ptr<Fish> sameFish(std::move(smartFish));
// smartFish is empty henceforth
```

编写需要捕获 unique_ptr 的 lambda 表达式时，应使用 C++14 引入的函数 std::move( )，如下所示：

```
std::unique_ptr<char> alphabet(new char);
*alphabet = 's';
auto lambda = [capture = std::move(alphabet)]() {
std::cout << *capture << endl; };

// alphabet is empty as contents have been 'moved'

lambda();
```

如果在您看来，上述代码犹如天书，也不必气馁，因为这些代码确实很复杂，涉及一种大多数专业程序员都可能从未见过的用例。

在编写多线程应用程序时，请结合使用 std::shared_ptr 和 std::atomic<T> 来确保对共享数据的操作是线程安全的。C++20 引入了部分模板具体化 std::atomic<std::shared_ptr<T>>，以确保使用智能指针共享的对象是线程安全的。

26.4 深受欢迎的智能指针库

显然，C++标准库提供的智能指针并不能满足所有程序员的需求，这就是还有很多其他智能指针库的原因。

Boost 提供了一些经过测试且文档完善的智能指针类，还有很多其他的实用类。有关 Boost 智能指针的更详细信息，请访问其官网，在官网还可下载相关的库。

白名单	黑名单
务必使用智能指针来管理内存和资源。	不要使用已摒弃的智能指针，如 std::auto_ptr，而应使用 std::unique_ptr。

26.5 总结

本章介绍了有关智能指针的基础知识。正如您看到的，使用智能指针有助于减少与内存分配和对象所有权相关的问题。本章还介绍了各种智能指针类型，并指出在应用程序中使用智能指针类前务必要了解其行为。现在您知道，不应使用 std::auto_ptr，因为它在复制和赋值时导致源指针无效。您还学习了诸如 std::unique_ptr 等智能指针类。

26.6 问与答

问：在需要指针 vector 时，是否应将 auto_ptr 作为 vector 存储的对象类型？

答： 通常，不应使用 std::auto_prt，因为它已被摒弃。另外，它在进行复制或赋值操作时将导致源对象不可用。

问：要成为智能指针类，需要实现哪两个运算符？

答： 运算符*和->，这两个运算符使得可像使用常规指针那样使用类的对象。

问：假设有一个应用程序，其中的 Class1 和 Class2 类分别包含一个指向 Class2 对象和 Class1 对象的成员属性。在这种情况下，是否应使用引用计数智能指针？

答： 可能不应该。由于循环依赖，引用计数将不会减少到 0，而导致两个类的对象永久地留在堆中。

问：字符串类在自由存储区中动态地管理字符数组，它也是智能指针吗？

答： 不是。字符串类通常没有实现运算符*和->，因此不属于智能指针。

26.7 作业

作业包括测验和练习，前者帮助读者加深对所学知识的理解，后者为读者提供了使用新学知识的机会。请尽量先完成测验和练习题，然后对照附录 E 的答案，继续学习第 27 章前，请务必弄懂这些题目。

26.7.1 测试

1. 为应用程序编写自己的智能指针前，应查看什么地方？
2. 智能指针是否会严重降低应用程序的性能？
3. 引用计数智能指针在什么地方存储引用计数？
4. 引用链接智能指针使用的链表机制是单向链表还是双向链表？

26.7.2 练习

1. 查错：下面的代码有何错误？

```
std::auto_ptr<SampleClass> object(new SampleClass());
std::auto_ptr<SampleClass> anotherObject(object);
object->DoSomething();
anotherObject->DoSomething();
```

2. 使用 unique_ptr 类实例化一个 Carp 对象，而 Carp 类继承了 Fish 类。将该对象作为 Fish 指针传递时是否会出现切除问题？
3. 查错：下面的代码有何错误？

```
std::unique_ptr<Tuna> myTuna(new Tuna);
unique_ptr<Tuna> copyTuna;
copyTuna = myTuna;
```

第 27 章

使用流进行输入和输出

在本书第 1 章，您使用了 std::cout 在屏幕上显示"Hello World!"；实际上，从那一章起您就一直在使用流。因此，现在该给予 C++的这部分应有的关注，即从实用的角度探讨流。

在本章中，您将学习：

- 什么是流，如何使用它们；
- 如何使用流来读写文件；
- 有用的 C++流操作。

27.1 流的概述

假设您要开发一个程序，它从磁盘读取数据，将数据显示到屏幕上，从键盘读取用户输入，以及将数据存储到磁盘中。在这种情况下，倘若不管数据来自或前往什么设备或位置，都能以相同的方式处理读写操作，那该有多好！这正是 C++流提供的功能。

流提供了一种实现读写（输入和输出）逻辑的统一方式。无论是从磁盘读取数据，还是获取用户通过键盘提供的输入，使用的流语法都相同。同样，无论是将数据显示到屏幕上，还是将数据写入磁盘中，使用的流语法也相同。您只需使用合适的流类，类的实现将负责处理与设备和操作系统相关的细节。

为理解流的工作原理，我们来看一下您编写的第一个 C++程序（程序清单 1.1）中相关的代码行：

```
std::cout << "Hello World!" << std::endl;
```

std::cout 是 ostream 类的一个对象，用于将数据输出到控制台。在程序清单 1.1 中，为使用 std::cout，包含提供它的头文件 iostream，这个头文件还提供了 std::cin，让您能够从流中读取数据。

那么，我说的流让您能够以一致的方式访问不同的设备，是什么意思呢？如果要将"Hello World!"写入文本文件，可将同样的语法用于文件流对象 fsHello：

```
fsHello << "Hello World!" << endl;  // "Hello World!" into a file stream
```

如您所见，选择正确的流类后，将"Hello World!"写入文件与将其显示到屏幕上并没有太大的不同。

提示

> 运算符<<用于将数据写入流，被称为插入运算符，可将其用于将数据写入屏幕、文件等。运算符>>用于将流中的数据写入变量，被称为提取运算符，可将其用于从键盘、文件等读取输入。

27.2 重要的 C++ 流类和流对象

C++提供了一组标准类和头文件，可帮助您执行重要而常见的输入和输出操作。表 27.1 列出了 std 命名空间中常用的 C++流类和流对象。

表 27.1 std 命名空间中常用的 C++流类和流对象

类/对象	描述
cout	标准输出流，通常被重定向到控制台
cin	标准输入流，通常用于将数据读入变量
cerr	用于显示错误信息的标准输出流
fstream	用于操作文件的输入和输出流，继承了 ofstream 和 ifstream
ofstream	用于操作文件的输出流类，即用于创建文件
ifstream	用于操作文件的输入流类，即用于读取文件
stringstream	用于操作字符串的输入和输出流类，继承了 istringstream 和 ostringstream，通常用于在字符串和其他类型之间进行转换

> **注意** cout、cin 和 cerr 分别是流类 ostream、istream 和 ostream 的全局对象。由于是全局对象，因此它们在 main( ) 开始之前就已初始化。

使用流类时，可指定为您执行特定操作的控制符（manipulator）。std::endl 就是一个这样的控制符，您一直在使用它来插入换行符：

```
std::cout << "This lines ends here" << std::endl;
```

表 27.2 描述了其他几个控制符。

表 27.2 std 命名空间中常用于流的控制符

控制符	描述
	输出控制符
endl	插入一个换行符并刷新流缓冲区
ends	插入一个空字符
	基数控制符
dec	让流以十进制格式解读输入或显示输出
hex	让流以十六进制格式解读输入或显示输出
oct	让流以八进制格式解读输入或显示输出
	表示控制符
fixed	让流以定点表示法显示数据
scientific	让流以科学表示法显示数据
	头文件 iomanip 提供的控制符
setprecision	设置小数精度
setw	设置字段宽度
setfill	设置填充字符
setbase	设置基数，与使用 dec、hex 或 oct 等效
setiosflag	通过类型为 std::ios_base::fmtflags 的掩码输入参数设置标志
resetiosflag	将参数 std::ios_base::fmtflags 指定的标志重置为默认值

27.3 使用 std::cout 将指定格式的数据写入控制台

std::cout 用于将数据写入标准输出流，可能是本书前面用得最多的流。下面将更详细地介绍它，并使用一些控制符来改变数据的显示格式和对齐方式。

27.3.1 使用 std::cout 修改数字的显示格式

可以让 cout 以十六进制或八进制格式显示十进制整数。程序清单 27.1 演示了如何使用 cout 以各种格式显示输入的数字。

程序清单 27.1 使用 cout 和<iomanip>标志以十进制、十六进制和八进制格式显示整数

```
 0: #include<iostream>
 1: #include<iomanip>
 2: using namespace std;
 3:
 4: int main()
 5: {
 6:     cout << "Enter an integer: ";
 7:     int input = 0;
 8:     cin >> input;
 9:
10:     cout << "Integer in octal: " << oct << input << endl;
11:     cout << "Integer in hexadecimal: " << hex << input << endl;
12:
13:     cout << "Integer in hex using base notation: ";
14:     cout <<setiosflags(ios_base::hex|ios_base::showbase|ios_base::uppercase);
15:     cout << input << endl;
16:
17:     cout << "Integer after resetting I/O flags: ";
18:     cout <<resetiosflags(ios_base::hex|ios_base::showbase|ios_base::uppercase);
19:     cout << input << endl;
20:
21:     return 0;
22: }
```

▼ 输出：

```
Enter an integer: 253
Integer in octal: 375
Integer in hexadecimal: fd
Integer in hex using base notation: 0XFD
Integer after resetting I/O flags: 253
```

▼ 分析：

这个示例使用了表 27.2 所示的控制符，以修改 cout 显示用户输入的整数 input 的格式。您可以注意到，第 10 行和 11 行使用了控制符 oct 和 hex。第 14 行使用了 setiosflags( )让 cout 以十六进制格式（并使用大写字母）显示该数字，其结果是 cout 将 253 显示为 0XFD。第 18 行使用了 resetiosflags( )，其效果是再次使用 cout 显示该整数时，将显示为十进制数。要将显示整数时使用的基数改为十进制，也可使用下面这种方式：

```
cout << dec << input << endl;  // displays in decimal
```

对于诸如 Pi 等，可指定 cout 显示它们时使用的精度：使用定点表示法指定小数点后面的位数。还可指定使用科学表示法来显示数字。程序清单 27.2 演示了如何设置这些格式。

程序清单 27.2　使用 cout 以定点表示法和科学表示法显示 Pi 和圆的面积

```
 0: #include<iostream>
 1: #include<iomanip>
 2: using namespace std;
 3:
 4: int main()
 5: {
 6:     const double Pi = (double)22.0 / 7;
 7:     cout << "Pi = " << Pi << endl;
 8:
 9:     cout << endl << "Setting precision to 7: " << endl;
10:     cout << setprecision(7);
11:     cout << "Pi = " << Pi << endl;
12:     cout << fixed << "Fixed Pi = " << Pi << endl;
13:     cout << scientific << "Scientific Pi = " << Pi << endl;
14:
15:     cout << endl << "Setting precision to 10: " << endl;
16:     cout << setprecision(10);
17:     cout << "Pi = " << Pi << endl;
18:     cout << fixed << "Fixed Pi = " << Pi << endl;
19:     cout << scientific << "Scientific Pi = " << Pi << endl;
20:
21:     cout << endl << "Enter a radius: ";
22:     double radius = 0.0;
23:     cin >> radius;
24:     cout << "Area of circle: " << 2*Pi*radius*radius << endl;
25:
26:     return 0;
27: }
```

▼ **输出：**

```
Pi = 3.14286

Setting precision to 7:
Pi = 3.142857
Fixed Pi = 3.1428571
Scientific Pi = 3.1428571e+000

Setting precision to 10:
Pi = 3.1428571429e+000
Fixed Pi = 3.1428571429
Scientific Pi = 3.1428571429e+000

Enter a radius: 9.99
Area of circle: 6.2731491429e+002
```

　　输出表明，第 10 行和第 16 行分别将精度设置为 7 和 10 后，显示的 Pi 值不同。另外，控制符 scientific 导致计算得到的圆的面积被显示为 6.2731491429e+002。

27.3.2　使用 std::cout 对齐文本和设置字段宽度

　　可使用控制符 setw( )来设置字段宽度，插入流中的内容将在指定宽度内右对齐。在这种情况下，还可使用 setfill( )指定使用什么字符来填充空白区域，如程序清单 27.3 所示。

程序清单 27.3　使用控制符 setw( )设置字段宽度，并使用 setfill( )指定填充字符

```
0: #include<iostream>
1: #include<iomanip>
2: using namespace std;
3:
4: int main()
5: {
6:    cout << "Hey - default!" << endl;
7:
8:    cout << setw(35); // set field width to 25 columns
9:    cout << "Hey - right aligned!" << endl;
10:
11:   cout << setw(35) << setfill('*');
12:   cout << "Hey - right aligned!" << endl;
13:
14:   cout << "Hey - back to default!" << endl;
15:
16:   return 0;
17: }
```

▼ 输出：

```
Hey - default!
                Hey - right aligned!
***************Hey - right aligned!
Hey - back to default!
```

▼ 分析：

　　第 8 行使用了 setw(35)，而第 11 行使用了 setw(35)和 setfill('*')，输出说明了这样做的效果。从输出可知，第 11 行导致使用 setfill( )指定的星号来填充文本前的空白区域。

27.4　使用 std::cin 进行输入

　　std::cin 让您能够将输入读取到基本类型（如 int、double 和 char*）变量中。您还可以使用 getline( )从键盘读取一行输入。

27.4.1　使用 std::cin 将输入读取到基本类型变量中

　　使用 cin 可将标准输入读取到 int、double 和 char 类型变量中，程序清单 27.4 演示了如何读取用户输入的简单数据类型。

程序清单 27.4 使用 cin 将输入读取到 int 类型的变量中，将使用科学表示法的浮点数读取到 double 类型的变量中，将 3 个字符分别读取到 char 类型的变量中

```
0:  #include<iostream>
1:  using namespace std;
2:
3:  int main()
4:  {
5:      cout << "Enter an integer: ";
6:      int inputNum = 0;
7:      cin >> inputNum;
8:
9:      cout << "Enter the value of Pi: ";
10:     double Pi = 0.0;
11:     cin >> Pi;
12:
13:     cout << "Enter three characters separated by space: " << endl;
14:     char char1 = '\0', char2 = '\0', char3 = '\0';
15:     cin >> char1 >> char2 >> char3;
16:
17:     cout << "The recorded variable values are: " << endl;
18:     cout << "inputNum: " << inputNum << endl;
19:     cout << "Pi: " << Pi << endl;
20:     cout << "The three characters: " << char1 << char2 << char3 << endl;
21:
22:     return 0;
23: }
```

▼ 输出：

```
Enter an integer: 32
Enter the value of Pi: 0.314159265e1
Enter three characters separated by space:
c + +
The recorded variable values are:
inputNum: 32
Pi: 3.14159
The three characters: c++
```

▼ 分析：

在程序清单 27.4 中，最有趣的部分是，您使用科学表示法输入 Pi 的值时，cin 也将其读取到了 double 类型的变量 Pi 中。您可以注意到，可以使用一行代码将输入读取到 3 个字符变量中，如第 15 行所示。

27.4.2 使用 std::cin:get 将输入读取到 char*缓冲区中

cin 让您能够将输入直接写入 int 类型的变量，也可将输入直接写入字符数组（C 风格字符串缓冲区）：

```
cout << "Enter a line: " << endl;
char charBuf[10]; // can contain max 10 chars
cin >> charBuf;   // Danger: user may enter more than 10 chars
```

写入 C 风格字符串缓冲区时，务必不要超越缓冲区的边界，以免导致程序崩溃或带来安全隐患，这至关重要。因此，将输入读取到字符数组时，下面是一种更好的方法：

```
cout << "Enter a line: " << endl;
char charBuf[10] = {0};
cin.get(charBuf, 9); // stop inserting at the 9th character
```

这种将文本插入字符数组的方式更安全，程序清单 27.5 演示了这一点。

程序清单 27.5　插入 C 风格字符串缓冲区中时不超越其边界

```
 0: #include<iostream>
 1: #include<string>
 2: using namespace std;
 3:
 4: int main()
 5: {
 6:     cout << "Enter a line: " << endl;
 7:     char charBuf[10];
 8:     cin.get(charBuf, 10);
 9:     cout << "charBuf: " << charBuf << endl;
10:
11:     return 0;
12: }
```

▼ 输出：

```
Enter a line:
Testing if I can cross the bounds of the buffer
charBuf: Testing i
```

▼ 分析：

从输出可知，只将用户输入的前 9 个字符读取到了 C 风格字符串缓冲区中，这是因为第 8 行使用的是 cin:get。处理长度给定的缓冲区时，这是最安全的方式。

提示

尽可能不要使用字符数组；应使用 std::string 来替代 char*（或 char[]）。

27.4.3　使用 std::cin 将输入读取到 std::string 中

cin 多才多艺，甚至可使用它将用户输入的字符串直接读取到 std::string 中：

```
std::string input;
cin >> input;  // stops insertion at the first space
```

程序清单 27.6 演示了如何使用 cin 将输入读取到 std::string 中。

程序清单 27.6　使用 cin 将文本插入 std::string 中

```
 0: #include<iostream>
 1: #include<string>
 2: using namespace std;
 3:
 4: int main()
 5: {
 6:     cout << "Enter your name: ";
```

```
 7:    string name;
 8:    cin >> name;
 9:    cout << "Hi " << name << endl;
10:
11:    return 0;
12: }
```

▼ 输出：

```
Enter your name: Siddhartha Rao
Hi Siddhartha
```

▼ 分析：

输出只显示了我的名字，而不是整个输入字符串，这可能让您感到惊讶。为什么会这样呢？显然是由于 cin 遇到空白字符后停止了插入。

要读取整行输入（包括空白），需要使用 getline( )：

```
string name;
getline(cin, name);
```

程序清单 27.7 演示了如何结合使用 getline( )和 cin。

程序清单 27.7　使用 getline( )和 cin 读取整行用户输入

```
 0: #include<iostream>
 1: #include<string>
 2: using namespace std;
 3:
 4: int main()
 5: {
 6:    cout << "Enter your name: ";
 7:    string name;
 8:    getline(cin, name);
 9:    cout << "Hi " << name << endl;
10:
11:    return 0;
12: }
```

▼ 输出：

```
Enter your name: Siddhartha Rao
Hi Siddhartha Rao
```

▼ 分析：

由于第 8 行的 getline( )确保不跳过空白字符，因此现在的输出包含整行用户输入。

27.5　使用 std::fstream 处理文件

C++提供了 std::fstream，旨在以独立于平台的方式访问文件。std::fstream 从 std::ofstream 那里继承了写入文件的功能，并从 std::ifstream 那里继承了读取文件的功能。

换句话说，std::fstream 提供了读写文件的功能。

提示	要使用 std::fstream 类或其基类，需要包含头文件 fstream： 　　`#include<fstream>`

27.5.1　使用 open( )和 close( )打开和关闭文件

要使用 fstream、ofstream 或 ifstream 类，需要使用方法 open( )打开文件：

```
fstream myFile;
myFile.open("HelloFile.txt",ios_base::in|ios_base::out|ios_base::trunc);

if(myFile.is_open()) // check if open() succeeded
{
    // do reading or writing here

    myFile.close();
}
```

　　open( )接收两个参数：第一个是要打开的文件的路径和名称（如果没有提供路径，将假定为应用程序的当前目录设置），第二个参数是文件的打开模式。在上述代码中，指定了模式 ios_base::trunc（即便指定的文件存在，也要重新创建它）、ios_base::in（可读取文件）和 ios_base::out（可写入文件）。

　　您可以注意到，在上述代码中使用了 is_open( )，它用于检测 open( )是否成功。

警告	将数据保存到文件时，必须使用 close( )关闭文件流。
	还有另一种打开文件流的方式，那就是使用构造函数：
	
	　　`fstream myFile("HelloFile.txt",`
	　　`ios_base::in|ios_base::out|ios_base::trunc);`
	
	如果只想打开文件并进行写入，可使用如下代码：
	
	　　`ofstream myFile("HelloFile.txt", ios_base::out);`
	
	如果只想打开文件并进行读取，可使用如下代码：
	
	　　`ifstream myFile("HelloFile.txt", ios_base::in);`

提示	无论是使用构造函数还是成员方法 open( )来打开文件流，都建议您在使用文件流对象前，使用 open( )检查文件打开操作是否成功。

可在下述各种模式下打开文件流：
- ios_base::app：将数据附加到现有文件末尾，而不是覆盖它。
- ios_base::ate：切换到文件末尾，但可在文件的任何地方写入数据。
- ios_base::trunc：导致现有文件被覆盖，这是默认设置。
- ios_base::binary：创建二进制文件（默认为文本文件）。
- ios_base::in：以只读方式打开文件。
- ios_base::out：以只写方式打开文件。

27.5.2　使用 open( )创建文本文件并使用运算符<<写入文本

打开文件流后，便可使用插入运算符<<向其中写入文本，如程序清单 27.8 所示。

程序清单 27.8 使用 ofstream 新建一个文本文件并向其中写入文本

```
0: #include<fstream>
1: #include<iostream>
2: using namespace std;
3:
4: int main()
5: {
6:     ofstream myFile;
7:     myFile.open("HelloFile.txt", ios_base::out);
8:
9:     if(myFile.is_open())
10:    {
11:        cout << "File open successful" << endl;
12:
13:        myFile << "My first text file!" << endl;
14:        myFile << "Hello file!";
15:
16:        cout << "Finished writing to file, will close now\n";
17:        myFile.close();
18:    }
19:
20:    return 0;
21: }
```

▼ 输出：

```
File open successful
Finished writing to file, will close now
```

文件 HelloFile.txt 的内容如下：

```
My first text file!
Hello file!
```

▼ 分析：

第 7 行以 ios_base::out 模式（即只写模式）打开文件。第 9 行检查 open( )是否成功，然后使用插入运算符<<写入文件流，如第 13 行和第 14 行所示。最后，第 17 行关闭文件流。

| 注意 | 程序清单 27.8 表明，写入文件的方式与使用 cout 写入标准输出（控制台）的方式相同。这表明，C++流让您能够以类似的方式处理不同的设备：使用 cout 将文本显示到屏幕的方式与使用 ofstream 写入文件的方式相同。 |

27.5.3 使用 open( )和运算符>>读取文本文件

要读取文件，可使用 fstream 或 ifstream，并以 ios_base::in 模式打开它。程序清单 27.9 演示了如何读取程序清单 27.8 创建的文件 HelloFile.txt 中的文本。

程序清单 27.9 从程序清单 27.8 创建的文件 HelloFile.txt 中读取文本

```
0: #include<fstream>
1: #include<iostream>
```

```
 2: #include<string>
 3: using namespace std;
 4:
 5: int main()
 6: {
 7:     ifstream myFile;
 8:     myFile.open("HelloFile.txt", ios_base::in);
 9:
10:     if(myFile.is_open())
11:     {
12:         cout << "File open successful. It contains: \n";
13:         string fileContents;
14:
15:         while(myFile.good())
16:         {
17:             getline(myFile, fileContents);
18:             cout << fileContents << endl;
19:         }
20:
21:         cout << "Finished reading file, will close now\n";
22:         myFile.close();
23:     }
24:     else
25:         cout << "open() failed: check if file is in right folder\n";
26:
27:     return 0;
28: }
```

▼ 输出：

```
File open successful. It contains:
My first text file!
Hello file!
Finished reading file, will close now
```

注意	由于程序清单 27.9 读取程序清单 27.8 创建的文本文件 HelloFile.txt，因此需要将该文件移到该项目的工作目录中。

▼ 分析：

与往常一样，您使用 is_open( )检查第 8 行调用 open( )是否成功。只要第 15 行调用的方法 good( )返回 true，您就可以不断地读取这个文件（每次读取一行）。请注意，这里没有使用提取运算符>>将文件内容直接读取到第 18 行使用 cout 显示的 string 变量，而使用 getline( )从文件流中读取输入，这与程序清单 27.7 使用它来读取用户输入的方式完全相同，即每次读取一行。

27.5.4 读写二进制文件

写入二进制文件的流程与前面介绍的流程差别不大，重要的是以 ios_base::binary 模式打开文件。通常以 ofstream::write 和 ifstream::read 模式来读写二进制文件，如程序清单 27.10 所示。

程序清单 27.10 将一个结构写入二进制文件并使用该文件的内容创建一个结构

```
 0: #include<fstream>
 1: #include<iomanip>
 2: #include<string>
 3: #include<iostream>
 4: using namespace std;
 5:
 6: struct Human
 7: {
 8:     char name[20] = "John";
 9:     int age = 40;
10:     char DOB[20] = "1981 Sep 1";
11: };
12:
13: int main()
14: {
15:     Human aPerson;
16:
17:     ofstream fsOut ("MyBinary.bin", ios_base::out | ios_base::binary);
18:     if (fsOut.is_open())
19:     {
20:         cout << "Writing one Human to a binary file" << endl;
21:         fsOut.write(reinterpret_cast<char*>(&aPerson), sizeof(aPerson));
22:         fsOut.close();
23:     }
24:
25:     ifstream fsIn ("MyBinary.bin", ios_base::in | ios_base::binary);
26:     if(fsIn.is_open())
27:     {
28:         Human readHuman;
29:         fsIn.read((char*)&readHuman, sizeof(readHuman));
30:
31:         cout << "Reading information from binary file: " << endl;
32:         cout << "Name = " << readHuman.name << endl;
33:         cout << "Age = " << readHuman.age << endl;
34:         cout << "Date of Birth = " << readHuman.DOB << endl;
35:     }
36:
37:     return 0;
38: }
```

▼ **输出:**

```
Writing one Human to a binary file
Reading information from binary file:
Name = John
Age = 40
Date of Birth = 1981 Sep 1
```

▼ **分析:**

第 15~23 行创建了结构 Human 的一个实例，并使用 ofstream 将其存储到磁盘中的二进制文件

MyBinary.bin 中。接下来，第 25～35 行使用另一个类型为 ifstream 的流对象读取这些信息。输出的 name 等属性是从二进制文件中读取的。该示例还演示了如何使用 ifstream::read 和 ofstream::write 来读写文件。您可以注意到，第 21 行使用了 reinterpret_cast，它让编译器将 struct* 解读为 char*。第 29 行使用了 C 风格类型转换方式（而不是 reinterpret_cast）。

> **注意**
>
> 通常，我会使用可扩展的格式（如 XML）或更容易阅读的格式（如 JSON）来持久化结构 Human。这里没有这样做，因为这个程序只是用来演示而已。
>
> 发布这个程序后，如果您对其进行升级，给结构 Human 添加了新属性（如 numChildren），则需要考虑新版本使用的 ifstream::read，确保它能够正确地读取旧版本创建的二进制数据。

27.6　使用 std::stringstream 对字符串进行转换

假设有一个字符串，它包含字符串值 45，如何将其转换为整数 45 呢？如何执行相反的操作，将整数转换为字符串呢？C++ 提供的 stringstream 类是最有用的工具之一，让您能够执行众多的转换操作。

> **提示**
>
> 要使用 std::stringstream 类，需要包含头文件 sstream：
>
> ```
> #include<sstream>
> ```

程序清单 27.11 演示了一些简单的 stringstream 操作。

程序清单 27.11　使用 std::stringstream 在整数和字符串之间进行转换

```
 0: #include<fstream>
 1: #include<sstream>
 2: #include<iostream>
 3: using namespace std;
 4:
 5: int main()
 6: {
 7:     cout << "Enter an integer: ";
 8:     int input = 0;
 9:     cin >> input;
10:
11:     stringstream converterStream;
12:     converterStream << input;
13:     string inputAsStr;
14:     converterStream >> inputAsStr;
15:
16:     cout << "Integer Input = " << input << endl;
17:     cout << "String gained from integer = " << inputAsStr << endl;
18:
19:     stringstream anotherStream;
20:     anotherStream << inputAsStr;
21:     int copy = 0;
22:     anotherStream >> copy;
23:
24:     cout << "Integer gained from string, copy = " << copy << endl;
```

```
25:
26:     return 0;
27: }
```

▼ 输出:

```
Enter an integer: 45
Integer Input = 45
String gained from integer = 45
Integer gained from string, copy = 45
```

▼ 分析:

在这个示例中,您让用户输入一个整数,并使用运算符<<将其插入一个 stringstream 对象中,如第12 行所示;然后,您使用提取运算符将这个整数转换为字符串,如第 14 行所示。接下来,您将存储在 inputAsStr 中的字符串转换为整数,并将其存储到 copy 中。

白名单	黑名单
只想读取文件时,务必使用 ifstream。 只想写入文件时,务必使用 ofstream。 将数据插入文件流或从文件流中提取数据之前,务必使用 is_open( )核实是否成功地打开了它。	使用完文件流后,别忘了使用方法 close( )将其关闭。 别忘了,使用代码 cin>>strData;从 cin 提取内容时,strData 通常只包含空白字符前的文本,而不是整行。 别忘了,函数 getline(cin, strData)从输入流中获取整行,其中包括空白字符。

27.7　总结

本章从实用的角度介绍了流。您了解到,从本书第 1 章开始,您就一直在使用输入和输出流,如 cout 和 cin。现在,您知道了如何创建简单的文本文件以及如何读写这种文件。您了解到,stringstream 可帮助您在简单类型(如整型)值和字符串之间进行转换。

27.8　问与答

问:我发现,可使用 fstream 来读取和写入文件,那么什么情况下该使用 ofstream 和 ifstream 呢?

答:如果您的代码或模块只需读取文件,那么应使用 ifstream;同样,如果您的代码或模块只需写入文件,那么应使用 ofstream。在这两种情形下,都可使用 fstream,但为确保数据和代码的完整性,最好像使用 const 那样采取更严格的策略,不过并非必须这样做。

问:什么情况下应使用 cin.get( )? 什么情况下应使用 cin.getline( )?

答:cin.getline( )确保您捕获用户输入的整行,包括空白;cin.get( )帮助您以每次一个字符的方式捕获用户输入。

问:什么情况下应使用 stringstream?

答:使用 stringstream 在整型及其他简单类型值和字符串之间进行转换,程序清单 27.11 演示了这一点。

27.9　作业

作业包括测验和练习，前者帮助读者加深对所学知识的理解，后者为读者提供了使用新学知识的机会。请尽量先完成测验和练习题，然后对照附录 E 的答案，继续学习第 28 章前，请务必弄懂这些题目。

27.9.1　测验

1. 在只需写入文件的情况下，应使用哪种流？
2. 如何使用 cin 从输入流中获取一整行？
3. 在需要将 std::string 对象写入文件时，应使用 ios_base::binary 模式吗？
4. 使用 open( )打开流后，为何还要使用 is_open( )进行检查？

27.9.2　练习

1. 查错：下面的代码有何错误？

```
fstream myFile;
myFile.open("HelloFile.txt", ios_base::out);
myFile << "Hello file!";
myFile.close();
```

2. 查错：下面的代码有何错误？

```
ifstream myFile("SomeFile.txt");
if(myFile.is_open())
{
   myFile << "This is some text" << endl;
   myFile.close();
}
```

第 28 章
异常处理

本章介绍如何应对打断程序流程的异常情况。本书前面一直对程序流程采取最乐观的态度,假定内存分配将成功、文件能找到等,但现实往往并非如此。

在本章中,您将学习:

- 什么是异常;
- 如何处理异常;
- 异常处理对提供稳定的 C++ 应用程序有何帮助。

28.1　什么是异常

假设程序分配内存、读写数据、保存到文件,一切都在开发环境中完美地执行;您的应用程序使用了数 GB 内存,却没有泄露 1 字节,对此您很是自豪!然后,您发布该应用程序,用户将其部署到各种工作站,其中有些计算机已购买 10 年。不久后,抱怨就来了。有些用户抱怨出现"访问违规",有些抱怨出现"未处理的异常"。

在开发环境中,您的程序表现不错,现在为何麻烦不断呢?

现实世界千差万别,没有两台计算机是完全相同的,即便硬件配置一样。这是因为在特定时间,可用的资源量取决于计算机运行的软件及其状态,所以即便在开发环境中内存分配"完美无缺",在其他环境中也可能出问题。这些问题将导致"异常"。

异常会打断应用程序的正常流程。毕竟,如果没有内存可用,应用程序就无法完成分配给它的任务。然而,应用程序可处理这种异常:向用户发送一条友好的错误消息、采取必要的挽救措施并妥善地退出。

通过对异常进行处理,有助于避免出现"未处理的异常"等错误消息。下面来看看导致异常的因素以及 C++ 提供的应对异常的工具。

28.2　导致异常的因素

异常可能是外部因素导致的,如系统没有足够的内存,也可能是应用程序内部因素导致的,如使用的指针包含无效值或除数为 0。为向调用者指出错误,有些模块被设计来引发异常。

> **注意**　为防止代码引发异常,可对异常进行"处理"。

28.3　使用 try 和 catch 捕获异常

在捕获异常方面,try 和 catch 是最重要的 C++ 关键字。要捕获语句可能引发的异常,可将它们放在 try 块中，并使用 catch 块对 try 块可能引发的异常进行处理：

```
void SomeFunc()
{
   try
   {
      int* numPtr = new int;
      *numPtr = 999;
      delete numPtr;
   }
   catch(...) // ... catches all exceptions
   {
      cout << "Exception in SomeFunc()" << endl;
   }
}
```

28.3.1 使用 catch(…)处理所有异常

第 8 章说过，在成功分配内存时，默认形式的 new 返回一个指向该内存单元的有效指针，但在失败时引发异常。程序清单 28.1 演示了如何捕获使用 new 分配内存时可能引发的异常，并在计算机不能分配请求的内存时进行处理。

程序清单 28.1 使用 try 和 catch 捕获并处理内存分配异常

```
0: #include<iostream>
1: using namespace std;
2:
3: int main()
4: {
5:    cout << "Enter number of integers you wish to reserve: ";
6:    try
7:    {
8:       int input = 0;
9:       cin >> input;
10:
11:      // Request memory space and then return it
12:      int* numArray = new int[input];
13:      delete[] numArray;
14:   }
15:   catch (...)
16:   {
17:      cout << "Exception occurred. Got to end, sorry!" << endl;
18:   }
19:   return 0;
20: }
```

▼ 输出：

```
Enter number of integers you wish to reserve: -1
Exception occurred. Got to end, sorry!
```

▼ 分析：

在这个示例中，我请求为-1 个整数预留内存。这很荒谬，但用户经常做荒谬的事。如果没有异常处理程序，该程序将以让人讨厌的方式终止。但由于有异常处理程序，程序显示了一条得体的消息 "Exception occurred. Got to end, sorry!"。

程序清单 28.1 演示了 try 块和 catch 块的用法。catch( )像函数一样接收参数，参数…意味着 catch 块将捕获所有的异常。然而，在这个示例中，您可能想指定特定的异常类型 std::bad_alloc，因为这是 new 失败时引发的异常。捕获特定类型的异常，有助于处理这种类型的异常，如显示一条消息，准确地指出出了什么问题。

28.3.2　捕获特定类型的异常

程序清单 28.1 所示的异常是由 C++标准库引发的。这种异常的类型是已知的，在这种情况下，更好的选择是只捕获这种类型的异常，因为您能查明导致异常的原因，执行更有针对性的清理工作，或至少向用户显示一条准确的消息，如程序清单 28.2 所示。

程序清单 28.2　使用 try 和 catch 捕获并处理内存分配异常

```
 0: #include<iostream>
 1: #include<exception> // to catch exception bad_alloc
 2: using namespace std;
 3:
 4: int main()
 5: {
 6:    cout << "Enter number of integers you wish to reserve: ";
 7:    try
 8:    {
 9:       int input = 0;
10:       cin >> input;
11:
12:       // Request memory space and then return it
13:       int* numArray = new int [input];
14:       delete[] numArray;
15:    }
16:    catch (std::bad_alloc& exp)
17:    {
18:       cout << "Exception encountered: " << exp.what() << endl;
19:       cout << "Got to end, sorry!" << endl;
20:    }
21:    catch(...)
22:    {
23:       cout << "Exception encountered. Got to end, sorry!" << endl;
24:    }
25:    return 0;
26: }
```

▼ 输出：

```
Enter number of integers you wish to reserve: -1
Exception encountered: bad array new length
Got to end, sorry!
```

▼ 分析：

如果将程序清单 28.2 的输出与程序清单 28.1 的输出进行比较，您将发现程序清单 28.2 能够提供应用程序中断的准确原因"bad array new length"。这是因为新增了一个 catch 块（是的，有两个 catch 块），其中一个捕获类型为 bad_alloc&的异常，如第 16~20 行所示，这种异常是由 new 引发的。

| 提示 | 一般而言，可根据可能出现的异常添加多个 catch 块，这将很有用。
在程序清单 28.2 中，catch( )捕获未被其他 catch 块显式捕获的所有异常。 |

28.3.3 使用 throw 引发特定类型的异常

程序清单 28.2 在捕获 std::bad_alloc 时，实际上捕获的是 new 引发的 std::bad_alloc 类对象。您可以引发自己选择的异常，为此只需使用关键字 throw：

```
void DoSomething()
{
   if(something_unwanted)
      throw object;
}
```

程序清单 28.3 将两个数相除，演示了如何使用 throw 引发自定义异常。

程序清单 28.3 在试图除以 0 时引发一种自定义异常

```
0: #include<iostream>
1: using namespace std;
2:
3: double Divide(double dividend, double divisor)
4: {
5:    if(divisor == 0)
6:       throw "Dividing by 0 is a crime";
7:
8:    return (dividend / divisor);
9: }
10:
11: int main()
12: {
13:    cout << "Enter dividend: ";
14:    double dividend = 0;
15:    cin >> dividend;
16:    cout << "Enter divisor: ";
17:    double divisor = 0;
18:    cin >> divisor;
19:
20:    try
21:    {
22:       cout << "Result is: " << Divide(dividend, divisor);
23:    }
24:    catch(const char* exp)
25:    {
26:       cout << "Exception: " << exp << endl;
27:       cout << "Sorry, can't continue!" << endl;
28:    }
```

```
29:
30:    return 0;
31: }
```

▼ 输出：

```
Enter dividend: 2021
Enter divisor: 0
Exception: Dividing by 0 is a crime
Sorry, can't continue!
```

▼ 分析：

这个示例表明，通过捕获类型为 char* 的异常（第 24 行），可捕获调用函数 Divide( ) 可能引发的异常（第 6 行）。另外，这里没有将整个 main( ) 都放在 try{ };中，而只在其中包含可能引发异常的代码。这通常是一种不错的做法，因为异常处理也可能降低代码的执行性能。

28.4　异常处理的工作原理

在程序清单 28.3 中，您在函数 Divide( ) 中引发了一个类型为 char* 的异常，并在函数 main( ) 中使用处理程序 catch(char*) 捕获它。

每当您使用 throw 引发异常时，编译器都将查找能够处理该异常的 catch(Type)。异常处理逻辑首先检查引发异常的代码是否包含在 try 块中，如果是，则查找可处理这种异常的 catch(Type)。如果 throw 语句不在 try 块内，或者没有与引发的异常兼容的 catch( )，异常处理逻辑将继续在调用函数中寻找。因此，异常处理逻辑沿调用栈向上逐个地在调用函数中寻找，直到找到可处理异常的 catch(Type)。在退栈过程的每一步中，都将销毁当前函数的局部变量，因此这些局部变量的销毁顺序与创建顺序相反。程序清单 28.4 演示了这一点。

程序清单 28.4　出现异常时局部变量的销毁顺序

```
0: #include<iostream>
1: using namespace std;
2:
3: struct StructA
4: {
5:    StructA() {cout << "StructA constructor" << endl; }
6:    ~StructA() {cout << "StructA destructor" << endl; }
7: };
8:
9: struct StructB
10: {
11:    StructB() {cout << "StructB constructor" << endl; }
12:    ~StructB() {cout << "StructB destructor" << endl; }
13: };
14:
15: void FuncB() // throws
16: {
17:    cout << "In Func B" << endl;
18:    StructA objA;
19:    StructB objB;
20:    cout << "About to throw up!" << endl;
21:    throw "Throwing for the heck of it";
```

```
22: }
23:
24: void FuncA()
25: {
26:     try
27:     {
28:         cout << "In Func A" << endl;
29:         StructA objA;
30:         StructB objB;
31:         FuncB();
32:         cout << "FuncA: returning to caller" << endl;
33:     }
34:     catch(const char* exp)
35:     {
36:         cout << "FuncA: Caught exception: " << exp << endl;
37:         cout << "Handled it, will not throw to caller" << endl;
38:         // throw; // uncomment this line to throw to main()
39:     }
40: }
41:
42: int main()
43: {
44:     cout << "main(): Started execution" << endl;
45:     try
46:     {
47:         FuncA();
48:     }
49:     catch(const char* exp)
50:     {
51:         cout << "Exception: " << exp << endl;
52:     }
53:     cout << "main(): exiting gracefully" << endl;
54:     return 0;
55: }
```

▼ 输出:

```
main(): Started execution
In Func A
StructA constructor
StructB constructor
In Func B
StructA constructor
StructB constructor
About to throw up!
StructB destructor
StructA destructor
StructB destructor
StructA destructor
FuncA: Caught exception: Throwing for the heck of it
Handled it, will not throw to caller
main(): exiting gracefully
```

▼ 分析：

在程序清单 28.4 中，main( )调用了 FuncA( )，FuncA( )调用了 FuncB( )，而 FuncB( )引发异常，如第 21 行所示。函数 FuncA( )和 main( )都能处理这种异常，因为它们都包含 catch(const char*)。由于引发异常的 FuncB( )没有 catch 块，因此 FuncB( )引发的异常将首先由 FuncA( )中的 catch 块（第 34～39 行）处理，因为是 FuncA( )调用了 FuncB( )。您可以注意到，FuncA( )认为这种异常不严重，没有继续将其传播给 main( )。因此，在 main( )看来，就像没有问题发生一样。如果解除对第 38 行的注释，异常将传播给 FuncA( )的调用者，即 main( )也将收到这种异常。

输出指出了对象的创建顺序（与实例化它们的代码的排列顺序相同），还指出了引发异常后对象被销毁的顺序（与实例化它们的代码的排列顺序相反）。不仅在引发异常的 FuncB( )中创建的对象被销毁，在调用 FuncB( )并处理异常的 FuncA( )中创建的对象也被销毁。

警告	程序清单 28.4 表明，引发异常时将对局部对象调用析构函数。 如果因出现异常而被调用的析构函数也引发异常，将导致应用程序异常终止，因此建议不要在析构函数中引发异常。

28.4.1　std::exception 类

程序清单 28.2 在捕获 std::bad_alloc 时，实际上捕获的是 new 引发的 std::bad_alloc 类对象。std::bad_alloc 继承了 C++标准类 std::exception，而 std::exception 是在头文件 exception 中声明的。

下述重要异常类都是从 std::exception 派生而来的。

- bad_alloc：使用 new 请求内存失败时引发。
- bad_cast：试图使用 dynamic_cast 转换错误类型（没有继承关系的类型）时引发。
- ios_base::failure：由 iostream 库中的函数和方法引发。

std::exception 类是异常基类，它定义了虚函数 what( )；这个函数很有用且非常重要，它详细地描述了导致异常的原因。在程序清单 28.2 中，第 18 行的 exp.what( )提供了信息 "bad array new length"，让用户知道什么地方出了问题。由于 std::exception 是众多异常类型的基类，因此可使用 catch(const exception&)捕获所有将 std::exception 作为基类的异常：

```
void SomeFunc()
{
  try
  {
    // code made exception safe
  }
  catch (const std::exception& exp) // catch bad_alloc, bad_cast, etc
  {
    cout << "Exception encountered: " << exp.what() << endl;
  }
}
```

28.4.2　从 std::exception 派生出自定义异常类

可以定义任何异常并引发它，但最好让它继承 std::exception，这样做的好处在于，现有的异常处理程序 catch(const std::exception&)不但能捕获 bad_alloc、bad_cast 等异常，还能捕获自定义异常，因为它们的基类都是 exception。程序清单 28.5 演示了这一点。

程序清单 28.5　继承 std::exception 的 CustomException 类

```
 0: #include<exception>
 1: #include<iostream>
 2: #include<string>
 3: using namespace std;
 4:
 5: class CustomException: public std::exception
 6: {
 7:    string reason;
 8: public:
 9:    // constructor, needs reason
10:    CustomException(const char* why):reason(why) {}
11:
12:    // redefining virtual function to return 'reason'
13:    virtual const char* what() const throw()
14:    {
15:       return reason.c_str();
16:    }
17: };
18:
19: double Divide(double dividend, double divisor)
20: {
21:    if(divisor == 0)
22:       throw CustomException("CustomException: Division by 0");
23:
24:    return (dividend / divisor);
25: }
26:
27: int main()
28: {
29:    cout << "Enter dividend: ";
30:    double dividend = 0;
31:    cin >> dividend;
32:    cout << "Enter divisor: ";
33:    double divisor = 0;
34:    cin >> divisor;
35:    try
36:    {
37:       cout << "Result is: " << Divide(dividend, divisor);
38:    }
39:    catch(exception& exp)// catch CustomException, bad_alloc, etc
40:    {
41:       cout << exp.what() << endl;
42:       cout << "Sorry, can't continue!" << endl;
43:    }
44:
45:    return 0;
46: }
```

▼ 输出：

Enter dividend: 2021

```
Enter divisor: 0
CustomException: Division by 0
Sorry, can't continue!
```

▼ 分析：

程序清单 28.3 在除以 0 时引发简单的 char* 异常，这里对其进行了改进：在发生除以 0 的情况时，实例化一个 CustomException 对象（这个类是在第 5～17 行定义的，它继承了 std::exception），并引发它，如第 22 行所示。请注意，这个自定义异常类实现了虚函数 what( )，如第 13～16 所示；该函数返回引发异常的原因。在 main( )中，第 39～43 行的 catch(exception&) 不但处理异常 CustomException，还处理 bad_alloc 等其他将 exception 作为基类的异常。

注意	请注意程序清单 28.5 中虚函数 CustomException::what( ) 的声明（如第 13 行所示）： `virtual const char* what() const throw()` 它以 throw( ) 结尾，这意味着这个函数本身不会引发异常。这是对异常类的一个重要约束，如果您在该函数中包含一条 throw 语句，编译器将发出警告。如果函数以 throw(int) 结尾，意味着该函数可能引发类型为 int 的异常。

白名单	黑名单
务必捕获类型为 std::exception 的异常。 务必从 std::exception 派生出自定义异常类。 务必谨慎地引发异常。异常不能替代返回值（如 true 或 false）。	不要在析构函数中引发异常。 不要认为内存分配总能成功，务必将使用 new 的代码放在 try 块中，并使用 catch(std::exception&) 捕获可能发生的异常。 不要在 catch 块中包含实现逻辑或分配资源的代码，以免在处理异常的同时导致异常。

28.5　总结

本章介绍了 C++ 编程的一个重要部分——异常处理。确保应用程序离开开发环境后依然稳定很重要，这有助于提高用户满意度，并提供直观的用户体验。为确保这种稳定性，异常处理必不可少。您发现，分配资源或内存的代码可能失败，因此，需要处理它们可能引发的异常。您学习了 C++ 异常类 std::exception；如果需要编写自定义异常类，则最好继承 std::exception。

28.6　问与答

问：为何引发异常，而不是返回错误？

答： 不是什么时候都可以返回错误。如果调用 new 失败，就需要处理 new 引发的异常，以免应用程序崩溃。另外，如果错误非常严重，导致应用程序无法正常运行，应考虑引发异常。

问：为何自定义异常类应继承 std::exception？

答： 当然，并非必须继承 std::exception，但这样做让您能够重用捕获 std::exception 异常的所有 catch 块。在编写自己的异常类时，可以不继承任何类，但必须在所有相关的地方插入新的 catch(MyNewExceptionType&) 语句。

问：我编写的函数会引发异常，必须在该函数中捕获它吗？

答：完全不必，只需确保调用栈中有一个函数捕获这类异常即可。

问：构造函数可引发异常吗？

答：可构造函数实际上没有选择余地！它们没有返回值，指出问题的唯一途径就是引发异常。

问：析构函数可引发异常吗？

答：从技术上说可以，但这是一种糟糕的做法，因为由于异常导致退栈时也将调用析构函数。如果因异常而调用的析构函数引发异常，将让原本就稳定并试图妥善退出的应用程序雪上加霜。

28.7　作业

作业包括测验和练习，前者帮助读者加深对所学知识的理解，后者为读者提供了使用新学知识的机会。请尽量先完成测验和练习题，然后对照附录 E 的答案，继续学习第 29 章前，请务必弄懂这些题目。

28.7.1　测验

1. std::exception 是什么？
2. 使用 new 分配内存失败时，将引发哪种异常？
3. 在异常处理程序（catch 块）中，为大量 int 类型的变量分配内存以便备份数据合适吗？
4. 假设有一个异常类 MyException，它继承了 std::exception，您将如何捕获这种异常对象？

28.7.2　练习

1. 查错：下面的代码有何错误？

```
class SomeIntelligentStuff
{
   bool isStuffGoneBad;
public:
   ~SomeIntelligentStuff()
   {
      if(isStuffGoneBad)
         throw "Big problem in this class, just FYI";
   }
};
```

2. 查错：下面的代码有何错误？

```
int main()
{
   int* millionNums = new int[1000000];
   // do something with the million integers

   delete[] millionNums;
}
```

3. 查错：下面的代码有何错误?

```
int main()
{
    try
    {
        int* millionNums = new int[1000000];
        // do something with the million integers

        delete[] millionNums;
    }
    catch(exception& exp)
    {
        int* anotherMillion = new int[1000000];
        // take back up of millionNums and save it to disk
    }
}
```

第 29 章
C++20 概念、范围、视图和适配器

您已经学习了 C++编程的基本知识。事实上，您已经超越了理论上的界限，知道使用 STL、模板和标准库有助于编写高效而紧凑的代码。现在该来看看 C++20 新增的功能了。

在本章中，您将学习：

- 有关概念（concept）的基础知识；
- 如何定义您自己的概念；
- 有关范围、视图和适配器的基础知识；
- 使用适配器创建有关范围的视图。

> **提示**
>
> 本书编写期间，流行的编译器还未全面支持 C++20。当前，对于本章介绍的特性，g++和 MSVC 提供的支持最强大。编译器对新特性的支持在不断提高，因此务必使用您喜欢的编译器的最新版本，尤其是在使用 C++新增特性（如本章描述的特性）时。
>
> 另外，还需显式地启用对 C++20 特性的支持。如果您使用的是 g++或 clang++，可在命令行中添加-std=c++20；如果您使用的是 MSVC，可通过 Project Properties（项目属性）下的选项 C++ Language Standard（C++语言标准）来启用/std:c++20。

29.1　概念

第 14 章介绍了使用模板进行泛型编程的基础知识。您了解到，模板类可支持不同类型的属性，而调用模板函数时，可提供不同类型的参数（具体取决于实例化），如下所示：

```
template <typename T>
double DivideNums(T dividend, T divisor)
{
    return (dividend / divisor);
}
```

模板实例化类似于下面这样：

```
double pi = DivideNums(22.0, 7.0); // for float, float
```

显然，DivideNums( )返回两个数字相除的结果。如果您实例化这个模板函数时提供两个 string 类型的参数：

```
std::string str1, str2;
double crazyCompileErrror = DivideNums(str1, str2);
```

编译器将报错，指出类型 string 不支持运算符/。然而，您最想要的结果是，编译器拒绝编译，但

指出函数 DivideNums( )只能用于数值类型。也就是说，您将函数模板 DivideNums( )的实例化限制为只能针对数值类型（最好是浮点数），并希望编译器替您进行这种验证。C++20 引入的概念可帮助您完成这种任务。

您使用概念来定义约束，以决定可针对哪些类型实例化模板类或函数。编译器替您验证概念，以执行它们定义的约束。另外，标准库提供了 std::floating_point 等基本概念，可帮助您对前述模板实例化：

```
template <std::floating_point T> // concept constraining T
double DivideNums(T dividend, T divisor)
{
    return (dividend / divisor);
}
```

现在，如果您将函数 DivideNums( )用于非数值类型（如 std::string），编译器甚至都不会在 std::string 类中查找运算符/，而直接显示一条简单的错误消息，指出您没有遵守给 DivideNums( )定义的约束。乍一看，概念这项特点好像微不足道，但它带来了极大的改进，让您能够轻松而安全地使用模板类。

> **提示** ———— 要使用 C++20 概念，需要包含头文件 concepts：
>
> ```
> #include<concepts>
> ```

29.1.1 使用标准库提供的概念

程序清单 29.1 是一个完整的程序，它使用概念 std::floating_point 将提供给 DivideNums( )的参数类型限定为浮点类型（即 float 和 double）。

程序清单 29.1 使用简单概念将模板函数的参数类型限制为浮点类型

```
 0: #include<concepts>
 1: #include<iostream>
 2: using namespace std;
 3:
 4: template <std::floating_point T> // enforce floating point
 5: double DivideNums(T dividend, T divisor)
 6: {
 7:     return (dividend / divisor);
 8: }
 9:
10: int main()
11: {
12:     cout << "Pi = " << DivideNums(22.0, 7.0); // OK
13:     // cout << "Pi = " << DivideNums(22, 7); // err: not floating pt
14:
15:     return 0;
16: }
```

▼ **输出：**

```
Pi = 3.14286
```

▼ **分析：**

在程序清单 29.1 中，第 4 行使用了概念 std::floating_point 将 T 的类型限定为浮点类型，因此编译器将对模板函数 DivideNums( )的实例化进行验证，确保针对的是浮点类型。如果对第 13 行取消注释，编译将以失败告终（这符合预期），因为这行代码调用 DivideNums( )时使用的参数不是浮点数。

表 29.1 描述了标准库提供的一些重要概念。

表 29.1　　　　　　　　　　　　标准库提供的一些重要概念

概念	描述
integral	验证整型，如 int 和 long 以及它们的有符号和无符号变种
signed_integral	验证有符号整型，如 int、long 和 long long
unsigned_integral	验证无符号整型，如 unsigned int 和 unsigned long
floating_point	验证浮点类型，如 float 和 double
same_as	验证两种类型是相同的
derived_from	验证一种类型是从另一种类型派生而来的
convertible_to	验证一种类型可转换为另一种类型

29.1.2　使用关键字 requires 定义自定义概念

程序清单 29.1 中模板函数 DivideNums( )的一个缺点是，要求除数和被除数是相同的浮点类型，即不能用来计算 22.0 除以 7 或 22 除以 7.0，虽然这两个运算都是可行的。要解决这个问题，可定义一个概念 AnyNumericType，它合并了概念 floating_point 和 integral：

```
template <typename T>
concept AnyNumericType = floating_point<T> || integral<T>;
```

另外，为让除数和被除数的类型可以不同，可在定义模板函数时使用关键字 requires：

```
template <typename T1, typename T2>
requires AnyNumericType<T1> && AnyNumericType<T2>
double DivideAnyNumericType(T1 dividend, T2 divisor)
{
    return (dividend / divisor);
}
```

程序清单 29.2 将这些概念整合到了一个示例中，演示了如何使用概念来对两个函数参数中的一个进行约束。它还使用了一个参数数量可变的函数将参数显示到屏幕上。

程序清单 29.2　合并多个概念——对不同的参数使用不同的约束

```
 0: #include<concepts>
 1: #include<iostream>
 2: using namespace std;
 3:
 4: template <typename T>
 5: concept AnyNumericType = floating_point<T> || integral<T>;
 6:
 7: template <integral T>
 8: double DivideOnlyInts(T dividend, T divisor)
 9: {
10:     return (dividend / divisor);
11: }
12:
```

```
13: template <typename T1, typename T2>
14: requires AnyNumericType<T1> && AnyNumericType<T2>
15: double DivideAnyNumType(T1 dividend, T2 divisor)
16: {
17:    return (dividend / divisor);
18: }
19:
20: template <typename T1, typename T2>
21: requires same_as<T1, T2>
22: double DivideIdenticalTypes(T1 dividend,T2 divisor)
23: {
24:    return (dividend / divisor);
25: }
26:
27: void DisplayNums() { cout << endl; }
28:
29: template <typename T, typename... Types>
30: void DisplayNums(T num1, Types... numN)
31: {
32:    cout << num1 << ' ';
33:    DisplayNums(numN ...);
34: }
35:
36: int main()
37: {
38:    double q1 = DivideOnlyInts(22, 7); // OK
39:    // double q2 = DivideOnlyInts(22.0, 7); // error: 22.0 isn't integral
40:
41:    double q3 = DivideAnyNumType(22.0, 7); // OK
42:    double q4 = DivideAnyNumType(22.0, 7.0); // OK
43:    double q5 = DivideAnyNumType(22.0, '7'); // OK: type char is numeric
44:    // double q6 = DivideAnyNumType("22.0", 7); // error: char* isn't numeric
45:
46:    double q7 = DivideIdenticalTypes(22.0, 7.0); // OK
47:    double q8 = DivideIdenticalTypes(22.0, 7.0); // OK
48:    // double q9 = DivideIdenticalTypes(22.0, 7); // error: unidentical types
49:
50:    DisplayNums("q1 =", q1, "q3 =", q3, "q4 =", q4);
51:    DisplayNums("q5 =", q5, "q7 =", q7, "q8 =", q8);
52:
53:    return 0;
54: }
```

▼ **输出:**

```
q1 = 3 q3 = 3.14286 q4 = 3.14286
q5 = 0.4 q7 = 3.14286 q8 = 3.14286
```

▼ **分析:**

这个示例消除了程序清单 29.1 中的约束——将两个数相除的函数的两个参数的类型必须相同。第 4、5 行定义了一个新概念——AnyNumericType:只要参数的类型为整型或浮点型,就符合这个概念的要求。接下来,在第 13~18 行定义的模板函数 DivideAnyNumType( )中使用了这个概念;这个模块函数允许除数和被除数的类型不同，因为只要它们的类型是数值类型，就符合概念 AnyNumericType 的要求。

另外，这个示例还在第 20～25 行定义的函数 DivideIdenticalTypes( )中演示了概念 std::same_as。被注释掉的第 48 行表明，可以使用 std::same_as 来要求两个参数的类型相同：如果一个参数的类型为浮点类型，另一个的为整型，将引发编译错误。

提示	请注意，在函数 DisplayNums( )中，使用了参数数量可变的模板；这个函数是在第 27～34 行定义的，而第 50 和 51 行调用了它。这个函数用于字符串字面量和类型为 double 的数字。 在编译阶段，看到省略号（...）后，编译器展开 DisplayNums( )，并生成将所有参数都显示到屏幕上的版本。

29.1.3 将概念用于类和对象

为介绍有关概念的基础知识，本章将概念用于模板函数。将概念用于类与此没有太多的不同。通常，将模板用于类旨在指定成员属性的性质以及成员方法的行为。可使用概念来验证和限制实例化模板类时针对的类型，如程序清单 29.3 所示。

程序清单 29.3　使用概念对用于类的模板参数进行验证和限制

```
 0: #include<concepts>
 1: using namespace std;
 2:
 3: template <typename T>
 4: concept AnyNumericType = floating_point<T> || integral<T>;
 5:
 6: template<AnyNumericType T1, AnyNumericType T2>
 7: class Person
 8: {
 9: public:
10:    T1 age;
11:    T2 yearsEmployed;
12:
13:    Person(T1 num1, T2 num2) : age(num1), yearsEmployed(num2) {}
14: };
15:
16: int main()
17: {
18:    Person<int, double> p1(21, 3.4); // OK
19:    Person<double, float> p2(32.6, 3.4f); // OK
20:
21:    // Person<string, double> p3("lara", 3.4); // error: "lara" isn't numeric
22:
23:    return 0;
24: }
```

▼ 输出：

这个代码片段没有输出。

▼ 分析：

在第 6 行，使用了您熟悉的概念 AnyNumericType（程序清单 29.2 首次使用了它）来限制实例化

Person<>时可针对的类型。大致而言，这旨在让编译器进行验证，确保只针对数值类型实例化 Person<>，因为您不希望属性 age 和 yearsEmployed 包含的不是数字。如果没有概念 AnyNumericType 施加的约束，第 21 行也能通过编译，它会实例化一个年龄为"lara"的实例，这可不是您想要的结果。

因此，概念给模板类设计人员提供了一个强有力的工具，确保根据类的用途和功能来实例化它。

程序清单 29.4 演示了如何确保传递给函数的对象所属类型与 Base 相关。第 10 章说过，公有继承在派生类和基类之间建立了 is-a 关系。derived_from<>验证的正是这种关系，私有继承和无关类型将导致这种验证以失败告终。

程序清单 29.4　使用概念 derived_from

```
 0: #include<concepts>
 1: #include<iostream>
 2: using namespace std;
 3:
 4: class Base {};
 5: class PublicDerived : public Base {};
 6: class PrivateDerived : private Base {};
 7: class Unrelated {};
 8:
 9: template<derived_from<Base> T>
10: void ProcessBaseTypesOnly(T& input)
11: {
12:    cout << "Processing an instance of Base" << endl;
13: }
14:
15: int main()
16: {
17:    static_assert(derived_from<PublicDerived, Base> /* == true */);
18:    static_assert(derived_from<PrivateDerived, Base> == false);
19:    static_assert(derived_from<Unrelated, Base> == false);
20:
21:    PublicDerived d1;
22:    PrivateDerived d2;
23:    Unrelated u;
24:    ProcessBaseTypesOnly(d1); // OK, d1 is also type Base
25:    // ProcessBaseTypesOnly(d2); // Error: d2 isn't a Base
26:    // ProcessBaseTypesOnly(u); // Error: u is unrelated to Base
27:
28:    return 0;
29: }
```

▼ 输出：

```
Processing an instance of Base
```

▼ 分析：

这个示例使用了 static_assert 来指出哪些情况符合编译器的要求，哪些情况不符合，如第 17～19 行所示。另外，第 9 行使用了概念 derived_from<T>来对函数 ProcessBaseTypesOnly( )的参数进行限制。由于这个概念及其施加的约束，第 24 行能够通过编译，而第 25 和 26 行不能。

29.2　范围库、视图和适配器

第 15 章介绍容器时，您发现 STL 容器都支持下面两个方法。
- begin( )：这个方法返回容器的开头（即指向第一个元素）。
- end( )：这个方法返回容器的末尾（即指向最后一个元素后面）

范围是对集合的抽象，任何具备上述特征（支持上述两个方法）的集合都是范围。C++20 引入了一个新库——范围（ranges）库，它使用了这种抽象并进一步发展了它，进而提供了 STL 算法的替代品——视图和适配器。

> **提示**
>
> 要使用范围库，需要包含头文件 ranges：
>
> ```
> #include<ranges>
> ```

范围库提供了诸如 ranges::range 等概念，您可使用它们来验证集合是否是范围。范围是根据集合的已知特征分类的，它们提供了可验证范围类型的概念。在这些范围中，最重要的是 output_range、forward_range、bidirectional_range 和 random_access_range，程序清单 29.5 演示了它们。

程序清单 29.5　使用 std::ranges 来验证常用的容器是否是范围以及是哪种范围

```
0: #include<ranges>
1: #include<vector>
2: #include<list>
3: #include<set>
4: #include<map>
5: #include<stack>
6: #include<forward_list>
7: using namespace std;
8:
9: int main()
10: {
11:     static_assert(ranges::range<int[5]>);
12:     static_assert(ranges::range<vector<int>>);
13:     static_assert(ranges::range<list<int>>);
14:     static_assert(ranges::range<set<int>>);
15:     static_assert(ranges::range<map<int, int>>);
16:
17:     static_assert(ranges::forward_range<vector<int>>);
18:     static_assert(ranges::random_access_range<vector<int>>);
19:     static_assert(ranges::bidirectional_range<vector<int>>);
20:
21:     //static_assert(ranges::range<stack<int>>);//err: stack isn't a range
22:     //static_assert(ranges::bidirectional_range<forward_list<int>>);//error
23:     //static_assert(ranges::random_access_range<set<int>>); // error
24:
25:     return 0;
26: }
```

▼ **输出：**

这个代码片段没有输出。

▼ **分析：**

这个示例使用了 static_assert 来让编译器验证概念 std::ranges::range、std::ranges::forward_range、std::ranges::random_access_range 和 std::ranges::bidirectional_range。第 11～19 行表明，诸如 vector、list、set 和 map 等典型容器符合成为范围的条件，而 stack 不符合，如第 21 行所示。这是因为为实现 LIFO，容器 stack 修改了底层容器（如 vector）的行为。它不支持迭代，也没有提供方法 begin( ) 和 end( )，因此不满足成为范围的条件。同理，第 22 行表明，forward_list 不属于双向范围，而第 23 行表明，std::set 不允许随机访问其元素。

知道范围是什么后，我们来看看视图和适配器，并将它们与范围结合起来使用。

29.2.1　视图和适配器

视图是复制、移动和赋值时间都固定的范围，因此也是一种特殊的范围。所有视图都是范围，但并非所有范围都是视图。

第 16 章介绍过，std::string_view 让您能够在不执行开销高昂的复制操作的情况下查看字符串、子串或字符。C++20 视图的作用与此类似，但针对的是集合。您可使用视图来对范围执行算法，这样的算法被称为适配器。适配器返回一个视图，其中包含执行适配器生成的数据。

假设您要创建一个视图，它包含一个输入集合中的元素，但这些元素的排列顺序与原来相反。程序清单 29.6 演示了如何使用适配器 std::views::reverse 按相反的顺序（即原来的最后一个元素为第一个元素）查看集合。

程序清单 29.6　按相反的顺序查看集合

```
 0: #include<ranges>
 1: #include<vector>
 2: #include<iostream>
 3: using namespace std;
 4:
 5: int main()
 6: {
 7:    vector<int> nums{ 1, 5, 202, -99, 42, 50 };
 8:
 9:    // create a view using adaptor reverse
10:    auto viewReverse = nums | std::views::reverse;
11:
12:    cout << "View of collection in reverse: ";
13:    // range-based for: because, a view is also a range
14:    for (int num : viewReverse)
15:      cout << num << ' ';
16:
17:    cout << endl << "Original collection (unchanged): ";
18:    for (int num : nums)
19:      cout << num << ' ';
20:
21:    return 0;
22: }
```

▼ **输出：**

```
View of collection in reverse: 50 42 -99 202 5 1
Original collection (unchanged): 1 5 202 -99 42 50
```

▼ **分析：**

在这个示例中，使用适配器 std::views::reverse 创建了一个名为 viewReverse 的视图。首先将视图输出到了屏幕上，然后输出了原始 vector 容器的内容，以证明创建视图不会以任何方式修改原始集合。如果您使用算法 std::reverse( )，将修改原来的集合。另外，第 14 行使用了基于范围的循环来遍历 viewReverse，因为前面说过，视图是一种特殊的范围。请别忘了，所有视图都是范围，但并非所有范围都是视图。

29.2.2　范围库提供的适配器

程序清单 29.6 演示了如何使用适配器 std::views::reverse 来生成元素的排列顺序与插入顺序相反的集合视图。表 29.2 列出了 STL 提供的常用适配器。

表 29.2　　　　　　　　　　　　STL 提供的常用适配器

适配器	描述
std::views::reverse	以相反的顺序（即原来的最后一个元素为第一个元素）查看集合中的元素
std::views::all	查看集合中所有的元素
std::views::filter(p)	只查看满足谓词 p 的元素
std::views::drop(n)	查看集合中的元素，但忽略前 n 个元素
std::views::take(n)	查看集合中的前 n 个元素
std::views::transform(f)	查看将变换函数 f 应用于指定范围中各个元素的结果

程序清单 29.7 演示了如何使用适配器来生成有关集合的各种视图。

程序清单 29.7　使用适配器来生成有关集合的视图

```
0: #include<ranges>
1: #include<vector>
2: #include<iostream>
3:
4: using namespace std;
5:
6: template<ranges::view T>
7: void DisplayView(T& view)
8: {
9:    for (auto element : view)
10:       cout << element << ' ';
11:
12:    cout << endl;
13: }
14:
15: int main()
16: {
17:    vector<int> nums{ 1, 5, 202, -99, 42, 50 };
18:
19:    // Adaptor all creates a view comprising all elements
20:    auto viewAllElements = nums | std::views::all;
21:    cout << "View of all elements in the collection: ";
22:    DisplayView(viewAllElements);
23:
```

```
24:     // Adaptor filter creates a view comprising even numbers
25:     auto viewOnlyEven = nums | \
26:         std::views::filter([](auto num) {return ((num % 2) == 0); });
27:     cout << "View of even numbers in collection: ";
28:     DisplayView(viewOnlyEven);
29:
30:     // Adaptor reverse creates a view of elements in reverse order
31:     auto viewReverse = nums | std::views::reverse;
32:     cout << "View of collection in reverse: ";
33:     DisplayView(viewReverse);
34:
35:     // Adaptor drop creates a view of elements without first 3
36:     auto viewSkip3 = nums | std::views::drop(3);
37:     cout << "View of collection ignoring first 3 elements: ";
38:     DisplayView(viewSkip3);
39:
40:     // Adaptor take creates a view comprising first 3 elements
41:     auto viewFirst3 = nums | std::views::take(3);
42:     cout << "View of first 3 elements: ";
43:     DisplayView(viewFirst3);
44:
45:     // Adaptor transform creates a view comprising -1, 0 or 1
46:     auto viewTransform = nums | \
47:         std::views::transform([](auto num) {return (num % 2); });
48:     cout << "Transformed view ";
49:     DisplayView(viewTransform);
50:
51:     return 0;
52: }
```

▼ 输出：

```
View of all elements in the collection: 1 5 202 -99 42 50
View of even numbers in collection: 202 42 50
View of collection in reverse: 50 42 -99 202 5 1
View of collection ignoring first 3 elements: -99 42 50
View of first 3 elements: 1 5 202
Transformed view 1 1 0 -1 0 0
```

▼ 分析：

这个示例中的代码表达的意思很明确。首先，创建了一个名为 nums 的简单集合（vector<int>），并将其初始化为包含一些数字。然后，使用适配器 all、filter、reverse、drop、take 和 transform 创建了这个集合的各种视图。

请注意这个示例中的函数 DisplayView( )是如何编写的。通过使用概念 ranges::view，您告诉编译器，这个函数只能用于属于视图的参数。如果您将范围（如 vector nums）传递给这个函数，编译器将提出抗议。

| 提示 | C++20 视图具有延迟初始化的特征。定义视图对性能的影响微乎其微，且不受要操作的范围的规模的影响。延迟初始化意味着视图只有在首次使用时才会发生执行开销。另外，通过使用管道符号（|）合并（串接）多个适配器，可创建复合视图。这些特征让视图和适配器优于 STL 算法。 |

29.2.3　合并多个适配器

假设您要将元素的排列顺序反转并找出偶数元素，通过合并适配器 reverse 和 filter，只需一步就能生成这样的视图，如下所示：

```
auto lambdaIsEven = [](auto num) {return ((num % 2) == 0); };
auto viewEvenInRev = nums | views::reverse | views::filter(lambdaIsEven);
```

如果您要进一步限制这个视图，使其只包含两个元素，只需再添加适配器 take 即可：

```
auto viewEvenInReverseTopTwo = nums | views::reverse
              | views::filter(lambdaIsEven) | views::take(2);
```

程序清单 29.8 演示了这些适配器的用法。

程序清单 29.8　使用管道符号（||）合并多个适配器

```
 0: #include<ranges>
 1: #include<vector>
 2: #include<iostream>
 3: using namespace std;
 4:
 5: // concept ranges::view limits parameter type to view
 6: template<ranges::view T>
 7: void DisplayView(T& view)
 8: {
 9:    for (auto element : view)
10:       cout << element << ' ';
11:
12:    cout << endl;
13: }
14:
15: int main()
16: {
17:    vector<int> nums{ 1, 5, 202, -99, 42, 50 };
18:    auto viewAllElements = nums | std::views::all;
19:    cout << "View of all elements in the collection: ";
20:    DisplayView(viewAllElements);
21:
22:    auto lambdaIsEven = [](auto num) {return ((num % 2) == 0); };
23:    auto viewEvenInRev = nums | views::reverse | views::filter(lambdaIsEven);
24:    cout << "View even numbers in reverse: ";
25:    DisplayView(viewEvenInRev);
26:
27:    auto viewEvenInReverseTopTwo = nums | views::reverse
28:                 | views::filter(lambdaIsEven) | views::take(2);
29:    cout << "View first two even numbers in reverse: ";
30:    DisplayView(viewEvenInReverseTopTwo);
31:
32:    return 0;
33: }
```

▼ 输出：

```
View of all elements in the collection: 1 5 202 -99 42 50
View even numbers in reverse: 50 42 202
View first two even numbers in reverse: 50 42
```

▼ 分析：

第 18、23、27 和 28 演示了如何合并适配器以生成所需的视图。使用适配器是一种新的 C++编程方式，刚开始可能让您感觉陌生，但使用适配器可快速实现使用算法时需要多步才能实现的逻辑，这一定将让您感到欣慰。而且，使用算法时，需要的代码行更多，且程序的执行速度更慢。视图和适配器让 C++代码更直观，还可节省大量的代码行和处理步骤！

29.3　总结

通过对本章的学习，您熟悉了 C++20 带来的翻天覆地的变化，这包括概念、范围、视图和适配器。要编写出出色的 C++程序，并非必须使用这些新特性，但它们让 C++向现代化迈出了一大步。在接下来的几年，您将看到越来越多的代码使用这些特性，而您已为理解这样的代码以及进一步提高技能打下了基础。不要仅满足于探索本书的示例，请在线探索范围库，以进一步提高技能。

29.4　问与答

问：对于本章的有些示例，我无法编译它们，请问是哪里出了问题？
答： 本书编写期间，并非所有编译器都全面支持 C++20 特性。但本章的代码使用 g++ 12.0 和 MSVC 16.10 测试过。本章前面说过，您必须在编译器中显式地启用 C++20 特性。

问：在可以使用程序清单 29.8 所示函数 DisplayView( )的情况下，为何要使用概念？
答： 可将 DisplayView( )声明为接收 auto 参数，而不使用概念来限制参数类型，如下所示：

```
void DisplayView(auto& view)
```

如果这样做，程序清单 29.8 所示的代码也能通过编译，还可节省一行代码。可以不使用概念，但调用函数 DisplayView( )时，如果指定的参数不是视图，则编译器可能显示复杂的错误消息。概念让模板类和模板函数的设计人员要求在指定的约束条件下使用它们。在没有满足指定约束（概念）的情况下，编译器将显示更简单的错误消息，这有助于加快更正速度。

29.5　作业

作业包括测验和练习，前者帮助读者加深对所学知识的理解，后者为读者提供了使用新学知识的机会。请尽量先完成测验和练习题，然后对照附录 E 的答案，继续学习第 30 章前，请务必弄懂这些题目。

29.5.1　测验

1. 要使用概念帮助验证整型，需要包含哪个头文件？
2. 所有视图都是范围，所有的范围也都是视图。这句话对吗？
3. 通过对集合执行操作来创建视图的逻辑（算法）被称为什么？

29.5.2　练习

1. 查错：如果将程序清单 29.8 的第 20 行替换为下面的代码，将无法通过编译，为何会这样？

```
DisplayView(nums);
```

2. 像练习题 1 那样对程序清单 29.8 进行修改后，要让代码能够通过编译，需要如何修改 DisplayView( )的声明?

3. 创建一个视图，它包含一个集合中最后 3 个元素的平方值。

第 30 章
C++20 线程

为何程序员常常选择 C++而不是其他编程语言？原因之一是使用它能够编写高性能的应用程序。在帮助您编写用于高性能计算的多线程应用程序方面，C++最近有何进展呢？我们来了解一下。

在本章中，您将学习：
- 有关线程和多线程技术的基础知识；
- C++20 在多线程技术支持方面所做的改进。

30.1 多线程技术

多线程应用程序通过充分发挥处理器的能力来同时执行多个任务。线程是同时运行的，这可以让操作系统利用多个核心。详细讨论线程和多线程技术超出了本书的范围，因此，这里只简要地介绍这个主题，让您对高性能计算有大致的认知。

30.1.1 何谓线程

应用程序代码总是运行在线程中。线程是一个同步执行实体，其中的指令依次执行。可将 main( ) 的代码视为在应用程序的主线程中执行；在这个主线程中，可创建并行运行的新线程。如果应用程序除主线程外，还包含一个或多个并行运行的线程，则这个应用程序被称为多线程应用程序。

操作系统规定了如何创建线程。您可以通过调用操作系统提供的 API 来创建线程。不同的操作系统支持的多线程 API 不同，很多人都试图将支持可移植的线程创建和同步的库包装起来，而 C++20 标准化了线程创建和简单的线程同步，让您能够使用独立于平台的 C++代码来创建多线程应用程序。

30.1.2 为何要编写多线程应用程序

在需要并行执行多个任务的情况下，多线程技术很有用。假设在给定的时间，有 100000 名用户在流行的购物网站购物，而您是其中的一员。Web 服务器当然不会让成千上万的用户等待，而是创建多个线程来同时为用户服务。如果该 Web 服务器运行在多核处理器或多处理器云上，这种多线程架构将能够充分利用基础设施，向用户提供最佳的购物体验。

另一个常见的多线程示例是，与用户交互（例如，通过进度条）的同时做其他工作的应用程序。这样的应用程序通常包含用户界面线程和工作线程，其中，前者负责显示和更新用户界面以及接收用户输入，而后者在后台完成任务。磁盘碎片整理工具就是一个这样的应用程序。用户单击"开始"按钮后，将创建一个工作线程，负责扫描和整理磁盘碎片；与此同时，用户界面线程将显示进度，并提供取消碎片整理的选项。为让用户界面线程显示进度，整理碎片的工作线程需要定期提供进度；同样，为让工作线程在用户撤销时停止工作，用户界面线程需要提供这种信息。

注意

多线程应用程序常常要求线程彼此通信，这样应用程序才能成为一个整体。在多线程应用程序中，工作的顺序也很重要，在前面的示例中，您不希望用户界面线程在负责整理碎片的工作线程之前结束。在这种情况下，一个线程需要等待另一个线程。

让一个线程等待另一个线程被称为线程同步。

30.1.3   使用 C++20 线程库

C++20 提供了辅助类 std::jthread，这简化了多线程应用程序的编写工作。

提示

要使用多线程功能，需要包含头文件 thread：

```
#include<thread>
```

程序清单 30.1 是一个简单的应用程序，由一个主线程和一个工作线程组成。这个应用程序每隔 1 秒在屏幕上显示一行内容。

注意

本书编写期间，对于本章介绍的 C++20 特性，流行的编译器的支持情况不尽相同。在尝试本章的代码示例时，务必使用您喜欢的编译器的最新版本，以免编译器发生错误让您沮丧。本章旨在让您大致了解线程相关的特性，等编译器对它们提供了更好的支持后，就能使用它们。

提示

别忘了显式地启用编译器支持的 C++20 特性。如果您使用的是 g++ 或 clang++，可在命令行中添加-std=c++20 来启用这些特性，如果您使用的是 MSVC，可通过 Project Properties（项目属性）下的选项 C++ Language Standard（C++语言标准）启用/std:c++20。

程序清单 30.1   一个使用 std::jthread 的简单多线程应用程序

```
 0: #include<thread>
 1: #include<stop_token>
 2: #include<iostream>
 3: using namespace std;
 4:
 5: void ThreadFunction(std::stop_token stopSoon)
 6: {
 7:    while (true)
 8:    {
 9:       cout << "Worker thread: Hello!\n";
10:       std::this_thread::sleep_for(1s);
11:
12:       if (stopSoon.stop_requested())
13:       {
14:          cout << "Worker thread: asked to end, bye\n";
15:          break;
16:       }
17:    }
18: }
19:
```

```
20: int main()
21: {
22:     cout << "Main thread: Starting a worker thread\n";
23:
24:     // Construct a thread object (it starts execution too)
25:     jthread thSayHello(ThreadFunction);
26:
27:     // pause the main thread for 5 seconds
28:     this_thread::sleep_for(5s);
29:
30:     cout << "Main thread: Sending a stop request to worker\n";
31:     // send a stop "request" to child thread (not a kill)
32:     thSayHello.request_stop();
33:
34:     if (thSayHello.joinable())
35:     {
36:         cout << "Main thread: Waiting on worker to end\n";
37:         thSayHello.join(); // waiting on thread to end
38:         cout << "Main thread: wait has ended. Exiting now\n";
39:     }
40:
41:     return 0;
42: }
```

▼ 输出：

```
Main thread: Starting a worker thread
Worker thread: Hello!
Worker thread: Hello!
Worker thread: Hello!
Worker thread: Hello!
Worker thread: Hello!
Main thread: Sending a stop request to worker
Main thread: Waiting on worker to end
Worker thread: asked to end, bye
Main thread: wait has ended. Exiting now
```

▼ 分析：

这个示例中的程序由两部分组成：main( )和 ThreadFunction( )。main( )执行应用程序的主线程，它实例化一个并行执行 ThreadFunction( )的工作线程。ThreadFunction( )是在第 5~18 行定义的，它只是每隔一秒在屏幕上显示"Worker thread: Hello!"。它不断地这样做，直到收到停止信号（std::stop_token. stop_requested( )）。在第 25 行，主线程触发工作线程的执行，这是通过将 ThreadFunction 作为参数传递给构造函数 jthread( )实现的。

在第 32 行，主线程发送一个信号，请求工作线程停止。如果在第 12 行，ThreadFunction( )选择不处理停止令牌，那么这种请求将被忽略。如果对当前线程调用方法 joinable( )，它将返回 false，这可确保不对自己调用 join( )。出于演示的目的，第 34 行在主线程中对工作线程调用了 joinable( )，虽然在这个简单的程序中，joinable( )返回的肯定是 true。让 main( )等待工作线程的任务实际上是在第 37 行使用 join( )完成的。

显然，这个应用程序非常简单，但演示了有关如何实例化线程并等待它的基础知识。在实际的应用程序中，线程之间需要共享数据，因此面临着另一个挑战，那就是确保数据的完整性。

30.1.4 线程如何交换数据

线程可共享变量，也可访问全局数据。在创建线程时，可给它提供一个指向共享对象（结构或类）的指针，如图 30.1 所示。

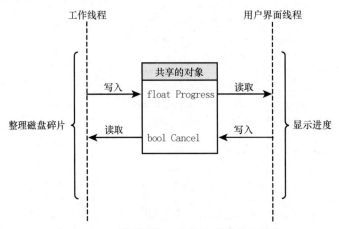

图 30.1 工作线程和用户界面线程共享数据

不同的线程能够相互通信，这是通过将数据写入所有线程都能访问（即共享）的内存单元实现的。在前面的磁盘碎片整理示例中，工作线程知道进度，而用户界面线程需要获悉具体信息；工作线程定期地存储进度，而用户界面线程可使用整数表示的百分比来显示进度。

这种情形非常简单：一个线程创建信息，另一个线程使用它。如果多个线程读写相同的内存单元，结果将如何呢？有些线程开始读取数据时，其他线程可能还未结束写入操作，这将给数据的完整性带来威胁，因此需要同步线程。

30.1.5 使用互斥量和信号量同步线程

线程是操作系统级实体，而用来同步线程的对象也是操作系统提供的。大多数操作系统都提供了信号量（semaphore）和互斥量（mutex），以供您用来同步线程。

互斥量（互斥同步对象）通常用于避免多个线程同时访问同一段代码。换句话说，互斥量指定了一段代码，其他线程要执行它，必须等待当前执行它的线程结束并释放该互斥量。然后，下一个线程获取该互斥量，完成其工作，并释放该互斥量。C++通过类 std::mutex 提供了一种互斥量实现，这个类位于头文件 mutex 中。

通过使用信号量，可指定可同时执行某个代码段的线程的数量。只允许一个线程访问的信号量被称为二值信号量（binary semaphore）。

> **C++20 协程**
>
> C++20 引入了协程，这是另一种帮助实现高效线程同步的方式。协程是可暂停的函数，即可在合适的情况下挂起和恢复执行。协程不同于常规函数的另一点是，它们不使用栈。在被挂起时，协程将在栈外（如堆或自由存储区中）存储恢复执行所需的状态。

30.2 总结

并非在任何情况下都必须使用多线程技术，必须根据应用程序的目标谨慎地选择和使用这种技术。

编写多线程应用程序需要耐心和细心。通过阅读本章，您熟悉了与多线程技术相关的重要术语，为您在在线资源的帮助下通过实践继续往下学习打下了基础。

30.3 问与答

问：我编写了一个应用程序，对其性能很满意，还应考虑在其中实现多线程功能吗？

答： 根本不用考虑。并非所有应用程序都必须使用多线程技术，仅当应用程序需要并行地执行任务或同时为众多用户提供服务时，才需要使用多线程技术。

30.4 作业

这里的作业只包括练习，旨在帮助读者加深对所学知识的理解。请尽量先完成练习，然后对照附录 E 的答案，继续学习第 31 章前，请务必弄懂题目。

练习

在程序清单 30.1 中，如果主线程没有调用 join( )，结果将如何？

第 31 章
C++20 模块和 C++23

现在您已熟悉 C++编程。您学习了让 C++迈向现代化的新增特性：lambda 表达式、自动类型推断、范围、视图、适配器等。下面来介绍模块，它是标准 C++20 引入的，但在本书编写期间，还未获得流行的编译器的全面支持。在本章的最后，还将简要地介绍 C++23 有望引入的新特性。

在本章中，您将学习：

- 旨在取代头文件的 C++20 模块；
- C++23 有望引入的新特性；
- 如何进一步提高 C++编程技能；

31.1　模块

模块旨在改进最基本也是最著名的 C++特性之一——头文件。现在，您肯定非常熟悉下面的语法：

```
#include<header>
```

例如：

```
#include<iostream>
```

31.1.1　#include<header>存在的问题

#include<header>是从 C 语言那里继承的"遗产"。预处理器执行这种指令，用<header>的内容替换它。在包含多个头文件时，预处理器按包含的顺序插入这些头文件的文件内容。头文件之间存在互相包含的问题，这使得预处理器增加了编译器的负担。作为编译的前奏，这种简单的包含逻辑带来了很多问题：

- 它不够智能，常常会重复地包含多个文件；
- 它导致代码量呈爆炸性增长，因为它会包含与当前编译的程序无关的代码，徒增编译器的负担；
- 它会极大地减慢编译速度，并增加因重复定义导致错误的可能性；
- 包含的顺序很重要，因为诸如#define MACRO、#ifdef、#ifndef 等预处理器编译指令会影响当前编译的代码。

31.1.2　C++20 模块

模块是独立的代码片段，每个模块都有独一无二的名称。模块可导出函数、变量和类。要使用模块导出的函数、变量和类，必须导入模块。程序清单 31.1 是程序 Hello World 的一个变种，它是使用模块创建的。

本书编写期间，流行的编译器对 C++20 模块的支持并不全面，且常常存在 bug。

对于诸如 iostream 等标准头文件，在有关如何模块化它们方面还未标准化。C++23 有望完成这种标准化。

因此，如果在您喜欢的编译器中，程序清单 31.1 不能通过编译，请不要大惊小怪。就目前而言，您只需知道有这么个情况，不需要过多地关注实现细节。

程序清单 31.1 使用模块实现的简单 Hello World 程序（仅在 MSVC 中能够通过编译）

```
0: import std.core; // module containing core utilities like cout
1:
2: int main()
3: {
4:     std::cout << "Hello World!" << std::endl;
5:     return 0;
6: }
```

▼ **输出：**

```
Hello World!
```

▼ **分析：**

这个程序的独特之处在于，它使用了 C++最新引入的特性——模块。请注意，在这个示例中，没有包含头文件 iostream，而是使用关键字 import 让编译器包含模块 std.core。在当前的 MSVC 实现中，模块 std.core 提供了所有的核心函数，包括原本由 iostream 提供的核心函数。

31.1.3 创建模块

模块有两个重要的组成部分：
- 模块接口单元；
- 模块实现单元。

在模块接口单元中，声明了在模块外部可见的工件（artifact），即将从模块导出的工件。模块是这样声明的：

```
export module ModuleName;
```

例如，在文件 MyFirstModule.ixx 中，声明模块 MyFirstModule 的代码类似于下面这样：

```
// file MyFirstModule.ixx (extension ixx for MSVC)

export module MyFirstModule;
```

而模块要向使用者暴露的函数和变量，是在模块接口单元中使用关键字 export 声明的：

```
export int AddIntegers(int a, int b);

void FuncNotVisibleOutsideModule(); // not exported
```

未导出的函数、类和变量在模块内可见且可使用，但在模块外不能使用。

提示

在模块单元中，不能包含头文件，但可像下面这样导入头文件（千万别忘了末尾的分号）：

```
import <header>;
```

模块实现单元定义（即实现）模块接口单元声明的函数和工件：

```
// file MyFirstModule.cpp
module MyFirstModule;

int AddIntegers(int a, int b)
{
    return (a + b);
}
```

提示   在全局模块 fragment 中，可包含头文件。模块接口单元以下面的代码开头时，后续代码将被视为全局模块 fragment 的一部分：

     export module; // no module name supplied

下面是一个这样的示例：

```
// file MyFirstModule.ixx
export module;
#include<header> // in global module fragment
export module MyFirstModule;
export int AddIntegers(int a, int b); // in module
MyFirstModule
```

要包含必要的头文件，可使用全局模块 fragment。

31.1.4　使用模块

创建模块 MyFirstModule 后，您可能想使用它暴露的函数。为此，可在要使用这个模块的地方导入想使用的函数：

```
// main.cpp
import MyFirstModule;
int main()
{
    int sum = AddIntegers(500, 50); // exported by MyFirstModule

    // FuncNotVisibleOutsideModule(); // error: not exported, hence unavailable

    return 0;
}
```

提示   在程序清单 31.1 中，演示了模块以及模块的定义、导入和导出。

31.1.5　为何导入模块优于预处理器编译指令#include<header>

相比于使用预处理器编译指令来包含头文件，导入模块的效率更高，其原因如下：
- 头文件由预处理器插入.cpp 文件中包含头文件的代码所在的位置，而模块是单独编译的；
- 模块之间没有依赖关系，因此模块的导入顺序无关紧要（相反，在很多情况下，头文件的包含顺序都很重要）；
- 从模块外部看，只有被导出的工件是相关的，其他工件都不相关，这有助于提高编译速度。

31.2 C++23 有望引入的特性

C++的优点之一是，标准委员会一直在积极地改进这门语言。C++20 做了重大的改进，而 C++23 有望全面支持 C++20 引入的特性。

> **注意** 本节讨论的是有望引入 C++标准的特性，但当前它们并非 C++标准的组成部分。另外，C++23 并非一定会支持这里介绍的每个特性。

在 2023 年修订 C++标准时，有望引入的重要特性如下。

- 模块化的标准库：您可能注意到了，前面介绍模块时导入了 std.core，但对此做了说明。虽然引入了标准库的模块化版本，但并没有清晰的指南，指出如何给模块命名以及模块应支持或导出哪些工件。C++23 有望就如何模块化标准库做出清晰地说明，届时不同编译器和平台需要做的修改将是一致的。
- 协程支持库：C++20 引入了有助于同步线程的协程。然而，缺乏库的支持阻碍着对标准的采纳，C++23 有望消除这个障碍。

C++23 有望完善 C++20 引入的特性，例如，对相关的算法（包括<numeric>中的算法）提供全面的范围支持。另外，C++23 有望引入对网络编程的支持，还可能引入管理代码（函数、方法等）执行的执行器（executor），这包括调度和处理器细节等方面。

31.3 更深入地学习 C++

通过阅读本书，您在学习 C++方面取得了巨大进步，要沿这条道路继续前行，最佳的方式是动手编写大量代码！C++是一种复杂的语言，越多动手编程，您对幕后的情况就了解得越深入。请阅读附录 C，学习一些可帮助您编写出易于维护的优质代码的最佳实践。另外请访问在线资源，并积极地参与到开发社区中。

31.3.1 在线文档

希望您利用在线文档，更深入地学习 STL 容器及其函数以及算法、范围、视图和适配器。一个包含结构化资源的流行的网站是 cppreference。

31.3.2 提供指南和帮助的社区

为充分利用内容丰富且活跃的 C++在线社区，请考虑如下建议。

- 前往 Stack Overflow 和 CodeGuru 等网站注册。当您有技术方面的问题时，可在这些社区找到答案。
- 参与开源 C++项目、向 GitHub 项目贡献代码。
- 与其他经验丰富的程序员合作编程。
- 充满好奇心、努力学习并积极分享。

31.4 总结

这是本书的最后一章，旨在引导您继续探索 C++。现在，您熟悉了 C++基本知识和进阶概念。您知道，仅靠采用最新的语言特性，并不能编写出出色的代码。您还知道，通常不需要白费力气做重复的工作，而可使用标准库提供的算法和特性。您已为进入专业 C++编程领域做了充分的准备，祝您一切顺利。

31.5 问与答

问：我无法编译模块。为解决这种问题，需要怎么做？

答： 在本书编写期间，不同编译器的 C++20 模块实现并不一致。例如，在 Microsoft Visual Studio 中，需要确保安装了与 C++模块相关的可选组件，确保针对 C++20（/std:c++20）配置了项目，并确保开启了实验模式（/experimental:module）。

问：既然编译器对模块的支持还不全面，本书为何要介绍它呢？

答： C++20 引入了模块，这是现实。假以时日，编译器肯定会遵循最新的标准并支持新引入的特性。为稳妥起见，编译器使用开关来引入新特性（在 MSVC 中为/std:c++20，在 g++和 clang++中为 -std=c++20），要使用 C++引入的新特性，您必须显式地启用这个开关。

31.6 作业

这里的作业只包括练习，旨在帮助读者加深对所学知识的理解。请尽量先完成练习，然后对照附录 E 的答案，请务必弄懂这些题目。

练习

查错：下面的代码有何错误？

```cpp
// module interface file Calculations.ixx
export module Calculations;
int AddNums(int a, int b)
{
    return (a + b);
}
// main.cpp
import Calculations;
int main()
{
    int sum = AddNums(3, 4);
    return 0;
}
```

对使用 C++ 编写更好的应用程序来说，理解二进制和十六进制的工作原理并非至关重要，但这有助于您更深入地了解"幕后"发生的情况。

A.1　十进制

我们日常使用的数字用 0～9 表示，这种数字被称为十进制数。十进制数使用 10 个不同的数字表示，十进制的基数为 10。

当基数为 10 时，如果从 0 开始对数字的各位进行编号，则每位表示的值为该位的数字乘 $10^{编号}$，例如，在数字 957 中，7 对应的位编号为 0，5 对应的位编号为 1，9 对应的位编号为 2。这些位编号将作为以 10 为底的指数，如下面所示：

```
957 = 9 × 10² + 5 × 10¹ + 7 × 10⁰ = 9 × 100 + 5 × 10 + 7
```

别忘了，任何非零数的 0 次方都为 1，因此 10^0 和 1000^0 的值相同，都是 1。

注意　对十进制来说，10 的幂很重要。在十进制数中，各位的量级分别是 10、100、1000 等。

A.2　二进制

二进制的基数为 2。在二进制中，每位只有两种可能的状态，分别用数字 0 和 1 表示。在 C++ 中，0 和 1 分别对应 false 和 true（true 为非 0 值）。

和十进制数是根据 10 的幂计算其表示的值一样，二进制数根据 2 的幂计算其表示的值：

101（二进制）　$= 1 \times 2^2 + 0 \times 2^1 + 1 \times 2^0 = 4 + 0 + 1 = 5$（十进制）

因此，二进制数 101 对应的十进制数为 5。

注意　在二进制数中，各位的量级为 2 的幂，即分别是 4、8、16、32 等。其中，指数为当前位的编号，而编号从 0 开始。

为更深入地了解二进制，请看表 A.1，其中列出了 2 的幂。

表 A.1　　　　　　　　　　　　　　　　　　　2 的幂

指数	幂	幂的二进制表示
0	$2^0 = 1$	1
1	$2^1 = 2$	10
2	$2^2 = 4$	100

续表

指数	幂	幂的二进制表示
3	$2^3 = 8$	1000
4	$2^4 = 16$	10000
5	$2^5 = 32$	100000
6	$2^6 = 64$	1000000
7	$2^7 = 128$	10000000

A.2.1 计算机为何使用二进制

相比于数制的整个历史，二进制广泛使用的历史较短，电子学和计算机的发展使其应用得以普及。电子学和电子元件的发展催生了一个新系统，它将元件状态视为 ON（高电平）或 OFF（低电平）。

ON 和 OFF 状态非常适合使用 1 和 0 来表示，而这正是二进制使用的数字，二进制可用于算术计算。通过开发门电路，很容易支持第 5 章介绍的逻辑运算，如 NOT、AND、OR 和 XOR，这使得使用二进制进行条件处理很容易。

A.2.2 位和字节

位是计算系统中的基本单位，包含一个二值状态。因此，如果位包含状态 1，则称为被"设置"，如果包含状态 0，则称为被"重置"。一系列位称为字节；从理论上说，1 字节包含的位数并非固定的，它随硬件而异。

然而，大多数计算系统都假定 1 字节包含 8 位，这是出于简单和方便的考虑，因为 8 为 2^3。由于 1 字节包含 8 位，因此能存储 2^8（256）个不同的值，这足以表示 ASCII 字符集中的所有字符。

A.2.3 1KB 相当于多少字节

1KB 为 1024（2^{10}）字节。同样，1MB 为 1024KB，1GB 为 1024MB，1TB 为 1024GB。

A.3 十六进制

十六进制的基数为 16。在十六进制中，各位的值用 0～9 和 A～F 表示，因此十进制数 10 对应的十六进制数为 A，十进制数 15 对应的十六进制数为 F。表 A.2 列出了十六进制数对应的十进制数。

表 A.2		十六进制数对应的十进制数	
十进制数	十六进制数	十进制数	十六进制数
0	0	8	8
1	1	9	9
2	2	10	A
3	3	11	B
4	4	12	C
5	5	13	D
6	6	14	E
7	7	15	F

在十进制中，各位的量级为 10 的幂，而在二进制中，各位的量级为 2 的幂；同样，在十六进制

中，各位的量级为 16 的幂，如下面的示例所示：

$$0x31F = 3 \times 16^2 + 1 \times 16^1 + F \times 16^0 = 3 \times 256 + 16 + 15 = 799 \,(\text{十进制})$$

> **注意** 根据约定，使用前缀 0x 表示十六进制数。

为何需要十六进制

计算机使用二进制。在计算机中，每个内存单元的状态为 0 或 1。然而，如果在计算机中使用 0 和 1 来表示编程信息，则表示少量信息就需大量空间。每个十六进制位可表示 4 个二进制位，因此，使用 2 个十六进制位就能表示 1 字节的状态，其效率非常高。例如，不使用二进制表示 1111，而使用十六进制表示 F，后者的效率高得多。

> **注意** 还有一种进制是八进制，用得较少。八进制的基数为 8，每位用数字 0～7 表示。

A.4 不同进制之间的转换

在处理数字时，有时可能需要用不同的进制表示，例如，您可能想知道二进制数的十进制表示或十进制数的十六进制表示。

A.2 节和 A.3 节的示例演示了如何将二进制数或十六进制数转换为十进制数，下面来看看如何将十进制数转换为二进制数和十六进制数。

A.4.1 通用的转换步骤

在不同进制之间进行转换时，需要从要转换的数字开始，不断地除以目标基数，并从最右边开始，不断将余数填入目标数中。下一次执行除法运算时，将前一次除法运算的商作为被除数，并将目标基数作为除数。

这个过程将不断持续下去，直到余数可用目标进制的一位表示，且商为 0。

这种方法也被称为分解法（breakdown method）。

A.4.2 从十进制转换为二进制

要将十进制数 33 转换为二进制数，步骤如下。

第 1 位：将 33 除以 2，商为 16，余数为 1。

第 2 位：将 16 除以 2，商为 8，余数为 0。

第 3 位：将 8 除以 2，商为 4，余数为 0。

第 4 位：将 4 除以 2，商为 2，余数为 0。

第 5 位：将 2 除以 2，商为 1，余数为 0。

第 6 位：将 1 除以 2，商为 0，余数为 1。

因此十进制数 33 的二进制表示为：100001。

同样，要将十进制数 156 转换为二进制数，步骤如下：

第 1 位：将 156 除以 2，商为 78，余数为 0。

第 2 位：将 78 除以 2，商为 39，余数为 0。

第 3 位：将 39 除以 2，商为 19，余数为 1。

第 4 位：将 19 除以 2，商为 9，余数为 1。

第 5 位：将 9 除以 2，商为 4，余数为 1。

第 6 位：将 4 除以 2，商为 2，余数为 0。

第 7 位：将 2 除以 2，商为 1，余数为 0。

第 8 位：将 1 除以 2，商为 0，余数为 1。

因此十进制数 156 的二进制表示为：10011100。

A.4.3   从十进制转换为十六进制

将十进制转换为十六进制的步骤与转换为二进制的步骤相同，但应除以基数 16，而不是 2。

因此，要将十进制数 5211 转换为十六进制数，步骤如下。

第 1 位：将 5211 除以 16，商为 325，余数为 11（对应的十六进制数为 B）。

第 2 位：将 325 除以 16，商为 20，余数为 5。

第 3 位：将 20 除以 16，商为 1，余数为 4。

第 4 位：将 1 除以 16，商为 0，余数为 1。

因此十进制数 5211 的十六进制表示为：145B。

提示

要更深入地了解各种进制的工作原理，可编写一个类似于程序清单 27.1 的简单 C++ 程序，在其中使用 std::cout 和控制符显示一个整数的十六进制、十进制和八进制表示。要显示整数的二进制表示，可使用第 25 章介绍的 std::bitset，并参阅程序清单 25.1。

关键字是编译器保留给 C++语言使用的。不能将关键字用作类、变量或函数的名称。C++关键字如表 B.1 所示。

表 B.1   **C++关键字**

alignas	dynamic_cast	requires
alignof	else	return
and	enum	short
and_eq	explicit	signed
asm	export	sizeof
auto	extern	static
bitand	false	static_assert
bitor	float	static_cast
bool	for	struct
break	friend	switch
case	goto	template
catch	if	this
char	inline	thread_local
char8_t	int	throw
char16_t	long	true
char32_t	mutable	try
class	namespace	typedef
compl	new	typeid
concept	noexcept	typename
const	not	union
consteval	not_eq	unsigned
constexpr	nullptr	using
constinit	operator	virtual
const_cast	or	void
continue	or_eq	volatile
decltype	private	wchar_t
default	protected	while
delete	public	xor
do	register	xor_eq
double	reinterpret_cast	

注意   第 10 和 11 章介绍了两个有趣的标识符——final 和 override，它们不是 C++保留的关键字，可用来给对象或函数命名。然而，正如这两章指出的，与某些结构一起使用时，它们有特殊的含义。同样，第 31 章介绍的 import 和 module 也是标识符。

附录 C
编写杰出的 C++ 代码

相比于面世之日，C++ 发生了巨大变化，主要的编译器厂商在标准化方面做出了巨大努力，还有大量工具和函数，这些都有助于编写简洁的 C++ 代码。编写可靠且易于理解的 C++ 应用程序真的很容易。

下面的一些最佳实践可帮助您创建优质的 C++ 应用程序。

- 给变量指定（无论是对您还是其他人来说都）有意义的名称。精心地给变量命名可让代码更易于维护。
- 务必将指针初始化为有效的地址，如运算符 new 返回的地址。
- 绝不要认为运算符 new 的执行肯定会成功。对于分配资源的代码，务必处理其可能引发的异常，即将其放在 try 块中，并编写相应的 catch 块。
- 使用数组时，绝不要跨越其边界。跨越数组边界被称为缓冲区溢出，可导致安全漏洞。
- 不要使用字符串缓冲区（char*），也不要使用 strlen( )和 strcopy( )等函数。std::string 更安全，还提供了很多有用的方法，如获取长度、进行复制和附加内容的方法。
- 仅当确定要包含的元素数时才使用静态数组。如果不确定元素数，就使用 std::vector 等动态数组。
- 在声明和定义接收非 POD 类型的参数作为输入的函数时，应考虑将参数声明为引用，以免调用函数时执行不必要的复制步骤。
- 如果类包含原始指针成员，务必考虑如何在复制或赋值时管理内存资源所有权，即应考虑编写复制构造函数和复制赋值运算符。
- 在编写动态地管理资源的实用类时，务必实现移动构造函数和移动赋值运算符，以改善性能。
- 务必正确地使用 const。理想情况下，get( )函数不应修改类成员，因此应将其声明为 const 函数。同样，除非要修改函数参数包含的值，否则应将其声明为 const 引用。
- 不要使用原始指针，而应尽可能使用合适的智能指针。
- 编写实用类时，务必花精力实现让它使用起来更容易的运算符。
- 在有选择余地的情况下，务必使用模板而不是宏。模板不但是通用的，还是类型安全的。
- 编写类时，如果其对象将存储在诸如 vector 和 list 等容器中，或者被用作映射中的键，务必实现运算符<，它将用作默认排序标准。
- 如果您编写的 lambda 表达式很长，应考虑转而使用函数对象，即实现了 operator( )的类，因为函数对象可重用，且只有一个地方需要维护。
- 绝不要在析构函数中引发异常。
- 适当地对代码进行注释。
- 使用 C++20 通过头文件 numbers 提供的诸如 std::numbers::pi 等常量，而不要自己去定义。

这个清单并非包罗万象，但涵盖了一些最重要的点，有助于编写出色且易于维护的 C++ 代码。

计算机使用位和字节存储数据，位和字节表示的基本上是数字。为表示字符，制定了美国信息交换标准代码（ASCII），这种标准代码被广泛采用。ASCII 给拉丁字母 A～Z 和 a～z、数字 0～9 以及一些特殊按键（如 Delete）和特殊字符（如空格）指定了 7 位编码。

7 位编码可表示 128 种不同的值，其中前 32 个（0～31）被保留，用于表示与打印机等外设交互的控制字符。

可打印字符 ASCII 表

ASCII 值 32～127 用于表示可打印字符，如 0～9、A～Z、a～z 以及其他一些字符（如空格）。表 D.1 列出了这些字符的 ASCII 值对应的十进制值和十六进制值。

表 D.1　　　　　　　　　　　　可打印字符

符号	十进制值	十六进制值	描述
	32	20	空格
!	33	21	叹号
"	34	22	双引号
#	35	23	井号
$	36	24	美元符号
%	37	25	百分号
&	38	26	和号
'	39	27	单引号
(	40	28	左圆括号
)	41	29	右圆括号
*	42	2A	星号
+	43	2B	加号
,	44	2C	逗号
-	45	2D	连字符
.	46	2E	句点
/	47	2F	斜杠
0	48	30	0
1	49	31	1

符号	十进制值	十六进制值	描述
2	50	32	2
3	51	33	3
4	52	34	4
5	53	35	5
6	54	36	6
7	55	37	7
8	56	38	8
9	57	39	9
:	58	3A	冒号
;	59	3B	分号
<	60	3C	小于号（或左尖括号）
=	61	3D	等号
>	62	3E	大于号（或右尖括号）
?	63	3F	问号
@	64	40	at 符号
A	65	41	大写字母 A
B	66	42	大写字母 B
C	67	43	大写字母 C
D	68	44	大写字母 D
E	69	45	大写字母 E
F	70	46	大写字母 F
G	71	47	大写字母 G
H	72	48	大写字母 H
I	73	49	大写字母 I
J	74	4A	大写字母 J
K	75	4B	大写字母 K
L	76	4C	大写字母 L
M	77	4D	大写字母 M
N	78	4E	大写字母 N
O	79	4F	大写字母 O
P	80	50	大写字母 P
Q	81	51	大写字母 Q
R	82	52	大写字母 R
S	83	53	大写字母 S
T	84	54	大写字母 T
U	85	55	大写字母 U
V	86	56	大写字母 V
W	87	57	大写字母 W
X	88	58	大写字母 X

符号	十进制值	十六进制值	描述
Y	89	59	大写字母 Y
Z	90	5A	大写字母 Z
[	91	5B	左方括号
\	92	5C	反斜杠
]	93	5D	右方括号
^	94	5E	脱字符号
_	95	5F	下画线
`	96	60	重音符号
a	97	61	小写字母 a
b	98	62	小写字母 b
c	99	63	小写字母 c
d	100	64	小写字母 d
e	101	65	小写字母 e
f	102	66	小写字母 f
g	103	67	小写字母 g
h	104	68	小写字母 h
i	105	69	小写字母 i
j	106	6A	小写字母 j
k	107	6B	小写字母 k
l	108	6C	小写字母 l
m	109	6D	小写字母 m
n	110	6E	小写字母 n
o	111	6F	小写字母 o
p	112	70	小写字母 p
q	113	71	小写字母 q
r	114	72	小写字母 r
s	115	73	小写字母 s
t	116	74	小写字母 t
u	117	75	小写字母 u
v	118	76	小写字母 v
w	119	77	小写字母 w
x	120	78	小写字母 x
y	121	79	小写字母 y
z	122	7A	小写字母 z
{	123	7B	左花括号
|	124	7C	竖线（管道符号）
}	125	7D	右花括号
~	126	7E	腭化符号
	127	7F	Delete 键

附录E
答案

第1章

测验

1. 诸如C++等编译型语言创建可执行文件，即可在处理器中直接执行指令。诸如JavaScript等解释型语言在运行阶段需要解释器。解释器读取脚本文件的内容并执行指定的操作。

2. 编译器将C++代码文件作为输入，并生成与之对应的用机器语言表示的目标文件。在这个过程中，并没有解析对其他代码文件中函数和库的依赖。然后，链接器接手，它生成可执行文件——构建过程的最终输出。在此过程中，解析并链接了所有的依赖。

3. 编写代码；通过编译创建目标文件；通过链接创建可执行文件；通过执行进行测试；调试；修复代码中的错误；部署（尤其是云环境）。再重复这些步骤。在很多情况下，编译和链接是在一步中完成的。

练习

1. 显示x减y、x乘y和x加y的结果。
2. 输出应如下：

```
2 48 14
```

3. 在第1行，包含iostream的预处理器编译指令应以#开头，如下所示：

```
#include<iostream>
```

4. 它显示如下内容：

```
Hello Buggy World
```

第2章

测验

1. C++代码区分大小写，在编译器看来，Int与表示整型的int不是一回事。
2. 可以。例如：

```
/* if you comment using this C-style syntax
then you can span your comment over multiple lines */
```

练习

1. 因为 C++编译器区分大小写，它不知道 std::Cout 是什么以及它后面的字符串为何不以左引号（"）开头。另外，声明 main( )时，总是应该将其返回类型指定为 int。

2. 下面是修正后的程序：

```
#include<iostream>
int main()
{
    std::cout << "Is there a bug here?"; // no bug anymore
    return 0;
}
```

3. 下面的程序修改了程序清单 2.4，以演示减法和乘法运算：

```
#include<iostream>
using namespace std;

// Function declaration
int DemoConsoleOutput();

int main()
{
   // Call i.e. invoke the function
   DemoConsoleOutput();

   return 0;
}

// Function definition
int DemoConsoleOutput()
{
   cout << "10 - 5 = ";
   cout << "10 * 5 = ";

   return 0;
}
```

▼ **输出：**

```
10 - 5 = 5
10 * 5 = 50
```

第 3 章

测验

1. 有符号整型变量的最高有效位（MSB）用作符号位，指出了整数值是正还是负，而无符号整型变量只能存储正整数。

2. #define 是一个预处理器编译指令，它可以让编译器对定义的值进行文本替换。然而，它不是类型安全的，而是一种原始的常量定义方式，应避免使用。

3. 为了确保变量包含非随机的确定值。

4．2。

5．虽然从语法上说没有问题，但这个变量名不具描述性，对阅读者不友好。这种代码虽然能够通过编译，但难以维护，因此，应避免使用。在声明变量时，应使用能揭示其用途的名称，如：

```
int age = 0;
```

练习

1．方式有很多，下面是其中的两种：

第一种：

```
enum YourCards {Ace = 43, Jack, Queen, King};
// Ace is 43, Jack is 44, Queen is 45, King is 46
// Alternatively..
```

第二种：

```
enum YourCards {Ace, Jack, Queen = 45, King};
// Ace is 0, Jack is 1, Queen is 45 and King is 46
```

2．参考程序清单 3.4，并对其进行修改就可以获得这个问题的答案。

3．下面的程序要求用户输入圆的半径，然后程序即可计算其面积和周长：

```
#include<iostream>
using namespace std;

int main()
{
    const double Pi = 3.1416;

    cout << "Enter circle's radius: ";
    double radius = 0;
    cin >> radius;

    cout << "Area = " << Pi * radius * radius << endl;
    cout << "Circumference = " << 2 * Pi * radius << endl;

    return 0;
}
```

▼ **输出：**

```
Enter circle's radius: 4
Area = 50.2656
Circumference = 25.1328
```

4．如果将计算得到的面积和周长存储到 int 类型的变量中，将出现警告消息（而不是错误消息），且输出类似于下面这样：

```
Enter circle's radius: 4
Area = 50
Circumference = 25
```

5．auto 让编译器根据赋给变量的初始值推断其类型。这里的代码未初始化变量，因此无法通过编译。下面是修复这种问题的方法：

```
auto age = 21; // initialized to 21
```

第 4 章

测验

1. 对于包含 5 个元素的数组，其第一个元素和最后一个元素的索引分别是 0 和 4。

2. 不应该。使用 C 风格字符串来存储用户输入不安全，因为这种做法让用户能够输入比数组长度更长的字符串。

3. 一个终止空字符。

4. 这取决于您如何使用它。如果将其用于 cout 语句，将不断读取字符，直到遇到终止空字符。这将跨越数组边界，可能导致应用程序崩溃。

5. 只需将 vector 声明中的 int 替换为 char 即可：

```
vector<char> dynArrChars(3);
```

练习

1. 下面是一种可能的解决方案，这里只初始化了“车”所在的棋盘方格，但足以让您明白其中的要点：

```
int main()
{
  enum Square
  {
      Empty = 0,
      Pawn,
      Rook,
      Knight,
      Bishop,
      King,
      Queen
  };

  Square chessBoard[8][8]; // 8 rows × 8 columns

  // Initialize the squares containing rooks
  chessBoard[0][0] = chessBoard[0][7] = Rook;
  chessBoard[7][0] = chessBoard[7][7] = Rook;

  return 0;
}
```

2. 要设置第 5 个元素，需要访问索引为 4 的元素（即 myNums[4]），因为索引从 0 开始。

第 5 章

测验

1. 用户可能想将两个浮点数相除，而 int 类型的变量不能包含小数，因此应使用 float。

2. 由于编译器将操作数视为整数，因此结果为 4。

3. 由于分子为 32.0 而不是 32，因此编译器将此视为浮点数运算，结果为浮点数，大约为 4.571。

4. sizeof( ) 为运算符。

5. 不能完成这项任务，因为加法运算符的优先级高于移位运算符，所以将对 number 移 6（1+5）位，而不是 1 位。

6. 执行 XOR 运算的结果为 false，如表 5.5 所示。

练习

1. 下面是一种解决方案：

```
int result = ((number << 1) + 5) << 1;
```

2. result 包含将 number 向左移 7 位的结果，因为运算符+的优先级高于运算符<<。

3. 下面的程序让用户输入两个布尔值，并显示对其执行各种按位运算的结果：

```
#include<iostream>
using namespace std;

int main()
{
    cout << "Enter a boolean value true(1) or false(0): ";
    bool value1 = false;
    cin >> value1;

    cout << "Enter another boolean value true(1) or false(0): ";
    bool value2 = false;
    cin >> value2;

    cout << "Result of bitwise operators on these operands: " << endl;
    cout << "Bitwise AND: " << (value1 & value2) << endl;
    cout << "Bitwise OR: " << (value1 | value2) << endl;
    cout << "Bitwise XOR: " << (value1 ^ value2) << endl;

    return 0;
}
```

▼ **输出：**

```
Enter a boolean value true(1) or false(0): 1
Enter another boolean value true(1) or false(0): 0
Result of bitwise operators on these operands:
Bitwise AND: 0
Bitwise OR: 1
Bitwise XOR: 1
```

第 6 章

测验

1. 缩进并非为方便编译器，而是为了方便其他需要阅读或理解代码的程序员。

2. 通过避免使用 goto，可防止代码不直观且难以维护。

3. 参见练习题 1 的解决方案，其中使用了递减运算符。

4. 由于 for 语句中的条件不满足，该循环一次也不会执行，其中的 cout 语句也不会执行。

练习

1. 您需要知道，数组的索引从 0 开始，而最后一个元素的索引为 Length -1：

```cpp
#include<iostream>
using namespace std;

int main()
{
   const int ARRAY_LEN = 5;
   int myNums[ARRAY_LEN]= {-55, 45, 9889, 0, 45};

   for(int index = ARRAY_LEN - 1; index >= 0; --index)
      cout << "myNums[" << index << "] = " << myNums[index] << endl;

   return 0;
}
```

▼ **输出：**

```
myNums[4] = 45
myNums[3] = 0
myNums[2] = 9889
myNums [1] = 45
myNums [0] = -55
```

2. 下面的嵌套循环类似于程序清单 6.13，但以倒序方式将一个数组的每个元素都与另一个数组的每个元素相加：

```cpp
#include<iostream>
using namespace std;

int main()
{
   const int ARRAY1_LEN = 3;
   const int ARRAY2_LEN = 2;

   int myNums1[ARRAY1_LEN] = {35, -3, 0};
   int MyInts2[ARRAY2_LEN] = {20, -1};

   cout << "Adding each int in myNums1 by each in MyInts2:" << endl;

   for(int index1 = ARRAY1_LEN - 1; index1 >= 0; --index1)
      for(int index2 = ARRAY2_LEN - 1; index2 >= 0; --index2)
         cout << myNums1[index1] << " + " << MyInts2[index2] \
         << " = " << myNums1[index1] + MyInts2[index2] << endl;

   return 0;
}
```

▼ **输出：**

```
Adding each int in myNums1 by each myNums2:
0 + -1 = -1
0 + 20 = 20
-3 + -1 = -4
```

```
-3 + 20 = 17
35 + -1 = 34
35 + 20 = 55
```

3. 需要将值为 5 的 int 类型的常量 numsToCalculate 替换为下述让用户输入的代码：

```
cout << "How many Fibonacci numbers you wish to calculate: ";
int numsToCalculate = 0; // no const
cin >> numsToCalculate;
```

4. 下面的 switch-case 结构使用枚举常量指出用户选择的颜色是否出现在彩虹中：

```cpp
#include<iostream>
using namespace std;


int main()
{
    enum Colors
    {
        Violet = 0,
        Indigo,
        Blue,
        Green,
        Yellow,
        Orange,
        Red,
        Crimson,
        Beige,
        Brown,
        Peach,
        Pink,
        White,
    };

    cout << "Here are the available colors: " << endl;
    cout << "Violet: " << Violet << endl;
    cout << "Indigo: " << Indigo << endl;
    cout << "Blue: " << Blue << endl;
    cout << "Green: " << Green << endl;
    cout << "Yellow: " << Yellow << endl;
    cout << "Orange: " << Orange << endl;
    cout << "Red: " << Red << endl;
    cout << "Crimson: " << Crimson << endl;
    cout << "Beige: " << Beige << endl;
    cout << "Brown: " << Brown << endl;
    cout << "Peach: " << Peach << endl;
    cout << "Pink: " << Pink << endl;
    cout << "White: " << White << endl;

    cout << "Choose one by entering code: ";
    int YourChoice = Blue; // initial
    cin >> YourChoice;
```

```
    switch(YourChoice)
    {
    case Violet:
    case Indigo:
    case Blue:
    case Green:
    case Yellow:
    case Orange:
    case Red:
        cout << "Bingo, your choice is a Rainbow color!" << endl;
        break;

    default:
        cout << "The color you chose is not in the rainbow" << endl;
        break;
    }

    return 0;
}
```

▼ 输出：

```
Here are the available colors:
Violet: 0
Indigo: 1
Blue: 2
Green: 3
Yellow: 4
Orange: 5
Red: 6
Crimson: 7
Beige: 8
Brown: 9
Peach: 10
Pink: 11
White: 12
Choose one by entering code: 4
Bingo, your choice is a Rainbow color!
```

5. 在 for 循环条件表达式中，程序员不小心将 10 赋给了一个变量。

6. 在 while 语句后面是一条空语句（;），因此无法实现预期的循环。另外，由于控制 while 的 loopCounter 永远不会递增，因此 while 循环永远不会结束，它后面的语句不会执行。

7. 在 case 4 下缺少 break 语句（这意味着 default 部分总是会执行）。

第 7 章

测验

1. 这些变量的作用域为当前函数。

2. someNumber 是指向调用函数中相应变量的引用，而不是其副本。

3. 递归函数。
4. 重载函数。
5. 栈的顶部！可将栈视为一叠盘子，需从最上面的盘子开始取，栈指针指向的就是这个地方。

练习

1. 函数原型将类似于下面这样：

```
double Volume(double radius); // sphere
double Volume (double radius, double height); // cylinder
```

函数实现（定义）使用提供的公式计算体积，并将其作为返回值返回给调用者。

2. 请参阅程序清单 7.8。函数原型类似于下面这样：

```
void ProcessArray(double numbers[], int length);
```

3. 要让函数 Area( )发挥作用，参数 result 应为引用：

```
void Area(double radius, double &result)
```

4. 要么将有默认值的参数放在列表末尾（否则将出现编译错误），要么给所有参数都指定默认值。
5. 该函数应通过引用将其输出数据返回给调用者。

```
void Calculate(double radius, double &Area, double &Circumference)
{
   Area = 3.14 * radius * radius;
   Circumference = 2 * 3.14 * radius;
}
```

第 8 章

测验

1. 如果编译器允许这样做，将能轻松地突破 const 引用的限制，即不能修改它指向的数据。
2. 不是，它们是运算符。
3. 这种值为内存地址。
4. 运算符*。

练习

1. 40。
2. 在第一个重载的函数中，实参将被复制给形参；在第二个函数中，实参将不会被复制给形参，相反，形参是指向实参的引用，且函数可以修改它们；第三个函数使用的是指针，指针不同于引用，可能为 NULL 或无效，因此使用前必须核实它们是否是有效的。
3. 使用关键字 const：

```
1: const int* pNum1 = &number;
```

4. 将整数直接赋给了指针，这将把指针包含的内存地址改为相应的整数值。正确的做法如下：

```
*pointToAnInt = 9; // previously: pointToAnInt = 9;
```

5. new 返回给 pointToAnInt 的内存地址被复制给了 pNumberCopy，不能对该内存地址调用 delete 两次。删除其中一条 delete 语句。

6. 30。

第 9 章

测验

1. 在自由存储区中创建，与使用 new 给 int 类型的变量分配内存时一样。

2. sizeof( )根据声明的数据成员计算类的大小。将 sizeof( )用于指针时，结果与指向的数据量无关，因此类包含指针成员时，将 sizeof( )用于该类的结果不受指向的元素数的影响。

3. 除该类的成员方法外都不能访问。

4. 可以。

5. 构造函数通常用于初始化数据成员和资源。

6. 析构函数通常用于释放资源和内存。

练习

1. C++区分大小写。类声明应以 class（而不是 Class）开头，且以分号（;）结尾，如下所示：

```
class Human
{
    int Age;
    string Name;

public:
    Human() {}
};
```

2. 别忘了，不同于结构，类的成员默认为私有成员。由于 Human::Age 是私有成员，且没有公有的存取函数，因此这个类的用户无法访问 Age。

3. 在下面的 Human 类中，构造函数包含一个初始化列表：

```
class Human
{
    int Age;
    string Name;

public:
    Human(string inputName, int inputAge)
        : Name(inputName), Age(inputAge) {}
};
```

4. 注意，未按要求向外暴露 Pi：

```
#include<iostream>
using namespace std;

class Circle
{
    const double Pi;
```

```
    double radius;

public:
    Circle(double InputRadius) : radius(InputRadius), Pi(3.1416) {}

    double GetCircumference()
    {
        return 2*Pi*radius;
    }

    double GetArea()
    {
        return Pi*radius*radius;
    }
};

int main()
{
    cout << "Enter a radius: ";
    double radius = 0;
    cin >> radius;

    Circle myCircle(radius);
    cout << "Circumference = " << myCircle.GetCircumference() << endl;
    cout << "Area = " << myCircle.GetArea() << endl;

    return 0;
}
```

第 10 章

测验

1. 通过使用访问限定符 protected，可确保派生类能够访问基类的成员。

2. 将复制派生类对象的基类部分，并将其作为参数进行传递。这种切除导致的行为无法预测。通过确保将参数按引用而不是按值传递给函数，可避免切除问题。因为这避免了复制步骤，而切除问题是复制导致的。

3. 使用组合，这样可提高设计的灵活性。

4. 用于避免隐藏基类方法。

5. 不能。Derived 类与 Base 类是私有继承关系，这导致 Base 类对 SubDerived 类隐藏了其公有成员，即 SubDerived 不能访问它们。

练习

1. 构造顺序与类声明中指定的顺序相同，即依次为 Mammal、Bird、Reptile 和 Platypus；析构顺序则相反。

2. 代码类似于下面这样：

```
class Shape
{
```

```
   // ... Shape members
};

class Polygon: public Shape
{
   // ... Polygon members
};

class Triangle: public Polygon
{
   // ... Triangle members
};
```

3. 要禁止 D2 类访问 Base 类的公有方法，D1 类和 Base 类之间的继承关系应为私有的，应使用访问限定符 private。

4. 类的继承关系默认为私有。如果 Derived 是结构，继承关系将为公有。

5. SomeFunc 按值接收一个类型为 Base 的参数。调用函数 SomeFunc( )时，将 Derived 对象作为参数将引发切除问题，导致不稳定和不可预测的结果：

```
Derived objectDerived;
SomeFunc(objectDerived); // slicing problems
```

要解决这个问题，可确保 SomeFunc( )按引用接收参数：

```
void SomeFunc(Base& value) // avoids copy and slicing
{
   // ...
}
```

第 11 章

测验

1. 声明抽象基类 Shape，并在其中将 Area( )和 Print( )声明为纯虚函数，从而要求 Circle 和 Triangle 必须实现这些函数。

2. 编译器只为包含虚函数的类创建虚函数表。

3. 是抽象基类，因为它不能被实例化。只要类至少包含一个纯虚函数，它就是抽象基类，而不管它是否包含其他定义完整的函数和属性。

练习

1. 继承层次结构如下，其中 Shape 是抽象基类，Circle 和 Triangle 从 Shape 派生而来：

```
#include<iostream>
using namespace std;

class Shape
{
public:
   virtual double Area() = 0;
   virtual void Print() = 0;
   virtual ~Shape() {};
```

```
    };

    class Circle
    {
        double radius;
    public:
        Circle(double inputRadius) : radius(inputRadius) {}

        double Area()
        {
            return 3.1415 * radius * radius;
        }

        void Print()
        {
            cout << "Circle says hello!"
        }
    };

    class Triangle
    {
        double base, height;
    public:
        Triangle(double inputBase, double inputHeight) : base(inputBase),
    height(inputHeight) {}

        double Area()
        {
            return 0.5 * base * height;
        }

        void Print()
        {
            cout << "Triangle says hello!"
        }
    };

    int main()
    {
        Circle myRing(5);
        Triangle myWarningTriangle(6.6, 2);

        cout << "Area of circle : " << myRing.Area() << endl;
        cout << "Area of triangle : " << myWarningTriangle.Area() << endl;

        myRing.Print();
        myWarningTriangle.Print();

        return 0;
    }
```

2. 缺少虚析构函数，应将析构函数~Vehicle( )声明为虚函数，如下所示：

```
virtual ~Vehicle(){}
```

3. 实例化时，依次调用构造函数 Vehicle( ) 和 Car( )；由于没有虚析构函数，销毁时只调用~Vehicle( )，而不会调用~Car( )。

第 12 章

测验

1. 可编写索引运算符的这样两种实现：一个为 const 函数，另一个不是。这样，对于这个类的 const 实例，编译器将选择 const 版本：

```
const Type& operator[](int index) const;
Type& operator[](int Index);
```

2. 可以，但仅当您希望类不允许复制或赋值时才应这样做。编写单例类（只能有一个实例的类）时必须这样做。程序清单 9.10 演示了一个单例类。

3. 只有动态分配的资源才会导致复制构造函数和复制赋值运算符进行不必要的内存分配和释放，而 Date 类没有包含动态分配的资源，因此给它提供移动构造函数或移动赋值运算符没有意义。

练习

1. 转换运算符 int( ) 如下所示：

```
class Date
{
    int day, month, year;
public:
    explicit operator int()
    {
        return ((year * 10000) + (month * 100) + day);
    }

    // constructor etc
};
```

2. 以程序清单 12.12 中的移动构造函数和移动赋值运算符为蓝本，修改类 MyBuffer 的代码，使其管理一个指向 float（而不是 int）类型元素的指针。

第 13 章

测验

1. 动态类型转换。
2. 当然是修改这个函数。一般而言，除非万不得已，否则不要使用 const_cast 和类型转换运算符。
3. 对。
4. 对。

练习

1. 总是应该检查动态类型转换的结果，看其是否有效：

```
void DoSomething(base* pBase)
{
    Derived* objDerived = dynamic_cast <Derived*>(pBase);

    if(objDerived) // check for validity
        objDerived->DerivedClassMethod();
}
```

2. 由于知道指向的是 Tuna 对象，应使用 static_cast。为证明这一点，对程序清单 13.1 进行修改，将 main( )改成下面这样：

```
int main()
{
    Fish* objFish = new Tuna;
    Tuna* objTuna = static_cast<Tuna*>(objFish);

    // Tuna::BecomeDinner will work only using valid Tuna*
    objTuna->BecomeDinner();

    // virtual destructor in Fish ensures invocation of ~Tuna()
    delete objFish;

    return 0;
}
```

第 14 章

测验

1. 这是一个预编译器结构，用于避免递归包含头文件。
2. 4。
3. 结果为 10 + 10 / 5 = 10 + 2 =12。
4. 加上括号：

```
#define SPLIT(x) ((x) / 5)
```

练习

1. 如下所示：

```
#define MULTIPLY(a,b) ((a)*(b))
```

2. 测验题 4 答案中所示宏的模板版本如下：

```
template<typename T> double Split(const T& input)
{
    return (input / 5);
}
```

3. 模板函数 Swap 的定义如下：

```
template <typename T>
```

```
void Swap(T& x, T& y)
{
    T temp = x;
    x = y;
    y = temp;
}
```

4. 如下所示:

```
#define QUARTER(x) ((x)/ 4)
```

5. 该模板类的定义类似于下面这样:

```
template <typename Array1Type, typename Array2Type>
class TwoArrays
{
private:
        Array1Type Array1 [10];
        Array2Type Array2 [10];
public:
        Array1Type& GetArray1Element(unsigned int index){return Array1[index];}
        Array2Type& GetArray2Element(unsigned int index){return Array2[index];}
};
```

6. 下面是一个完整的示例,包含参数数量可变的模板函数 Display( )及其用法。

```
#include<iostream>
using namespace std;

void Display()
{
}

template <typename First, typename ...Last> void Display(First a,
Last... U)
{
   cout << a << endl;
   Display(U...);
}

int main()
{
   Display('a');
   Display(3.14);
   Display('a', 3.14);
   Display('z', 3.14567, "The power of variadic templates!");

   return 0;
}
```

▼ 输出:

```
a
3.14
a
3.14
```

```
z
3.14567
The power of variadic templates!
```

第 15 章

测验

1. std::deque。只有 deque 模拟动态数组，允许在容器开头和末尾插入元素，且插入时间是固定的。std::vector 不允许在开头插入，因此不合适。

2. 应使用 std::set。如果要存储的是键值对，应使用 std::map；如果有重复的元素，应选择 std::multiset 或 std::multimap。

3. 可能。实例化 std::set 模板时，可提供第二个模板参数，它是一个二元谓词，set 类将它用作排序标准。可根据应用程序的需求定义该二元谓词，它必须能够对元素进行排序。

4. 迭代器在算法和容器之间架设了桥梁，让算法能够在不知道容器类型的情况下对容器进行操作。

5. 由于 hash_set 并非 C++标准容器，因此不应在有移植性需求的应用程序中使用它。在这种情况下，应使用 std::unordered_set。

第 16 章

测验

1. std::basic_string <T>。

2. 将两个字符串复制到两个副本对象中，再将每个复制的字符串都转换为小写或大写。然后对转换后的字符串进行比较，并返回比较结果。

练习

1. 该程序需要使用 std::reverse( )：

```cpp
#include<string>
#include<iostream>
#include<algorithm>

int main()
{
  using namespace std;

  cout << "Please enter a word for palindrome-check:"
  string strInput;
  cin >> strInput;

  string strCopy(strInput);
  reverse(strCopy.begin(), strCopy.end());
  if(strCopy == strInput)
     cout << strInput << " is a palindrome!" << endl;
  else
     cout << strInput << " is not a palindrome." << endl;
```

```
    return 0;
}
```

2. 使用 std::find( )：

```
#include<string>
#include<iostream>
using namespace std;

// Find the number of character 'chToFind' in string "strInput"
int GetNumCharacters(string& strInput, char chToFind)
{
    int nNumCharactersFound = 0;

    size_t nCharOffset = strInput.find(chToFind);
    while(nCharOffset != string::npos)
    {
        ++nNumCharactersFound;

        nCharOffset = strInput.find(chToFind, nCharOffset + 1);
    }

    return nNumCharactersFound;
}

int main()
{

    cout << "Please enter a string:""> ";
    string strInput;
    getline(cin, strInput);

    int nNumVowels = GetNumCharacters(strInput, 'a');
    nNumVowels += GetNumCharacters(strInput, 'e');
    nNumVowels += GetNumCharacters(strInput, 'i');
    nNumVowels += GetNumCharacters(strInput, 'o');
    nNumVowels += GetNumCharacters(strInput, 'u');

    // DIY: handle capitals too..

    cout << "The number of vowels in that sentence is:" << nNumVowels;

    return 0;
}
```

3. 使用函数 toupper( )：

```
#include<string>
#include<iostream>
#include<algorithm>

int main()
```

```
{
    using namespace std;

    cout << "Please enter a string for case-conversion:" << endl;
    cout << "> ";

    string strInput;
    getline(cin, strInput);
    cout << endl;

    for(size_t nCharIndex = 0
        ; nCharIndex < strInput.length()
        ; nCharIndex += 2)
        strInput[nCharIndex] = toupper(strInput[nCharIndex]);

    cout << "The string converted to upper case is: "
    cout << strInput << endl << endl;

    return 0;
}
```

4. 只需这样编写程序：

```
#include<string>
#include<iostream>

int main()
{
    using namespace std;

    const string str1 = "I";
    const string str2 = "Love";
    const string str3 = "STL";
    const string str4 = "String.";

    string strResult = str1 + " " + str2 + " " + str3 + " " + str4;

    cout << "The sentence reads:"
    cout << strResult;

    return 0;
}
```

5. 使用 std::string::find( )：

```
#include<iostream>
#include<string>

int main()
{
    using namespace std;

    string sampleStr("Good day String! Today is beautiful!");
    cout << "Sample string is: " << sampleStr << endl;
```

```
    cout << "Locating all instances of character 'a'" << endl;

    auto charPos = sampleStr.find('a', 0);

    while(charPos != string::npos)
    {
        cout << "'" << 'a' << "' found";
        cout << " at position: " << charPos << endl;

        // resume find starting with next character
        size_t charSearchPos = charPos + 1;

        charPos = sampleStr.find('a', charSearchPos);
    }

    return 0;
}
```

▼ 输出:

```
Sample string is: Good day String! Today is beautiful!
Locating all instances of character 'a'
'a' found at position: 6
'a' found at position: 20
'a' found at position: 28
```

第 17 章

测验

1. 否。仅当在 vector 末尾插入元素时所需的时间才是固定的, 而在 vector 中间或开头插入时, 所需的时间是线性的。

2. 10 个。插入第 11 个元素, 将导致重新分配 vector 的缓冲区。

3. 删除最后一个元素, 即删除末尾的元素。

4. Mammal 类型。

5. 能。可以通过索引运算符 ([]) 或函数 at( )访问。

6. 随机访问迭代器。

练习

1. 下面是一种解决方案:

```
#include<vector>
#include<iostream>

using namespace std;

char DisplayOptions()
{
    cout << "What would you like to do?" << endl;
    cout << "Select 1: To enter an integer" << endl;
```

```
        cout << "Select 2: Query a value given an index" << endl;
        cout << "Select 3: To display the vector" << endl;
        cout << "Select 4: To quit!" << endl << "> ";

        char ch;
        cin >> ch;

        return ch;
    }

int main()
{
    vector<int> vecData;

    char chUserChoice = '\0';
    while((chUserChoice = DisplayOptions()) != '4')
    {
         if(chUserChoice == '1')
        {
            cout << "Please enter an integer to be inserted: ";
            int dataInput = 0;
            cin >> dataInput;

            vecData.push_back(dataInput);
        }
        else if(chUserChoice == '2')
        {
            cout << "Please enter an index between 0 and ";
            cout << (vecData.size() - 1) << ": ";
            size_t index = 0;
            cin >> index;

            if(index < (vecData.size()))
            {
                cout<<"Element ["<<index<<"] = "<<vecData[index];
                cout << endl;
            }
        }
        else if(chUserChoice == '3')
        {
            cout << "The contents of the vector are: ";
            for(size_t index = 0; index < vecData.size(); ++ index)
                cout << vecData [index] << ' ';
            cout << endl;
        }
    }
    return 0;
}
```

2. 解决方案有很多，其中最简单的是使用算法 std::find( )：

```
auto elementFound = std::find(vecData.begin(),
```

```
                                        vecData.end(), value);
if(elementFound != vecData.end())
   cout << "Element found!" << endl;
```

3. 下面是一种解决方案:

```cpp
#include<vector>
#include<iostream>
#include<string>
#include<sstream>

using namespace std;

char DisplayOptions()
{
   cout << "What would you like to do?" << endl;
   cout << "Select 1: To enter length & breadth " << endl;
   cout << "Select 2: Query a value given an index" << endl;
   cout << "Select 3: To display dimensions of all packages" << endl;
   cout << "Select 4: To quit!" << endl << "> ";

   char ch;
   cin >> ch;

   return ch;
}
class Dimensions
{
   int length, breadth;
   string strOut;
public:
   Dimensions(int inL, int inB) : length(inL), breadth(inB) {}

   operator const char*()
   {
      stringstream os;
      os << "Length "s << length<<", Breadth: "s << breadth << endl;
      strOut = os.str();
      return strOut.c_str();
   }
};

int main()
{
   vector <Dimensions> vecData;

   char chUserChoice = '\0';
   while((chUserChoice = DisplayOptions()) != '4')
   {
      if(chUserChoice == '1')
      {
         cout << "Please enter length and breadth: " << endl;
```

```
            int length = 0, breadth = 0;
            cin >> length;
            cin >> breadth;

            vecData.push_back(Dimensions(length, breadth));
        }
        else if(chUserChoice == '2')
        {
            cout << "Please enter an index between 0 and ";
            cout <<(vecData.size() - 1) << ": ";
            size_t index = 0;
            cin >> index;

            if(index <(vecData.size()))
            {
                cout << "Element [" << index << "] = " <<
                vecData[index];
                cout << endl;
            }
        }
        else if(chUserChoice == '3')
        {
            cout << "The contents of the vector are: ";
            for(size_t index = 0; index < vecData.size(); ++index)
                cout << vecData[index] << ' ';
            cout << endl;
        }
    }
    return 0;
}
```

请注意，这里使用了 vector 来存储 Dimensions 类的实例。另外，Dimensions 实现了运算符 const char*，让您能够直接使用 std::cout 来显示其实例。

4. 使用 C++11 引入的列表初始化可让代码更紧凑：

```
#include<deque>
#include<string>
#include<iostream>
using namespace std;

template<typename T>
void DisplayDeque(deque<T> inDQ)
{
    for(auto element = inDQ.cbegin();
    element != inDQ.cend();
        ++element)
        cout << *element << endl;
}

int main()
{
    deque<string> strDq{ "Hello"s, "Containers are cool!"s,
```

```
                    "C++ is evolving!"s };
    DisplayDeque(strDq);

    return 0;
}
```

第 18 章

测验

1. 可将元素插入 list 中间，可也将其插入两端，插入位置不会影响性能。
2. list 的独特之处在于，这些操作不会导致现有迭代器失效。
3. 使用 theList.clear ( );或 theList.erase (theList.begin( ), theList.end( ));。
4. 能。insert( )函数的一个重载版本可用于插入集合中特定范围内的元素。

练习

1. 这类似于第 17 章中练习题 1 的解决方案，唯一需要修改的地方是使用 list::insert( )函数，如下所示：

```
List.insert(List.begin(), dataInput);
```

2. 存储两个指向 list 元素的迭代器，使用 list 的 insert( )函数在中间插入一个元素，然后使用这两个迭代器来演示在插入元素后它们仍指向以前的元素。

3. 下面是一种可能的解决方案：

```
#include<vector>
#include<list>
#include<iostream>

using namespace std;

int main()
{
    vector<int> vecData{ 0, 10, 20, 30 };

    list<int> linkInts;

    // Insert contents of vector into beginning of list
    linkInts.insert(linkInts.begin(),
        vecData.begin(), vecData.end());

    cout << "The contents of the list are: ";

    list<int>::const_iterator element;
    for(element = linkInts.begin();
        element != linkInts.end();
        ++element)
        cout << *element << " ";

    return 0;
}
```

4. 下面是一种可能的解决方案：

```cpp
#include<list>
#include<string>
#include<iostream>

using namespace std;

int main()
{
    list <string> names;
    names.push_back("Jack");
    names.push_back("John");
    names.push_back("Anna");
    names.push_back("Skate");

    cout << "The contents of the list are: ";

    list <string>::const_iterator element;
    for(element = names.begin(); element != names.end(); ++element)
        cout << *element << " ";
    cout << endl;

    cout << "The contents after reversing are: ";
    names.reverse();
    for(element = names.begin(); element != names.end(); ++element)
        cout << *element << " ";
    cout << endl;

    cout << "The contents after sorting are: ";
    names.sort();
    for(element = names.begin(); element != names.end(); ++element)
        cout << *element << " ";
    cout << endl;

    return 0;
}
```

第 19 章

测验

1. 默认排序标准由 std::less<>指定，它使用运算符<来比较两个整数，并在第一个整数小于第二个整数时返回 true。

2. 鉴于 multiset 在插入元素时对其进行排序，因此值相同的元素将在一起，它们彼此相邻。

3. size( )，所有 STL 容器都使用它来指出包含的元素的数量。

练习

1. 下面是一种解决方案：

```
#include<set>
#include<iostream>
#include<string>
using namespace std;

template <typename T>
void DisplayContents(const T& container)
{
    for(auto iElement = container.cbegin();
    iElement != container.cend();
        ++iElement)
        cout << *iElement << endl;

    cout << endl;
}

struct ContactItem
{
    string name;
    string phoneNum;
    string displayAs;

    ContactItem(const string& nameInit, const string & phone)
    {
        name = nameInit;
        phoneNum = phone;
        displayAs =(name + ": " + phoneNum);
    }

    // used by set::find() given contact list item
    bool operator ==(const ContactItem& itemToCompare) const
    {
        return(itemToCompare.phoneNum == this->phoneNum);
    }

    // used to sort
    bool operator <(const ContactItem& itemToCompare) const
    {
        return(this->phoneNum < itemToCompare.phoneNum);
    }

    // Used in DisplayContents via cout
    operator const char*() const
    {
        return displayAs.c_str();
    }
};

int main()
{
    set<ContactItem> setContacts;
    setContacts.insert(ContactItem("Oprah Winfrey", "+1 7889 879 879"));
```

```
        setContacts.insert(ContactItem("Bill Gates", "+1 97 7897 8799 8"));
        setContacts.insert(ContactItem("Angi Merkel", "+49 23456 5466"));
        setContacts.insert(ContactItem("Vlad Putin", "+7 6645 4564 797"));
        setContacts.insert(ContactItem("John Travolta", "91 234 4564 789"));
        setContacts.insert(ContactItem("Angelina Jolie", "+1 745 641 314"));
        DisplayContents(setContacts);

        cout << "Enter a number you wish to search: ";
        string input;
        getline(cin, input);

        auto contactFound = setContacts.find(ContactItem("", input));
        if(contactFound != setContacts.end())
            cout << "The number belongs to " <<(*contactFound).name << endl;
        else
            cout << "Contact not found"

        return 0;
    }
```

2. 该结构和 multiset 的定义如下：

```
#include<set>
#include<iostream>
#include<string>

using namespace std;

struct PAIR_WORD_MEANING
{
    string word;
    string meaning;

    PAIR_WORD_MEANING(const string& sWord, const string& sMeaning)
        : word(sWord), meaning(sMeaning) {}

    bool operator<(const PAIR_WORD_MEANING& pairAnotherWord) const
    {
        return(word < pairAnotherWord.word);
    }

    bool operator==(const string& key)
    {
        return(key == this->word);
    }
};

int main()
{
    multiset <PAIR_WORD_MEANING> msetDictionary;
    PAIR_WORD_MEANING word1("C++", "A programming language");
    PAIR_WORD_MEANING word2("Programmer", "A geek!");
```

```
    msetDictionary.insert(word1);
    msetDictionary.insert(word2);

    cout << "Enter a word you wish to find the meaning of" << endl;
    string input;
    getline(cin, input);
    auto element = msetDictionary.find(PAIR_WORD_MEANING(input, ""));
    if(element != msetDictionary.end())
        cout << "Meaning is: " <<(*element).meaning << endl;

    return 0;
}
```

3. 下面是一种解决方案：

```
#include<set>
#include<iostream>

using namespace std;

template <typename T>
void DisplayContent(const T& cont)
{
    for(auto element = cont.cbegin(); element != cont.cend();
++element)
        cout << *element << " ";
}

int main()
{
multiset<int> msetIntegers;

msetIntegers.insert(5);
msetIntegers.insert(5);
msetIntegers.insert(5);

set<int> setIntegers;
setIntegers.insert(5);
setIntegers.insert(5);
setIntegers.insert(5);

cout << "Displaying the contents of the multiset: ";
DisplayContent(msetIntegers);
cout << endl;

cout << "Displaying the contents of the set: ";
DisplayContent(setIntegers);
cout << endl;

return 0;
}
```

第 20 章

测验

1. 默认排序标准由 std::less<>指定。
2. 彼此相邻的方式。
3. size ( )。事实上，每个 STL 容器的成员函数 size( )都指出它包含多少个元素。
4. 在 map 中找不到值相同的元素！

练习

1. 可包含值相同元素的关联容器，如 std::multimap：

```
std::multimap:
std::multimap<string, string> mapNamesToNumbers;
```

2. 下面是一种解决方案：

```
struct fPredicate
{
    bool operator< (const WordProperty& lsh, const WordProperty& rsh) const
    {
        return (lsh.word < rsh.word);
    }
};
```

3. 参考第 19 章中练习题 3 的提示。

第 21 章

测验

1. 一元谓词。
2. 它可以显示数据、计算元素数或返回使用提供的输入计算得到的值。请参见程序清单 21.7，其中使用谓词 tolower( )的 std::transform( )返回提供的字符的小写。
3. 在应用程序运行阶段存在的所有实体都是对象，因此结构和类也可用作函数，这称为函数对象。注意，函数也可通过函数指针来调用，这些函数指针也是函数对象。

练习

1. 下面是一种解决方案：

```
#include<vector>
#include<iostream>
#include<algorithm>
using namespace std;

template <typename elementType = int>
struct Double
{
    void operator()(const elementType element) const
```

```
    {
        cout << element * 2 << ' ';
    }
};

int main()
{
    vector<int> numsInVec;

    for(int count = 0; count < 10; ++count)
        numsInVec.push_back(count);

    cout << "Displaying the vector of integers: "

    // Display the array of integers
    for_each(numsInVec.begin(),  // Start of range
            numsInVec.end(), // End of range
            Double<>()); // Unary function object

    return 0;
}
```

2. 添加一个整型成员，每次调用 operator( )时都递增该成员。请注意，这样的函数对象不能是 const 函数。

```
#include<vector>
#include<iostream>
#include<algorithm>
using namespace std;

template <typename elementType = int>
struct Double
{
    int count = 0;
    void operator()(const elementType element)
    {
        ++count;
        cout << element * 2 << ' ';
    }
};

int main()
{
    vector<int> numsInVec;

    for(int count = 0; count < 10; ++count)
        numsInVec.push_back(count);

    cout << "Displaying the vector of integers: " << endl;

    Double<int> doubleElement;
    // Display the array of integers
```

```
doubleElement = for_each(numsInVec.begin(),  // Start of range
        numsInVec.end(), // End of range
        Double<>()); // Unary function object

cout << "\nFunctor called: "" times\n"; << doubleElement.count
<< " times\n";

return 0;
}
```

3. 该二元谓词的定义如下：

```
template <typename elementType>
template <typename elementType>
class SortAscending
{
public:
    bool operator() (const elementType& num1,
        const elementType& num2) const
    {
        return (num1 < num2);
    }
};
```

可以这样使用该谓词：

```
#include<iostream>
#include<vector>
#include<algorithm>
int main()
{
    std::vector<int> numsInVec;

    // Insert sample numbers: 100, 90... 20, 10
    for(int sample = 10; sample > 0; --sample)
        numsInVec.push_back(sample * 10);

    std::sort(numsInVec.begin(), numsInVec.end(),
        SortAscending<int>());

    for(size_t index = 0; index < numsInVec.size(); ++index)
        std::cout << numsInVec[index] << ' ';

    return 0;
}
```

第 22 章

测验

1. lambda 表达式总是以[...]开头。

2. 通过捕获列表：[var1, var2, …] (Type& param){…;}。
3. 可以像下面这样做：

```
[var1, var2, ...](Type& param) -> ReturnType { ...; }
```

练习

1. 该 lambda 表达式类似于下面这样：

```
sort(container.begin(),container.end(),
    [](auto& lhs, auto& rhs) {return(lhs > rhs);} );
```

下面是一个使用这个 lambda 表达式的示例：

```cpp
#include<iostream>
#include<algorithm>
#include<vector>
using namespace std;

int main()
{
    vector<int> vecNumbers{25, -5, 122, 2021, -10001};
    // template lambda that displays element on screen
    auto displayElement = []<typename T>(const T& element)
                            { cout << element << ' ';};

    cout << "Elements in vector in initial order:\n";
    for_each(vecNumbers.cbegin(), vecNumbers.cend(), displayElement);

    sort(vecNumbers.begin(), vecNumbers.end());

    cout << "\nAfter sort using default predicate:\n";
    for_each(vecNumbers.cbegin(), vecNumbers.cend(), displayElement);

    sort(vecNumbers.begin(), vecNumbers.end(),
        [](auto& lhs, auto& rhs) {return(lhs > rhs); });

    cout << "\nAfter sort in descending order:\n";
    for_each(vecNumbers.cbegin(), vecNumbers.cend(), displayElement);

    return 0;
}
```

2. 该 lambda 表达式类似于下面这样：

```
[=](int& element) {element += num; }
```

下面是一个使用这个 lambda 表达式的示例：

```cpp
#include<iostream>
#include<algorithm>
#include<vector>
using namespace std;
```

```
int main()
{
    vector<int> vecNumbers{25, -5, 122, 2021, -10001};

    // template lambda that displays element on screen
    auto displayElement = []<typename T>(const T& element)
                            { cout << element << ' ';};

    cout << "Elements in vector in initial order:\n";
    for_each(vecNumbers.cbegin(), vecNumbers.cend(), displayElement);

    cout << "\nEnter number to add to all elements: ";
    int num = 0;
    cin >> num;

    for_each(vecNumbers.begin(), vecNumbers.end(),
            [=](int& element) {element += num; });

    cout << "\nElements after adding the supplied number:\n";
    for_each(vecNumbers.cbegin(), vecNumbers.cend(), displayElement);

    return 0;
}
```

第 23 章

测验

1. 使用函数 list::remove_if( )，因为它确保指向 list 中的（未被删除的）元素的现有迭代器仍有效。

2. 如果没有显式指定谓词，list::sort( )（和 std::sort( )）将使用 std::less<>，这将使用运算符<对集合中的对象进行排序。

3. 对指定范围内的每个元素调用一次。

4. for_each( )接收一个一元谓词，并返回一个可用来包含状态信息的函数对象。std::transform( )可使用一元谓词，也可使用二元谓词，它还有一个可处理两个输入范围的重载版本。

练习

1. 下面是一种解决方案：

```
struct CaseInsensitiveCompare
{
    bool operator() (const string& str1, const string& str2) const
    {
        string str1Copy(str1), str2Copy(str2);

        transform(str1Copy.begin(),
                    str1Copy.end(), str1Copy.begin(), tolower);
        transform(str2Copy.begin(),
```

```
                        str2Copy.end(), str2Copy.begin(), tolower);

            return (str1Copy < str2Copy);
        }
};
```

2. 下面是一个演示程序：

```cpp
#include<vector>
#include<algorithm>
#include<list>
#include<string>
#include<iostream>

using namespace std;

int main()
{
    list <string> listNames;
    listNames.push_back("Jack");
    listNames.push_back("John");
    listNames.push_back("Anna");
    listNames.push_back("Skate");

    vector <string> vecNames(4);
    copy(listNames.begin(), listNames.end(), vecNames.begin());

    vector <string> ::const_iterator iNames;
    for_each(vecNames.begin(), vecNames.end(),
            [](const auto& name) {cout << name << ' '; });

    return 0;
}
```

请注意，std::copy( )将 std::list 的内容复制到 std::vector 中时，无须知道涉及的集合的特征，因为它只需使用迭代器就能完成这项任务。

3. std::sort( )与 std::stable_sort( )之间的区别在于，后者在排序时保持对象的相对位置不变。由于该应用程序需要按生成顺序存储数据，因此应使用 stable_sort( )，以保持天体事件的相对顺序不变。

第 24 章

测验

1. 能。通过提供一个二元谓词就能实现。

2. 运算符<。

3. 不能，因为只能操作栈顶元素。您不能访问最先插入的 Coin 对象，因为它位于栈底。

练习

1. 该二元谓词可以是运算符<：

```
class Person
{
public:
   int age = 0;
   bool isFemale = false;

   Person(int ageIn, bool isFemaleIn) : age(ageIn),
isFemale(isFemaleIn) {};
   bool operator<(const Person& anotherPerson) const
   {
      if (age > anotherPerson.age)
         return false;
      else if (isFemale && (!anotherPerson.isFemale))
         return false;

      return true;
   }
};
```

2. 只需将字符串依次压入栈中。弹出数据时，字符串的排列顺序便反转了，因为栈是一种 LIFO 容器。

第 25 章

测验

1. 不能。bitset 可存储的位数在编译阶段就已确定。
2. 因为 bitset 不能像 STL 容器那样动态地调整长度，它也不像 STL 容器那样支持迭代器。
3. 不会。在这种情况下使用 std::bitset 最合适，且性能更好。

练习

1. std::bitset 支持实例化、初始化、显示和相加（通过将值转换为 unsigned long 类型），如下所示：

```
#include<bitset>
#include<iostream>
using namespace std;

int main()
{
   // Initialize the bitset to 1001
   bitset<4> fourBits("1001");

   cout << "fourBits: "

   // Initialize another bitset to 0010
   bitset<4> fourMoreBits("0010");

   cout << "fourMoreBits: "

   bitset<8> addResult(fourBits.to_ulong() + fourMoreBits.to_ulong());
   cout << "The result of the addition is: "
```

```
    return 0;
}
```

2. 对练习题 1 中的示例中的 bitset 对象调用函数 flip( )：

```
addResult.flip();
cout << "The result of the flip is: " << addResult << endl;
```

第 26 章

测验

1. 我会先看看 www.boost.org，希望您也如此！
2. 不会。一般而言，如果智能指针编写得好（且选择正确）的话是不会降低应用程序的性能的。
3. 如果是入侵式的，将由指针拥有的对象保存引用计数；否则，指针可将这种信息保存在自由存储区中的共享对象中。
4. 由于需要双向遍历链表，因此必须是双向链表。

练习

1. 语句 object->DoSomething ( );有问题，因为指针在复制时失去了对对象的所有权。这将导致程序崩溃（或发生令人非常不愉快的事情）。鉴于此，auto_ptr 已被摒弃，因此绝不要使用它。
2. 代码类似于下面这样：

```
#include<memory>
#include<iostream>
using namespace std;

class Fish
{
public:
    Fish() {cout << "Fish: Constructed!" << endl;}
    ~Fish() {cout << "Fish: Destructed!" << endl;}

    void Swim() const {cout << "Fish swims in water" << endl;}
};

class Carp: public Fish
{
};

void MakeFishSwim(const unique_ptr<Fish>& inFish)
{
    inFish->Swim();
}

int main()
{
    unique_ptr<Fish> myCarp(new Carp); // note this
    MakeFishSwim(myCarp);
```

```
    return 0;
}
```

由于 MakeFishSwim( )接收的参数为引用，不会导致复制，因此不会出现切除问题。另外，请注意变量 myCarp 的实例化语法。如果 MakeFishSwim( )按值而不是按引用接收参数，编译将以失败告终，因为 unique_ptr 不支持复制构造函数，不能避免切除问题。

3. 由于 unique_ptr 的复制构造函数和复制赋值运算符被显式地用 delete 声明，因此 unique_ptr 不允许复制和赋值。

第 27 章

测验

1. 在只需写入文件时，应使用 ofstream。
2. 使用 cin.getline( )，参见程序清单 27.7。
3. 不应该，因为 std::string 包含的是文本信息。您可使用默认模式（文本模式），而无须使用二进制模式。
4. 使用它是为了检查 open( )是否成功打开流。如果失败，应显示错误消息，并暂停文件处理。

练习

1. 您打开了一个文件，但在使用流并关闭它之前，没有使用 is_open( )检查 open( )是否成功打开流。
2. 您不能将文件插入 ifstream。ifstream 用于输入，而不是输出，因此不支持插入运算符<<。

第 28 章

测验

1. 它是一个类，类似于其他类，但创建它旨在用作其他异常类（如 bad_alloc）的基类。
2. std::bad_alloc。
3. 这是个馊主意，因为最初的异常就可能是因内存不足引发的。
4. 像捕获异常 bad_alloc 那样使用 catch(std::exception & exp)。

练习

1. 绝不要在析构函数中引发异常。
2. 没有处理代码可能引发的异常，即缺少 try…catch 块。
3. 绝不要在 catch 块中分配内存。如果 try 块内的代码分配内存失败，将导致恶性循环。

第 29 章

测验

1. 要使用概念，需要包含头文件 concepts，还需启用与 C++20 相关的编译器设置。
2. 视图是特殊的范围，其复制、移动和赋值时间都是固定的。所有视图都是范围，但并非所有的范围都满足成为视图的条件。

3. 适配器。

练习

1. 这是因为使用概念 ranges::view 对 DisplayView( )进行了限制，使其只能将视图作为参数，如下所示：

```
template<ranges::view T>
void DisplayView(T& view)
{
    for (auto element : view)
        cout << element << ' ';

    cout << endl;
}
```

变量 nums 的类型为 vector<int>，它是范围但不是视图。

2. 要让 DisplayView( )能够将诸如 vector<int>等集合/范围作为参数，需要相应地修改对其进行限制的概念（可能还应该修改其名称）：

```
template<ranges::range T>
void DisplayRange(T& view)
{
    for (auto element : view)
        cout << element << ' ';

    cout << endl;
}
```

3. 需要通过合并适配器 reverse、transform 和 take 来创建这个视图：

```
auto viewSquare3Rev = nums | views::reverse | views::take(3)
    | views::transform([](auto num) {return num * num; });
```

下面是一个相关的示例：

```
#include<ranges>
#include<vector>
#include<iostream>
using namespace std;

// concept ranges::view limits parameter type to view
template<ranges::view T>
void DisplayView(T& view)
{
    for (auto element : view)
        cout << element << ' ';

    cout << endl;
}
int main()
{
    vector<int> nums{ 1, 5, 202, -99, 42, 50 };
```

```
auto viewAllElements = nums | std::views::all;
cout << "View of all elements in the collection: ";
DisplayView(viewAllElements);

auto viewSquare3Rev = nums | views::reverse | views::take(3)
    | views::transform([](auto num) {return num * num; });
cout << "View square of numbers, ignoring first three: ";
DisplayView(viewSquare3Rev);

return 0;
}
```

第 30 章

练习

在程序清单 30.1 中，如果 main( )没有调用 join( )，主线程则可能在工作线程之前终止。

第 31 章

练习

问题出在没有从模块中导出 AddNums( )，因此不能在 main( )中使用它。要修复这个问题，可使用关键字 export，如下所示：

```
// module interface file Calculations.ixx
export module Calculations;
export int AddNums(int a, int b)
{
    return (a + b);
}
```